中国高等职业技术教育研究会推荐

高职高专机电类专业“十三五”规划教材

机械制造基础

郑广花　主编

孙燕华　主审

西安电子科技大学出版社

内 容 简 介

本书是根据高职高专机械类各专业教学改革的需要，在总结作者多年教学经验和重点课程建设经验的基础上编写的一本教材。

本书内容共分四章，包括金属切削加工基础知识、金属切削机床和表面加工方法、机械加工工艺过程及机床夹具。

本书主要特点：对传统知识进行了有机的融合和整理，使教学体系更加完整、精炼，避免教学内容的重复，提高教学效率；适当增加新技术新工艺内容；内容丰富，深度适中，重要知识点和难点内容增加示例分析，章后有复习思考题，便于组织教和学；全书术语、符号等均采用最新标准。

本书可作为高职高专院校机械类和机电类各专业教材，也可作为非机类和近机类本科院校教材。使用本书时，可根据学时和具体情况进行取舍。

★ 本书配有电子教案，需要者可与出版社联系，免费提供。

图书在版编目(CIP)数据

机械制造基础/郑广花主编.

—西安：西安电子科技大学出版社，2006.8(2019.3重印)

ISBN 978-7-5606-1698-8

Ⅰ.机… Ⅱ.郑… Ⅲ.机械制造—高等学校：技术学校—教材 Ⅳ.TH

中国版本图书馆CIP数据核字(2006)第086788号

责任编辑 陈 婷 高 樱

出版发行 西安电子科技大学出版社(西安市太白南路2号)

电　　话 (029)88242885 88201467 邮　　编 710071

网　　址 www.xduph.com 电子邮箱 xdupfxb001@163.com

经　　销 新华书店

印刷单位 陕西天意印务有限责任公司

版　　次 2006年8月第1版 2019年3月第5次印刷

开　　本 787毫米×1092毫米 1/16 印张 17.125

字　　数 401千字

印　　数 16 001～18 000册

定　　价 35.00元

ISBN 978-7-5606-1698-8/TP

XDUP 1990001-5

＊＊＊如有印装问题可调换＊＊＊

总　序

进入21世纪以来，随着高等教育大众化步伐的加快，高等职业教育呈现出快速发展的形势。党和国家高度重视高等职业教育的改革和发展，出台了一系列相关的法律、法规、文件等，规范、推动了高等职业教育健康有序的发展。同时，社会对高等职业教育的认识在不断加强，高等技术应用型人才及其培养的重要性也正在被越来越多的人所认同。目前，高等职业教育在学校数、招生数和毕业生数等方面均占据了高等教育的半壁江山，成为高等教育的重要组成部分，在我国社会主义现代化建设事业中发挥着极其重要的作用。

在高等职业教育大发展的同时，必须重视内涵建设，不断深化教育教学改革。根据市场和社会的需要，不断更新教学内容，编写具有鲜明特色的教材是其必要任务之一。

为配合教育部实施紧缺人才工程，解决当前机电类精品高职高专教材不足的问题，西安电子科技大学出版社与中国高等职业技术教育研究会在前两轮联合策划、组织编写了“计算机、通信电子及机电类专业”系列高职高专教材共100余种的基础上，又联合策划、组织编写了“数控、模具及汽车类专业”系列高职高专教材共60余种。这些教材的选题是在全国范围内近30所高职高专院校中，对教学计划和课程设置进行充分调研的基础上策划产生的。教材的编写采取在教育部精品专业或示范性专业(数控、模具和汽车)的高职高专院校中公开招标的形式，以吸收尽可能多的优秀作者参与投标和编写。在此基础上，召开系列教材专家编委会，评审教材编写大纲，并对中标大纲提出修改、完善意见，确定主编、主审人选。该系列教材着力把握高职高专“重在技术能力培养”的原则，结合目标定位，注重在新颖性、实用性、可读性三个方面能有所突破，体现高职高专教材的特点。第一轮教材共36种，已于2001年全部出齐，从使用情况看，比较适合高等职业院校的需要，普遍受到各学校的欢迎，一再重印，其中《互联网实用技术与网页制作》在短短两年多的时间里先后重印6次，并获教育部2002年普通高校优秀教材奖。第二轮教材共60余种，在2004年已全部出齐，且大都已重印，有的教材出版一年多的时间里已重印4次，反映了市场对优秀专业教材的需求。

教材建设是高职高专院校基本建设的一项重要工作，多年来，各高职高专院校都十分重视教材建设，组织教师参加教材编写，为高职高专教材从无到有，从有到优、到特而辛勤工作。但高职高专教材的建设起步时间不长，还需要做艰苦的工作，我们殷切地希望广大从事高职高专教育的教师，在教书育人的同时，组织起来，共同努力，为不断推出有特色、高质量的高职高专教材作出积极的贡献。

中国高等职业技术教育研究会会长　李宗尧

2005年10月

21 世纪
机电类专业高职高专规划教材

编审专家委员会名单

主　　任：刘跃南　（深圳职业技术学院教务长，教授）

副 主 任：方　新　（北京联合大学机电学院副院长，教授）

刘建超　（成都航空职业技术学院机械工程系主任，副教授）

杨益明　（南京交通职业技术学院汽车工程系主任，副教授）

数控及模具组：组长：刘建超（兼）（成员按姓氏笔画排列）

王怀明　（北华航天工业学院机械工程系主任，教授）

孙燕华　（无锡职业技术学院机械与汽车工程系主任，副教授）

皮智谋　（湖南工业职业技术学院机械工程系副主任，副教授）

刘守义　（深圳职业技术学院工业中心主任，教授）

陈少艾　（武汉船舶职业技术学院机电工程系主任，副教授）

陈洪涛　（四川工程职业技术学院机电工程系副主任，副教授）

钟振龙　（湖南铁道职业技术学院机电工程系主任，副教授）

唐　健　（重庆工业职业技术学院机械工程系主任，副教授）

戚长政　（广东轻工职业技术学院机电工程系主任，教授）

谢永宏　（深圳职业技术学院机电学院副院长，副教授）

汽车组：组长：杨益明（兼）（成员按姓氏笔画排列）

王世震　（承德石油高等专科学校汽车工程系主任，教授）

王保新　（陕西交通职业技术学院汽车工程系讲师）

刘　锐　（吉林交通职业技术学院汽车工程系主任，教授）

吴克刚　（长安大学汽车学院教授）

李春明　（长春汽车工业高等专科学校汽车工程系副主任，教授）

李祥峰　（邢台职业技术学院汽车维修教研室主任，副教授）

汤定国　（上海交通职业技术学院汽车工程系主任，高讲）

陈文华　（浙江交通职业技术学院汽车系主任，副教授）

徐生明　（四川交通职业技术学院汽车系副主任，副教授）

韩　梅　（辽宁交通职业技术学院汽车系主任，副教授）

葛仁礼　（西安汽车科技学院教授）

颜培钦　（广东交通职业技术学院汽车机械系主任，副教授）

项目策划：马乐惠　　**策　　划：**马武装　毛红兵　马晓娟

前　言

本书是根据高职高专机械类非机制专业教学改革的需要，并参照目前专业教学的基本要求和培养目标，在总结并融入作者多年教学经验和重点课程建设经验的基础上编写的一本教材。

本着培养学生能力、提高教学效率的思想，本书对传统的“金属切削原理与刀具”、“金属切削机床”、“机械制造工艺学”、“机床夹具设计”等课程的内容进行了有机的融合和整理，综合为一门课程。本书的内容设置，不但考虑了各专业对机械制造工艺知识需要的“量”和“度”，而且还尽量做到和后续各专业课的衔接，避免了教学内容的重复，更加突出重点，以保证在有限的学时内，能够让学生对机械制造工艺过程有一个全面、系统的认识。书中适当增加了现代新工艺、新技术、新材料的内容，并尽可能地与传统知识融汇结合，拓宽知识面，以跟上现代机械制造发展的步伐。

此外，本书在编写过程中努力做到对各章重要的知识点通过示例给予分析与强调，尽量做到内容丰富，深度适中，教师好用，学生好学。全书的技术术语、名词、符号及计量单位均采用新标准。全书共分四章，各章后均附有复习思考题，使用时可根据需要加以选择。本书的授课学时为70～80学时，各专业在教学中可根据自己的专业特点和学时情况，自行取舍部分内容。

本书可作为高职高专院校机械类和机电类各专业教材，也可作为非机类和近机类本科教材。

本书由北华航天工业学院郑广花主编。具体编写分工如下：第1章、第2章由郑广花编写，第3章由刘京秋编写，第4章由王秋林编写，全书由郑广花负责统稿和校稿。

在编写本书的过程中，北华航天工业学院王怀明教授、刘新宇、张莉英、丁红军以及景晓华老师都给予了大力支持和帮助，并提出了宝贵意见，在此表示诚挚的谢意。

限于编者水平有限，书中难免有错误和不妥之处，恳请广大读者批评指正。

编　者

2006年1月

目　录

绪　论

制造业是将可用资源、能源与信息通过制造过程转化为可供人们使用的工业品或生活消费品的行业。机械制造业的主要任务就是完成机械产品的决策、设计、制造、装配、销售、售后服务及后续处理等，它为国民经济各行业提供各种生产手段，担负着为国民经济建设提供生产装备的重任。因此，机械制造产业的技术水平直接决定着国民经济其他产业的竞争力和经济效益。在战时，机械制造业为国防提供所需的武器装备，所以机械制造业也是国防安全的重要基础，世界军事强国无一不是装备制造业强国。历史证明，哪一个国家不重视机械制造工业，就会遭到历史的惩罚。

美国在机械制造技术上长期处于领先地位，而在第二次世界大战后，美国却出现了“制造业是夕阳产业”的观点，忽视了对制造业的投入，新技术研发不力，对机械制造专业人才培养不重视，以致工业生产下滑，出口锐减，工业品进口激增。而日本则大力支持机械制造工业的发展，两国的政策形成鲜明对比，后果极为明显，在各方面均有体现：20 世纪 70 年代和 80 年代两国在汽车和微电子工业的竞争中，日本的汽车、摩托车、电视机、录音录像机、照相机等产品不仅抢占了美国原来占有的国际市场，而且还大量进入美国国内市场，尽管很多技术是美国首创或首先从美国发展起来的，如微电子、家电等。美国在重要而又高速增长的技术市场上失利的一个重要因素是没有将自己的技术应用在制造业上，所以必须重新重视制造技术，而不是将制造列入到从属设计工程或设计风格的地位上。自 20 世纪 80 年代以来，由于给予了充分重视，美国的机械制造业在近年有所振兴，汽车、机床、微电子工业又重新获得了较大的发展。可见，机械制造业是国家经济实力和科技水平的综合体现，是国民经济赖以发展的基础，是每个国家任何时候都不能掉以轻心的关键行业。

把机械制造业称为“日不落行业”并无夸大之词，因为它始终不渝地陪伴着人类：从人类始祖开始使用和制造工具，到蒸汽机的制造与广泛应用，直至当今位于科技前沿的热门技术，如计算机、信息、微电子、航空航天、海洋、生物工程、先进武器等，也都是以机械制造业提供的技术和设备为后盾的，日常生活领域如汽车、家用电器等现代社会的消费品也是以机械制造业为支撑的。

经过近两个世纪的发展，人类向机械制造的精度和效率不断提出更高的要求，促进机械制造业(冷加工)正朝着下面三个方向发展：

① 加工技术向高度自动化、信息化、集成化方向发展，柔性制造系统(FMS)、计算机集成制造系统(CIMS)以及敏捷制造等先进制造技术都在改造着传统制造业并迅速向前

发展。

② 加工技术向精密和超精密方向发展，以超精密加工和纳米技术为代表。

③ 机械加工工艺方法多元化，除了传统的切削与磨削技术仍不断发展外，还出现了许多种特种加工技术和工艺，使加工领域不断扩展，使过去加工的“不可能”变为“可能”，使原来的加工“困难”变得“容易”。

我国的机械制造业起步较晚，但在解放后的50多年间已经取得了巨大进步，在机床的产量、品种、先进性等方面都得到了高速发展，同时与制造设备同步发展的还有刀具制造技术和工艺手段。我国的机械制造业已经达到了一定的规模和水平，拥有了自己独立的汽车工业、造船工业、航空航天工业等技术难度较大的机械制造工业。特别是改革开放以来，我国机械制造业充分利用国内外两方面的资金和技术，进行了大规模的技术改造，技术水平、产品质量及经济效益有了更大提高，为推动国民经济发展起到了重要作用。但是，和目前工业发达的国家，如美国、英国、日本等国相比较，我国还有很大差距，尤其是在一些高技术领域，如数控机床的自动化程度、机床的精密程度、功能范围等方面。在刀具方面，超硬刀具应用及材料的研制仍处于初级阶段，新型刀具和精密刀具比例较小；在加工工艺研究和应用(尤其是超精密加工)、自动化管理等方面，我们还处于起始阶段。因此，我国的机械制造业必须加大投入，尽快培养该领域的高水平人才，提高现有人员的素质和水平，励精图治、奋发图强，以振兴和发展中国的机械制造业为己任，使我国的机械制造业尽快赶超世界先进水平。

目前，人们对制造技术的理解有广义和狭义两种。广义的制造技术涉及生产活动的各个方面，包括从产品决策、设计、制造、销售到售后服务及后期处理的全过程；狭义的制造技术则重点指产品制造。本书讨论的主要内容属于狭义制造(也称“小制造”)的范畴，这是由本课程的任务决定的。

本课程的主要内容包括：

(1) 机械制造基础知识，主要介绍金属切削过程中存在的现象和规律，如何通过改变加工变量以达到控制切削过程以及达到加工目的的方法和途径。

(2) 机械加工机床和表面加工方法，主要介绍生产中常用的加工设备及其工艺范围，使读者能根据零件特点、表面形状和技术要求来选择合适的加工设备和加工方法，实现高质量和低成本加工的目的。

(3) 机械加工工艺过程的制定，主要介绍确定零件加工工艺过程的具体方法和原则，学完本章内容后应初步具备制定中等复杂程度零件加工工艺的能力。

(4) 机床夹具，作为影响零件加工效率和保证质量不可缺少的辅助装备，机床夹具在加工中起着非常重要的作用。本部分主要介绍夹具的工作原理和设计方法，使大家初步掌握常用机床夹具的设计原理和方法，并能做到触类旁通，学会类似工装的设计。

本课程的特点是综合性强，实践性强，工艺灵活性强。所以在学习时一定要理论联系实际，注重实践，从实践中去体会理解，去学习书本上难以学会的东西，并学会发现问题，总结提高，学会灵活运用，用所学知识去指导生产。

为配合本课程的学习，应安排必要的实验和生产实习，这样才能做到真正掌握所学知识。此外，安排恰当的现场课也可起到事半功倍的效果。

第 1 章　金属切削加工基础知识

任何机器或装置都是由许多相互关联的零件组成的，机器的质量和成本在很大程度上取决于其组成零件，因此，保证零件的质量是获得高质量机器的基础。

目前，使零件成形的方法主要有下面几种：① 变形加工，目前应用较多的有精密铸造、精密锻造、冷挤压、粉末冶金、快速成型等。② 结合加工，又分附着、注入、连接等几种形式。由于以上两种方法制作的零件其加工精度和表面质量或强度不高，因而其使用范围有限。③ 分离加工，即采用切除材料使零件最终成形的方法，又分内切削和外切削两种方式。其中外切削在机械制造中应用最为广泛，习惯称之为切削加工。切削加工是机械制造的基础，它可以获得各种精度范围的加工表面，各种机械产品中精度较高的零件通常都需要用切削加工的方法来获得。据估计，在 21 世纪，切削加工仍将占机械加工工作量的 90%以上，它仍是机械制造工业的主导加工方法。因此，一个国家的切削加工工艺水平，基本代表了这个国家制造业的水平。本书主要针对切削加工工艺方法和规律进行讨论。

本章主要介绍金属切削过程、在这个过程中存在的各种物理现象以及影响这些现象的因素和规律，从而让读者掌握控制金属切削过程的方法，以高质量、高效率、低成本获得所需要的加工表面。

1.1　切削加工概述

1.1.1　切削加工的基本概念

切削加工就是利用切削刀具从工件上切除多余材料的加工方法。

切削加工一般分为钳工和机械加工（简称机工）。钳工是指以手持工具为主在工作台上对工件进行加工的方法，主要包括划线、錾削、锯、锉、刮、铰孔、攻丝和套扣等。机械维修和装配通常也属于钳工范围。机械加工一般是指在机床上用各种刀具去除工件材料的方法，主要包括车、铣、钻、镗、拉、磨、刨以及精密和特种加工等方法。目前，切削加工正朝着高精度、高效率、自动化、柔性化、绿色无污染等方向发展。

虽然切削加工的方法很多，但却有着共同的现象和规律。研究这些现象和规律，对于合理进行切削加工，保证零件的加工质量，提高效率，降低成本，保护环境都有着重要的意义。

1.1.2 切削运动和切削要素

1. 切削运动

从几何学来看，零件上的每个表面都是由一条母线沿一条导线运动的轨迹形成的，如图 1-1 所示。切削加工时，零件的实际表面就是根据这一原理，通过刀具与工件之间的相互作用和相对运动，切除多余的金属形成的，我们通常就把刀具和工件之间的这种运动称为切削运动。切削运动是由金属切削机床实现的。

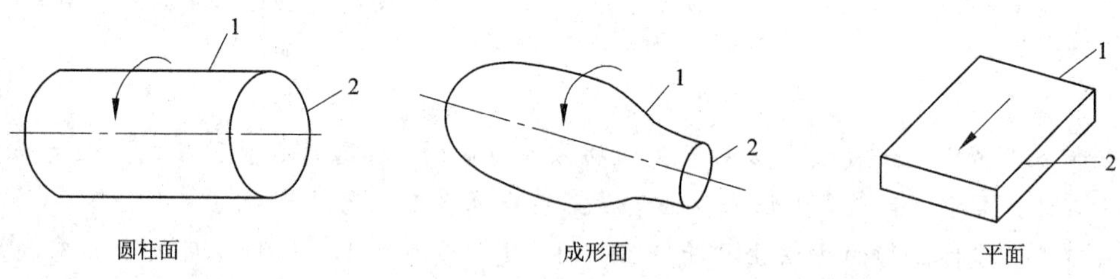

1—母线；2—导线

图 1-1 零件表面的形成原理

切削运动一般由主运动和进给运动组成。

1）主运动

主运动是切下切屑所需的最基本的运动，其特点是速度最高，消耗功率最多。切削加工时主运动只有一个。例如图 1-2 中所示，车削加工时车床主轴带动工件的旋转运动、钻孔时钻头的旋转运动、铣削加工时铣刀的旋转运动、磨削时砂轮的旋转运动等都是主运动。

2）进给运动

使金属层不断投入切削，从而加工出完整表面的运动称为进给运动。其特点是速度较低，消耗功率较少。不同的加工方法，需要的进给运动的数量可能不同，因此进给运动可能有一个、两个或多个。例如图 1-2 所示，车削外圆时刀具的纵向移动、铣削平面时工件的连续直线运动、钻孔时钻头的轴向直线运动、磨削外圆时工件的旋转和砂轮的横向进给以及工件的纵向往复直线运动等都是进给运动。

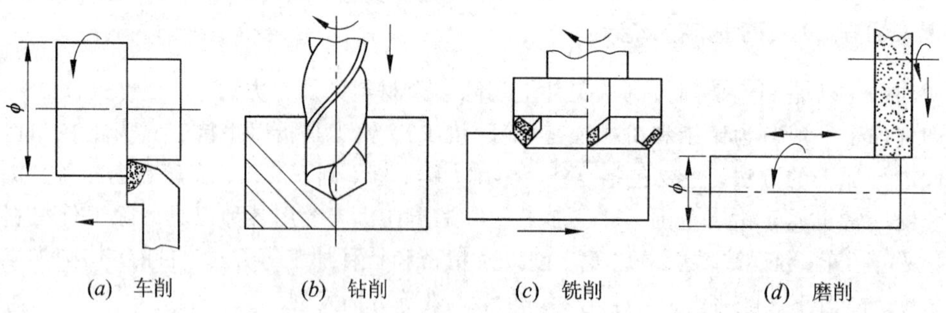

图 1-2 切削运动

各种切削加工机床都是为了加工某种表面而发展起来的，因此都有特定的运动。

切削过程中，工件上会出现三种表面，以车外圆为例（如图 1-3 所示），它们分别是：

（1）待加工表面：工件上即将被切去金属层的表面；

(2) 已加工表面：工件上切去一层金属后所形成的新表面；

(3) 加工表面：工件上正在被切削刃切削的表面，即已加工表面和待加工表面之间的过渡表面。

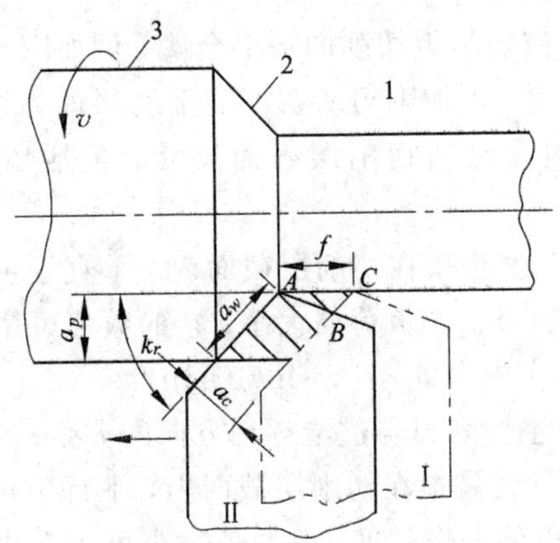

1—已加工表面；2—加工表面；3—待加工表面

图 1-3　车削时工件上形成的表面及切削要素

2. 切削要素

切削要素是描述切削过程常用的几个参数，它包括切削用量要素和切削层几何参数。

1) 切削用量要素

切削用量要素指切削时各运动参数的数值，包括切削速度、进给量和背吃刀量，统称切削用量三要素(如图 1-3 所示)。它们是调整机床运动的依据。

(1) 切削速度 v。切削速度是单位时间内工件和刀具沿主运动方向的相对位移。如果主运动为旋转运动，v 可用下式表示：

$$v=\frac{\pi dn}{1000\times 60}(\mathrm{m/s})$$

式中：d——工件待加工表面的直径，或刀具、砂轮的直径(mm)；

n——工件或刀具的转速(r/min)。

如果主运动为直线运动(如拉、插、刨等)，则切削速度为直线运动的平均速度，可用下式计算：

$$v=\frac{2Ln_r}{1000\times 60}(\mathrm{m/s})$$

式中：L——往复直线运动的行程长度(mm)；

n_r——主运动每分钟往复的次数(次/min)。

(2) 进给量 f。在主运动的一个运动循环内，刀具与工件沿进给运动方向的相对位移称为进给量。例如，车削时，进给量是指工件转一圈，车刀在进给运动方向移动的距离，单位是 mm/r；铣削时的进给量是指铣刀每转一圈，工件在进给运动方向上移动的距离。

(3) 背吃刀量 a_p。背吃刀量是指待加工表面和已加工表面之间的垂直距离。车外圆时

$$a_p=\frac{d-d_w}{2}$$

式中：d、d_w——工件待加工表面和已加工表面的直径(mm)。

钻孔时背吃刀量为钻头直径的一半。

2）切削层几何参数

切削层是指工件上正在被切削刃切削的一层金属。例如图 1 - 3 所示，车外圆时，工件转一圈，车刀移动一个 f 距离，主切削刃所切下的金属层即为切削层。切削层参数是在与主运动方向相垂直的平面内度量的切削层截面尺寸，包括切削厚度、切削宽度和切削面积。

（1）切削厚度 a_c。切削厚度是指在切削层截面内，垂直于主切削刃方向所测得的切削层尺寸。切削厚度代表了切削刃工作负荷的大小，它的数值可用下式表示：

$$a_c = f \sin k_r (\text{mm})$$

式中：k_r——车刀的主偏角(主切削刃与进给运动方向的夹角)。

（2）切削宽度 a_w。切削宽度是指在切削层截面内，平行于主切削刃方向所测得的切削层尺寸。切削宽度等于切削刃的工作长度，其数值大小可用下式表示：

$$a_w = \frac{a_p}{\sin k_r} (\text{mm})$$

（3）切削面积 A_c。忽略残留面积(图 1 - 3 中三角形 ABC 面积，残留在已加工表面上)，切削面积就是切削层截面的面积，其数值大小可用下式表示：

$$A_c = a_c \cdot a_w = f \cdot a_p (\text{mm}^2)$$

在切削速度一定时，切削面积代表了切削加工的生产率。从上式可以看出，在 f、a_p 一定时，通过调整 k_r 大小，可以改变切削层截面的形状，使 a_c、a_w 发生变化。这样，在保证生产率不变的情况下，可以改善切削刃的负荷，减少残留面积的高度，从而改善切削过程，提高加工质量。

1.1.3 刀具结构和刀具材料

金属切削过程中，刀具的种类繁多，形状各异，但它们切削部分的几何形状都是以普通外圆车刀切削部分的几何形状为基本形态的。普通外圆车刀是所有刀具中最简单、最典型、应用最广泛的刀具，其他刀具不论外形多么复杂，都可以看成是由普通外圆车刀演变和组合而成的。因此，研究刀具时，总是以普通外圆车刀为基础。

1. 车刀的组成

车刀是由刀头和刀柄两部分组成的，如图 1 - 4 所示。刀柄用来将车刀装夹在机床刀架上，刀头用来对工件进行切削，所以刀头又称刀具的切削部分。

车刀的切削部分由以下几部分组成：

1）三个表面

前刀面：刀头上切屑流走所经过的刀面，即与切屑相接触的刀面。

主后刀面：刀头上与加工表面相对的刀面。

副后刀面：刀头上与已加工表面相对的刀面。

2）两个刀刃

主切削刃：前刀面和主后刀面的交线，通常由它承担主要的切削工作。

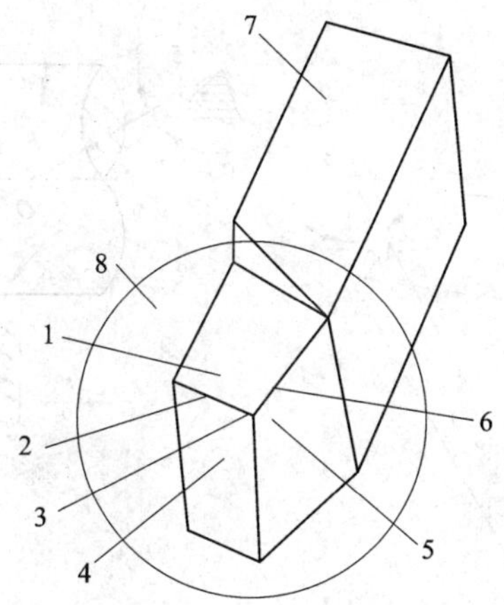

1—前刀面；2—副切削刃；3—刀尖；4—副后刀面；5—主后刀面；
6—主切削刃；7—刀柄；8—刀头

图 1-4　车刀的组成

副切削刃：前刀面与副后刀面的交线，通常靠近刀尖处的副切削刃起微量的切削作用。在大进给量切削时，副切削刃也起较大的切削作用。

实际上，为了保证刃口强度，刀刃并不是理想的几何直线，而是磨出一定刃口圆弧。

3) 刀尖

刀尖是主、副切削刃的交点。为了提高刀尖的强度，通常把刀尖磨成很短的直线或圆弧。

2. 刀具角度

为了描述和确定上述刀面和刀刃的空间位置，需要引入刀具角度的概念。刀具角度是用来描述刀具切削部分结构形状的几何参数。

1) 建立参考坐标系

为了正确表示车刀的几何角度，先要引入辅助平面，建立空间坐标系。

为了简化分析，假设车削时只有主运动，刀杆安装成与工件中心线垂直，且刀尖与工件中心线等高的状态，这种假设状态通常被称为“静止状态”。此状态下确定的辅助平面构成的参考坐标系是车刀刃磨、测量和标注角度的基准。最基本的参考坐标系是主剖面参考坐标系，它由基面、切削平面、主剖面组成，如图 1-5(a)所示。

(1) 基面。基面是通过主切削刃上的选定点，并与该点切削速度方向相垂直的平面。如果没有特殊注明，选定点一般是指切削刃上与刀尖毗邻的点。可以看出，基面平行于车刀底面，它是制造、刃磨和测量车刀的基准面。

(2) 切削平面。切削平面是通过主切削刃上的选定点并与工件加工表面相切的平面，即与切削刃相切并包含该点切削速度方向的平面。切削平面垂直于基面。

(3) 主剖面。主剖面是通过主切削刃上选定点并与主切削刃在基面的投影相垂直的平面，如图 1-6 所示。

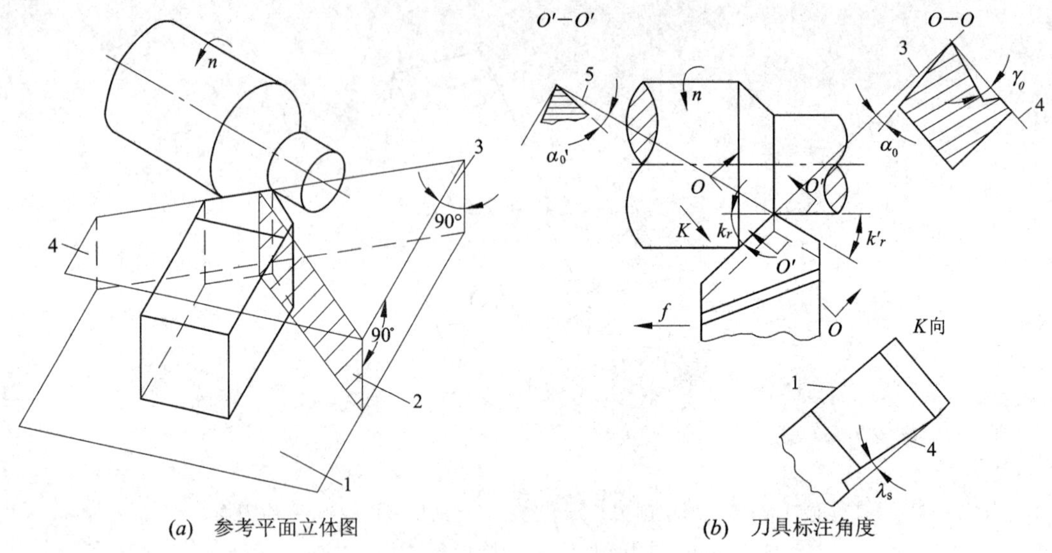

(*a*) 参考平面立体图　　　　(*b*) 刀具标注角度

1—刀杆底面；2—主剖面；3—切削平面；4—基面；5—副切削平面

图 1-5　外圆车刀的辅助平面和主要角度

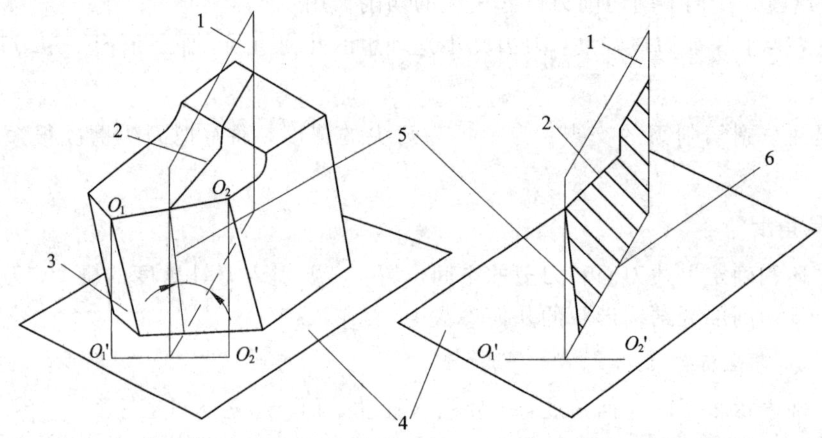

1—主剖面；2—主剖面与前刀面交线；3—切削平面；4—刀杆底面；5—主剖面与后刀面的交线；6—主剖面与刀杆底面的交线；O_1O_2—主切削刃；$O_1'O_2'$—主切削刃在基面上的投影

图 1-6　车刀的主剖面

以上三个辅助平面互相垂直正交，构成了一个空间坐标系，我们称该坐标系为主剖面参考坐标系。

对于副切削刃上的选定点也可以用同样的方法建立类似的坐标系。

2）车刀几何角度的定义

车刀的标注角度是在刀具图样上标注的角度，也是制造、刃磨刀具时需要控制的角度。车刀有六个独立的主要角度，分别是前角 γ_0、后角 α_0、主偏角 k_r、副偏角 k_r'、刃倾角 λ_s、副后角 α_0'，如 1-5(*b*)所示。

(1) 前角 γ_0。前角在主剖面内测量，是前刀面与基面之间的夹角。前角表示前刀面相对基面的倾斜程度，它影响主切削刃的锋利程度和刃口的强度等。

(2) 后角 α_0。后角也在主剖面内测量，是后刀面与切削平面之间的夹角。后角表示后刀面相对于切削平面的倾斜程度，影响着后刀面与加工表面之间的摩擦、刃口的锋利程度和刃口强度等。

(3) 主偏角 k_r。主偏角在基面内测量，是主切削刃在基面的投影与刀具进给运动方向的夹角。主偏角表示主切削刃对刀具进给方向的倾斜程度。它的大小影响着刀头的强度、单位长度刀刃上的负荷和受力情况等。

(4) 副偏角 k_r'。副偏角也在基面内测量，是副切削刃与进给运动反方向之间的夹角。副偏角影响着已加工表面粗糙度、刀头的受力情况和刀尖强度等。

(5) 刃倾角 λ_s。它在切削平面内测量，是主切削刃与基面之间的夹角。刃倾角表示主切削刃对基面的倾斜程度。它影响着切屑流向、刀头强度和刀头受力等。

(6) 副后角 α_0'。它在副剖面内测量(过副切削刃上选定点并垂直于副切削刃在基面上的投影的平面称为副剖面)，是副后刀面与副切削平面之间的夹角。该角表示副后刀面相对于副切削平面的倾斜程度。

在刀具的几个主要角度中，前角 γ_0、刃倾角 λ_s 均有正、负之分。前角 γ_0 的正负是相对基面而言的，如图 1－7 所示：在主剖面中，前刀面与基面平行时前角为 0°；前刀面与切削平面夹角小于 90°时，前角为正；大于 90°时，前角为负。刃倾角 λ_s 的正负通常由刀尖在主切削刃上的位置确定，如图 1－8 所示：当切削刃与刀杆底面平行时刃倾角为 0°；刀尖处于切削刃的最高点时，刃倾角为正；刀尖处于最低点时，刃倾角为负。

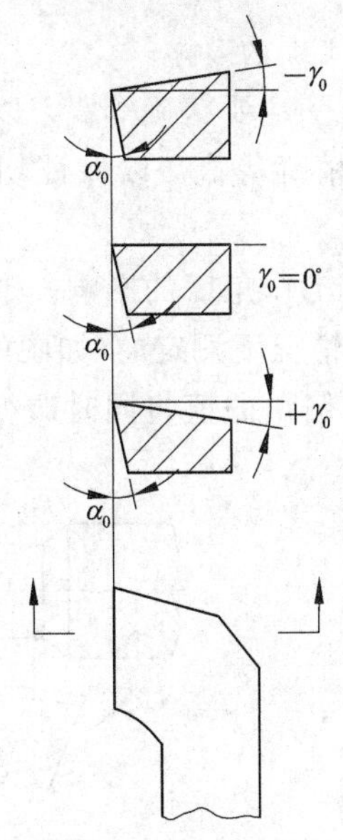

图 1－7　车刀前角的正负

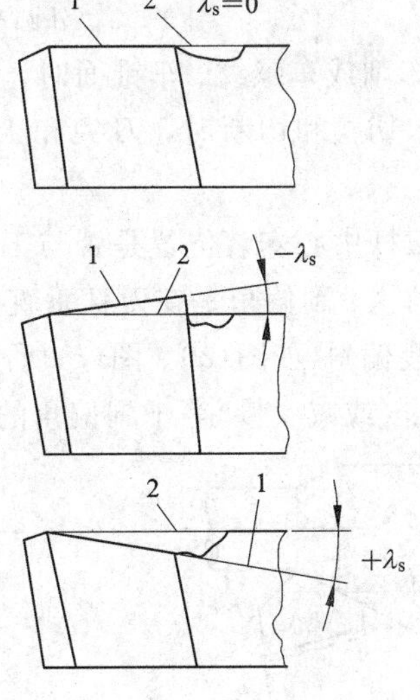

1—主切削刃；2—基面

图 1－8　刃倾角的正负

以上刀具角度决定了刀具切削部分的几何形状，它们对切削过程有很大影响。切削加工时必须合理确定其数值，并标注在刀具工作图上。

3）刀具的工作角度

如上所述，车刀的标注角度是在静止状态下建立的坐标系中确定的几何角度，但在实际切削过程中，刀具的安装位置会和静止状态有所不同，进给运动也是存在的，这样会导致刀具和工件相对运动方向发生变化，从而使实际参考坐标平面的位置随之变化，最终会导致刀具的实际切削角度与标注角度不相同。刀具切削时的实际切削角度称为刀具的工作角度。通常情况下，刀具工作角度与标注角度差别不大，可以忽略这种变化对加工过程造成的影响。但在某些情况下，两者相差较大，其影响不可忽视。设计刀具时，一般先考虑工作角度有一合理数值，然后推算出刀具的标注角度。

刀具的工作角度值受刀具安装位置和进给运动影响。

(1) 刀尖安装位置高低对刀具工作角度的影响。如图 1－9 所示，当车刀刀尖和工件中心线等高时(如图(*b*)所示)，基面与刀杆底面平行，切削平面与刀杆底面垂直。如果刀尖安装的位置高于(如图(*a*)所示)或低于工件中心线(如图(*c*)所示)，则基面和切削平面发生倾斜，从而引起切削角度发生变化。当刀尖安装位置高于工件中心线时，前角增大，后角减小；当刀尖安装位置低于工件中心线时，则角度的变化相反。

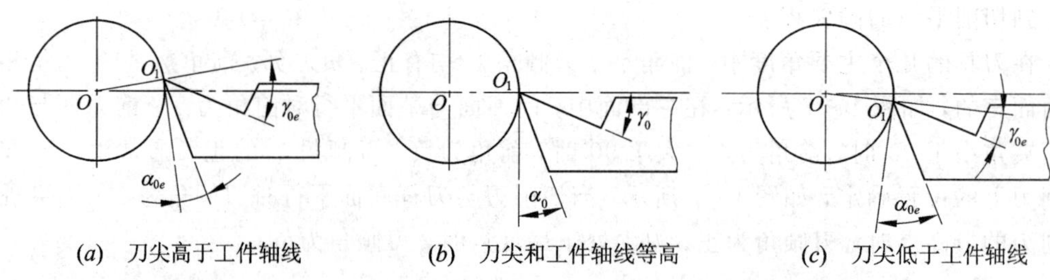

图 1－9　外圆车刀刀头安装位置对前、后角的影响

成形车削或车螺纹、车锥面时，刀尖和工件的中心线一定要精确等高，以保证加工表面的形状。切槽和切断时，刀尖和工件的中心线也必须精确等高，以保证切削加工顺利进行。

(2) 刀杆中心安装位置是否与工件中心线垂直对刀具工作角度的影响。如图 1－10 所示，车刀的主、副偏角是在刀杆垂直于工件中心线方向的情况下测定的(如图(*b*)所示)，如果刀杆安装偏斜(如图(*a*)、图(*c*)所示)，则实际的主、副偏角的值将同时改变，并且主偏角的增加量(或减少量)等于副偏角的减小量(或增加量)。

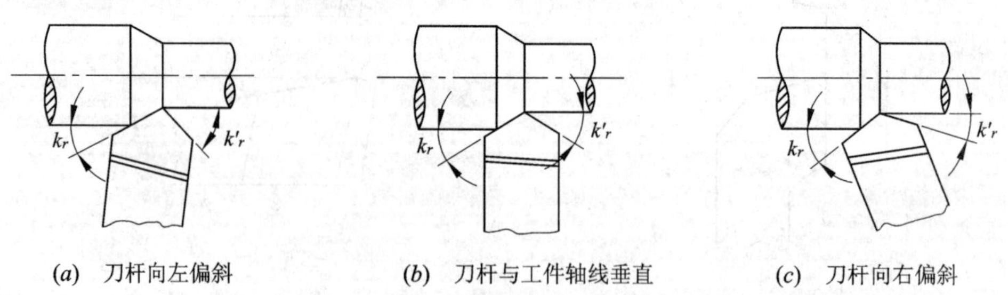

图 1－10　刀杆安装偏斜对主、副偏角的影响

(3) 进给运动对刀具工作角度的影响。在车削过程中，由于进给运动的影响，工件上的加工表面实际上是一个螺旋面，如图 1－11 所示。这样，实际切削平面和基面相对于其静止状态所在的位置偏离了一个螺旋升角 ϕ，从而造成实际工作前角增加了一个 ϕ 角，而

实际工作后角减小了一个 ϕ 角。

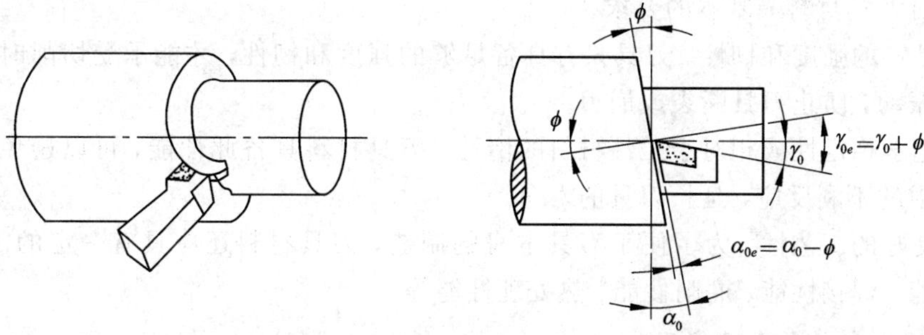

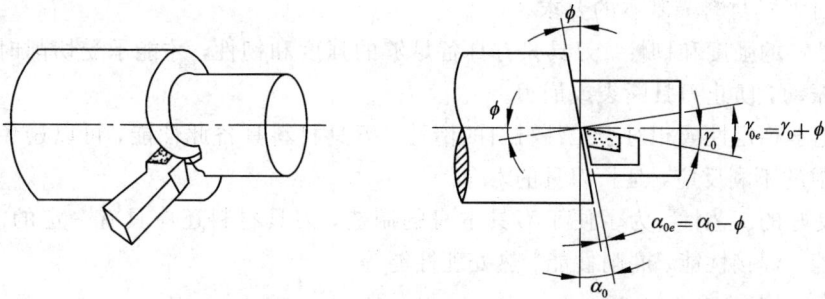

图 1－11　进给运动对车刀实际工作前角和后角的影响

一般车削加工时，进给量值比工件直径小得多，所以进给运动所形成的螺旋升角也很小，其对加工过程的影响常常可以忽略。但是在车削多头螺纹或大螺距螺纹时，因进给量值较大，故必须考虑由此引起的角度变化对加工过程的影响。

4）其他典型车刀的角度

在实际生产中，除普通的外圆车刀外，常用车刀还有端面车刀、切断刀、镗孔车刀等，其主要角度标注如图 1－12 所示，供大家学习时参考。

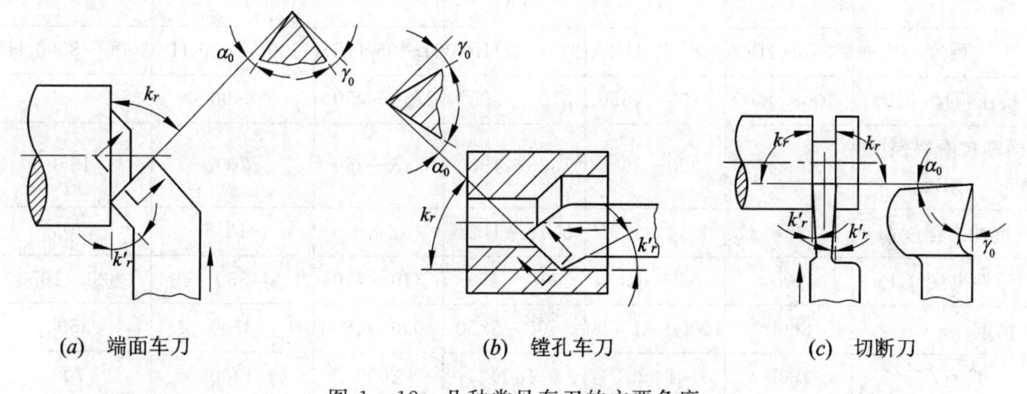

图 1－12　几种常见车刀的主要角度

3. 刀具材料

在切削过程中，刀具能否胜任切削工作，不仅与刀具切削部分的几何参数有直接的关系，而且还取决于刀具切削部分材料的性能。刀具材料的性能是刀具切削能力的重要基础。实践证明，刀具材料的切削性能直接影响刀具的寿命及加工的生产率和经济性。

1）刀具材料应具备的性能

切削加工时，刀具和工件直接接触并发生相互作用，刀具要在强力、高温、高压和剧烈摩擦条件下工作，同时还要承受冲击和振动。因此，刀具材料应满足以下基本要求：

(1) 高硬度。刀具材料的硬度应高于工件材料的硬度，一般认为至少应高于工件材料 1.3～1.5 倍，以便切入工件。特别是刀具材料在高温下仍需保持足够的硬度(称为热硬性或耐热性)，以使刀具在切削加工的温度下，仍能保持顺利加工的能力。热硬性是刀具材料能否胜任切削工作的关键性能，也是评定刀具材料性能好坏的最重要的指标。刀具的热硬性通常用耐热温度表示。

(2) 高耐磨性。刀具材料必须具有高的耐磨性，这样才能抵抗剧烈摩擦造成的损失。耐磨性是对刀具材料最基本的要求。

(3) 足够的强度和韧性。刀具只有具备足够的强度和韧性，才能承受切削时产生的巨大压力和振动，防止刀具断裂或崩刃。

(4) 化学稳定性或相对于工件材料的惰性。刀具材料具备此性能，可以避免发生任何使刀具磨损的不利反应，延长刀具的寿命。

(5) 良好的工艺性。为了便于刀具本身的制造，刀具材料还应具有一定的工艺性能，如切割性能、焊接性能、磨削性能、热处理性能等。

2) *刀具材料的种类及应用*

在过去的一个世纪，随着材料制造技术的发展，开发出了很多种类型的刀具材料，其中应用最为广泛的有高速钢、硬质合金、陶瓷和立方氮化硼(CBN)、金刚石等。生产中常用刀具材料的主要性能见表1－1。下面对常用刀具材料按其被开发应用的顺序对其主要性能和应用情况进行简单介绍。

表1－1　常用刀具材料的主要性能

性　能	高速钢	硬质合金		陶瓷	立方氮化硼	单晶金刚石
		WC	TiC			
硬度	83～86 HRA	90～95 HRA	91～93 HRA	91～95 HRA	4000～5000 HK	7000～8000 HK
抗压强度/MPa	4100～4500	4100～5850	3100～3850	2750～4500	6900	6900
横断抗断裂强度/MPa	2400～4800	1050～2600	1380～1900	345～950	700	1350
抗冲击强度/J	1.35～8	0.34～1.35	0.79～1.24	<0.1	<0.5	<0.2
弹性模量/GPa	200	520～690	310～450	310～410	850	820～1050
密度/kg・m^{-3}	8600	10000～15000	5500～5800	4000～4500	3500	3500
熔点/℃	1300	1400	1400	2000	1300	700
热导率/(W/(m・K)$^{-1}$)	30～50	42～125	17	29	13	500～2000
热胀系数/(×10^{-6}/℃)	12	4～6.5	7.5～9	6～8.5	4.8	1.5～4.8

注：聚晶金刚石除了抗冲击强度较高外，其他数据一般较单晶金刚石低。

(1) 工具钢。工具钢是最古老的刀具材料，已经广泛应用于机械加工。虽然这种材料价格便宜，容易成形和磨得锋利，但是由于其在高速机加工条件下不具备足够的热硬性和耐磨性，所以一般只限于制作手工刀具和非常慢速机加工条件下使用的刀具，如锯条、挫刀等。

(2) 高速钢。高速钢又名锋钢或风钢。它在1900年出现时，由于材料的耐热性能大大提高，使得刀具可以在较高速度下进行切削，所以当时机床有条件进行了全面改型设计，诸如主运动和进给运动速度大大提高，使用较重型轴承及增大电机功率等，当时所谓的“高速钢”的名字出现并一直沿用至今。高速钢具有很高的强度和韧性，热处理后的硬度为

63～70 HRC，耐热温度可达 500～650℃，允许的切削速度为 40 m/min，而且具有很好的工艺性，刃口容易磨得非常锋利。因此，高速钢的应用非常广泛，特别适合用于制作各种形状复杂的刀具，如钻头、铰刀、拉刀、铣刀、螺纹加工刀具、齿轮加工刀具等。现在，通过调整化学成分，并改进冶炼技术和制作工艺方法，已经出现了能加工高强度、高温合金及钛合金等难加工材料的新型高速钢。

(3) 硬质合金。为了适应高速和高效率的加工要求，20 世纪 30 年代出现了硬质合金。它是以高硬度、高熔点的金属碳化物(WC、TiC)粉末(1～5 μm)为基体，以金属钴(Co)或镍(Ni)等作为粘接剂，用粉末冶金的方法制成的一种合金。它在很宽的温度范围内仍然具有很高的硬度(如图 1－13 所示)，但其韧性和工艺性不如高速钢，不能承受较大的冲击载荷，因此，硬质合金经常被做成各种形状的刀片，经焊接或机夹固定在各种刀杆上使用。

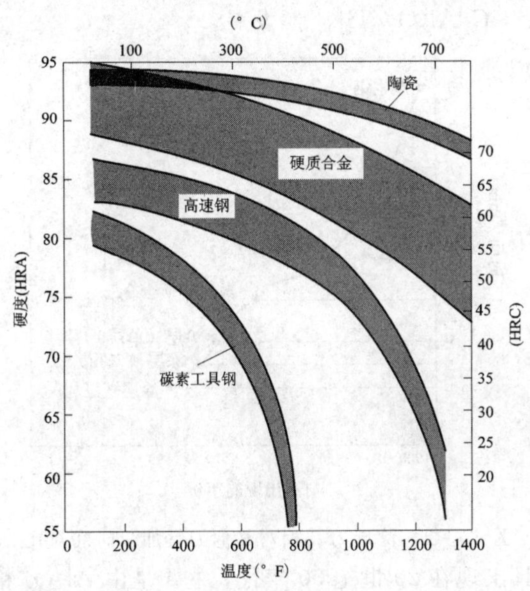

图 1－13　常用刀具材料在各种温度下的硬度

根据国家标准，硬质合金一般分为三个主要类别：

① P 类硬质合金(蓝色)，相当于旧牌号 YT 类硬质合金，适宜加工长切屑的黑色金属，如钢、铸钢等。其代号有 P01、P10、P20、P30、P40、P50 等，数字越大，韧性越好而硬度、耐磨性越低。一般粗加工可选用 P30，半精加工可选用 P10、P20，精加工可选用 P01。

② M 类硬质合金(黄色)，相当于旧牌号 YW 类硬质合金，适宜加工长切屑或短切屑的金属材料，如钢、不锈钢、铸铁、有色金属等。其代号有 M10、M20、M30、M40 等，数字越大，韧性越好而硬度、耐磨性越低。一般粗加工可选用 M30，半精加工可选用 M20，精加工可选用 M10。

③ K 类硬质合金(红色)，相当于旧牌号 YG 类硬质合金，适宜加工短切屑的金属材料或非金属材料，如淬硬钢、铸铁、塑料等。其代号有 K01、K10、K20、K30、K40 等，数字越大，韧性越好而硬度、耐磨性越低。一般粗加工可选用 K30，半精加工可选用 K10、K20，精加工可选用 K01。

现代纳米技术的发展，促进了超微细晶粒(＜0.5 μm)硬质合金刀具材料的出现和不断发展。与传统的硬质合金相比，这种硬质合金硬度更大，强度更高，更耐磨，有更高的生产率。用这种硬质合金可以制作加工微电子线路板上直径为 ϕ100 μm 孔的微钻头。

(4) 涂层材料。刀具涂层材料是20世纪60年代为了适应新型合金和工程材料(具有很高硬度和韧性、加工时容易和刀具材料发生化学反应而造成刀具磨损)加工需求而发展起来的。涂层技术多利用PVD(物理气相沉积)和CVD(化学气相沉积)工艺方法，把2～15 μm厚的涂层材料附着在硬质合金或高速钢刀片基体上，用来提高刀具的使用性能。涂层材料有很多种，常见的有TiN、TiC、TiCN、Al_2O_3、TiAlN、金刚石等。涂层材料一般具有很好的高温硬度、化学稳定性、低摩擦系数、高耐磨性、良好的抵抗破裂的能力和与基体材料良好的结合性等独特的性能，可以大幅度减少加工时间(如图1-14所示)和降低成本。一般涂层硬质合金刀具的寿命是未涂层硬质合金刀具寿命的10倍。目前，刀具涂层技术仍是提高刀具使用性能的一个良好途径和研究热点，今后的趋势是朝着性能更好的多相涂层(如TiC/Al_2O_3、TiC/Al_2O_3/TiN等)发展。

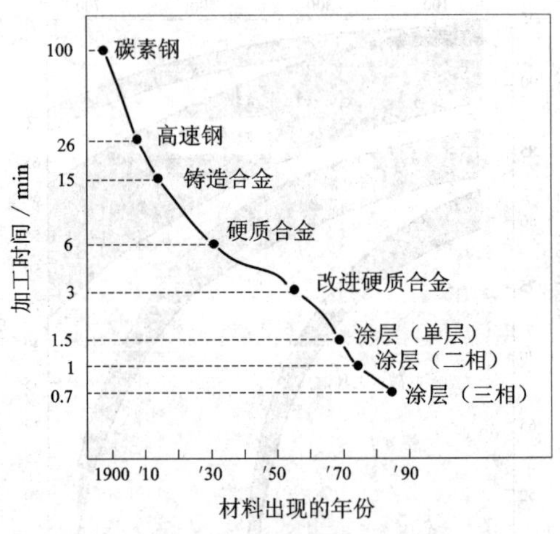

图1-14　涂层刀具相对其他刀具加工时间对比

(5) 陶瓷。陶瓷刀具出现在20世纪50年代，主要是由Al_2O_3精制粉加入耐高温的金属碳化物(如WC、TiC)和金属添加剂(如Ni、Fe)通过冷压成型(制成各种形状刀片)，再经过高温烧结制成的。这种材料具有很高的耐磨性和耐热性，比高速钢和硬质合金有更好的化学稳定性且切削过程中不易与工件材料发生粘接，因此形成积屑瘤的倾向更小，在加工铸铁和钢件时可以获得很好的表面质量。但是陶瓷材料的韧性和抗热冲击的能力较差，主要用于高速、连续切削加工，如精车和半精车。陶瓷刀具切削时一般采用干切削，否则就要大量、稳定、连续地使用切削液，以免热冲击造成刀具的破裂。

(6) 立方氮化硼(CBN)。这种材料于1962年出现，它是人工合成的一种高硬度材料，其硬度仅次于金刚石，可制成CBN刀片或在硬质合金基体上做成涂层(如图1-15所示)。CBN有很高的热稳定性，在1200℃时与铁系和多数金属不发生化学反应，特别适合用于加工高强度淬火钢和高温合金，也可以用来加工有色金属及其合金。因为CBN的脆性较大，所以对机床和夹具的刚度要求较高，以免在加工中产生振动和震颤，造成崩刃。此外，采用CBN刀具切削时，一般不使用切削液而采用干切削方式，特别是在断续加工的场合(如铣削)，避免热冲击造成刀具破裂。

(7) 金刚石。金刚石是世界上目前所知的材料中最硬的，而且金刚石具有低的摩擦系数、极高的耐磨性，可以磨得非常锋利并可以长时间保持，但这种材料的韧性和抗弯强度较差，热稳定性也较差，加之其价格昂贵，一般用于精密和超精密加工，特别是用于加工非铁族金属和难加工的非金属材料，如有色金属及其合金、陶瓷、玻璃等。金刚石刀具一般不推荐用于加工碳钢或钛、镍和钴基合金。由于单晶金刚石的价格昂贵且具有各向异性，因而在很多场合被人造聚晶金刚石(PCD)代替。近年来，为了提高金刚石刀片的强度和韧性，常把聚晶金刚石与硬质合金结合起来做成复合刀片，即采用高温高压工艺在硬质合金基体上烧结一层 0.5～1 mm 厚的聚晶金刚石，这样大大提高了刀片的综合性能。此外，金刚石还可以用来制作磨具和研磨工具，也可以作为涂层材料(如图 1－15 所示)。

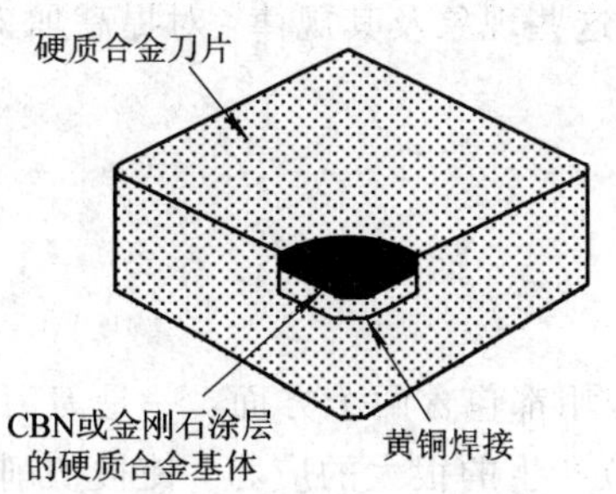

图 1－15　CBN 和金刚石涂层的硬质合金刀片

各种刀具材料的一般特性比较见表 1－2。

表 1－2　刀具材料的一般特性比较

性能＼材料	工具钢	高速钢	非涂层硬质合金	涂层硬质合金	陶瓷	立方氮化硼	金刚石
热硬性	递增 →						
硬度	递增 →						
抗冲击强度	← 递增						
抗磨损性	递增 →						
抗破裂性	← 递增						
切削速度	递增 →						
抗热冲击性	← 递增						
成本	递增 →						
切削深度	小至中等	小至深	小至深	小至深	小至深	小至深	非常小
可达到的粗糙度	粗糙	粗糙	好	好	很好	很好	极好
生产工艺	锻造，需热处理	锻造、铸造或烧结，需热处理	冷挤压及烧结，无需热处理	CVD、PVD	冷挤压或烧结，无需热处理	高温高压烧结	高温高压烧结、天然
制造方法	车削和磨削	车削和磨削	磨削		磨削	磨削和抛光	磨削和抛光

此外，随着工业上新型工程材料的不断出现，特别是针对一些新型以及复合材料加工，出现了使用晶须(例如 SiC 晶须)作为增强纤维的复合刀具材料。与传统的刀具材料比较，这种刀具具有更好的韧性、抗热冲击能力、高温硬度以及刃口强度等。

1.2 金属切削过程及其物理现象

切削工件时，刀具挤压被切削层金属，使之与工件分离变成切屑并获得所需表面的过程，称为切削过程。

在切削过程中会出现许多物理现象，其中比较突出的是切削变形、切削力、切削热、刀具磨损、加工硬化等，这些物理现象大多遵循一定的规律，对加工过程和加工质量都有一定影响。因此，进一步研究这些现象及其规律，对提高加工质量、降低加工成本、提高生产率都有着重要意义。

1.2.1 切削变形

1. 切削过程

任何刀具对被切材料的作用都包含两个方面：一是刀刃的作用，二是刀面的作用。刀刃依靠它与被切物体接触部位产生的很大的应力，使被切削层与基体分离，刀面则同时撑挤被切物。这是一般刀具作用的普遍规律。金属切削刀具也不例外，如图 1－16 所示，图(*a*)是錾子劈入金属的情形；图(*b*)是在工件侧面切下较薄的一层金属；如果把图(*b*)顺时针旋转 90°，就和刨削平面的情况近似了(如图(*c*)所示)。

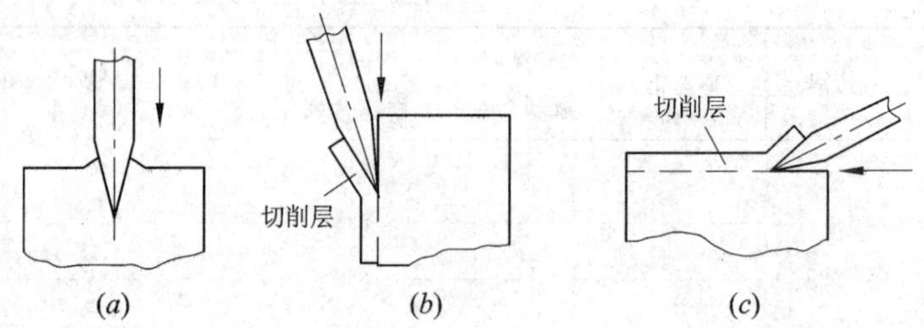

图 1－16　切削过程中刀具对工件作用示意图

虽然刀具切削金属与切削其他材料的作用方式相同，但是由于金属的强度、硬度高，因而为了保证刀具刃口有足够的强度，金属切削刀具前、后刀面之间的夹角(楔角)应该比较大。另外，为了减少刀具和被切工件材料之间的摩擦，金属切削刀具只用前刀面推挤金属材料。

综上所述，金属切削过程实质上就是工件受刀具刀刃和刀面的作用，产生塑性变形并最终使被切削层金属与基体分离的过程。伴随金属切削过程的很多物理现象都和此过程有关。

2. 切削变形

如图 1－17 所示，刀具在较低速度下切削塑性材料时，在刀具与工件开始接触的最初瞬间，工件内部产生弹性变形。随着切削运动的继续，刀刃和刀面对工件材料的作用加强，使金属材料内部的应力和应变逐渐增大，而且在与作用力大约成 45°方向上的切应力数值最大。当材料内部的应力达到材料的屈服极限时，被切金属层开始沿剪切应力最大的方向产生滑移，即开始塑性变形，OA 就表示始滑移面。下面以图中 S 点的滑移过程为例，说明被切削层金属的滑移过程：当 S 点移动到点 1 的位置时，由于 OA 面上剪切应力达到材料的屈服极限，点 1 在向前移动的同时，也沿 OA 面移动，其合成运动将使点 1 流动到点 2，$2'2$ 就是它沿滑移面的滑移量。之后按同理继续滑移到点 3、4、5 处。从始滑移面 OA 开始，由于金属塑性变形的缘故，OB 至 OE 滑移面上的剪切应力将依次升高，OE 面达到最大值，此时剪切应力达到材料的强度极限，被切金属层与工件基体分离，从而形成切屑沿前刀面流出，OE 称为终滑移面。点 5 之后 S 点的金属沿与前刀面平行的方向继续流动。图 1 - 17 中每一条滑移面上的剪切应力处处相等，不同滑移面上的应力大小不同。

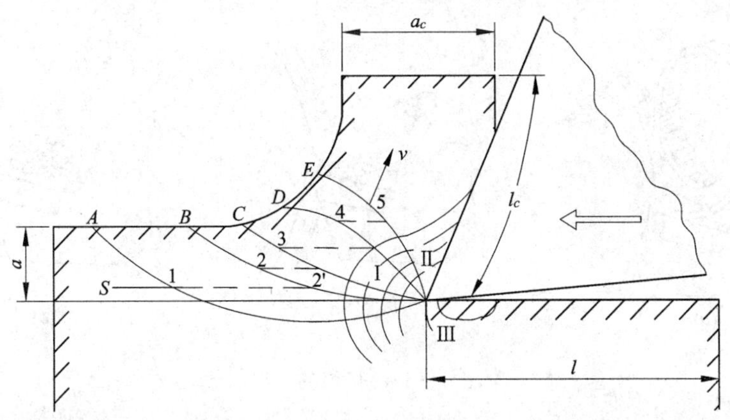

图 1 - 17　切削过程及切削变形

OA 滑移面左侧的金属处于弹性变形状态，OE 滑移面右侧的切削层金属变成切屑流走，OA 和 OE 所包围的区域称为基本变形区或第Ⅰ变形区，其宽度很窄，约为 0.02～0.2 mm。第Ⅰ变形区是切削过程中产生力现象和热现象的主要根源，机床提供的大部分能量主要消耗在这个区域。

当切屑沿前刀面流出时，受到前刀面的挤压和摩擦。在前刀面摩擦阻力的作用下，切屑与前刀面接触的底层金属进一步产生剪切变形，使这一薄层金属流动速度低于上层，产生所谓“滞留现象”。这个变形区域称为前刀面摩擦变形区或第Ⅱ变形区（如图 1 - 17 所示）。第Ⅱ变形区是造成刀具前刀面磨损的主要原因。

切削层金属经过第Ⅰ、Ⅱ变形区的挤压和摩擦变形，切屑的长度减小，厚度增加，这种现象称为切屑收缩。切屑收缩是切削层金属塑性变形的有力证据。切屑收缩的程度可用变形系数 ξ 来表示，用下式计算：

$$\xi = a_c/a = l/l_c$$

式中：a、l——切削层的厚度和长度；

a_c、l_c——切屑的厚度和长度。

显然，$\xi > 1$。

切削过程中，基本变形区的影响会深入到被切削材料基体的内部，加上刀具刃口半径和后刀面磨损等原因，使刀具刃口及后刀面对已加工表面产生进一步的挤压和摩擦，造成已加工表面上靠近刃口区域的金属产生进一步变形，刀具切削过后已加工表面金属的弹性变形恢复又加剧了这种挤压和摩擦，使这个区域的金属变形加剧，通常把这个区域称为后刀面摩擦变形区，即图 1 - 17 所示的第Ⅲ变形区。这个区域的变形程度和深度对已加工表面材料的强化和残余应力以及刀具后刀面磨损都会产生很大的影响。

切削变形最直观的结果就是产生不同类型的切屑、积屑瘤和已加工表面加工硬化等现象。

1）切屑类型

由于工件材料的性能不同，即使在相同切削条件下，切削层金属的变形程度也会不同。而相同的加工材料，又经常会在不同的条件下进行加工，因此，切削加工中就会产生不同类型的切屑。

常见的切屑类型分三种，如图 1 - 18 所示。

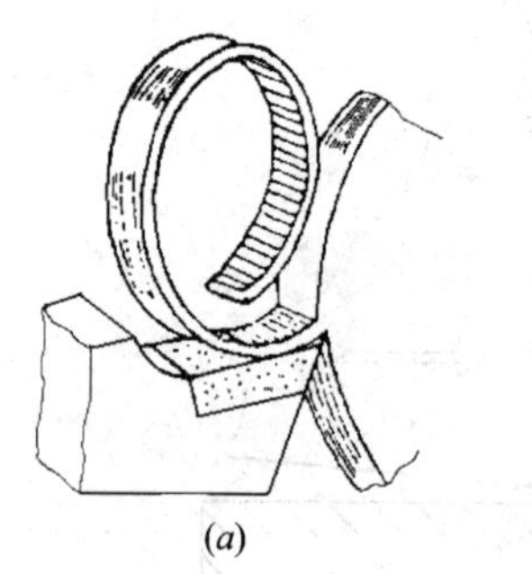
(*a*)

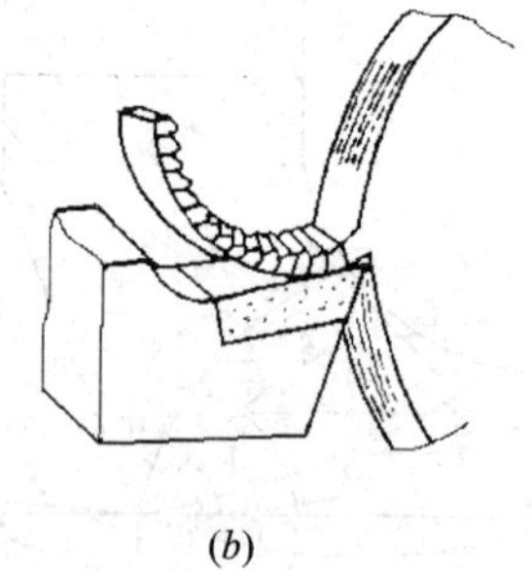
(*b*)

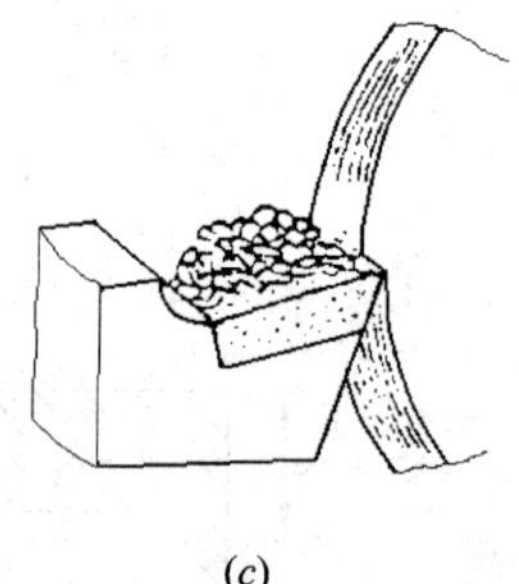
(*c*)

图 1 - 18　切屑的类型

（1）带状切屑。一般来说，当使用较大前角的刀具，以较小的进给量和背吃刀量，高速切削塑性材料时，形成带状切屑，如图 1 - 18(*a*)所示。这是因为切削层金属经过终滑移面 *OE* 时，产生的最大塑性变形尚未达到破裂的程度就被切离基体，所以切屑连绵不断地从前刀面流出。

带状切屑底面光滑，顶面呈毛茸状，切削力波动小，切削过程平稳，因此，加工表面较光洁。但是，带状切屑常常缠绕在工件或刀具上，易损坏刀刃和刮伤工件已加工表面，还常常给清理和运输切屑工作带来很大困难。因此，带状切屑的连绵不断经常成为影响切削过程的关键问题，比如在自动机或自动线上。为此，常常需要在刀具上设置各种形状和尺寸的断屑器或磨出卷屑槽，促使切屑折断或成卷，如图 1 - 19 所示。传统的断屑器就是在刀具的前刀面上装夹一金属片，利用它使切屑进一步卷曲并折断，如图 1 - 19(*a*)；现在大多数刀具或刀片的前刀面上都压出或磨出卷屑槽，以促进断屑，如图 1 - 19(*b*)；图 1 - 19(*c*)为切屑经卷屑后和工件相碰而折断的示意图；图 1 - 19(*d*)为切屑经卷屑后与刀具的后刀面相碰而折断的示意图。

（2）节状切屑。一般来说，采用较低的切削速度粗加工中等硬度的塑性材料（如中碳钢）时，容易形成节状切屑，如图 1 - 18(*b*)所示。这是因为切削层金属经过终滑移面 *OE* 时，塑性变形程度更加严重，其剪切应力达到了材料的强度极限，表面被一层一层挤裂成锯齿状，底层光滑。裂缝可能贯穿或不完全贯穿整个切屑厚度。如果裂缝贯穿整个切屑厚度，有时会断裂成一个一个的切屑单元，通常又称这种形态的切屑为单元切屑。由于形成节状切屑时切削层金属变形严重，切削力较大，并且有一定波动，所以已加工表面比较粗糙。

（3）崩碎切屑。切削灰铸铁、铸造黄铜等脆性材料时，由于材料的塑性很小，切削层在刀具的作用下产生弹性变形，剪切应力很快达到强度极限，因而使切屑往往不产生塑性变形而瞬间发生崩裂，形成崩碎切屑，如图 1 - 18(*c*)所示。

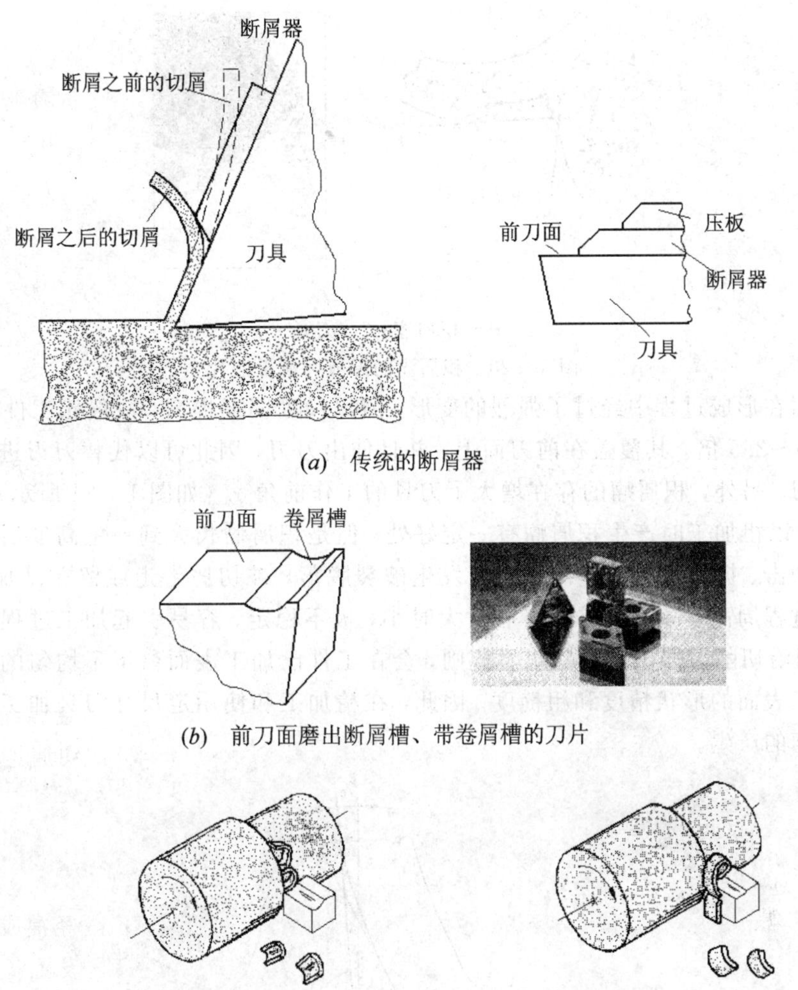

(*a*) 传统的断屑器

(*b*) 前刀面磨出断屑槽、带卷屑槽的刀片

(*c*) 断屑示意图Ⅰ　　(*d*) 断屑示意图Ⅱ

图 1－19　使带状切屑折断的常用措施

崩碎切屑不能沿前刀面流动，切削负荷主要集中在刀具的刀尖和刃口附近，因而刃口容易磨损变钝。切屑崩离时，由于它与工件分离的表面很不规则，并且切削负荷不稳，切削力波动大，所以已加工表面最粗糙。

显然，不同类型的切屑是由于切削层金属的变形能力不同和加工时变形程度不同造成的。所以，通过改善工件材料的机械性能、选择合适的刀具角度、调整切削用量等措施，控制切削层金属的变形程度，从而实现对切屑形态的有效控制，使加工过程更为顺利。

2）积屑瘤

前已述及，在一定条件下切削塑性材料时，由于切屑底层金属和刀具前刀面之间的挤压和摩擦，会产生切屑底层金属的“滞留现象”，当前刀面与切屑底层金属的摩擦力超过切屑材料分子之间的结合力时，滞留层的部分金属就会“撕离”切屑，粘附到刀具的前刀面上靠近刀刃处，逐渐累积便会形成一块很硬的楔状金属瘤，通常称为积屑瘤，也叫刀瘤，如图 1－20 所示。

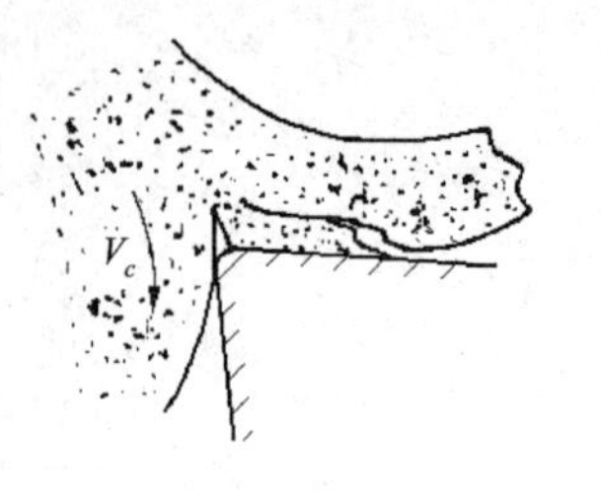

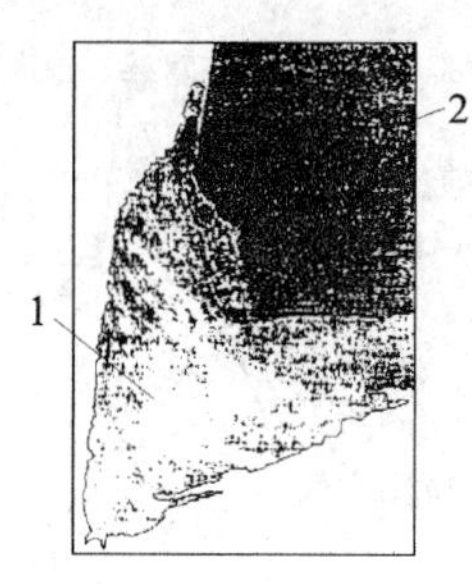

1—积屑瘤；2—刀具

图 1－20　积屑瘤的形成和显微照片

积屑瘤在形成过程中经过了强烈的变形，所以硬度明显提高，一般比工件材料的硬度提高了1.5～2.5倍。其覆盖在前刀面上，并且伸出刀刃，因此可以代替刀刃进行切削，保护了切削刃。另外，积屑瘤的存在增大了刀具的工作前角 γ_{0e}（如图 1－21 所示），使切削变得轻快，所以粗加工时产生积屑瘤有一定好处。但是积屑瘤长大到一定高度后，由于切削过程中的冲击、振动等原因，积屑瘤会发生破裂脱落，被切屑带走或留在已加工表面上，而且这个过程周而复始，造成积屑瘤时大时小，极不稳定，容易引起加工过程的振动。另外，积屑瘤沿切削刃伸出的形状很不规则，会在工件已加工表面留下不均匀的沟痕，直接影响已加工表面的形状精度和粗糙度。因此，在精加工和使用定尺寸刀具加工时，应尽量避免积屑瘤的产生。

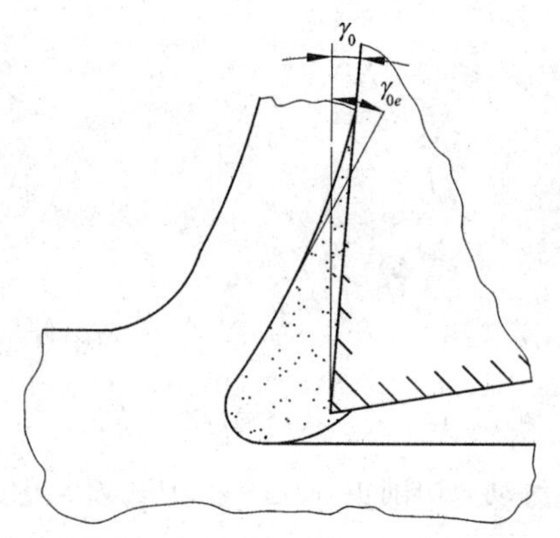

图 1－21　积屑瘤影响刀具切削的工作前角

实践证明，工件材料、切削速度、刀具角度和切削液的使用与积屑瘤的形成和大小关系密切。工件材料的塑性越大，越容易产生积屑瘤。当工件材料一定时，切削速度是影响积屑瘤的主要因素。图 1－22 所示是切削钢料时积屑瘤的高度和切削速度之间的关系曲线。实验表明，当切削速度很低时，切削温度低，滞留层金属与前刀面之间的摩擦系数较小，摩擦力不足以破坏切屑分子之间的结合力，不会产生积屑瘤；当以中等速度切削时，切削温度升高，此时刀面与切屑之间的摩擦力最大，滞留层金属与

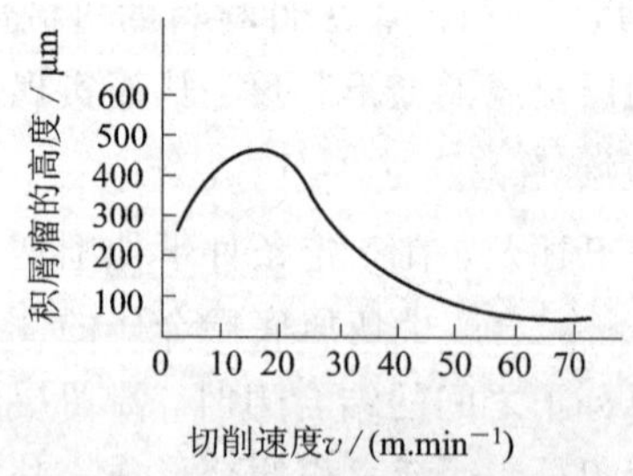

图 1－22　切削速度对积屑瘤的影响

切屑分离而粘结在前刀面上的可能性也最大，因而最容易产生积屑瘤，且高度最大；当切削速度很高时，切削温度的增高使切屑底层与刀面的摩擦系数显著降低，积屑瘤不会产生或高度很小。因此，提高或降低切削速度是减小积屑瘤的主要措施之一。此外，增大刀具前角或使用润滑性能较好的切削液，减小切屑流走时的阻力和摩擦力，也会减小积屑瘤的高度或避免积屑瘤的产生。

3）已加工表面的加工硬化

在切削塑性材料时，往往会发现工件已加工表面金属的硬度比工件加工前表面的硬度有明显的提高，而塑性降低，这种现象称为加工硬化。

已加工表面的加工硬化是由于受基本变形区的影响、刃口挤压、后刀面的挤压和摩擦等造成的。在切屑的形成过程中，基本变形区的塑性变形并不局限于切削层，往往深入到已加工表面的深处。切削时所使用的刀具不论磨得如何锋利，实际刃口总是近似于一段圆弧，如图 1－23 所示，其曲率半径 r 的大小与刀具材料、刃磨情况和使用磨损情况有关。由于这段圆弧的影响，被切金属的分离点 O 不在刃口圆弧的最低点，而使 O 点以下厚度为 Δa_c 的一薄层金属留下来，从刃口圆弧下面挤压过去，留在已加工表面上。刀具因使用磨损会造成后刀面产生后角为零的棱面，也会使已加工表面受到挤压和摩擦而增加变形的程度。被刀面和刀刃挤压过后，已加工表面产生弹性恢复（Δh 表示恢复的高度），这种恢复又加剧了这种摩擦和挤压。所有这些因素都促使已加工表面产生严重变形，并使材料因变形强化而硬度增加。

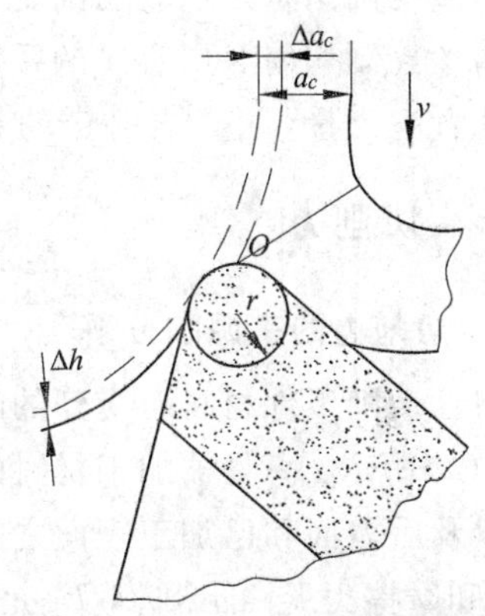

图 1－23　已加工表面硬化

一般硬化层的硬度可达工件基体材料硬度的 1.2～2 倍，深度可达 0.01～0.05 mm。切削加工中所造成的加工硬化层还常常伴随着残余应力和表面裂纹，使材料的疲劳强度下降，并且造成下道工序加工困难，甚至还会引起零件的变形。因此，切削加工时应设法避免或减轻加工硬化现象，如增大刀具前角、减小刃口圆弧半径、限制后刀面磨损以及采用合适的切削液等。

综上所述，切削过程中，金属材料的变形主要发生在三个变形区，其中第Ⅰ变形区是主要变形区，机床的大部分能量消耗在这一区域，是切削过程中产生切削力和切削热的主要区域。第Ⅱ变形区主要影响摩擦力的大小和由于摩擦而产生的切削热的情况，进而影响刀具的磨损，尤其是前刀面的磨损。第Ⅲ变形区主要影响已加工表面质量和后刀面的磨损。

3. 影响切削变形的因素

切削变形是切削过程的基本问题。研究影响切削变形的因素，掌握切削变形的规律，对控制切削变形程度、改善切削过程、保证加工质量都有重要的意义。影响切削变形的因素主要有以下三个方面。

1）工件材料

工件材料的性能决定了工件材料的变形能力。一般来说，材料的强度越低、塑性越大，加工时切削层金属的变形就越大。另外，选择合适成分的材料和改善材料的组织状态，能够从根本上控制变形的程度，例如，在钢中加入 S、Pb 等元素制成易切钢，加工时容易断屑。

2）刀具角度

刀具的结构对切削变形有直接的影响。例如，较大的前角有利于减少切削层金属的变形，锋利的刃口和较大的后角有利于减少已加工表面的变形程度，从而改善表面质量。

3）切削用量

调整切削用量是控制切削变形的重要手段。例如，精加工时常采用高速或低速切削，就是为了控制切屑底层金属的摩擦变形程度，避免积屑瘤的形成。选用进给量时，之所以要考虑背吃刀量，并配合一定的卷屑槽，就是为了控制变形程度，以获得满意的断屑效果。

1.2.2 切削力

1. 切削力的来源和分解

刀具切削工件材料时受到的阻力，称为切削力。这些阻力主要来源于两个方面，如图 1－24(*a*)所示：一是被加工材料的弹性变形和塑性变形产生的抗力；二是刀具的前刀面和切屑以及后刀面和已加工表面之间的摩擦产生的摩擦阻力。图中 $F_{r\gamma}$ 是前刀面上的变形抗力 $F_{n\gamma}$ 和摩擦力 $F_{f\gamma}$ 的合力，$F_{r\alpha}$ 是后刀面上的变形抗力 $F_{n\alpha}$ 和摩擦力 $F_{f\alpha}$ 的合力，$F_{r\gamma}$、$F_{r\alpha}$ 的合力就是总切削力 F_r。

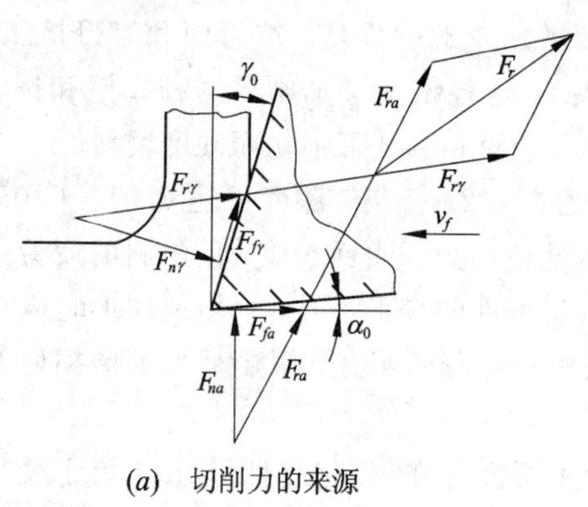

(*a*) 切削力的来源

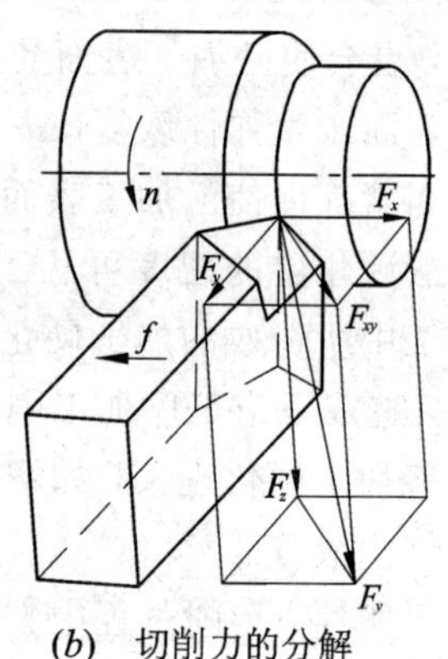

(*b*) 切削力的分解

图 1－24 切削力的来源和分解

总切削力 F_r 是一个空间力。为了便于测量、计算以及工艺分析，常将切削力在三个互相垂直的方向上分解，如图 1－24(*b*)所示。

1）主切削力 F_z

主切削力是总切削力沿主运动方向上的分力，车外圆时与切削速度方向一致，所以又称切向力。它消耗的功率最多，约占机床功率的 95％以上，是计算机床动力、设计机床主传动系统、校核机床和工装夹具强度、刚度的重要依据。

主切削力 F_z 如果过大，可能会使刀具崩刃，其反作用力作用在工件上，则有可能使工件停转，机床上的皮带打滑，产生所谓的“闷车”现象。

2）进给力 F_x

进给力是总切削力在基面内进给运动方向上的分力，车外圆时与工件轴线方向一致，又称轴向力。进给力一般只消耗机床功率的1%～5%，它是设计和校核进给传动系统零件强度和刚度的依据。

3）背向力 F_y

背向力是总切削力在基面内与进给运动方向相垂直方向上的分力，车外圆时与工件水平直径方向一致，又称为径向力。切削加工时，该方向的速度为零，所以背向力不做功，但该力作用在工艺系统中刚度最薄弱的方向上，容易引起工艺系统的变形和振动，对保证加工质量不利。

切削总力 F_r 与各分力之间的关系为

$$F_r = \sqrt{F_x^2 + F_y^2 + F_z^2}$$

2. 切削功率

切削功率 P_c 是指在切削过程中消耗的功率，它是各分力所消耗的功率的总和。由于主运动方向的功率消耗最多，通常用主运动消耗的功率表示切削功率 P_c：

$$P_c = F_z v \times 10^{-3}\,(\mathrm{kW})$$

式中：F_z——切削力(N)；

v——切削速度(m/s)。

根据切削功率选择机床电机功率时，还要考虑机床传动系统的传动效率，所以机床电机的功率可用下式计算：

$$P_E \geqslant \frac{P_c}{\eta}$$

式中：η——机床的传动效率，一般取 η=0.75～0.85。

上式是选取和校验机床电机功率的主要依据。

3. 影响切削力的主要因素

1）工件材料

工件材料的强度、硬度越高，材料的剪切屈服强度越大，变形抗力也越大，切削力就越大。强度、硬度相近的材料，其塑性或韧性越大，切屑越不易折断，使切屑与前刀面之间的摩擦增加，切削力增大。例如，钢的强度和塑性变形大于铸铁，因此在同样条件下切削钢时产生的切削力大于切削铸铁时产生的切削力。

2）切削用量

背吃刀量和进给量对切削力的影响比较大，它们通过对切削面积 A_c 和单位切削力 F_c 的影响来影响切削力。所谓单位切削力，是指切下单位面积金属所需的切削力，它随着进给量 f 的增大而减小，但与背吃刀量的变化无关。这是因为在切削层剖面内，变形并不是均匀的。如图1-25所示，直接受刃口挤压的切屑底层金属变形较严重，其厚度为 Δa_c，其他部分只受前刀面挤压，变形相对较小。当背吃刀量 a_p 增加一倍时，切削层的切削面积增加一倍，而底层的严重变形层占整个切削面积的比例不变，所以 F_c 不变，但 A_c 增加一倍，故而切削力增加一倍；而当进给量 f 增加一倍时，切削面积虽然也成倍增加，但切削层底层的严重变形层厚度 Δa_c 基本没发生变化，严重变形层占整个切削面积的比例相对减小，即 F_c 减小，因而切削力没有增加一倍，只是增加了 68%～86%。由此可见，从减小切削力和节省动力消耗的观点出发，在单位时间切除相同体积金属的条件下，增大进给量 f 比增大背吃刀量 a_p 更为有利。

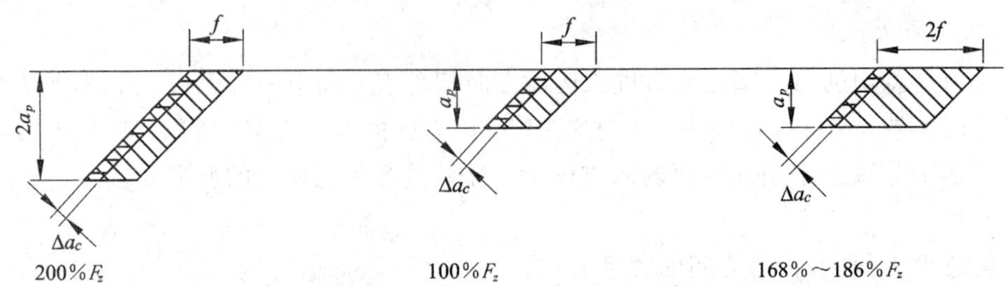

图 1-25　a_p、f 对 F_z 的影响

切削速度 v 对切削力的影响程度远不如 f 和 a_p，一般认为可以忽略。

3）刀具几何参数

前角 γ_0 对切削力的影响较大。增大前角，使刃口锋利，切屑流走畅快，摩擦阻力小，切削变形小，因而切削力减小。一般来说，被加工材料的塑性越大，前角对切削力的影响越明显。

主偏角 k_r 对各切削分力的影响程度不同。增大主偏角，切削厚度增加，切削宽度减小，所以切削力 F_z 随主偏角的增大而减小(其影响类似 a_p 和 f 的影响)，但不是十分显著。主偏角对 F_x 和 F_y 的影响较大，主要是影响这两个分力的比值，如图 1-26 所示。采用较大的主偏角会使径向力 F_y 减小，轴向力 F_x 增大，从而可以防止工件弯曲变形和振动。因此，车削细长轴时，常采用较大的主偏角(75°或 90°)。

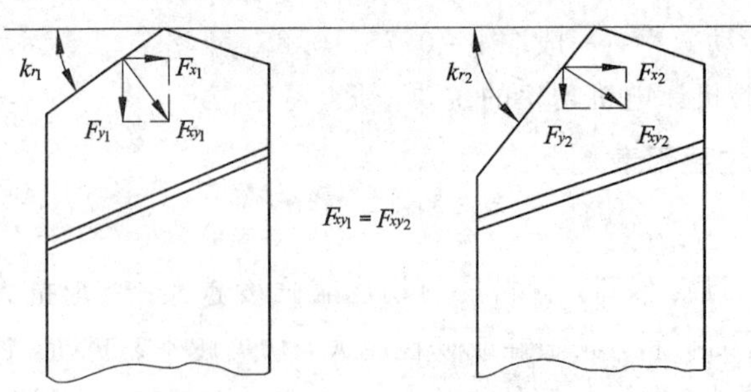

图 1-26　k_r 对 F_x、F_y 的影响

刀尖圆弧半径增大，也会使切削力增大，它主要对 F_x 和 F_y 的影响较大，而对 F_z 的影响较小。例如，圆弧半径由 0.25 mm 增大到 1 mm 时，F_y 可增大 20%，容易引起振动。

此外，刀具磨损程度、刀具材料、切削液的使用等因素都会对切削变形和摩擦产生影响，因此对切削力也有一定的影响。

4. 切削力和切削功率的估算

生产中，切削力的大小常利用实验公式来计算。实验公式一般分为指数形式和单位切削力形式两种。指数形式公式可在各类切削手册中查到，此处不再赘述。下面简要介绍如何利用单位切削力 F_c 和单位切削功率 p_c 来估算切削力和切削功率的大小。

根据前述定义，单位切削力 F_c 的大小应等于切削力与切削层截面面积之比，即

$$F_c = F_z/A_c = F_z/(a_p \cdot f)(\mathrm{N \cdot mm^{-2}})$$

$$F_z = F_c \cdot a_p \cdot f(\mathrm{N})$$

单位切削功率 p_c 是指单位时间内从工件上切除单位体积的金属材料所消耗的功率，大小等于切削功率 P_c 与金属切除率 Z_w 的比值，即

切削功率
$$P_c = p_c \cdot Z_w(\mathrm{kW})$$

其中
$$Z_w = \frac{1000a_p \cdot f \cdot v}{60}(\mathrm{mm^3/s})$$

因此
$$p_c = P_c/Z_w = \frac{F_c \cdot a_p \cdot f \cdot v \times 10^{-3}}{1000a_p \cdot f \cdot v} = F_c \times 10^{-6}[\mathrm{kW/(mm^3 \cdot s^{-1})}]$$

表 1－3 中列出了使用硬质合金车刀对部分金属材料切削时的单位切削力和单位切削功率的值，实验是在 $f=0.3$ mm/r 的条件下进行的。当 f 值大小改变后，应将 F_c、p_c 的值加以修正，修正系数见表 1－4。

表 1－3　硬质合金外圆车刀切削时单位切削力和单位切削功率(f=0.3 mm/r)

工件材料				实验条件		单位切削力	单位切削功率
名称	牌号	热处理状态	硬度 HB	车刀几何角度	切削用量	F_c /(N/mm²)	p_c /(kW/mm³ · s⁻¹)
钢	Q235	热轧或正火	134～137	$\gamma_0=15°$ $k_r=75°$ $\lambda_s=0°$ 前刀面带卷屑槽	a_p=1～5 mm f=0.1～0.5 mm/r v=1.5～1.7 m/s	1884	1884×10^{-6}
	45		187			1962	1962×10^{-6}
	40Cr		212			1962	1962×10^{-6}
	45	调质	229	带负前角倒棱，其余同上		2305	2305×10^{-6}
	40Cr		285			2305	2305×10^{-6}
不锈钢	1Cr18Ni12Ti	淬火、回火	170～179	带正前角倒棱，其余同上		2453	2453×10^{-6}
灰铸铁	HT200	退火	170	前刀面无卷屑槽，其余同上	a_p=2～10 mm f=0.1～0.5 mm/r v=1.17～1.33 m/s	1118	1118×10^{-6}
可锻铸铁	KTH300～600	退火	170	前刀面带卷屑槽，其余同上		1344	1344×10^{-6}

表 1－4　进给量 f 对单位切削力 F_c 和单位切削功率 p_c 的修正系数

f/(mm/r)	0.1	0.15	0.2	0.25	0.30	0.35	0.40	0.45	0.50	0.60
K_{fF_c}，K_{fp_c}	1.18	1.11	1.06	1.03	1	0.97	0.96	0.94	0.925	0.9

例　用主偏角 $k_r=75°$的硬质合金车刀车削直径为 ϕ84 mm 的灰铸铁(HT200)工件外圆，切削用量为 a_p=8 mm，f=0.5 mm/r，n=304 r/min，求主切削力和切削功率的大小。

解　金属切除率

$$Z_w = \frac{1000}{60} \times 8 \times 0.5 \times \frac{3.14 \times 84 \times 304}{1000}\ \mathrm{mm^3/s} = 5345\ \mathrm{mm^3/s}$$

由表 1－3 查得 $p_c=1118\times10^{-6}$ kW/(mm³ · s⁻¹)，查表 1－4 得修正系数 K_{fp_c}=0.925，所

以，切削功率

$$P_c = p_c Z_w K_{fp_c} = 1118 \times 10^{-6} \times 5345 \times 0.925 = 5.52 \text{ kW}$$

由表 1－3 查得 F_c=1118 N/mm^2，查表 1－4 得修正系数 K_{fF_c}=0.925，所以，切削力

$$F_z = F_c \cdot a_p \cdot f \cdot K_{fF_c} = 1118 \times 8 \times 0.5 \times 0.925 = 4137 \text{ N}$$

1.2.3　切削热和切削温度

1. 切削热的来源和传散

在切削过程中，材料的变形和摩擦消耗的功转变为热能，由此产生的热称之为切削热。切削热的主要来源是切削层金属的弹性变形和塑性变形，以及切屑和刀具的前刀面之间的摩擦、工件和后刀面之间的摩擦。因此，三个变形区就是切削热产生的源泉，如图 1－27 所示。

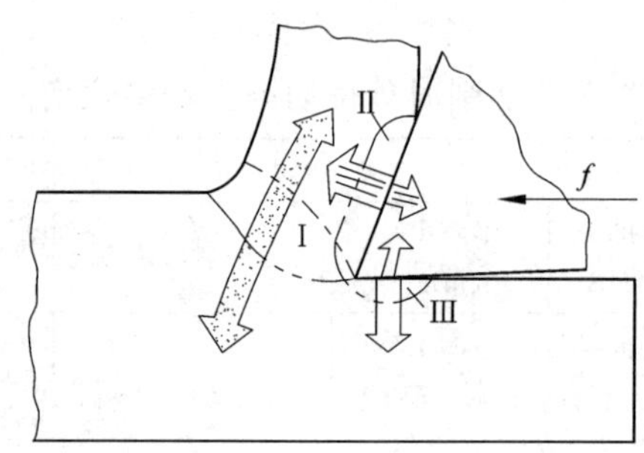

图 1－27　切削热的产生和传散

切削热通过切削温度的升高来影响切削过程。

① 过高的温度会使刀具的硬度、耐磨性降低，从而使刀具的寿命受到影响。

② 过高的温度会造成已加工表面热损伤，对表面质量造成不利影响，还会使被加工工件的尺寸发生变化，影响已加工表面的尺寸精度。

③ 热量传到机床上，机床受到不均匀温升的影响会产生扭曲，从而使零件的加工精度降低。因此，研究切削热和切削温度具有十分重要的意义。

切削热由工件、刀具、切屑和周围介质传导出去。加工方法不同，切削热的传散情况也不尽相同。例如，在中等速度下车削钢件时，50%～86%的切削热由切屑带走，10%～40%的切削热传入工件，3%～9%的切削热传入车刀，1%左右的切削热传入周围空气。而在上述条件下钻削钢件时，约 28%的切削热由切屑带走，14.5%的切削热传入工件，52.5%的切削热传入钻头，5%的切削热传入周围介质。

2. 切削温度

切削温度一般是指切削区域的平均温度。切削温度的高低取决于切削过程中产生的热量的多少和切削热传散的快慢，这与被加工材料、刀具材料、刀具几何角度、切削用量等诸多因素有关。图 1－28 所示是典型的切削区域温度分布示意图，可以看出，最高温度出现在刀具前刀面和切屑接触长度的中间部位，并不在刀刃上，说明摩擦集中在切屑底层。在已加工表面上，相对较高的温度仅存在于刀刃附近很小的范围内，说明温度的升降是在极短的时间内完成的。

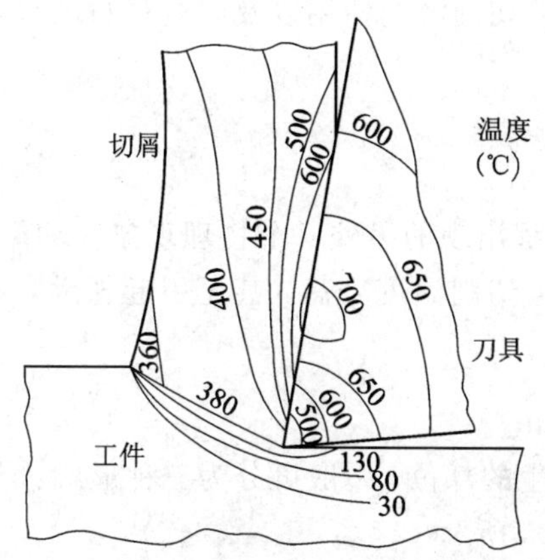

图 1-28　典型切削区域温度分布示意图

生产实践中常根据经验，利用切屑的颜色来大致判断切削温度的高低。这是因为钢料切屑在不同的温度下，由于金属氧化程度的不同，会呈现不同的颜色。例如，在切削碳素结构钢时，当切屑呈淡黄色时，表示切削温度不高，约 220℃；切屑呈深蓝色时，切削温度约为 300℃；呈淡灰色时，切削温度约为 400℃；如果切屑呈紫色或紫黑色，则表示切削温度太高，应采取必要的降温措施，否则有可能烧伤工件或使刀具迅速磨损。如果要获得准确的切削温度，则必须用专门的测温装置或仪器来进行测量。

3. 影响切削温度的因素

影响切削温度的因素主要有以下三个。

1) 切削用量

增大切削用量，单位时间被切除的金属量成比例增加，消耗的功率也相应增大，产生的切削热也会相应增多，切削温度升高。但是，切削速度、进给量、背吃刀量的变化对切削温度的影响程度是不同的。根据切削实验可知，用硬质合金刀具车削正火状态的 45 钢时，切削速度增加一倍，切削温度大约增加 20%～30%；进给量增加一倍，切削温度大约增加 10%；背吃刀量增加一倍，切削温度增加约为 3%。这充分说明，切削速度对切削温度的影响最大，背吃刀量对切削温度的影响最小。因此，从降低切削温度角度考虑，选择切削用量时，应优先采用大的背吃刀量、合理的进给量，最后再考虑合理的切削速度。

2) 刀具几何角度

刀具几何角度对切削温度影响比较大的是前角 γ_0 和主偏角 k_r。实验证明，γ_0 从 10°增大到 18°，切削温度下降 15%，这是因为被切金属在基本变形区变形程度和刀具与切屑底层摩擦减小的缘故。但如果 γ_0 过大，则会使刀头的热容量和散热体积减小，反而会使切削温度升高。减小主偏角 k_r，可增加切削刃的工作长度，增大刀头的散热体积，有利于切削温度的降低。

3) 工件材料

工件材料的强度和硬度越高，切削时所消耗的功就越多，产生的切削热也越多，切削温度就越高。在强度、硬度大致相同的情况下，塑性、韧性越好的材料，变形越严重，切削温度越高。另外，工件材料的导热性好，有利于降低切削温度。

此外，刀具的磨损情况、切削液的使用以及刀具材料的导热性等也会对切削温度产生一定的影响。

1.2.4 刀具磨损

刀具磨损是伴随切削过程出现的另外一个物理现象。刀具磨损后，必须重磨或使刀片转位，否则会使切削力增加，切削温度升高，甚至引起振动，从而降低已加工表面质量和刀具寿命。

1. 刀具磨损形式

刀具磨损后，按磨损发生的部位，一般可分为三种形式：前刀面磨损、后刀面磨损、前后刀面同时磨损，如图 1 - 29 所示。

1）*前刀面磨损*

磨损主要发生在前刀面上，磨损后前刀面出现月牙形洼坑，所以前刀面磨损又称月牙洼磨损，如图 1 - 29(*a*)、(*b*)和(*d*)所示。磨损程度用月牙洼的深度 KT 表示。在磨损过程中，月牙洼逐渐加深加宽，当其接近刃口时，使刃口突然崩去。

前刀面磨损一般发生在以较大的切削厚度切削塑性材料时。影响磨损最主要的因素包括切屑和刀具前刀面接触区域的切削温度以及刀具和工件材料之间的化学亲和性。比较图 1 - 28 和图 1 - 29，我们可以看出，月牙洼最深处的位置与刀具前刀面和切屑接触区的最高温度的位置是一致的。图 1 - 30 是高速切削普通碳素钢时刀具前刀面磨损和刀具高温变色情况，图中可以看到由于高温引起的刀具变色和刀具月牙洼磨损，其磨损形式及位置与前述状况是吻合的。

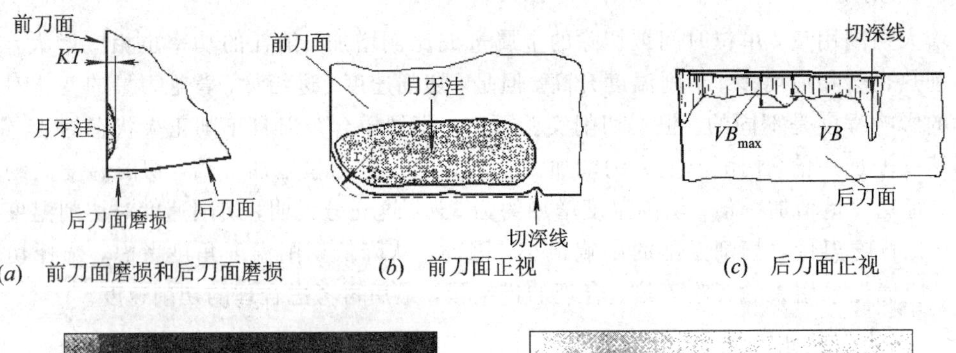

(*a*) 前刀面磨损和后刀面磨损　(*b*) 前刀面正视　(*c*) 后刀面正视

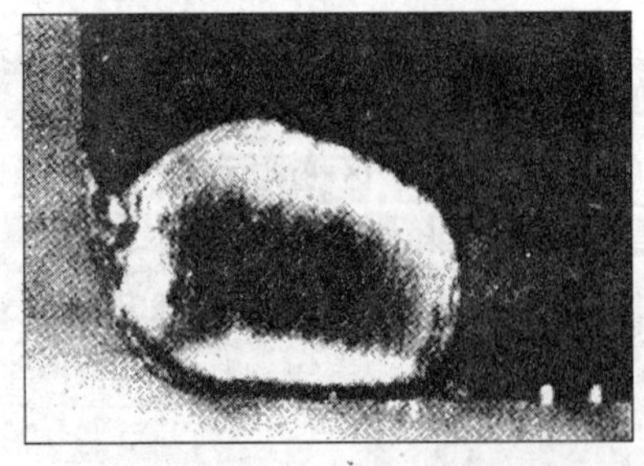
(*d*) 月牙洼磨损显微照片

(*e*) 后刀面磨损显微照片

图 1 - 29 刀具磨损形式

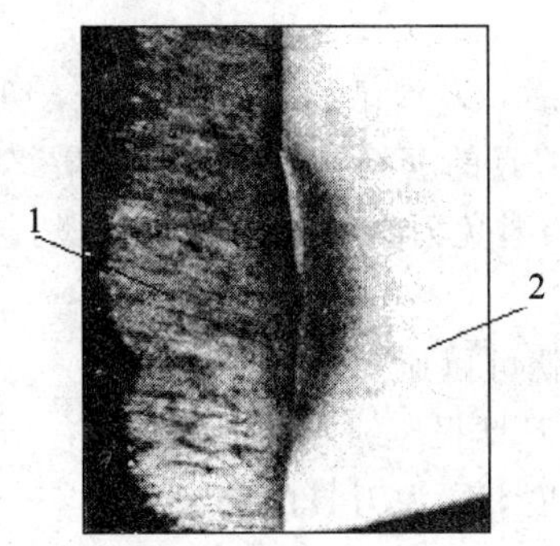

1—切屑；2—刀具

图 1-30　高速切削普通碳素钢时前刀面磨损和刀具高温变色情况

2）后刀面磨损

这种磨损发生在后刀面靠近刃口附近，在后刀面上靠近刃口处形成后角为零的棱面，如图 1-29(*a*)、(*c*)、(*e*)所示。值得注意的是，沿刀刃各处磨损并不均匀，刀尖处由于强度低、散热差，磨损较严重；切深线处有明显磨损沟槽和凹口(见图 1-29(*c*))，因为该区域是边界，过了此处刀具不再与被切材料接触，由于加工中的振动，加速了该边界(即切深线)处的磨损。中间部位磨损较均匀(平均高度为 VB)，局部出现最大磨损量 VB_{max}。

后刀面磨损主要发生在切削脆性材料或以较低速度和较小的切削厚度切削塑性材料的条件下。对后刀面磨损影响较大的是切削速度以及工件材料的组织和机械性能等。

3）前后刀面同时磨损

前后刀面同时磨损是指上述两种磨损同时出现，这种磨损最容易发生的条件也介于上述两种磨损之间。

刀具磨损是在高温和高压下受到机械的和热化学的作用而发生的，其主要包括机械磨粒磨损、粘接磨损、扩散磨损以及氧化磨损等。对刀具磨损起决定性作用的是切削温度。一般情况下，高温时主要出现氧化和扩散磨损，中低温时粘接磨损占主导地位，机械磨粒磨损则在不同温度下都存在。

2. 刀具磨损过程和磨钝标准

正常情况下，刀具的磨损过程一般分为三个阶段，图 1-31 所示是典型的刀具磨损实验曲线。

1）初期磨损阶段(*AB* 段)

这一阶段磨损曲线斜率较大，表面磨损较快。这是因为新刃磨的刀具表面总是粗糙不平的，单位面积接触应力较大。初期磨损量的大小与刀具的刃磨质量有很大关系。

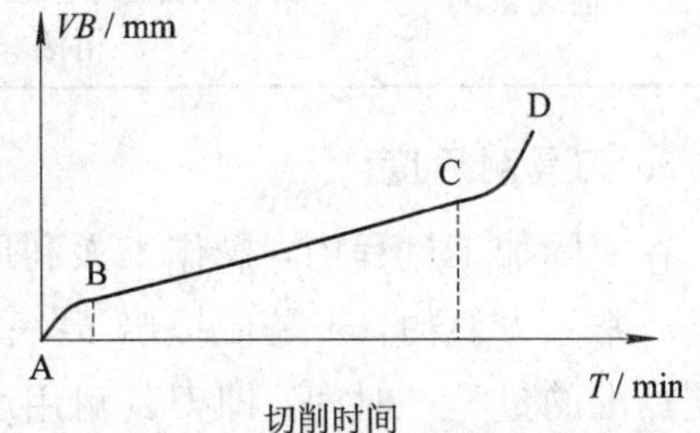

图 1-31　刀具磨损过程

2）正常磨损阶段(*BC* 段)

刀具经过初期磨损后，表面的粗糙不平和不耐磨层已经被磨去，刀面上单位面积的压力减小而且比较均匀，磨损速度变得较初期磨损阶段缓慢。在这个阶段，磨损量与切削时间基本上成正比例关系，称为正常磨损阶段。

3）急剧磨损阶段（*CD* 段）

当磨损量积累到一定程度后，刀具已经变钝，此后，切削力和切削温度会迅速上升，如果继续使用，反过来又会使刀具的磨损量急剧增加，最终使加工质量恶化，刀具失去切削能力。因此，切削加工中应当避免刀具使用到这个阶段，在这个阶段到来之前就要换刀或重磨刀具。

认识了刀具的磨损过程，就可以避免因刀具过度磨损而造成的加工失败或刀具报废。刀具磨损到不能再继续使用的最大限度，称为刀具的磨钝标准。因为一般刀具的后刀面都发生磨损，对加工精度和表面粗糙度影响较大，而且测量也比较方便，所以国际标准化组织 ISO 统一规定，以 1/2 背吃刀量处后刀面上测量的磨损棱带高度 *VB* 作为刀具磨钝标准，如图 1－32 所示。但在自动化生产中用的精加工刀具，为了保证加工精度，常以沿工件径向的刀具磨损量作为刀具磨钝标准，称为径向磨损量 *NB*。

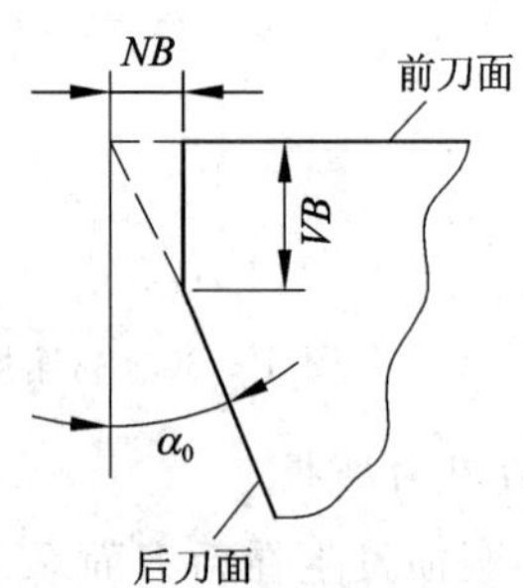

图 1－32　磨钝标准

表 1－5 给出了几种加工方式和刀具对应的磨钝标准，供对比参考。

表 1－5　各种加工方式中刀具对应的磨钝标准

加 工 方 式		磨钝标准/mm	
		高速钢	硬质合金
车削	粗车	1.5～2.0	0.8～1.0
	精车	0.4～0.5	0.3～0.4
面铣	粗铣	1.2～1.8	1.0～1.2
	精铣	0.3～0.5	0.3～0.4
铰削	—	0.2～0.6	—
镶齿三面刃铣刀	粗铣	1.2～1.8	1.0～1.2
	精铣	0.3～0.5	0.3～0.4
齿轮滚刀	粗滚	0.8～1.2	—
	精滚	0.2～0.4	—

3. 刀具耐用度

在实际加工过程中，操作工人利用刀具后刀面磨损量 *VB* 来控制刀具是否达到磨钝标准是非常不方便的，于是便提出了一个不用停车测量又能方便控制刀具磨损量是否已达到磨钝标准的量——时间，即刀具耐用度。刀具耐用度是一个很重要的工艺参数，是拟定工艺规程、确定切削用量的重要依据之一。

1）刀具耐用度定义

刀具刃磨或转位后，自开始切削到后刀面磨损量达到磨钝标准所经过的切削时间，称为刀具耐用度，单位为分钟(min)，用符号 T 表示。它不包括工件夹紧、测量、开车、停车等辅助时间。刀具耐用度与刀具总的刃磨或可转位次数的乘积称为刀具的寿命，它是指刀具从开始使用到完全报废所经过的切削时间。

2) 影响 T 的因素

影响刀具磨损快慢的因素也就是影响刀具耐用度的因素，主要有以下三个方面。

(1) 切削用量。根据切削实验，刀具耐用度和切削用量之间有如下关系：

$$T=\frac{C_T}{v^{\frac{1}{m}}f^{\frac{1}{n}}a_p^{\frac{1}{p}}}$$

式中：C_T——与切削条件有关的常数；

m、n、p——表示影响程度的指数；

v——切削速度(m/min)；

f——进给量(mm/r)；

a_p——背吃刀量(mm)。

在各种不同的切削条件下，公式中的常数和指数可在相关手册中查出。例如，用硬质合金车刀切削中碳钢时，切削用量与刀具耐用度的关系为

$$T=\frac{C_T}{v^5 f^{2.25}a_p^{0.75}}$$

由上式可以看出，切削用量对刀具耐用度的影响规律与其对切削温度的影响规律基本是一致的，即切削速度对刀具耐用度的影响最大，其次是进给量，背吃刀量影响最小。所以，切削加工时为了保证较长的刀具耐用度，且又获得较高的切削效率，在确定切削用量时，应首先选取大的背吃刀量，然后根据加工条件和加工要求选取允许的最大进给量，最后再根据刀具耐用度和机床功率确定合理的切削速度。

图 1－33 给出了几种常见刀具材料的切削速度和刀具耐用度之间的关系曲线。

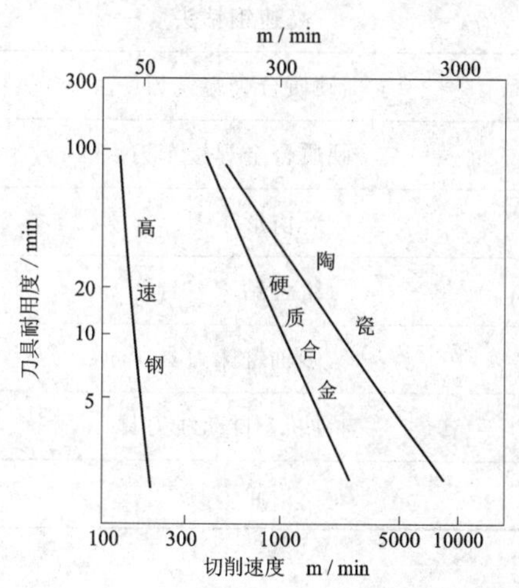

图 1－33 刀具耐用度和切削速度的关系

(2) 工件材料。工件材料的成分、组织和性能对刀具耐用度都会产生一定影响。一般工件材料的强度、硬度越高，导热性越差，刀具磨损越快，耐用度越低。有些工件材料和某些刀具材料之间容易发生高温粘接或元素扩散，也会造成刀具的磨损加剧，耐用度降低。

(3) 刀具材料和几何形状。刀具材料的耐磨性、高温硬度越好，耐用度就越高。刀具的前角增大，可以降低切削温度，使刀具耐用度增加，但是前角太大会造成刃口强度和散热能力降低。因此，每一种具体加工条件都对应一个刀具耐用度最高的合理的刀具前角值。如果刀具的主偏角减小或刃口圆弧半径增大，则刀刃工作长度增加，散热较好，同时刀尖强度也会提高，有利于提高耐用度。但是如果主偏角过小或刃口圆弧半径过大，则会使径向力增加。

3）刀具耐用度的确定原则

刀具耐用度对加工效率和生产成本有较大的影响，但刀具耐用度并不是越高越好。过高的刀具耐用度会影响切削用量的提高，从而使零件加工的机动时间大为增加，生产率降低，成本增加。反之，如果刀具耐用度定得过低，虽然可以采用较大的切削用量，但是会增加换刀、磨刀、调刀等辅助时间，增加了刀具材料的消耗，同样也会造成生产率降低和成本增加。因此，必须根据加工的具体情况，合理确定刀具耐用度。

确定刀具耐用度常用的方法有两种：

① 根据单件平均生产时间最短计算出的最高生产率耐用度。

② 子根据单件平均加工成本最低计算出来的最低成本耐用度。生产中一般按照加工成本最低的原则来确定刀具耐用度，但在生产任务紧急或提高生产率对成本影响不大的情况下，也可以根据最高生产率原则来确定刀具耐用度。

具体确定刀具耐用度值时，一般还要考虑下列因素：对于制造和刃磨都比较简单，且刀具本身成本不高的刀具，耐用度应定得低些，反之可以定得高些；对于装夹和调整比较复杂的刀具，耐用度应定得高些；切削大型零件时，为避免在切削过程中换刀，刀具耐用度应定得高些。刀具耐用度的数值可在有关手册中查到。表 1－6 给出了常用刀具的合理耐用度参考值，供学习时参考。

表 1－6　常用刀具合理耐用度参考值

刀 具 种 类	耐用度/min
高速钢车刀、刨刀、镗刀	30～60
硬质合金可转位车刀	15～45
高速钢钻头	80～120
硬质合金端铣刀	90～180
硬质合金焊接车刀	15～60
仿形车刀	120～180
组合钻床刀具	200～300
多轴铣床刀具	400～800
自动机、自动线刀具	240～480
齿轮刀具	200～300

1.3　控制切削过程、保证切削效果的途径

金属切削过程中产生的各种物理现象都会影响零件的加工过程，掌握这些现象的规律并对其进行有效的控制，以提高零件加工质量、生产率和经济性，是学习本章内容的主要目的。

1.3.1 合理选择刀具材料和刀具几何参数

在一定的切削条件下，选用合理的刀具材料和刀具角度，才能保证良好的切削效果。常用刀具材料的性能特点及选用已经在 1.1.3 节中作了介绍，这里只以车刀为例介绍刀具主要几何参数的选择问题。

车刀的几何参数对切削变形、切削力、切削温度和刀具磨损均有显著影响，从而影响切削效率、刀具寿命、加工表面质量和加工成本。因此，必须合理选择刀具几何参数，以充分发挥刀具的切削性能，达到预期的加工目的。

1. 前角的选择

前角是最重要的一个刀具角度，对刀具的切削性能起着决定性作用。增大前角，可以使刃口锋利，减少前刀面对金属的挤压和摩擦，从而减小切削变形和切削力，可抑制或消除积屑瘤，有利于消除振动，提高加工表面质量。但增大前角对断屑不利，并且刀刃和刀头的强度会被削弱，使散热条件变差，影响刀具耐用度。因此，选择前角的原则是保证刃口的锋利，兼顾刃口的强度。具体选择时要考虑刀具材料、工件材料和具体加工情况等。

高速钢的抗弯强度和冲击韧性要好于硬质合金，所以在相同的加工条件下，高速钢刀具可选择较大的前角，而硬质合金刀具则应选择较小的前角，以保证刃口的强度和抗冲击能力。但前角不宜过小，否则会使刀具的锋利度过度削弱，从而使切削力增加。

切削脆性材料时，切屑呈崩碎状，切削力带有冲击性，并集中在刃口附近，为了增加刃口强度，防止崩刃，一般选择较小的前角；切削塑性材料时，切屑沿前刀面流动，切削力的作用中心远离刀刃，为了使刀具锋利，减小切削力，一般选择较大的前角。

工件材料的强度、硬度越高，切削时产生的切削力就越大，则刀头应有足够的强度，前角应越小；反之应越大。例如，切削正火状态的 45 钢，一般取 $\gamma_0=15°\sim20°$，而经过淬火的 45 钢，硬度大大提高，因此也就提高了加工时对刀具刃口强度的要求，切削时选用负前角 $\gamma_0=-5°\sim-15°$，同时采用负的刃倾角 $\lambda_s=-5°\sim-12°$，以保证刃口和刀尖具有足够的强度。

表 1－7 中给出了硬质合金车刀加工部分材料时的合理前角值。

表 1－7 硬质合金车刀合理前角值

工件材料	合理前角		工件材料	合理前角	
	粗车	精车		粗车	精车
低碳钢 Q235	18°～20°	20°～25°	紫铜	25°～30°	30°～35°
45 钢(正火)	15°～18°	18°～20°	40Cr(正火)	13°～18°	15°～20°
45 钢(调质)	10°～15°	13°～18°	45Cr(调质)	10°～15°	13°～18°
铸、锻件(45 钢、40Cr)断续切削	10°～15°	5°～10°	不锈钢	15°～25°	25°～30°
HT150、HT200	10°～15°	5°～10°	铝及铝合金	20°～30°	30°～35°
青铜、脆黄铜	10°～15°	5°～10°	淬火钢(40～45 HRC)	－5°～－15°	

2. 后角的选择

后角的主要作用是减小后刀面与加工表面之间的摩擦，并配合前角调整刀具的锋利程度和刃口的强度。增大后角，可减少后刀面与加工表面之间的摩擦，并使刃口锋利。但后角过大，刃口强度和散热条件会变差，影响刀具耐用度。所以，在一定的加工条件下，应选择一个合理的后角值。

后角的变动幅度不像前角那样大，一般只在一个较小的范围内优选。粗加工时，刀具所承受的切削力较大，而且可能有冲击性负荷，为了保证刃口的强度，后角应小一些；精加工时，切削力较小，切削过程平稳，为了减小摩擦，保证已加工表面质量，后角一般应大些。例如，粗车 45 钢工件时，常取后角 $\alpha_0=4°\sim6°$；精车时，取后角 $\alpha_0=8°\sim12°$。

在加工弹性材料时，由于工件表面弹性恢复程度大，因而应取较大的后角以减小后刀面与加工表面之间的摩擦。例如，加工低碳钢时，粗车时取 $\alpha_0=8°\sim10°$，精车时取 $\alpha_0=10°\sim12°$。加工高强度、高硬度的材料如淬火钢时，常采用负前角以增加刃口强度，此时，应采用较大的后角 $\alpha_0=12°\sim15°$，使刀具刃口保持必要的锋利。表 1-8 给出了硬质合金车刀合理的后角值，供学习时参考。

表 1-8　硬质合金车刀合理的后角值

工件材料及切削条件		合理后角
低碳钢 $\sigma_b=0.392\sim0.491$ GPa	精车 $f\leqslant0.3$ mm/r	$10°\sim12°$
	粗车 $f>0.3$ mm/r	$8°\sim10°$
钢 $\sigma_b=0.678\sim0.785$ GPa $\sigma_b=0.883\sim0.981$ GPa		$6°\sim8°$ $5°\sim7°$
淬硬钢、高硅铸铁		$10°\sim15°$
铸铁		$6°\sim8°$
铜、铝及其合金		$8°\sim10°$
不锈钢		$6°\sim10°$
高强度钢		$10°\sim15°$
钛及钛合金		$14°\sim16°$

需要注意的是，当刀具磨钝标准均为 VB 时，后角大的刀具由于径向磨损量 NB 大(如图 1-34 所示)，刀具每次重磨后，径向尺寸明显减小，从而使加工尺寸变化量大，影响加工精度。所以铰刀、内孔拉刀等定尺寸精加工刀具，特别不适宜采用大的后角。

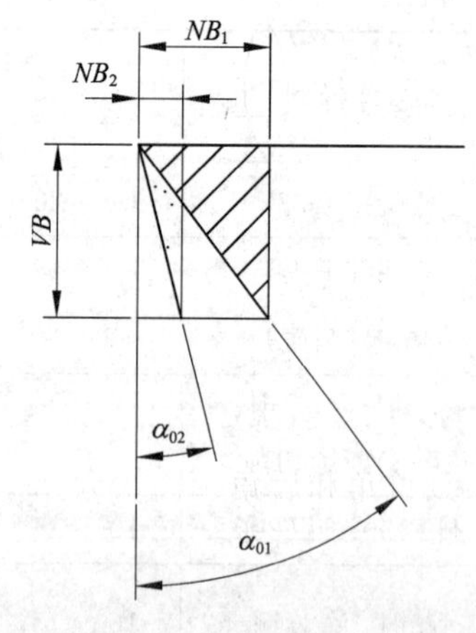

图 1-34　后角与磨损量的关系

副后角 α_0' 一般与后角 α_0 取相同或相近的数值。

3. 主偏角的选择

主偏角 k_r 的大小影响刀尖部分的强度、散热条件、径向分力和轴向分力的比值等。在加工台阶或倒角时，主偏角还决定着工件表面的加工形状。

减小主偏角时，刀刃参加切削的长度增加，单位刀刃长度上的切削负荷减小，散热条件改善。因此，在不产生振动的前提下，应选择较小的主偏角 k_r。增大主偏角 k_r 时，进给力 F_x 增大，背向力 F_y 减小，因此，当工艺系统刚性较差时，应选用较大的主偏角。例如，车削细长轴时，常取 $k_r=75°\sim93°$；车削高强度、高硬度的冷硬轧辊时，常取 $k_r\leqslant15°$，以提高刀尖部分的强度，并减小单位刀刃长度上的切削负荷。

车削阶梯轴时，为了同时车出台肩端面，应取 $k_r=90°\sim93°$；有时利用一把车刀依次车削外圆、端面、内孔、倒角，此时应取 $k_r=45°$；镗盲孔时应使 $k_r>90°$。表 1－9 给出了不同加工条件下主偏角和副偏角的取值，供选用时参考。

表 1－9　不同条件下主偏角和副偏角的选用值

加工条件	工艺系统刚性足够，加工淬火钢、冷硬铸铁	工艺系统刚性较好，可中间切入，加工外圆、端面、倒角	加工系统刚性较差，粗车、强力车削	加工系统刚性差，加工台阶轴、细长轴、多刀车、仿形车	切槽、切断
主偏角 k_r	10°～30°	45°	60°～70°	75°～93°	90°
副偏角 k_r'	5°～10°	45°	10°～15°	6°～10°	1°～2°

4. 副偏角的选择

副偏角 k_r' 的作用主要是减小副切削刃、副后刀面和已加工表面之间的摩擦，它的大小还会影响已加工表面粗糙度和刀尖部分的强度。

在车外圆时(如图 1－35 所示)，残留面积的高度 H 直接影响已加工表面粗糙度的大小。减小副偏角 k_r' 会使刀尖部分的体积增大，刀尖强度提高，又可以降低残留面积的高度，但是会使刀具与工件之间的摩擦和径向力增加。

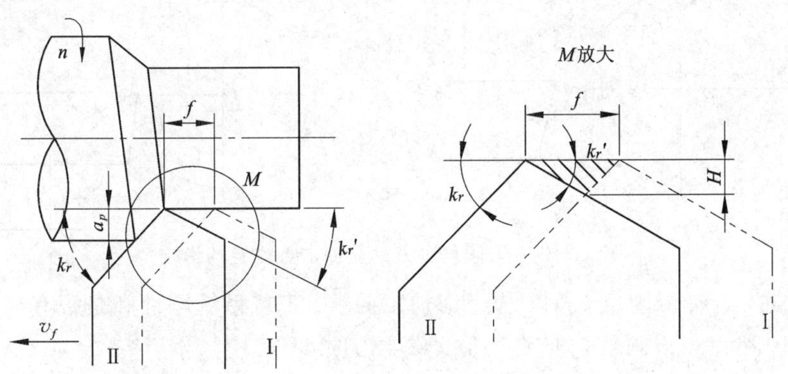

图 1－35　已加工表面上的残留面积

副偏角和后角一样，变化幅度不大。一般外圆车刀取 $k_r'=6°\sim15°$，粗加工时可取大些，精加工时可取小些。加工高强度、高硬度材料或断续切削时，应取较小的副偏角，以提高刀尖强度。工艺系统刚性差时，为了减小径向力，以免发生振动，副偏角可取较大值，如 $k_r'=30°\sim45°$。

5. 刃倾角的选择

刃倾角 λ_s 的正负和大小，影响刀尖部分的强度、切屑流出的方向和切削分力之间的比值。

如图 1 - 36 所示，刃倾角为正值时，切屑流向待加工表面；刃倾角为负值时，切屑流向已加工表面，有可能划伤已加工表面；刃倾角为零时，切屑沿前刀面卷曲。所以精加工应选用正的刃倾角，粗加工可以选负的刃倾角。

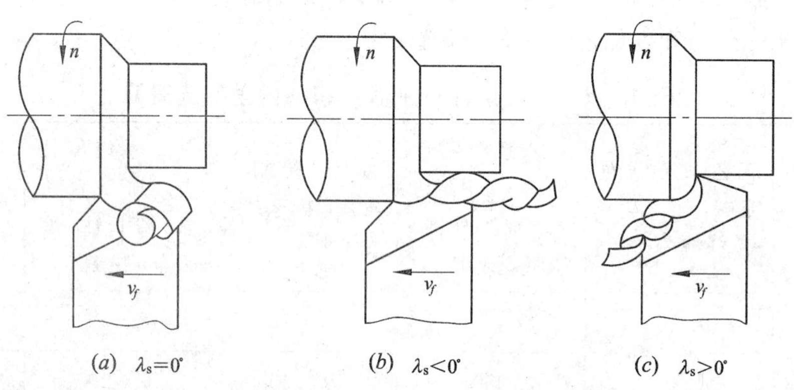

图 1 - 36　刃倾角对切屑流向的影响

如果刀具刃倾角为正，则刀尖部分的强度较差，不利于承受冲击载荷。图 1 - 37 所示为切削断续表面时的情况：λ_s 为正值时，刀尖首先接触工件，将受到冲击，容易打刀；λ_s 为负值时，刀刃首先接触工件，保护了刀尖，不容易打刀。所以，车削断续表面或具有冲击载荷时，一般采用较大数值的负刃倾角 $\lambda_s=-5°\sim-15°$，但此时最好选用正的前角，以免背向力 F_y 过大，以平衡"锋利与强固"之间的矛盾。

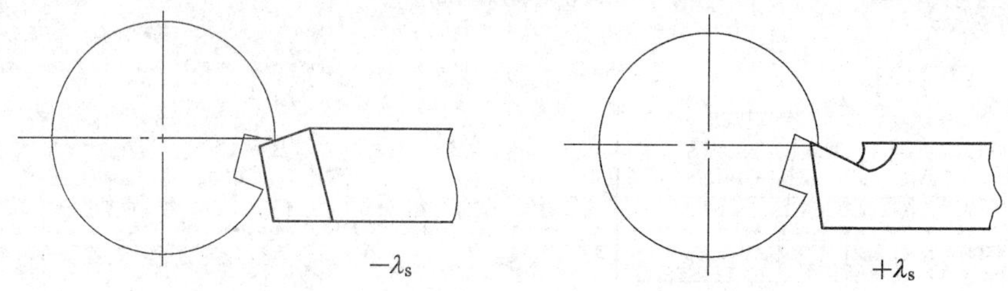

图 1 - 37　刃倾角对刀具受冲击点位置的影响

综上所述，选择刃倾角 λ_s 时，应考虑加工要求、工艺系统刚性和是否有冲击载荷等因素。表 1 - 10 给出了刃倾角 λ_s 的选用值，供学习时参考。

表 1 - 10　刃倾角 λ_s 数值

加工条件	精车钢料、车细长轴	精车有色金属	粗车钢料、灰铸铁	粗车余量不均匀钢料	断续车削钢、灰铸铁	带冲击切削淬火钢
λ_s	0°～5°	5°～10°	0°～−5°	−5°～−10°	−10°～−15°	−10°～−45°

6. 前刀面形状的选择

图 1－38 所示为生产中常用的前刀面形状。

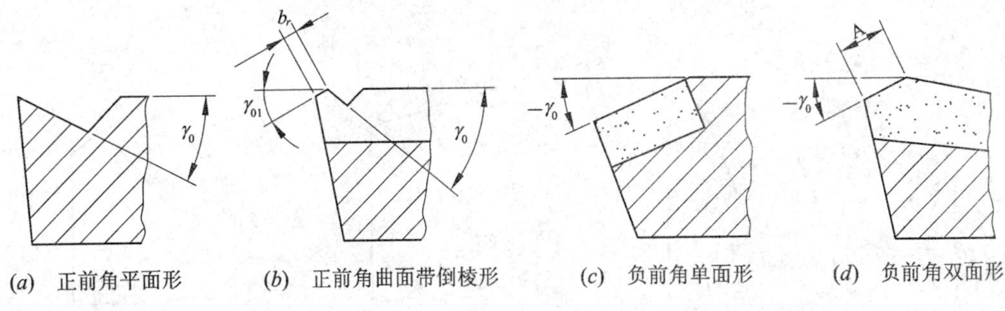

图 1－38 车刀前刀面形状

1）正前角平面形

如图 1－38(*a*)所示，这种形状的前刀面具有形状简单、制造方便、刀刃锋利等优点，但其强度较低，常用于单刃、多刃精加工车刀和形状复杂刀具，如螺纹车刀、切齿刀具等。

2）正前角曲面带倒棱形

如图 1－38(*b*)所示，这种形状的前刀面在刃口处作出负倒棱，以增加刃口的强度，改善散热条件。通常倒棱的宽度 $b_r=(0.5\sim0.8)f$（f 为进给量），$\gamma_{01}=-5^\circ\sim-25^\circ$，保证切屑仍沿前刀面流出，而不是沿负倒棱流出。有时为了断屑，还在这种前刀面上磨出或压出曲线形的卷屑槽。这种前刀面既能保证刃口的强度，又能保证刀具的前角为正，广泛用于车刀、钻头、拉刀、铣刀等刀具。

3）负前角形

负前角形前刀面可做成单面形（如图 1－38(*c*)所示）和双面形（如图 1－38(*d*)所示）两种。单面形适用于后刀面磨损的车刀；双面形适用于前、后刀面同时磨损的车刀，可以减少刀具前刀面重磨面积，增加刀片的重磨次数。

负前角形的刀具切削刃强度高，散热好。加工高强度、高硬度材料的硬质合金刀片多采用这种形式。

7. 刀尖与过渡刃

刀尖处强度低，散热差，最容易磨损或崩刃，所以常在刀具主、副切削刃之间磨出一段过渡直线或圆弧刃，统称为过渡刃。过渡刃的主要作用是增加刀尖的强度，改善散热条件，降低加工表面粗糙度。但是过渡刃增大了背向力 F_y，容易引起系统振动，所以不宜过大。

过渡刃有两种形式。图 1－39(*a*)所示的是直线形过渡刃（倒角刀尖），其特征参数为过渡刃的长度 b_ε 和偏角 $k_{r\varepsilon}$，通常取 $b_\varepsilon=0.5\sim2$ mm，$k_{r\varepsilon}\approx k_r/2$。当过渡刃的偏角 $k_{r\varepsilon}=0^\circ$时，也称为修光刃（见图 1－39(*b*)），在大进给量条件下切削时，采用这种刀刃切削仍可得到较小的表面粗糙度，但此时背向力很大，要求工艺系统的刚性要好。直线形过渡刃结构简单，容易刃磨，一般粗加工或强力切削用的车刀、切断刀、可转位面铣刀都采用直线形过渡刃。

图 1－39(c)所示是圆弧形过渡刃(修圆刀尖)，其参数为刀尖圆弧半径 r_ε。圆弧形过渡刃刃磨复杂，一般用于半精加工或精加工，在切削难加工材料时也常采用圆弧形过渡刃，以保证刀尖有足够的强度。

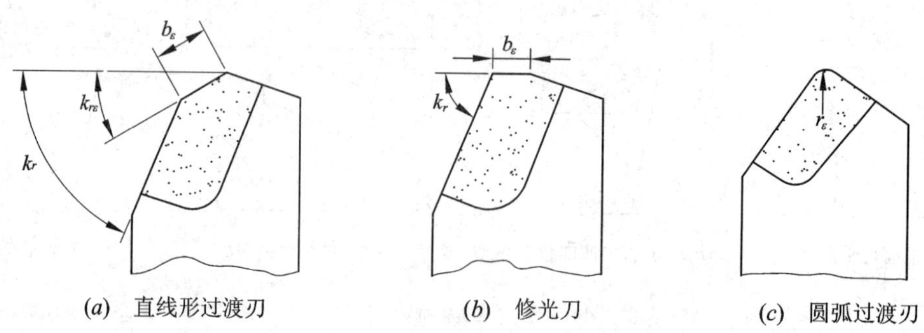

图 1－39　刀尖和过渡刃的形式

8. 车刀几何参数选择的综合分析实例

例　图 1－40 所示是一把用于粗车大、中型铸钢件或锻件用的大切深强力车刀，这种车刀采用 P30 硬质合金刀片，试分析这把车刀几何参数的选用特点。

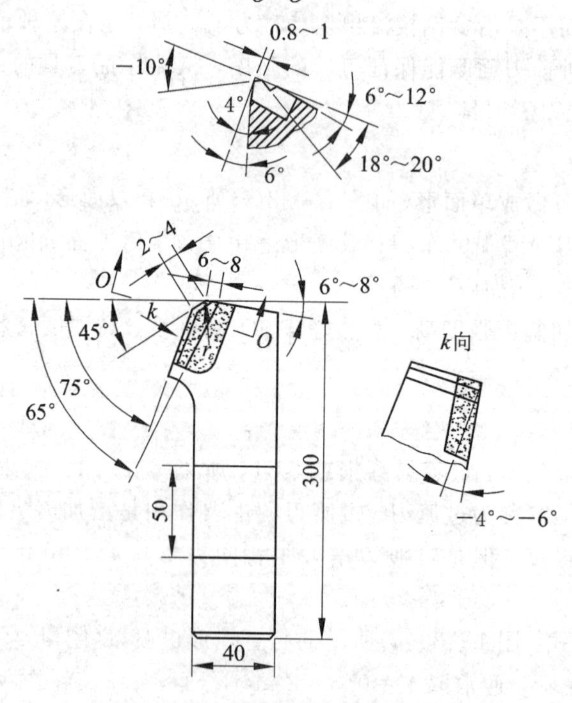

图 1－40　粗加工强力车刀

分析　因为粗加工时重点考虑的问题是提高效率，所以在机床功率允许的范围内，应尽量加大 a_p 和 f，这就要求车刀的刃口尽可能锋利；同时考虑毛坯形状不规则，余量大而且不均匀，切削时会有冲击，因此要求车刀刃口要有足够的强度。针对这把车刀既要锋利，又要强固的要求，其几何参数选择如下：

1）保证锋利

取大前角 $\gamma_0=18°\sim20°$，刀具锋利，减小了切削力。同时为了减小背向力，防止系统发生振动，采用了大主偏角 $k_r=75°$。

2）兼顾强固

(1) 强化刃口。由于前角较大，加之粗加工负荷大，因而必须采取措施对刃口强度进行补偿。措施有三：一是磨出“负倒棱”，宽 0.8～1 mm，前角 $\gamma_{01}=-10°$；二是减小后角，刀片后角 $\alpha_0=4°$，刀杆后角为 6°；三是采用负刃倾角 $\lambda_s=-4°\sim-6°$。

(2) 强化刀尖。由于主偏角较大，因而刀尖强度受到影响，为此而采取的补偿措施包括：磨出直线过渡刃(长 2～4 mm，偏角 45°)；采用较大的刃口圆弧半径，$r_\varepsilon=1.5\sim2$ mm。

3）断屑措施

为了使切削过程顺利，切屑清理运送方便，前刀面上磨出前宽后窄的圆弧形卷屑槽(与主切削刃夹角为 10°)，以保证可靠断屑。

1.3.2　合理确定切削用量

在一定切削条件下，合理地确定切削用量是提高切削效率、保证加工质量和刀具耐用度的重要手段。

前已述及，增加 v、f、a_p 都能提高加工效率，但是三者中切削速度 v 对刀具耐用度影响最大，而背吃刀量 a_p 影响最小。综合考虑三要素对刀具耐用度、生产率和加工质量的影响，选择时一般遵循下面的原则：首先选择背吃刀量 a_p，其次确定进给量 f，最后确定切削速度 v。生产中通常根据查表法或按照经验来确定切削用量，下面介绍具体的确定方法。

1. 背吃刀量 a_p 的确定

粗加工时 a_p 确定的原则是尽可能一次走刀切除全部加工余量，以使走刀次数最少。只有当加工余量太大或工艺系统刚性不足或余量很不均匀时，才考虑分两次或多次走刀。在第一次走刀时，$a_{p1}=(2/3\sim3/4)Z$(Z 为加工余量，加工回转体时应为单边余量)；第二次走刀时，$a_{p2}=(1/3\sim1/4)Z$。

精加工时，以保证零件的加工精度和表面质量为主，同时要兼顾刀具耐用度和生产率。所以，精加工一般采用逐渐减小 a_p 的方法来保证加工精度。

终加工时的 a_p 则根据加工表面的技术要求和加工方法确定，一般较小。具体数值参见切削用量手册。

2. 进给量 f 的确定

粗加工时，进给量的确定主要受切削力的限制，在刀杆和工件刚度以及机床进给机构强度允许的情况下，同时考虑工件材料和断屑等问题，应尽量选择较大值。表 1 - 11 为硬质合金车刀粗车外圆及端面时的进给量，供选用时参考。

表 1-11　硬质合金车刀粗车外圆和端面时的进给量

工件材料	刀杆尺寸 宽×高 /mm	工件直径 d/mm	背吃刀量 a_p/mm				
			≤3	3～5	5～8	8～12	12 以上
			进给量 f/(mm/r)				
碳素结构钢、合金结构钢	16×25	20	0.3～0.4	—	—	—	—
		40	0.4～0.5	0.3～0.4	—	—	—
		60	0.5～0.7	0.4～0.6	0.3～0.5	—	—
		100	0.6～0.9	0.5～0.7	0.5～0.6	0.4～0.5	—
		400	0.8～1.2	0.7～1.0	0.6～0.8	0.5～0.6	—
	20×30 25×25	20	0.3～0.4	—	—	—	—
		40	0.4～0.5	0.3～0.4	—	—	—
		60	0.6～0.7	0.5～0.7	0.4～0.6	—	—
		100	0.8～1.0	0.7～0.9	0.5～0.7	0.5～0.7	—
		600	1.2～1.4	1.0～1.2	0.8～1.0	0.6～0.9	0.4～0.6
铸铁	16×25	40	0.4～0.5	—	—	—	—
		60	0.6～0.8	0.5～0.8	0.4～0.6	—	—
		100	0.8～1.2	0.7～1.0	0.6～0.8	0.5～0.7	—
		400	1.0～1.4	1.0～1.2	0.8～1.0	0.6～0.8	—
	20×30 25×25	40	0.4～0.5	—	—	—	—
		60	0.6～0.9	0.5～0.8	0.4～0.7	—	—
		100	0.9～1.3	0.8～1.2	0.7～1.0	0.5～0.8	—
		600	1.3～1.8	1.2～1.6	1.0～1.3	0.9～1.1	—

注：① 加工断续表面或有冲击加工时，表内的进给量应乘以系数(k=0.75～0.85)；

② 加工耐热钢及其合金时，不采用大于 1.00 mm/r 的进给量；

③ 在无外皮加工时，表内的进给量应乘以系数 1.1；

④ 加工淬硬钢时，当材料硬度为 44～56 HRC 时，表内进给量应乘以系数 0.8；当材料硬度为 57～62HRC 时，表内进给量应乘以系数 0.5。

精加工时，一般切削力不大，进给量主要受表面粗糙度限制，一般根据表面粗糙度的要求来选取，具体数值参见切削用量手册。表 1-12 给出了硬质合金车刀精车外圆及端面时的进给量，供选用时参考。

表 1－12　硬质合金车刀精车外圆及端面时的进给量

表面粗糙度 $Ra/\mu m$	工件材料	副偏角 $k_r'/(°)$	切削速度 $v/(m/min)$	刀尖圆弧半径 r_ε/mm		
				0.5	1.0	2.0
				进给量 $f/(mm/r)$		
10	钢、铸铁	5	不限制	—	0.55～0.70	0.70～0.88
		10～15		—	0.45～0.60	0.60～0.70
5	钢	5	<50	0.2～0.3	0.25～0.35	0.30～0.45
			50～100	0.28～0.35	0.35～0.40	0.40～0.55
			>100	0.35～0.40	0.40～0.50	0.50～0.60
		10～15	<50	0.18～0.25	0.25～0.3	0.30～0.45
			50～100	0.25～0.30	0.30～0.40	0.35～0.50
			>100	0.30～0.35	0.35～0.40	0.50～0.55
	铸铁	5	不限制	—	0.30～0.50	0.45～0.65
		10～15			0.25～0.40	0.40～0.60
2.5	钢	≥5	30～50	—	0.11～0.15	0.14～0.22
			50～80	—	0.14～0.20	0.17～0.25
			80～100	—	0.16～0.25	0.23～0.35
			100～130	—	0.20～0.30	0.25～0.39
			>130	—	0.25～0.30	0.35～0.39
	铸铁	≥5	不限制	—	0.15～0.25	0.20～0.35
1.25	钢	≥5	100～110	—	0.12～0.15	0.14～0.17
			100～130	—	0.13～0.18	0.17～0.23
			>130	—	0.17～0.26	0.21～0.27

加工材料强度不同时进给量的修正系数				
材料强度 σ_b/GPa	<0.5	0.5～0.7	0.7～0.9	0.9～1.1
修正系数 k	0.1	0.75	1.0	1.25

注：① 带修光刃的大进给切削法在进给量为 1.0～1.5 mm/r 时，可获得表面粗糙度 R_a 为 5～1.25 μm，宽刃精车的进给量还可更大些；

② 使用此表时，应先预选一个 v。

3. 切削速度 v 的确定

粗加工时，切削速度 v 主要受刀具耐用度的限制，由于 a_p、f 的值都比较大，必要时还要核算一下机床电机的功率是否足够。

当切削速度由刀具耐用度确定时，可按下式计算：

$$v=\frac{C_v}{T^m a_p^{x_v} f^{y_v}}k_v$$

式中：C_v——与耐用度实验条件有关的系数；

T——刀具耐用度，min；

m——表示耐用度影响程度的指数；

x_v——表示背吃刀量影响程度的指数；

y_v——表示进给量影响程度的指数；

k_v——切削条件与实验条件不同时的修正系数；

a_p——背吃刀量(mm)；

f——进给量(mm/r)；

v——切削速度(m/min)。

上述指数或系数可从相关手册中查取。

当切削速度受机床功率限制或校验机床功率时，可按下式计算：

$$v \leqslant \frac{6 \times 10^4 P_E \eta}{F_z} \text{ m/min}$$

式中：P_E——机床电机的功率(kW)；

η——机床传动效率；

F_z——主切削力(N)。

精加工时，a_p、f 的值都比较小，切削力较小，一般机床电机功率足够，因此切削速度主要由刀具耐用度决定，必要时还要考虑工艺需要，如积屑瘤对加工精度和表面质量的影响等。表 1－13 给出了硬质合金外圆车刀切削速度参考值，供选用时参考。

表 1－13　硬质合金外圆车刀切削速度参考值

工件材料	热处理状态	a_p=0.3～2 mm	a_p=2～6 mm	a_p=6～10 mm
		f=0.08～0.3 mm/r	f=0.3～0.6 mm/r	f=0.6～1 mm/r
		v/(m/min)	v/(m/min)	v/(m/min)
低碳钢	热轧	140～180	100～120	70～90
中碳钢	热轧	130～160	90～110	60～80
	调质	100～130	70～90	50～70
	淬火	60～80	40～60	—
合金结构钢	热轧	100～130	70～90	50～70
	调质	80～100	50～70	40～60
工具钢	退火	90～120	60～80	50～70
不锈钢	—	10～80	60～70	50～60
灰铸铁	<190 HBS	80～110	60～80	50～70
	<190～225 HBS	90～120	50～70	40～60
铝及铝合金	—	300～600	200～400	150～300

4. 切削用量确定的具体方法和实例

例 在车床 CA6140 上按图 1-41 所示方式加工外圆，毛坯直径为 ϕ57 mm，材料为调质 45 钢，外圆车削后的尺寸为 $\phi 50\times 200$ mm，表面粗糙度 R_a 为 3 μm，试确定粗车和精车时的切削用量。

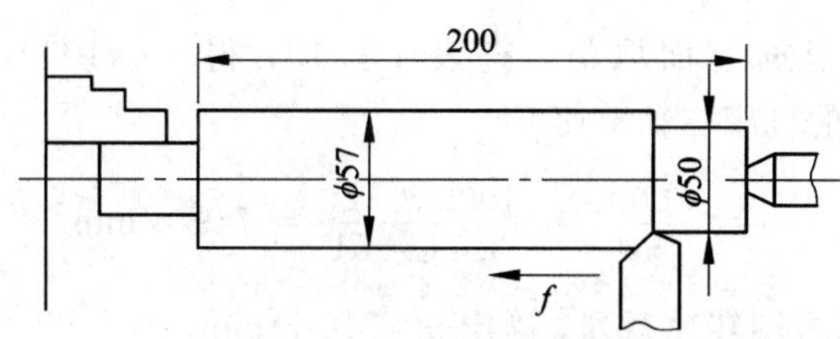

图 1-41 车外圆示意图

解 (1) 粗车。

① 背吃刀量 a_p。外圆的加工余量 $Z=57-50=7$ mm，单边余量为 $Z/2=3.5$ mm。考虑外圆的最终尺寸精度和表面粗糙度要求，精车的背吃刀量留 0.5 mm，其余余量均在粗车中加工掉。因此，取 $a_p=3$ mm。

② 进给量 f。查表 1-11，取刀杆尺寸为 16 mm×25 mm，得 $f\approx 0.45\sim 0.6$ mm/r，根据 CA6140 机床的进给量系列取值(查说明书或机床手册)，取 $f=0.51$ mm/r。

③ 切削速度 v。根据前面取值，查表 1-13，得 $v=70\sim 90$ m/min，先初取 $v=80$ m/min，计算机床转速 n：

$$n=\frac{1000v}{\pi d}=\frac{1000\times 80}{3.14\times 57}=447\ \text{r/min}$$

查机床说明书或机床手册，找与 447 r/min 最接近的数值，确定 $n=450$ r/min，这样，实际切削速度为

$$v=\frac{\pi dn}{1000}=\frac{3.14\times 57\times 450}{1000}=80.5\ \text{m/min}$$

校验机床功率是否足够：

已知 CA6140 主电机功率 $P_E=7.5$ kW，取传动效率 $\eta=0.7$，则机床输出功率

$$P_0=P_E\eta=7.5\times 0.7=5.25\ \text{kW}$$

计算切削功率：

$$P_c=p_c\cdot Z_w K_{fp_c}$$

根据上面切削用量三要素的取值，金属切除率为

$$Z_w=\frac{1000a_p f v}{60}=\frac{1000\times 3\times 0.51\times 80.5}{60}=2053\ \text{mm}^3/\text{s}$$

查表 1-3，得单位切削功率 $p_c=2305\times 10^{-6}$ kW/(mm^3·s^{-1})；查表 1-4，得修正系数 $K_{fp_c}=0.925$。所以，

$$P_c=p_c\cdot Z_w K_{fp_c}=2305\times 10^{-6}\times 2053\times 0.925=4.38\ \text{kW}$$

因 $P_c<P_0$，故机床功率足够。因此，最终确定粗车时切削用量的值为

$$a_p=3\ \text{mm},\ f=0.51\ \text{mm/r},\ v=80.5\ \text{m/min},\ n=450\ \text{r/min}$$

(2) 精车。

① 背吃刀量 a_p。由前述得 $a_p=0.5$ mm。

② 进给量 f。根据表 1 - 12，先预定一个切削速度，取一个较高值 $v=100\sim130$ m/min，取刀尖圆弧半径 $r_\varepsilon=1$ mm，得 $f=0.2\sim0.3$ mm/r，根据 CA6140 机床的进给量系列值取 $f=0.24$ mm/r。

③ 切削速度 v。根据上面取值，查表 1 - 13，得 $v=100\sim130$ m/min，取 $v=120$ m/min，计算对应的机床主轴转速 n：

$$n=\frac{1000v}{\pi d}=\frac{1000\times120}{3.14\times51}=749\ \text{r/min}$$

根据 CA6140 机床主轴转速系列，确定 $n=710$ r/min。

这样，实际切削速度应是：

$$v=\frac{\pi dn}{1000}=\frac{3.14\times51\times710}{1000}=114\ \text{m/min}$$

精车时一般机床功率足够，所以，最后确定切削用量数值为

$$a_p=0.5\ \text{mm},\ f=0.24\ \text{mm/r},\ v=114\ \text{m/min},\ n=710\ \text{r/min}$$

1.3.3 合理使用切削液

切削液是为了降低切削温度、提高加工质量而在切削区域浇注的液体。合理地选择和使用切削液，可以有效地改善刀具与工件的摩擦状况，降低切削力和切削温度，减少刀具磨损，从而提高生产率和加工表面质量。

在加工过程中，切削液可以起到冷却、润滑、清洗和防锈的作用。对切削液的要求是：除了满足上述基本作用外，还应该具有稳定性好、无污染、不易变质、成本低等特点。

1. 切削液的种类

生产中经常使用的切削液主要有以下三种。

1) 水溶液

水溶液的主要成分是水，加入防锈剂、防霉剂等配制而成。因为水的导热能力比油大得多，所以冷却性能很好。同时水资源丰富，经济性好，颜色透明，便于观察加工过程，但润滑性能较差，主要用于粗加工、磨削加工等切削温度高的场合。

2) 乳化液

乳化液是将乳化油用水稀释而成的。乳化油是由矿物油、乳化剂及添加剂配制而成的。乳化油用水稀释后即成为乳白色的液体，其浓度可根据工艺需要进行调配。乳化液具有良好的冷却作用和一定的润滑能力，是应用最广的一种切削液。

低浓度的乳化液以冷却作用为主，主要用于粗加工和磨削加工；高浓度的乳化液以润滑作用为主，主要用于精加工。

3) 切削油

它的主要成分是矿物油，包括全损耗系统用油(也称机油)、轻柴油、煤油等，少数情况下采用植物油(豆油、菜籽油、棉籽油、蓖麻油等)、动物油(猪油、牛油等)或复合油。

切削油的润滑性能好，但冷却性能差，主要用于低速精加工。

切削液的品种很多，性能各异，实际生产中应根据加工性质、工件材料和刀具材料等综合考虑来选择合适的切削液，才能获得良好的效果。

2. 切削液的供给方式

切削液供给的方法也直接影响切削液效能的发挥。如果切削液供给方法不当，就会造成切削液难以送达切削区域，从而影响加工的顺利进行和加工质量的保证。

生产中常见的切削液供给方式有以下三种。

1）浇注法

浇注法是生产中最常见、最方便的切削液供给方式。它通过机床设备上的喷嘴将切削液以一定流量浇注到切削区域和前刀面的接触区域。由于没有压力，浇注法较难使切削液完全进入切削区域，故冷却效果较差，一般用于开式加工，如车、铣、磨、齿轮加工等。一般机床上均配有切削液供给装置，流量一般为 10～20 L/min。

2）高压法

高压法利用一定的工作压力(1～10 MPa)和较大的流量(30～200 L/min)把切削液送至切削区域，带走热量并把切屑冲走。这种冷却液供给方式效果较好，多用于半封闭式加工，如深孔钻、套料钻、喷吸钻等。

3）喷雾法

在切削难加工材料和高速切削时，切削温度很高，采用喷雾法可以起到很好的降温效果。喷雾法利用具有一定压力(0.1～0.4 MPa)的压缩空气，借助喷雾器，将切削液雾化并高速喷向切削区域。微小的液滴能渗入到刀具、切屑及工件界面之间，同时液滴很快汽化，吸收并带走大量的热量。实现喷雾冷却要有相应的设备，通常用在前两种方式无法实现降温或降温效果不理想的加工场合。

在切削加工中，切削液除了应具备冷却、润滑、清洗、防锈等作用外，如何将切削液的副作用降到最低程度，确保操作者的身心健康和安全生产，已成为切削液开发和使用时必须考虑的问题。为此，开发的新型切削液，还应具有包括环保性能在内的良好综合性能：

① 应该无毒、不伤害操作者；

② 对环境无污染或低污染；

③ 不易变质，使用寿命长；

④ 通用性强，能用于多种切削加工方式和多种工件材料；

⑤ 透明或半透明，便于观察加工状态；

⑥ 有相应的废液处理技术且处理方便等。

在现代加工中，切削热的问题不应只靠切削液来解决。当切削区域温度过高时，切削液汽化会使冷却效果大打折扣。另外，像铣刀所采用的刀齿断续切削方式，刀刃退出切削后切削液泼在热的刃口上，使刀具在整个加工过程中刀刃的温度高低交替变化，容易导致刀刃产生热裂，反而会对刀片寿命起负面影响。

随着刀具材料的不断发展，现代刀具材料具有很高的红硬性，所以不用切削液而保持高温加工(干切削)会带来更多的好处，也是洁净生产的方式之一。这样除了保证刀具有合理的耐用度以外，还可以避免因使用切削液而对环境造成的污染、对操作人员健康产生的损害和加工成本的增加。

1.3.4 改善工件材料的切削加工性

1. 切削加工性的概念

切削加工性是指在一定条件下，工件材料被切削加工的难易程度。

切削加工性是一个相对概念。衡量某种材料的切削加工性，要看具体的加工要求和切削条件。例如，不锈钢材料在普通机床上加工时困难并不太大，但是如果是在自动机床上加工，由于断屑困难，便属于难加工材料；纯铁材料切除余量非常容易，但是表面粗糙，所以对这种材料精加工时，它的切削加工性并不好。

衡量金属材料切削加工性的指标很多。一般来说，良好的切削加工性是指加工时刀具耐用度高，或在一定刀具耐用度下允许的切削速度高；在相同的切削条件下切削力和切削功率小；容易获得良好的表面质量；切屑形状容易控制等。

切削加工性是对工件材料被加工性能的综合评定指标，很难用一个简单的物理量来表示。生产中常根据具体情况，选用某一项或几项指标来衡量工件材料的切削加工性。常用的指标介绍如下。

1）指定刀具耐用度下切削速度 v_T 和相对加工性 K_r

v_T 的含义是当刀具耐用度为 T 时，切削某种材料所允许的切削速度。v_T 越高，材料的切削加工性越好。通常取 $v_T=60$ min，此时，v_T 写作 v_{60}。

K_r 的含义是以某种材料的 v_{60} 为基准来判断工件材料的切削加工性。通常以切削正火状态的 45 钢时的 v_{60} 为基准，写作 $(v_{60})_j$，其他材料的 v_{60} 与 $(v_{60})_j$ 的比值称为相对加工性，即

$$K_r=\frac{v_{60}}{(v_{60})_j}$$

常用材料的相对加工性 K_r 分为 8 个等级，$K_r>1$，表示这种材料比 45 钢好切削；$K_r<1$，表示这种材料比 45 钢难切削。表 1-14 给出了各种等级材料的类别、相对加工性数值和代表材料，供分析时参考。

表 1-14 材料的切削加工性等级

等级	名称	材料种类	相对加工性	代表性材料
1	很容易切削材料	一般有色金属	>3	铜铅合金、铝镁合金
2	容易切削材料	易切钢	2.5～3	15Cr 退火、自动机钢
3		较易切钢	1.6～2.5	30 钢正火
4	普通材料	一般钢及铸铁	1.0～1.6	45 钢、铸铁
5		稍难切削材料	0.65～1.0	2Cr13 调质、85 钢
6	难切削材料	较难切削材料	0.5～0.65	45Cr 调质、65Mn 调质
7		难切削材料	0.15～0.5	1Cr18Ni9Ti
8		很难切削材料	<0.15	钛合金、铸造镍基高温合金

2）切削力和切削功率

在相同的切削条件下，凡是切削时产生的切削力大，消耗功率多的材料较难加工；反

之，则好加工，即加工性好。例如，切削铝合金时，切削力比切削钢料时要小，消耗的功率少，即铝合金的切削加工性比钢料要好。一般在粗加工或机床刚性不足或动力不足时，可用切削力和切削功率作为衡量材料切削加工性的指标。

3）表面质量

在相同的切削条件下，越容易获得好的加工表面质量的材料，它的加工性越好；反之，则较差。精加工时，常以表面质量作为衡量材料切削加工性的指标。如果从这项指标出发，低碳钢的切削加工性不如中碳钢，纯铝的加工性不如硬铝合金。

2. 改善切削加工性的途径

工件材料的切削加工性对生产率和加工质量都有很大影响，因此，在满足零件使用要求的前提下，应尽量选用切削加工性好的材料。对于特定的工件材料，它的切削加工性也并不是一成不变的，实际生产中常采用一定的措施来改善材料的切削加工性，以便在一定生产率和经济性的前提下达到加工目的。生产中改善材料切削加工性常用的措施有如下三种。

1）合理选择材料的供应状态

例如，低碳钢塑性太大，加工性不好，但经过冷拔后，塑性便大大降低，所以低碳钢以冷拔状态最容易切削；锻件、气割件的余量不均匀且有硬皮，切削加工性不如冷拔或热轧毛坯好。

2）选择适当的热处理方式

高碳钢退火后硬度下降，韧性和塑性提高，易于切削；低碳钢通过正火提高硬度；2Cr13 不锈钢通过调质提高硬度，降低塑性，这些热处理方式均可改善切削加工性。

3）采用特殊工艺方法

采用特殊工艺进行加工可以有效地解决一些难加工材料的切削问题。例如，有些金属或合金材料在室温下很难加工，但是把热源(比如高能量激光束或电子束)集中照射在刀具前面的加工区域，使工件材料快速升温软化，加工就会变得容易得多。采用低温手段(如喷射或浸泡在低温介质中)，使工件、刀具保持在较低温度下进行切削，可以有效地降低切削温度，从而使刀具耐用度得到提高。低温下切削还可以抑制积屑瘤的出现，可以大幅度降低工件的表面粗糙度和残余应力，提高工件表面的加工质量。此外，针对一些特殊材料，还可以采用导电切削、振动切削等方法来改善切削加工性。

总之，金属材料的切削加工性不仅依赖材料本身的性能和微观结构，而且还依赖加工变量(指刀具材料和刀具形状、切削用量、切削液的使用与否和机床的特性等)的合理选择和控制。

1.3.5 保证工艺系统的稳定性

工艺系统指的是由机床、夹具、刀具和工件组成的一个完整的加工系统。对于金属切削过程来说，最重要的基本要素就是工艺系统的稳定性。如果在工艺系统中有一环表现出不稳定的特征，那么它最终将以某种方式影响加工结果。例如，如果工艺系统刚性不足，在加工断续表面或余量不均匀的表面时，容易产生振动或颤震，可能会造成系统损坏或加工质量不合格；车外圆时，如果工件刚性不足或机床的装夹装置刚性不足，工件在径向力的作用下会产生弹性变形，从而使零件的加工精度受到影响，产生腰鼓形或喇叭形的形状误差。

在加工过程中极差的稳定性意味着较高的加工成本和较低的生产率，而且不易获得合格的加工表面质量。如果工艺系统的稳定性不够，应检查可能引起不稳定的来源，排除任何不必要的运动、刀具悬伸、弱刚性等问题，而且还应该选用正确的刀具类型和尺寸，合理选择机床以及正确的工件装夹方式等。

复习思考题

1. 切削运动一般由几部分组成？各有什么特点？

2. 画出题图 1-1 所示两种车刀的主剖面参考系的参考坐标平面，并按下面给出的值标出相应的几何角度。

图(a)所示的外圆车刀：$\gamma_0=15°$、$\alpha_0=6°$、$k_r=90°$、$k_r'=10°$、$\lambda_s=5°$、$\alpha_0'=8°$。

图(b)所示的内孔车刀：$\gamma_0=15°$、$\alpha_0=10°$、$k_r=75°$、$k_r'=15°$、$\lambda_s=0°$、$\alpha_0'=10°$。

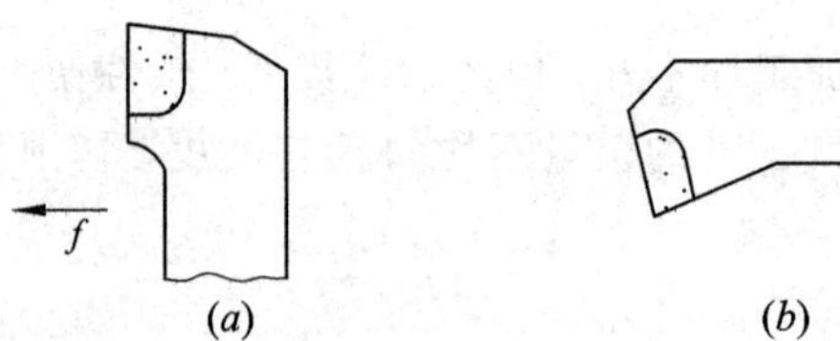

题图 1-1

3. 产生不同类型切屑的根本原因是什么？

4. 在切削灰铸铁时会得到哪种类型的切屑？为什么？

5. 为什么切削过程中通常不期望出现连续的带状切屑？如果出现了带状切屑，有什么方法可以解决此问题？

6. 什么是积屑瘤？积屑瘤对切削过程会产生什么影响？

7. 什么是刀具的磨钝标准？制定刀具的磨钝标准的依据是什么？

8. 什么是刀具耐用度？它与刀具寿命之间有什么关系？

9. 从提高生产率或降低成本的观点出发，刀具耐用度是否越高越好？解释原因。

10. 对刀具切削部分的材料有哪些基本要求？

11. 常用的刀具材料有哪些？各有什么性能特点？

12. 刀具涂层后有什么好处？常用的涂层材料有哪些？

13. 切削热是怎样产生的？又向哪里传散？

14. 切削热和切削温度是否是同一概念？二者有何区别和联系？

15. 切削过程中，如果切削温度上升到一个很高的水平会产生什么后果？

16. 参考表 1-1，指出哪种材料的刀具最适合断续切削，解释原因。

17. 查询技术文献，了解新型刀具材料发展的趋势，并说明目前哪些刀具材料已被工业广泛应用。

18. 为了提高生产率，为什么不能一味地提高切削速度？

19. 简述刀具的磨损过程。

20. 简述刀具不同磨损形式及特点。

21. 切削区域温度分布和月牙洼磨损位置之间有关系吗(参考图 1-28、1-29、1-30)? 为什么?

22. 在表 1-5 中, 我们注意到硬质合金的允许磨损值一般都低于高速钢, 试解释原因。

23. 在图 1-33 中, 陶瓷材料的刀具耐用度曲线在其他材料的右侧, 这说明陶瓷在哪些方面的性能优于其他材料?

24. 在金属切削过程中, 切屑带走了切削过程中产生的很多热量。假如切削温度依然太高, 为了使切削过程顺利完成, 你会建议用什么方法解决此问题?

25. 切削液在加工中起什么作用? 常用的切削液分哪几类? 加工过程中切削液的供给方式有哪几种?

26. 使用高速钢钻头在厚度为 50 mm 的铸铁件上钻一个 ϕ20 mm 的通孔, 采用 $v=0.45$ m/s, $v_f=174$ mm/min, 计算钻床主轴转速 n 和进给量 f。

27. 用 $\gamma_0=18°$、$\alpha=8°$、$\lambda_s=0°$、$k_r=75°$、$k_r'=10°$的硬质合金车刀在卧式车床上车削 45 钢(调质, HBS229)轴的 ϕ60 mm 外圆, 采用 $v=90$ m/min, $f=0.3$ mm/r, $a_p=4$ mm, 试用单位切削力的方法计算主切削力和切削功率。如果机床效率 $\eta=0.85$, 机床主电机功率为 $P_E=7.5$ kW, 分析 P_E 是否足够。

28. 简述刀具前角和后角的功用和选择时要考虑的问题。

29. 当工艺系统刚性不足时(如车削细长轴), 为什么常选 $k_r=90°$的车刀?

30. 为什么切断刀的副偏角都很小?

31. 在 CA6140 车床上粗车、半精车工件的外圆, 工件材料为调质 45 钢, 抗拉强度 $\sigma_b=681.5$ MPa, 硬度为 200~230 HBS, 毛坯尺寸 $d\times L=\phi45$ mm×205 mm, 车削后的尺寸为 $d=\phi40_{-0.2}^{\ 0}$ mm, $L=200$ mm, 表面粗糙度 R_a 均为 3.2 μm, 试选择刀具类型、材料、几何参数及切削用量。

32. 什么叫工件材料的切削加工性? 衡量材料切削加工性常用的指标有哪几个? 改善材料切削加工性的途径有哪些?

第 2 章　金属切削机床和表面加工方法

金属切削机床是利用切削刀具对工件进行加工的设备。它是制造机器的机器，所以又称为工作母机，简称为机床。

机床的种类很多，不同机床的加工对象和加工范围不同，换句话说，不同的工件和不同的加工表面适合在不同的机床上加工，这样可以保证较好的加工质量、较高的加工效率和较低的加工成本。学习本章的目的就是通过了解并掌握各种机床的工艺范围和加工特点，学会针对不同的工件、不同的表面和不同的加工要求，选择适当的加工设备和相应的加工工艺方法。

2.1　金属切削机床的基本知识

2.1.1　金属切削机床的分类

机床的种类繁多，为了便于使用、管理和交流，必须对它们进行分类并编制相应的型号。

按照国标，根据加工性质不同把机床分为 11 类，分别是：车床、钻床、镗床、磨床、齿轮加工机床、螺纹加工机床、铣床、刨插床、拉床、锯床和其他机床。在每一类机床中，按工艺特点、结构布局和性能不同又分为若干组，每一组中，又细分为若干系。

按照机床工艺范围的宽窄(万能性)，机床可分为通用机床、专门化机床和专用机床。通用机床的工艺范围广，可完成多种工件的多项加工任务，例如普通卧式车床、万能升降台铣床、万能外圆磨床等。这类机床生产率低，可用于各种生产类型。专门化机床用于完成同一类型不同尺寸的零件的特定工序的加工，如曲轴车床、精密丝杠车床、凸轮轴磨床等。专用机床用来完成特定工件的特定工序的加工，如加工主轴箱用的专用镗床等。

还可以按机床的其他特征分类，如：按机床的自动化程度，可分为手动机床、机动机床、半自动机床和自动机床；按机床重量不同，分为仪表机床、中型机床、大型机床、重型机床、超重型机床等；按加工精度不同，同类型机床还可分为普通精度级、精密级、高精度级等。随着机床的不断发展，它的类型和品种也会越来越多，其分类方法也在不断地发展和变化。

2.1.2 金属切削机床的型号

现行的金属切削机床型号是按照 GB/T 15375—1994(1994 年颁布)《金属切削机床型号编制方法》编制的。标准中规定，机床型号是由汉语拼音字母和阿拉伯数字按一定规律组合而成，它适用于新设计的各类通用机床及专用机床、自动线，但不包括组合机床和特种加工机床。

1. 通用机床型号

通用机床的型号由基本部分和辅助部分组成，两者中间用“/”（读“之”）隔开，辅助部分是否写入型号，由企业自主决定。型号的表示方法如下：

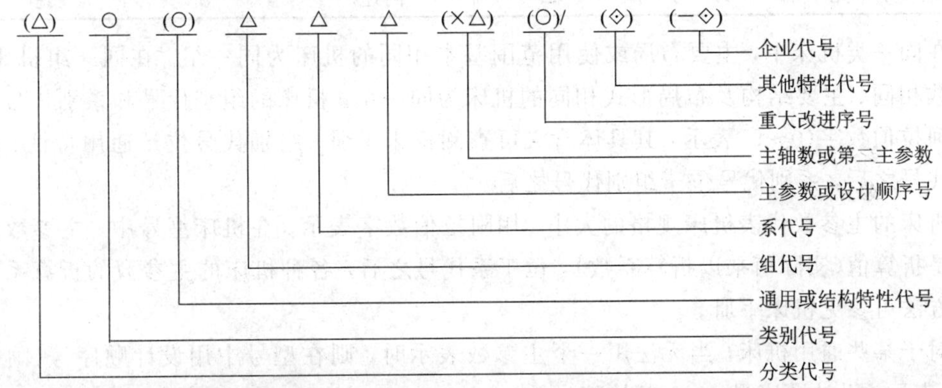

注：① 有“()”的代号或数字，无内容时不表示，有内容时则不带括号；

② 有“○”符号者，为大写的汉语拼音字母；

③ 有“△”符号者，为阿拉伯数字；

④ 有“◇”符号者，为大写的汉语拼音字母，或阿拉伯数字，或两者兼有之。

机床的类别代号用大写的汉语拼音字母表示，读音见表 2－1。必要时，每个类别又可分为若干分类，如磨床类分为三个分类。分类号在类别代号之前，作为型号的首位，并用阿拉伯数字表示，如 3M。

表 2－1　机床类别、代号、读音

类别	车床	钻床	镗床	磨床			齿轮加工机床	螺纹加工机床	铣床	刨插床	拉床	锯床	其他机床
代号	C	Z	T	M			Y	S	X	B	L	G	Q
				M	2M	3M							
读音	车	钻	镗	磨	二磨	三磨	牙	丝	铣	刨	拉	割	其

当某类机床既有普通形式，又有表 2－2 中所列的某种通用特性时，则在类别代号后加通用特性代号予以区别。通用特性代号有统一的固定含义，读音见表 2－2 所示。对于主参数值相同而结构性能不同的机床，在型号中加结构特性以示区别。结构特性代号用汉语拼音字母表示，当单字母不够用时，可将两个字母组合使用，如 AE、AD 等。但结构特性在型号中没有统一的含义，只在同类机床中起区分机床结构、性能的作用。当机床型号中有通用特性代号时，结构特性代号应排在通用特性代号之后。

表 2-2 机床通用特性代号

通用特性	代号	读音	通用特性	代号	读音
高精度	G	高	仿行	F	仿
精密	M	密	万能	W	万
自动	Z	自	轻型	Q	轻
半自动	B	半	加重型	C	重
数控	K	控	数显	X	显
加工中心（自动换刀）	H	换	简式或经济型	J	简
柔性加工单元	R	柔	高速	S	速

在同一类机床中，主要布局或使用范围基本相同的机床为同一组。在同一组机床中，主参数相同、主要结构及布局形式相同的机床为同一系。机床的组别代号和系别代号均用一位阿拉伯数字(0～9)表示，其具体含义可查阅机床手册。组别代号位于通用特性、结构特性代号之后，系别代号位于组别代号之后。

机床的主参数代表机床规格的大小，用阿拉伯数字表示。在机床型号中，主参数的值一般是折算值(实际值乘以折算系数)，位于系代号之后。各种机床的主参数的折算系数和表示方法可参见机床手册。

对于某些通用机床，当无法用一个主参数表示时，则在型号中用设计顺序号(阿拉伯数字)表示。设计顺序号由01起始编号。

对于多轴车床、排式钻床等，其主轴数应以实际数值列入型号(阿拉伯数字)，位于主参数后面，用“×”分开，读“乘”。第二主参数一般不予表示，如特殊情况需要表示时，一般也把实际值折算成两位数值表示，最多不超过三位数。各类机床的第二主参数的含义和数值表示可参阅机床手册。

如果对机床的结构、性能有了重大改进设计，并经过鉴定后，可按改进的先后顺序用A、B、C、… 等字母顺序表示。重大改进序号放在机床型号部分的尾部，以区别于原机床型号。

其他特性代号主要用来反映各类机床的特性，如：对于数控机床，可用来反映不同的控制系统；对于柔性加工单元，可用来反映自动交换主轴箱，等等。

企业代号指机床生产厂家或机床研究所的单位代号，置于辅助部分之尾部，用“－”分开，读作“至”，若在辅助部分中仅有企业代号，则不加“－”。

例

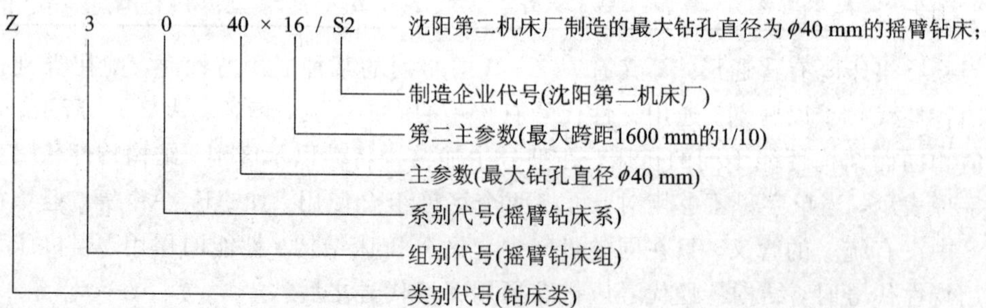

THM6350/JCS　北京机床研究所生产的精密卧式铣镗加工中心；

CA6140　最大加工棒料直径为 ϕ400 mm 的普通卧式车床；

C2150×6　最大加工棒料直径为 ϕ50 mm 的六轴棒料自动车床；

MB8240/2　最大回转直径为 ϕ400 mm 的半自动曲轴磨床的第二种变型。

2. 专用机床的型号

专用机床的型号一般由设计单位代号和设计顺序号组成，表示方法如下：

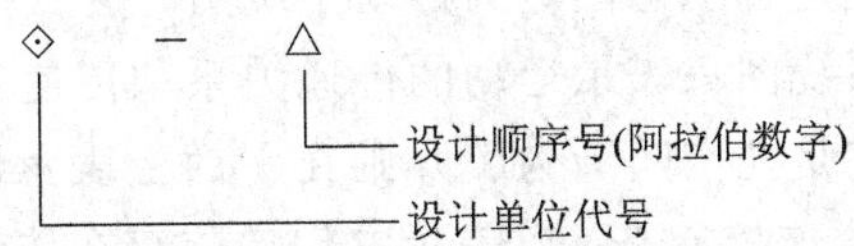

其中“—”读作“至”。

例如：型号为 H—015，表示上海机床厂设计制造的第 15 种专用机床为专用磨床。

3. 机床自动线的型号

由通用机床和专用机床组成的机床自动线，其型号为“ZX”(读作“自线”)，具体表示方法如下：

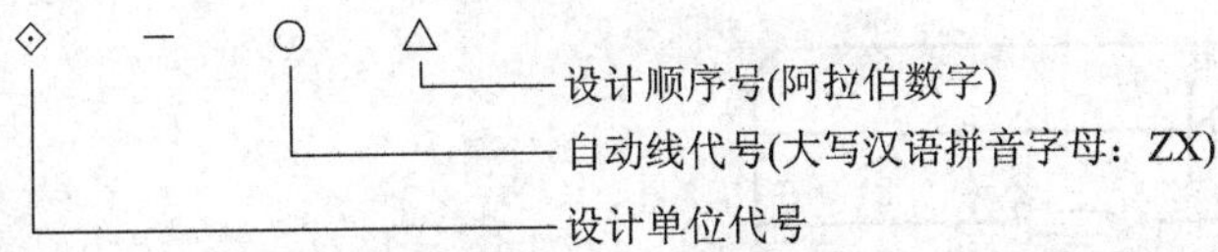

其中“—”读作“至”。

例如：北京机床研究所以通用机床和专用机床为某厂设计的第一条自动线，其型号表示为：JCS—ZX001

需要说明的是，我国机床型号的编制方法自 1957 年以来做过多次修订和补充，目前工厂正在使用的机床，有相当一部分的型号是按照前几次颁布的机床型号编制方法编制的，这些机床型号的具体含义应符合 1957 年、1959 年、1963 年、1971 年、1976 年、1985 年历次颁布的型号编制方法之规定。

2.1.3 金属切削机床的传动

要在机床上完成零件的加工，必须使工件和刀具之间产生相对运动和相互作用，这些都是靠机床强制实现的。所以，机床的运动应能实现切削加工时刀具和工件所需要的切削运动。

就运动性质而言，机床的运动主要有旋转运动和直线运动两种。用各种方法加工各种形状的表面，实质就是使刀具和工件具有旋转或直线运动并将这些运动进行合成来完成的。换句话说，就是把机床的运动按照需要分配给工件和刀具。分配方案不同，机床结构也就不同，这就决定了机床结构形式的多样性。

1. 机床的传动链和传动系统图

为了实现切削加工所需要的各种运动，机床必须具备三个部分：动力源、传动装置和执行机构。动力源是为机床运动提供动力的装置，如各种电机；传动装置是把动力源的运动和动力传递给执行机构，使执行机构获得需要的运动和动力。机床的传动装置有机械的、液压的、电气的等多种形式。

在机床运动和动力的传递系统中，连接动力源和执行件或连接执行件和执行件的一系列按顺序排列的传动元件，习惯上称为传动链。机床各个执行件的各种运动就是通过各种传动链从动力源传递过来的。机床的每一个运动都有一条传动链。在研究机床传动系统时，为了简化和方便，常常把传动系统中各传动链的每个传动件用规定的符号来表示(具体符号及含义参见机床手册)，并把传动系统展开画成一个平面图形，用来表达机床运动的传递关系和顺序，通常把这种示意图称为传动系统图。

需要说明的是，传动系统图只表示运动的传递关系和传递顺序，并不代表各元件的实际尺寸和空间位置，因为它是把空间结构展开画在平面上表示的。所以，对于有些在图中失去联系的传动副要用虚线连接起来，以表示它们实际存在传动联系。传动链中的各传动轴要按顺序编号，编号通常从动力源开始，用罗马数字按运动传递的先后顺序编写。此外，图中还要注明齿轮及蜗轮的齿数(或模数)、带轮直径、丝杠的导程和头数、电机的转速和功率等。图 2-1 是一普通车床的传动系统图，现以它为例对机床的传动链及运动进行分析。

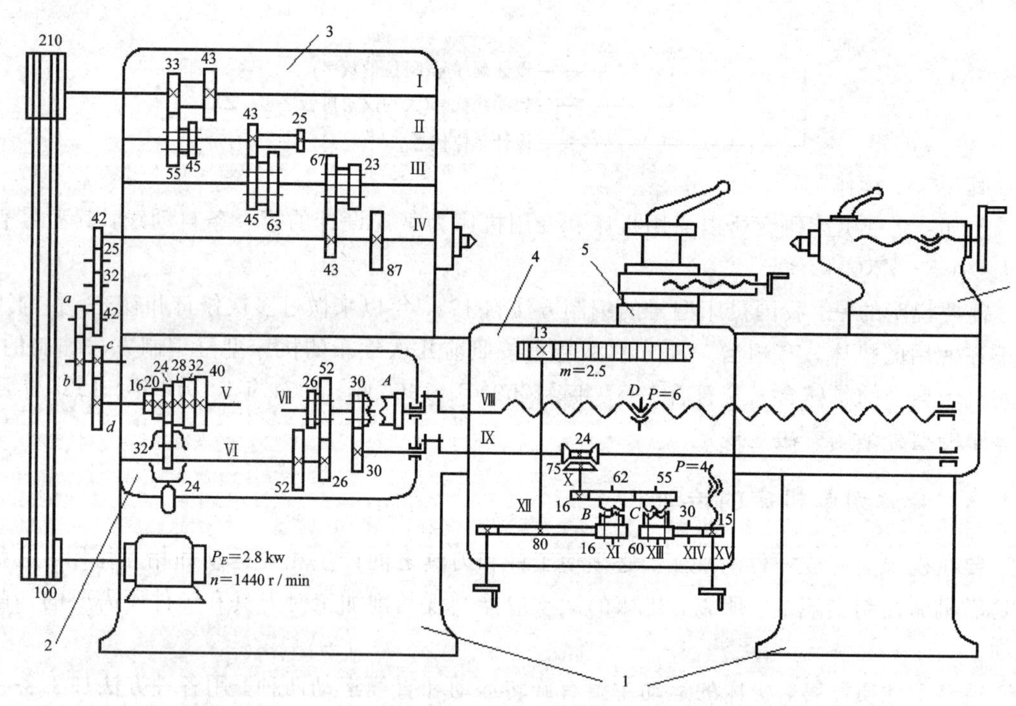

1—床身；2—进给箱；3—主轴箱；4—溜板箱；5—刀架；6—尾座

图 2-1 普通车床传动系统图

图 2-1 所示的车床运动有三条传动链：

1) 主运动传动链

主运动传动链是从电动机到车床主轴的传动联系，使主轴获得回转运动。其运动的传递可用下式表示：

$$\text{电动机}\begin{pmatrix} n=1440\,\text{r/min} \\ \text{P}_E=2.8\,\text{kW} \end{pmatrix}-\frac{\phi100}{\phi210}-\text{I 轴}-\begin{Bmatrix} \frac{33}{55} \\ \frac{43}{45} \end{Bmatrix}-\text{II 轴}-\begin{Bmatrix} \frac{43}{45} \\ \frac{25}{63} \end{Bmatrix}-\text{III 轴}-\begin{Bmatrix} \frac{67}{43} \\ \frac{23}{87} \end{Bmatrix}-\text{主轴(IV轴)}$$

通过这条传动链，并变换Ⅱ、Ⅲ轴上滑移齿轮的位置，可以使主轴得到 1×2×2×2＝8 挡转速。主轴的反转是通过电机反转实现的。

2）纵向进给运动传动链

纵向进给运动传动链是从车床主轴到车床纵向溜板的传动联系，通过它可使刀架(刀具)获得纵向进给运动和动力。

3）横向进给运动传动链

横向进给运动传动链是从车床主轴到车床横向溜板的传动联系，通过它可使刀架(刀具)获得横向进给运动和动力。

需要说明的是，虽然机床运动的动力均来源于电机，但表达进给运动的参数是进给量 f，而车削加工时进给量是以主轴转一圈时刀具的移动距离来表示的，所以进给运动传动链应是联系机床主轴和刀架之间的运动关系的传动链。

以上这两条进给运动传动链可综合用下式表示：

$$\text{主轴(IV)}-\begin{pmatrix} \frac{42}{32}\times\frac{32}{42} \\ \frac{42}{25}\times\frac{25}{32}\times\frac{32}{42} \\ \text{(换向齿轮)} \end{pmatrix}-\frac{a}{b}\times\frac{c}{d}-\text{V 轴}-\begin{Bmatrix} \frac{16}{32}\times\frac{32}{24} \\ \frac{20}{32}\times\frac{32}{24} \\ \frac{24}{32}\times\frac{32}{24} \\ \frac{28}{32}\times\frac{32}{24} \\ \frac{32}{32}\times\frac{32}{24} \\ \frac{40}{32}\times\frac{32}{24} \end{Bmatrix}-\text{VI轴}-\begin{Bmatrix} \frac{52}{26} \\ \frac{26}{52} \end{Bmatrix}-$$

$$\rightarrow\text{VII轴}-\begin{cases} \frac{30}{30}-\text{光杠(IX轴)}-\frac{24}{75}-\frac{16}{62}-\begin{cases} \text{离合器}B-\frac{16}{80}-\text{Z13}-\text{齿条(纵向进给)} \\ \frac{62}{55}-\text{离合器}C-\frac{60}{30}\times\frac{30}{15}-\text{横向丝杠(横向进给)} \end{cases} \\ \text{离合器}A\text{(合)}-\text{丝杠}(P=6)-\text{开合螺母}D\text{(车螺纹进给)} \end{cases}$$

主轴箱的运动是通过换向齿轮组和交换齿轮组传入进给箱的。进给量的变换是靠进给箱中的塔轮机构和轴Ⅶ上的滑动齿轮的不同组合，使光杠Ⅸ得到 6×2＝12 种不同转速，从而使刀架得到 12 种进给量。当进给箱中的离合器 A 接通，并合上开合螺母 D 后，可以使丝杠得到 12 种不同的转速，进而得到不同的螺距值。

进给运动传动链中，交换齿轮组$\left(\frac{a}{b}\times\frac{c}{d}\right)$的作用是通过变换组中齿轮的齿数来改变传动比，从而可以得到不同的加工螺距值。实际上，当车削不同螺距的螺纹时，操作者通常只需按照机床铭牌上的标识更换交换齿轮即可。传动链中的换向齿轮$\left(\frac{42}{25}\times\frac{25}{32}\times\frac{32}{42}\right)$的作用是当主轴转向一定时，使刀架进给运动反向，用于车削左旋螺纹或使刀架反向退回。

2. 机床运动的计算

仍以上述普通机床为例，主轴和刀架的各种运动及定量值可以按下面的方法计算。

1）主轴转速 n

根据主运动传动链，主轴的 8 挡转速值均可按下面的方法求出：

$$n_{\min}=1440\ \mathrm{r/min}\times\frac{100}{210}\times\frac{33}{55}\times\frac{25}{63}\times\frac{23}{87}\approx 42\ \mathrm{r/min}$$

$$\vdots$$

$$n_{\max}=1440\ \mathrm{r/min}\times\frac{100}{210}\times\frac{43}{45}\times\frac{43}{45}\times\frac{67}{43}\approx 980\ \mathrm{r/min}$$

以上算式中忽略了带轮的打滑。

2）纵向进给量 $f_{纵}$

根据进给运动传动链，按照图 2－1 中齿轮的啮合位置，并使离合器 B 接通，可以计算出对应的纵向进给量：

$$f_{纵}=1\times\frac{42}{32}\times\frac{32}{42}\times\frac{a}{b}\times\frac{c}{d}\times\frac{24}{32}\times\frac{32}{24}\times\frac{26}{52}\times\frac{30}{30}\times\frac{24}{75}\times\frac{16}{62}\times\frac{16}{80}\times 13\times\pi\times 2.5\ (\mathrm{mm/r})$$

其他 11 种进给量的值也可以用同样的方法求得，此处不再一一计算。

3）横向进给量 $f_{横}$

同样，根据进给运动传动链，按照图 2－1 中齿轮的啮合位置，并使离合器 C 接通，可以计算出对应的横向进给量：

$$f_{横}=1\times\frac{42}{32}\times\frac{32}{42}\times\frac{a}{b}\times\frac{c}{d}\times\frac{24}{32}\times\frac{32}{24}\times\frac{26}{52}\times\frac{30}{30}\times\frac{24}{75}\times\frac{16}{62}\times\frac{62}{55}\times\frac{60}{30}\times\frac{30}{15}\times 4\ (\mathrm{mm/r})$$

其他进给量的值也可用同样的方法算出。

4）车削螺纹的进给量（即螺距或导程）

根据进给运动传动链，接通离合器 A，$f_{螺}$ 可由下式计算：

$$f_{螺}=1\times\frac{42}{32}\times\frac{32}{42}\times\frac{a}{b}\times\frac{c}{d}\times\frac{24}{32}\times\frac{32}{24}\times\frac{26}{52}\times 6\ (\mathrm{mm/r})$$

2.1.4 机床的技术性能指标

为了能正确选择和合理使用机床，必须很好地了解机床的技术性能指标，常用的机床技术性能指标包括如下几个方面。

1. 工艺范围

机床的工艺范围就是指在机床上完成的工序种类、零件类型和尺寸范围、适用的生产规模等，也就是指机床对生产要求的适应能力。一般情况下，通用机床可以加工一定尺寸范围内的各种零件和完成多种工序的加工，所以这类机床的工艺范围很宽，但其结构一般比较复杂、自动化程度和生产率较低；专用机床是为完成一个零件的特定工序而专门设计和制造的，生产率较高，机床结构简单，容易实现自动化，但工艺范围窄。

2. 加工精度和表面粗糙度

通常所说的机床的加工精度和表面粗糙度是指在正常的加工条件下机床所能达到的加工表面质量程度。各种通用机床所能达到的加工精度和表面粗糙度在机床精度国家标准中都有规定。选择机床时，应使机床的规格大小和精度等级与所加工对象相匹配，否则可能造成加工精度达不到要求或使加工成本增加。

3. 生产率和自动化程度

机床的生产率是指在单位时间内机床所能加工的零件数。机床的自动化程度越高，操作越方便，工人的劳动强度就越低，而且工人技术水平对加工质量的影响也越小，则产品质量稳定，生产率也越高，但是一般机床的结构也越复杂、价格越昂贵。所以一般只适用于生产批量较大的情况。

随着数控技术的发展，高度自动化的数控机床和加工中心已经越来越广泛地应用于单件小批生产中。选择机床时，应在保证加工质量和不提高加工成本的前提下，优先考虑选择生产率高的机床。

4. 其他方面

除上面提到的几个主要方面外，机床的技术性能指标还包括机床的标准化程度、操作维修方便、噪音小等其他要求。

2.1.5 机床的发展趋势

金属切削机床是在人类长期改造自然的斗争中，不断改善劳动工具的产物。现代工业的发展和日新月异的科技成果又使机床本身得到了不断发展。当前，机床发展的主要方向有如下几个方面。

1. 机床的工艺范围不断扩大

为了减少工件的装夹次数，提高机床的生产率和加工精度，要求毛坯安装到机床上后能完成尽量多的工序。目前，一台数控加工中心可对零件一次装夹进行5面加工甚至全部工序的加工。有的车削中心上可进行车、铣、钻(径向、轴向、斜向孔)、车螺纹、铰、锪、滚压、磨和测量等多道工序的加工。

2. 加工精度不断提高

随着各种新技术不断应用到机床制造技术中，机床的工作精度日益提高。目前，发达国家的精密和超精密机床的精度已经达到亚微米和纳米级，表面粗糙度已达超光滑镜面。

3. 切削速度和生产率不断提高

随着高速轴承及高速主轴部件的快速发展，机床主轴转速已获得极大提高，从而使机床的加工效率大大提高。目前，高速切削已经成为制造技术发展的一个重要方向，高速加工机床主轴最高转速可达每分钟几十万转。

4. 自动化程度日益提高

随着微电子技术、计算机技术的不断发展并在机械制造领域的不断应用，机床的自动化程度越来越高。在发达国家，计算机数控机床(CNC)已经成为机床制造业的主导产品。计算机不仅可以直接控制机床的加工过程，而且还可以进行质量监控、刀具磨损破损和换刀监控、物流监控等，大大提高了机床的自动化程度。

总之，高效、柔性生产、自动化、精密化、高速切削和产品多样化已成为机床发展的趋势。

2.2 车床和车削加工

车床的类型较多，其中最常见的是普通卧式车床。这种车床的自动化程度较低，换刀较麻烦，加工过程中花费的辅助时间也较多，多用于单件小批生产。

2.2.1 普通车床及工艺范围

1. 普通车床的布局和组成

普通车床的外形和基本组成如下图 2-2 所示。

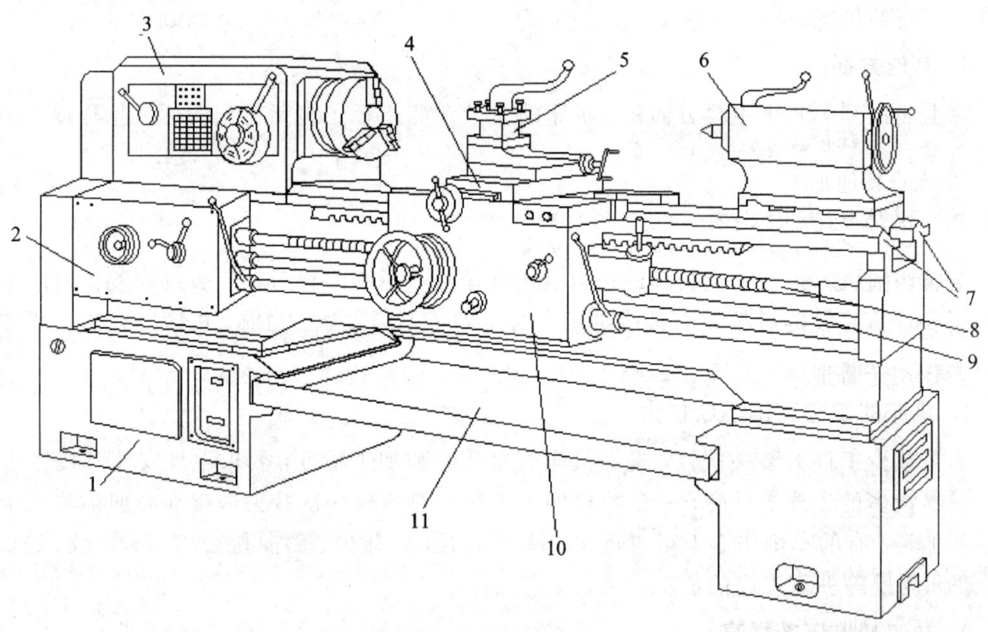

1—床身；2—进给箱；3—主轴箱；4—床鞍；5—方刀架；6—尾座；7—导轨；8—丝杠；9—光杠；10—溜板箱；11—接屑盘

图 2-2 普通卧式车床的布局和组成

1）床身

床身 1 是车床的基础，支承车床上的所有部件，质量大且要求稳定性好，一般由铸铁材料制造。床身上有两条导轨 7，精度很高并且耐磨，是床鞍 4 和尾座 6 移动的基准。床身的左上方装有主轴箱 3，右上方装有尾座 6，前侧面装有进给箱 2。

2）主轴箱

主轴箱的运动是从电机经过皮带和皮带轮传递过来的，这样可以减少电机的振动对主轴回转精度的影响。主轴箱内部装有一系列的齿轮和操纵机构，通过齿轮变速机构可以给主轴提供各种转速，并可通过主轴箱前侧的调速手柄调定。车床主轴多为空心，可以通过它穿过棒料和安装夹具(如卡盘、顶尖等)。

3）进给箱

进给箱固定在床身的左前侧，箱内装有进给运动变速机构，最终使刀架获得不同的进给量。

4）溜板箱

溜板箱 10 装在机床的正前方，其内部的运动机构可以实现丝杠 8 或光杠 9 的传动、机动或手动进给或退刀等。

5）床鞍

床鞍 4 装在床身导轨上并和溜板箱相连，可以一起沿导轨纵向滑动，其上部设有横向导轨，使上面的滑板和刀架作横向进给。

6）尾座

尾座 6 装在床身的尾部，利用其套筒锥孔可以装上钻头、铰刀、丝锥等刀具进行车削外圆以外的其他加工；装上顶尖，用来支承工件的另一端。尾座可以沿床身导轨移动，用来适应工件的长度或使刀具接近工件。

7）丝杠和光杠

丝杠 8 和光杠 9 左端装在进给箱上，右端装在床身前右侧挂脚上，中间穿过溜板箱。光杠专门用于普通车削，实现刀架的机动横向或纵向进给；丝杠专门用于车螺纹，可以获得准确的螺距值。

2. 普通车床的工艺范围

车削的主运动是主轴带动工件作回转运动，所以，在车床上加工的表面基本上都是回转表面。车床的加工范围非常广泛，典型的产品包括小到眼镜框铰链的螺钉，大到汽缸、炮管、蜗轮机轴等。图 2－3 所示是普通卧式车床上能完成的典型加工。

车削加工可分为粗车、半精车、精车等，用以满足不同的加工要求。粗车的尺寸公差等级为 IT2～IT11，表面粗糙度 R_a 值为 25～12.5 μm；半精车的尺寸公差等级为 IT10～IT9，表面粗糙度 R_a 值为 6.3～3.2 μm；精车的尺寸公差等级为 IT8～IT7(外圆可达 IT6)，表面粗糙度 R_a 值为 1.6～0.8 μm。

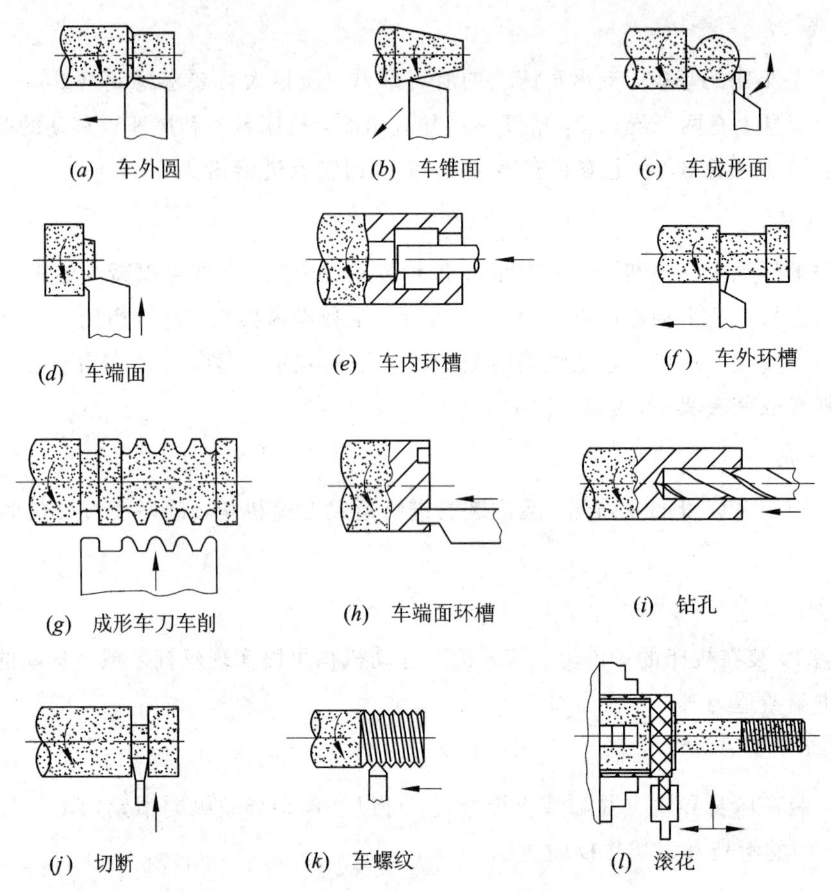

图 2-3　卧式车床的典型加工

2.2.2　车刀

按照用途不同，车刀可以分为外圆车刀、端面车刀、切断刀、内孔车刀、螺纹车刀和成形车刀等，如图 2-4 所示。

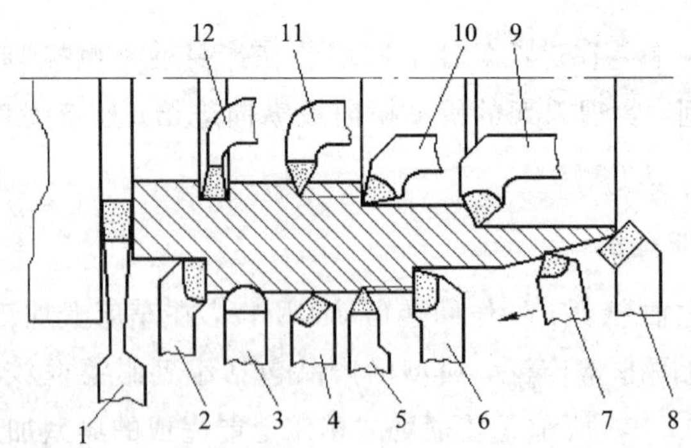

1—切断(割槽)刀(外)；2—左偏刀；3—成形刀；4—外圆车刀；5—螺纹车刀(外)；
6—右偏刀；7—外圆车刀(车锥面)；8—弯头外圆车刀；9—通孔镗刀；
10—盲孔镗刀；11—螺纹车刀(内)；12—割槽刀(内)

图 2-4　车刀的类型

按照结构分类，车刀可分为整体式、焊接式、机夹式、可转位式四种类型，如图 2-5 所示。

1. 整体车刀

如图 2-5(*a*)所示，车刀整体一般由高速钢制成，刃口可以磨得比较锋利，但一般切削速度不能太高，主要用于加工有色金属或在小型车床上加工小零件。

2. 焊接车刀

如图 2-5(*b*)所示，在 20 世纪 30 年代末刚出现硬质合金时，就是利用钎焊技术把硬质合金焊接在刀头上，经过磨削形成切削刃进行切削的。

硬质合金一般都做成一定形状的刀片。表 2-3 给出了常用刀片形状及应用场合。焊接前刀杆上要加工出与所焊刀片一致的刀槽。

表 2-3 常用硬质合金刀片的形状、代号和应用

代号	示意图	应　用
A1 型	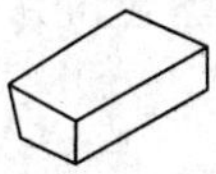	直头车刀、弯头外圆车刀、内孔车刀、宽刃车刀
A2 型		端面车刀、内孔车刀(盲孔)
A3 型		90 偏刀、端面车刀
A4 型		直头外圆车刀、端面车刀、内孔车刀
A5 型	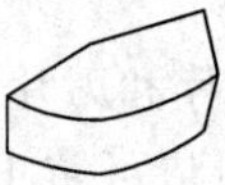	直头外圆车刀、内孔车刀(通孔)
A6 型		内孔车刀(通孔)
B2 型	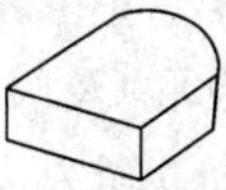	圆弧成形车刀
C1 型	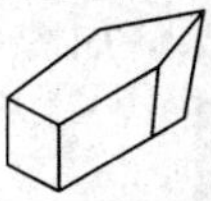	螺纹车刀
C3 型	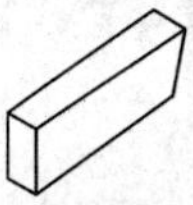	切断车刀、车槽刀
D1 型		直头外圆车刀、内孔车刀

硬质合金刀片焊接时容易产生热应力和裂纹。当切削刃磨损后，必须对它进行重磨以得到正确的几何形状，所以加工效率的提高受到限制。另外，当刀具报废后，车刀的刀杆一般不能重复利用。

3. 机夹车刀

如图 2 - 5(*c*)所示，机夹车刀是用机械方法定位并夹紧刀片，通过刀片体外刃磨或安装倾斜后形成刀具所需角度。机夹车刀可以避免焊接引起的应力和裂纹，刀杆可多次重复使用，几何参数设计和选用比较灵活。刀片用钝后可以卸下集中重磨，提高了刀具刃磨质量，方便刀具的管理。

4. 可转位车刀

进入 20 世纪 60 年代后，因为夹持系统和硬质合金成型技术的发展，出现了刀片通过机械夹固在刀杆上并可在刀杆上转位和替换的车刀，即可转位车刀(图 2 - 5(*d*)所示)。当刀片上的一个刀刃用钝后，只需将刀片转过一个角度，便可用新的锋利的刀刃继续切削，大大提高了加工效率。尤其是涂层硬质合金刀片的问世，使机夹式可转位车刀的加工性能和刀具寿命得到了全面提高。

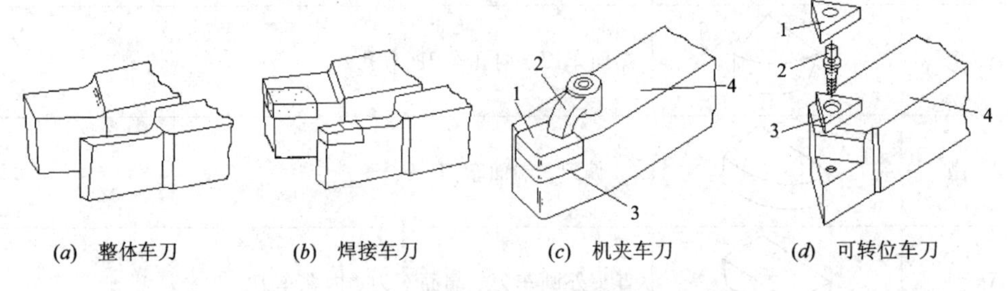

1—刀片；2—锁紧元件；3—刀垫；4—刀杆

图 2 - 5　车刀结构形式

可转位车刀由刀杆、刀垫、硬质合金(或涂层硬质合金)刀片和刀片锁紧机构组成。刀杆一般用 45 钢制造，上面要开出刀槽，用来安装刀片。采用刀垫可防止打刀时损坏刀杆，正常切削时可防止切屑擦伤刀杆，以延长刀杆的使用寿命。刀垫的主要尺寸按相应的刀片尺寸设计，材料可选择 GCr15、W18Cr4V 等韧性较好的材料。

硬质合金可转位刀片形状有等边等角(如正方形、正五边形、正三角形等)、等边不等角(如菱形)、等角不等边(如矩形)、不等边不等角(如平行四边形)及圆形五种。一个正方形刀片，有 8 个刀尖和 8 条刀刃，而三角形刀片则有 6 个刀尖和 6 条刀刃。此外，刀片上还压制出各种形状和规格的卷屑槽，以增加刀具加工时的断屑效果，如图 2 - 6 所示。

图 2 - 6　典型硬质合金刀片及卷屑槽

可转位车刀的刀片形状、尺寸、精度、结构及代号等在国标中已有详细规定，选用时可参考手册或刀具供应商提供的刀具样本。

车刀刀杆的规格有刀杆的厚度 h、宽度 b、长度 L 三个尺寸，常用车刀刀杆截面的各参数的具体值见表 2-4 所示。选择时主要考虑机床的中心高，一般选矩形截面，但当刀杆厚度尺寸受到限制时，可加宽为正方形，以提高刚性。刀杆的长度一般按刀杆厚度的 6 倍左右确定。

表 2-4 常用车刀刀杆的截面尺寸

机床中心高/mm	150	180～200	260～300	350～400
方刀杆截面 h^2/mm^2	16^2	20^2	25^2	30^2
矩形刀杆截面 $h \times b$/mm×mm	20×12	25×16	30×20	40×25
刀杆长度 L/mm	125、150、170、200、250			

2.2.3 工件在车床上的安装

在普通卧式车床上加工时，工件的装夹方法主要有两种，一种是用机床附件(通用夹具)进行装夹，另一种是用专用夹具装夹。关于专用夹具装夹零件的原理和方法在第 4 章中有专门介绍，这里主要介绍用车床附件对零件进行装夹的方法。

车床附件一般包括三爪卡盘、顶尖、拨盘和鸡心夹头、四爪卡盘、花盘、中心架、跟刀架等。在车床上加工零件时，利用这些附件或附件组合来装夹工件时，常用下面几种方法。

1. 三爪卡盘装夹

三爪卡盘的三个卡爪同时作等速径向移动，所以三爪卡盘夹紧工件时能自动定心。它适于装夹圆棒料、六角棒料以及外表面为圆柱面的工件。单独用三爪卡盘装夹工件时，工件悬伸不能太长(不超过夹持工件直径的 3 倍)，否则会使工件加工时产生形状误差或造成系统振动。

2. 四爪卡盘装夹

四爪卡盘的外形如图 2-7 所示。四爪卡盘的四个卡爪可分别单独调整，作径向向心或离心运动，特别适合装夹正方形、长方形、椭圆形和其他不规则的工件表面。这种卡盘的夹紧力大，可以装夹较大的工件。使用四爪卡盘时，要使工件加工面的轴线与卡盘的回转轴线重合，所以调整起来比较麻烦，找正精度和工人的技术水平有关，一般在单件小批生产中应用。

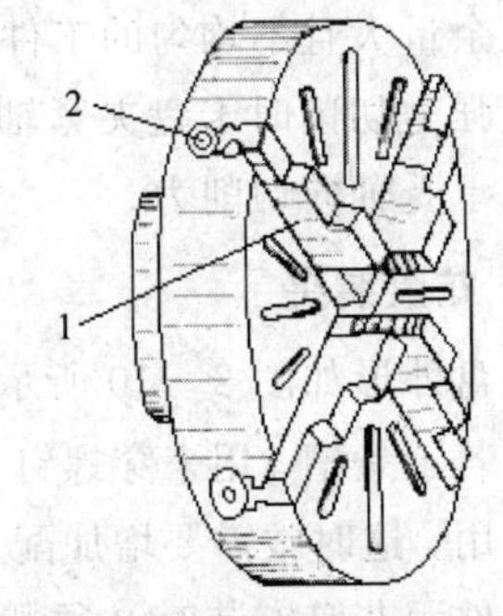

1—卡爪；2—调整螺钉

图 2-7 四爪卡盘

3. 双顶尖装夹

加工轴类零件时，常用双顶尖装夹工件，这样可以在一次安装过程中加工多个外圆、端面、螺纹、环槽等，容易保证各表面之间的位置精度。在采用双顶尖装夹工件时，首先要在工件两端加工出顶尖孔。由于顶尖只能支承工件，所以在主轴端部还要装上拨盘和鸡心夹头夹紧工件并带动工件一起转动(如图 2 - 8 所示)。

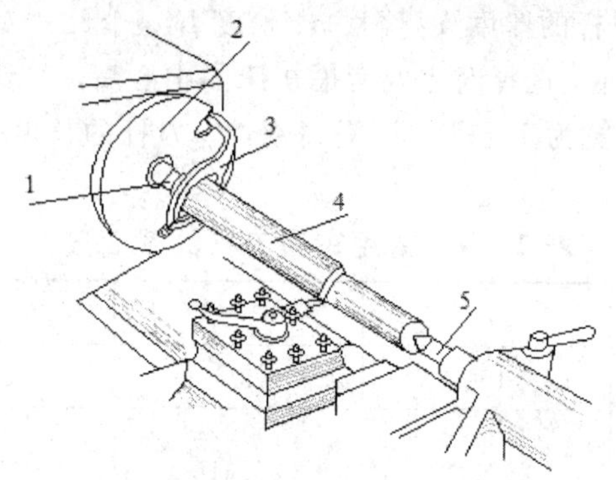

1—前顶尖；2—拨盘；3—鸡心夹头；4—工件；5—后顶尖

图 2 - 8 双顶尖和鸡心夹头装夹

用双顶尖装夹工件时，前顶尖安装在车床主轴前端的锥孔中并和主轴一起转动。后顶尖装在尾座套筒锥孔中，可以和工件一起转动，叫做活顶尖；也可以固定不转，称为死顶尖，如图 2 - 9 所示。活顶尖与工件上的顶尖孔无摩擦，可以在高速下进行车削，但是由于顶尖中回转轴承等因素的影响，定心精度较低。死顶尖与工件中心孔之间有摩擦，会发热，所以要增加润滑并且适当降低工件回转速度，但是死顶尖定心准确、刚性好，适用于低速精加工场合。

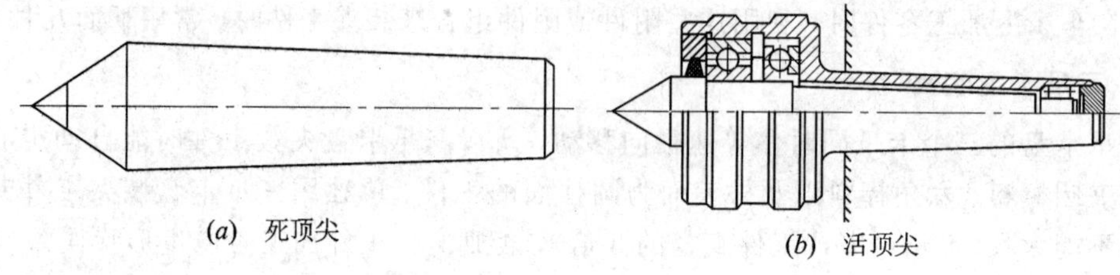

(*a*) 死顶尖 (*b*) 活顶尖

图 2 - 9 后顶尖

4. 前端卡盘、后端顶尖装夹

工件较长时，用两顶尖或单独用卡盘装夹都会产生刚性不足，影响加工精度。所以，粗加工余量大且不均匀的工件时，一般采用前端卡盘夹紧、后端顶尖顶紧的装夹方式。为了防止强力切削时卡盘夹紧轴向力不足，可在工件上车出一个小台阶，使卡盘的端面抵住台阶来承受轴向切削力。

5. 花盘装夹

花盘外形如图 2 - 10 所示。在车床上加工不规则零件时，可用花盘来装夹。花盘的盘面上有若干条槽，用来穿螺钉以固定工件。有时为了安装一些支架类的零件，还要和弯板配合使用，这时常需要增加配重以保证回转平衡。

工件用花盘安装时必须找正，使被加工表面的中心线和主轴的回转中心线同轴。因此，用花盘装夹零件比较费时费力，对工人技术水平要求较高，一般只适用于单件小批生产。

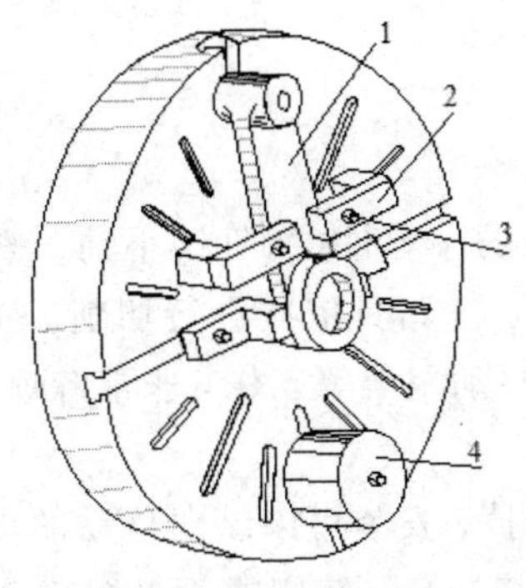

1—工件；2—压板；3—螺栓；4—配重

图 2-10　花盘装夹工件

除了上述常用方法外，对于直径较大、长度较长的轴类工件，常常采用前端卡盘、后端中心架装夹；车削细长轴类零件时，为了防止工件变形，除了用前面提到的卡盘或顶尖装夹外，还常常在中间增加中心架(如图 2-11 所示)或跟刀架(如图 2-12 所示)来增加系统支承的刚性，防止加工中零件产生过大的弯曲变形，影响加工精度。中心架固定在床身上，使用中心架车削细长轴需要掉头、接刀，而跟刀架固定在中拖板上，与刀架一起移动，所以可一次车削轴的全长。

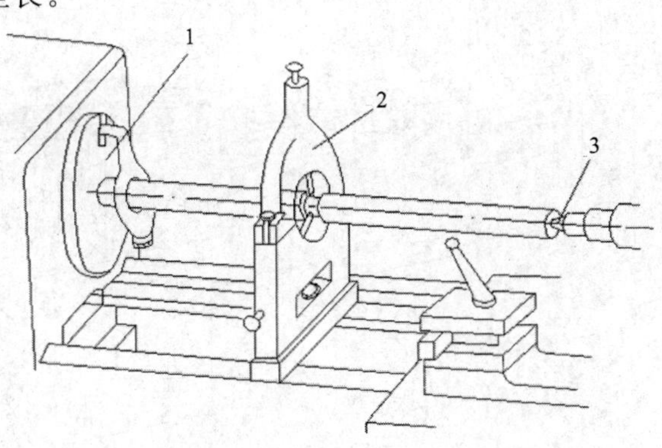

1—拨盘和鸡心夹头；2—中心架；3—后顶尖

图 2-11　中心架辅助装夹

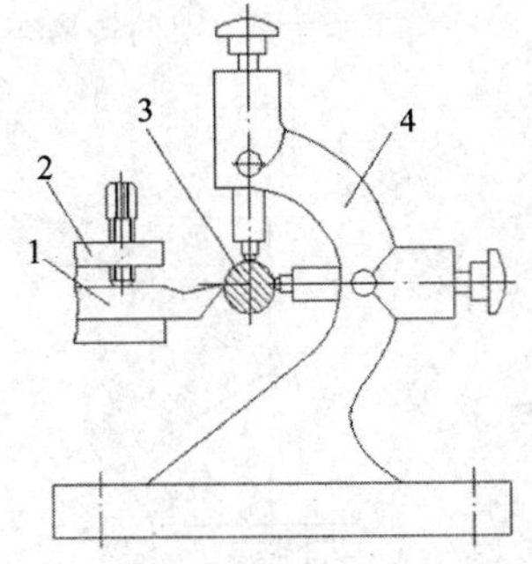

1—车刀；2—刀架；3—工件；4—跟刀架

图 2-12　跟刀架

2.2.4 其他车床简介

1. 转塔车床

在成批生产中加工形状复杂的小零件(如阶梯小轴、螺钉、套筒、齿轮坯、法兰盘等)时，通常需要使用多种车刀和孔加工刀具依次进行切削。如果在普通车床上加工，则需要进行多次试切对刀、装卸刀具、移动尾架等工作，非常麻烦，效率也很低。这时可在转塔车床上加工。

将普通车床的尾座和丝杠去掉，安装可以纵向移动的多工位转塔式刀架，并在传动和结构上作相应的改变，就成了转塔车床。转塔式刀架由塔头和床鞍构成，塔头有立式和卧式两种。

图 2-13 所示为带有立式塔头的转塔车床，它保留了前刀架，并且还有一个转塔刀架。转塔刀架为六角形，每个面上的装刀孔中可装一组刀具，见图 2-14 所示。转塔刀架只能沿导轨作纵向进给。加工时转塔可周期地转位，用相应的刀具顺序进行外圆柱面车削以及对内孔的钻、扩、铰、镗、攻丝等加工。

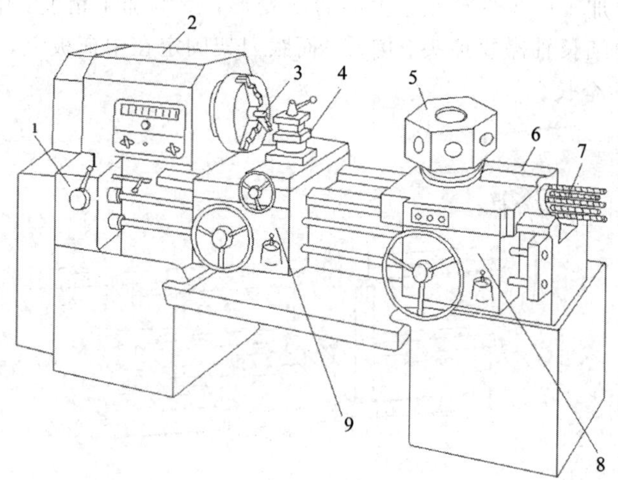

1—进给箱；2—主轴箱；3—工件；4—横刀架；5—六角形转塔刀架；6—刀架溜板；7—定程装置；8—转塔刀架溜板箱；9—横刀架溜板箱

图 2-13 六角形刀架的转塔车床

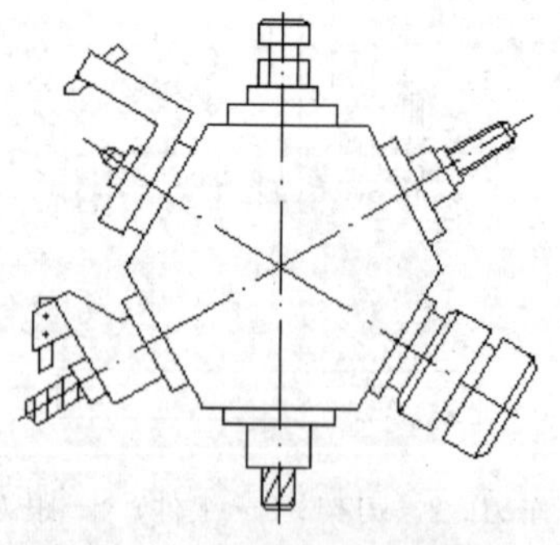

图 2-14 六角形转塔刀架

图 2 - 15 所示为卧式塔头的转塔车床，它没有前刀架，只有一个回轮刀架，可以沿床身作纵向移动，通常也称回轮车床。回轮刀架的前端面上有 12～16 个安装刀具的孔，可以安装 12～16 组刀具。当刀具孔转到最上端位置时，其轴线恰与车床主轴轴线一致，这个位置的刀具便可以对装在主轴上的工件进行加工。当刀具进行切槽或切断时，可以通过回轮刀架的缓慢转动来实现横向进给。回轮车床主要用于加工直径较小的工件，所加工的毛坯多为棒料。

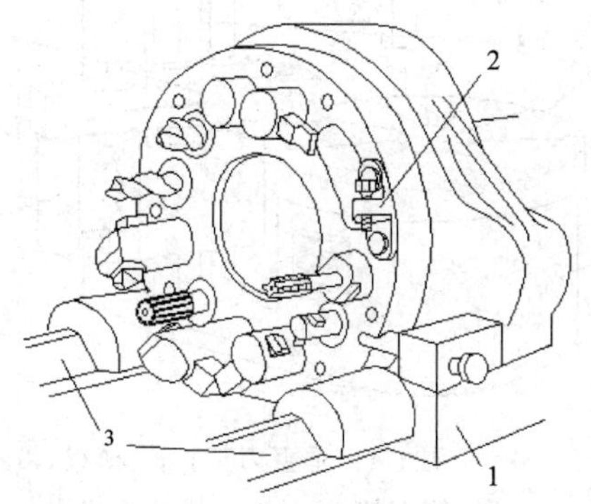

1—纵向刀具溜板；2—横向定程机构；3—导轨

图 2 - 15　回轮刀架

在转塔车床上进行加工时，通常根据零件的加工工艺，预先将所用的刀具按使用顺序装在刀孔中并调整好，加工时通过刀架转位使刀具轮流进行切削，不用再反复装卸刀具和测量工件，因此可以大大提高生产效率。但是刀具的预先调整比较费时，所以不适合单件小批生产。而在大批大量生产中，则更多采用生产率更高的自动和半自动车床。因此，转塔车床只适用于成批生产中加工尺寸不大且形状复杂的零件。

2. 立式车床

和卧式车床相比，立式车床结构上的主要特点就是主轴垂直布置，并且有一个直径很大的圆形工作台，用来安装工件。

立式车床有单立柱式和双立柱式两种，前者加工直径一般小于 ϕ1600 mm，后者加工直径一般大于 ϕ2000 mm，重型立式车床加工直径一般超过 ϕ2500 mm。图 2 - 16 所示为单立柱式立式车床，底座 1 是机床的支承基础，立柱 3 和它连在一起。立柱的垂直导轨上装有横梁 5 和侧刀架 7，它们均可在垂直方向移动以适应工件的高度。侧刀架 7 可以完成车外圆、车端面、车沟槽和倒角等工序的加工。在横梁的水平导轨上装有一个垂直刀架 4，可以沿横梁导轨移动作横向进给，刀架滑座可左右搬转一定角度，以便刀架作斜向进给。垂直刀架上通常带有一个五角形转塔刀架，它除了可安装各种车刀完成车内外圆柱面、端面、沟槽外，还可以安装各种孔加工刀具进行钻、扩、铰、攻丝等加工。工作台 2 装在底座的环形导轨上并绕其垂直轴线作旋转主运动。

立式车床的工作台台面处于水平位置，因而笨重工件的装夹和找正很方便。由于工件及工作台的重量由床身导轨或推力轴承承受，大大减少了主轴及其轴承的载荷，因而容易保证加工精度。

立式车床主要用于加工径向尺寸大而轴向尺寸较小，且形状比较复杂的大型或重型零件，是汽轮机、水轮机、重型电机、重型机械制造厂不可缺少的加工设备。

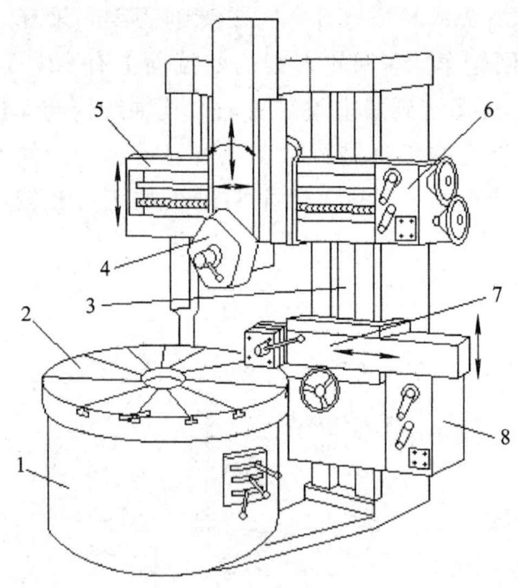

1—底座；2—工作台；3—立柱；4—垂直刀架；5—横梁；6—垂直刀架进给箱；7—侧刀架；8—侧刀架进给箱

图 2－16　立式车床外形

2.3　钻床和钻削加工

在金属切削加工中，孔的加工占有相当大的比例，一般约占金属切削量的 1/3。钻床是生产中最常用的一种孔加工机床。

2.3.1　钻床及其工艺范围

如前所述，回转体零件上的孔常在车床上加工，但是对于零件上非中心位置的孔、外形不规则零件上的孔以及多孔零件，虽然可以利用花盘装夹在车床上加工，但安装和找正非常麻烦，对于大型零件甚至无法加工。为了提高加工效率和加工精度，这些零件上孔的加工一般要在钻床上或镗床上进行。

钻床上的主要工作是用钻头在实体材料上钻孔，也可以在原有底孔的基础上扩孔、铰孔、锪孔、锪平面、攻螺纹等加工。钻床上的典型工作如图 2－17 所示。

生产中常用的钻床主要有立式钻床、摇臂钻床和台式钻床等。

1. 立式钻床

图 2－18 所示是立式钻床的外形示意图。立式钻床的主要特点是主轴垂直布置，且位置固定。主轴箱 3 内装有主运动和进给运动的变速机构、主轴部件及操纵机构等。钻孔时主轴带动钻头旋转作主运动，同时沿钻头轴线方向作垂直运动。利用装在主轴箱上的进给操纵机构 5，可以使主轴实现手动快速升降、手动进给以及接通或断开机动进给。被加工工件可直接或通过夹具安装在工作台 1 上，用移动工件的方法使刀具旋转中心线与被加工孔的中心线重合。工作台和主轴箱都装在立柱 4 的垂直导轨上，可以上下调整位置，以适应不同高度的工件。

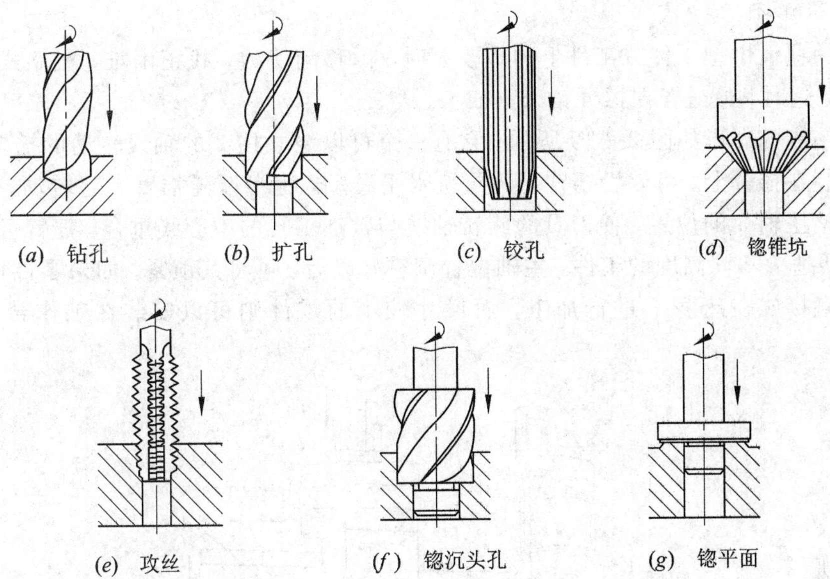

图 2-17　钻床上的加工方式

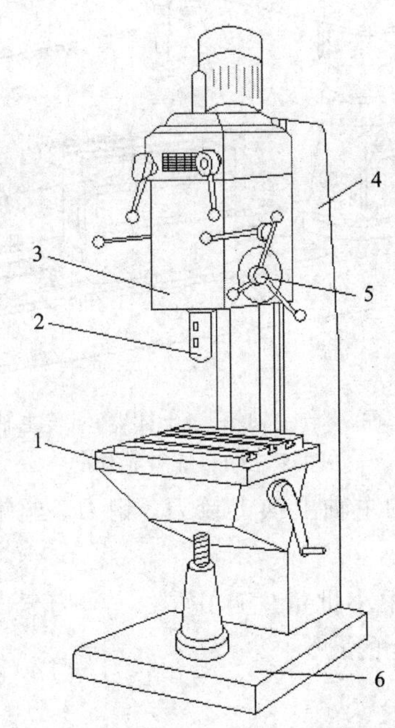

1—工作台；2—主轴；3—主轴箱；4—立柱；5—进给操作机构；6—基座

图 2-18　立式钻床

由于立式钻床主轴固定，对于多孔零件，必须频繁移动和装夹零件才能使主轴的回转轴线和被加工孔的轴线重合，所以立式钻床一般用来加工工件上单一的孔或在单件小批生产中加工中小型工件上的多个孔。

2. 摇臂钻床

对于一些大中型工件或工件上的孔较多时，因移动费力，找正困难，在立式钻床上加工不方便，这时，最适合在摇臂钻床上加工。

摇臂钻床的外形如图 2 - 19 所示。它有一个可以绕立柱 2 的轴线转动的摇臂 4。它的主轴箱 3 装在摇臂上，可以沿摇臂上的导轨水平移动，也可以随摇臂一起转动，可以非常方便地调整主轴 5 的位置，使刀具的旋转轴线与被加工孔的中心线重合。摇臂可以沿立柱升降，以便适应不同高度的工件。主轴位置调整好以后，可将其锁紧。如果零件尺寸较大，可以将其直接放在床身上进行加工，而尺寸较小的零件则可以安装在工作台 6 上进行加工。

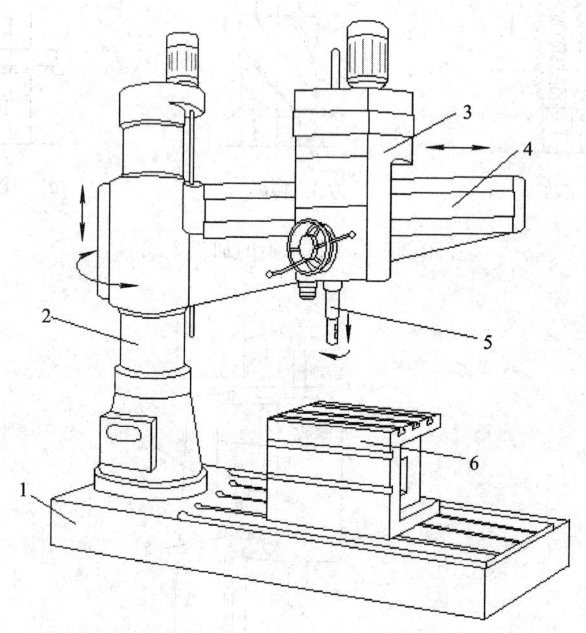

1—底座；2—立柱；3—主轴箱；4—摇臂；5—主轴；6—工作台

图 2 - 19　摇臂钻床

除了钻孔外，在摇臂钻床的主轴上换上铰刀、锪刀、丝锥等就可以进行铰孔、锪孔或端面、攻丝等加工了。

摇臂钻床特别适合单件、中小批量生产中加工中、大型零件或多孔零件上的孔。

3. 台式钻床

台式钻床是一种放在工作台上的小型立式钻床，简称台钻，如图 2 - 20 所示。一般台钻的钻孔直径在 ϕ16 mm 以下，主要用于小型零件上各种小孔的加工。其钻孔的运动方式和立式钻床相同。

台钻通常采用手动进给，自动化程度较低，结构简单、重量轻、使用方便。

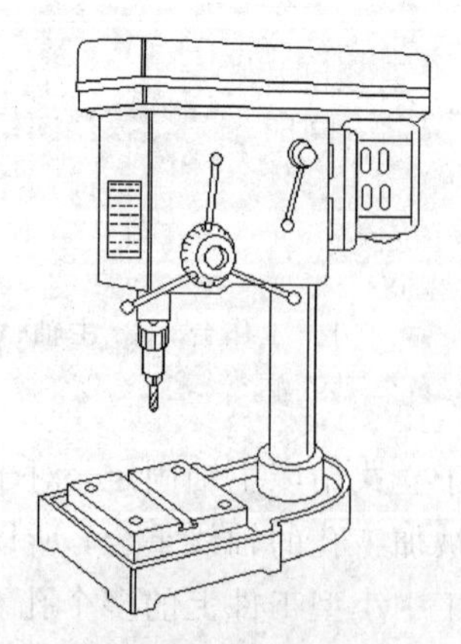

图 2 - 20　台钻

2.3.2 钻削加工

钻削加工所用的钻头有麻花钻、扁钻、深孔钻等，其中麻花钻最为常用。

1. 麻花钻

麻花钻的工作部分一般由高速钢制成，和由碳钢制作的柄部焊接在一起。现在的麻花钻可以进行涂层(如金黄色的 TiN)，以增加其寿命和使用性能。麻花钻的整体结构如图2-21所示，由柄部、颈部和工作部分组成。柄部用来装夹和传递动力，一般直径小于 ϕ12 mm 的制成直柄(如图(*a*)所示)，大于 ϕ12 mm 的制成锥柄(如图(*b*)所示)，后者可传递较大的扭矩。颈部是磨制钻头时的退刀槽，同时也是刀具制造厂打印标记的地方，如刀具直径、材料、商标等。工作部分则由两条对称的螺旋槽和螺旋齿背组成。工作部分又分为切削部分和导向部分，其放大结构如图 2-21(*c*)所示。

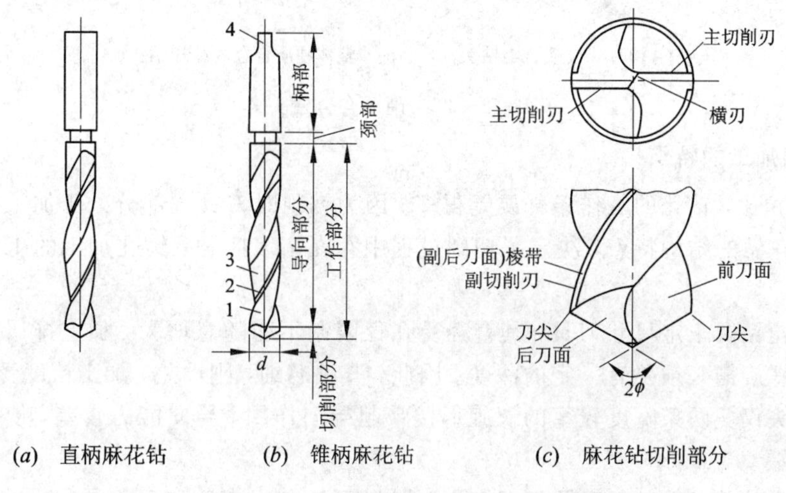

(*a*) 直柄麻花钻　　(*b*) 锥柄麻花钻　　(*c*) 麻花钻切削部分

1—齿背；2—棱带；3—螺旋槽；4—锥柄

图 2-21 麻花钻的结构

麻花钻切削部分有三条切削刃，对称的两前刀面(螺旋槽面，切屑从上面流过)和两个后刀面(顶端两曲面，形状由刃磨方法决定，与孔底相对)相交形成对称的两条直线型的主切削刃，担任主要切削工作，两后刀面相交于中心部位形成一条横刃，孔中央部位的材料主要由横刃切除。麻花钻的导向部分是两条对称的高出齿背 0.5～1 mm 的螺旋形棱带，它是副后刀面，同时起导向作用，防止钻头钻孔时偏斜。螺旋形棱带与前刀面相交形成的两条对称的棱刃是副切削刃，它起修光孔壁的作用。导向部分也是切削部分重磨的后备。两条对称的螺旋槽用来输送切削液和排除切屑。钻头顶端的顶角 2ϕ 可以增强钻头钻孔时的定心能力，工具厂出厂的钻头的顶角一般为 118°±2°。麻花钻靠近切削部分的一端直径大，靠近柄部一端的直径较小，约有 0.03～0.12 mm/100 mm 的倒锥，目的是减少钻头与孔壁之间的摩擦。

随着硬质合金性能及刀具制造技术的不断进步，现在已经出现了硬质合金(或涂层硬质合金)钻头。一般小直径的硬质合金钻做成整体式结构，大直径的硬质合金钻头做成镶片式结构，如图 2-22(*a*)所示。硬质合金钻头可使钻削材料的范围加大，钻削效率提高，如可以加工合金铸铁、玻璃、淬硬钢、印刷线路板等复合材料。另外，为了降低切削温度，提高刀具的使用寿命，有些钻头采用中心输送切削液方式(如图 2 - 22(*b*)所示)，大大提高了钻孔时的切削用量和刀具寿命。

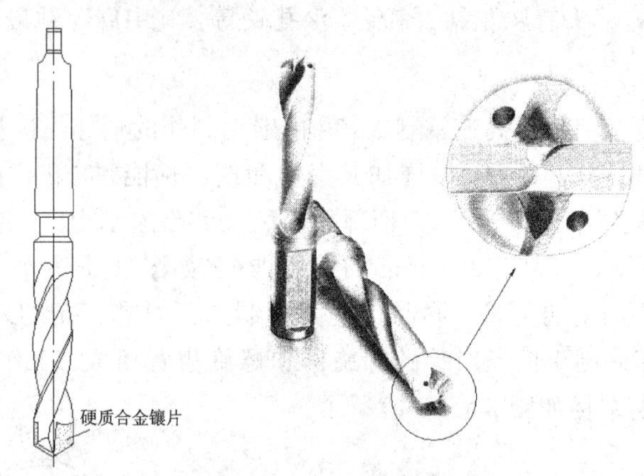

(*a*) 镶片式硬质合金钻头　　(*b*) 整体硬质合金内冷却钻头

图 2 - 22　硬质合金钻头

2. 钻削加工的特点

与车削相比，钻孔的工作条件要差得多。因为钻削时刀具大部分处于加工孔的包围之中，加上麻花钻的结构特点，决定了切削过程中存在诸多问题。钻孔加工的工艺特点可概括如下：

(1) 麻花钻属于定尺寸刀具，其直径受孔径限制不能随意增大，加上排屑和输送切削液的需要，螺旋槽必须要有一定的深度。因此，其钻芯细，刚性差，加工精度受到影响。

(2) 钻头仅凭两条宽度较窄的螺旋形棱带起导向作用，导向能力较差，使孔的轴线容易产生偏斜。

(3) 钻头的前、后刀面都是曲面，沿主切削刃各点的前角和后角是变化的，特别是横刃处的前角可达$-30°$，工作后角很小，切削条件很差，加工质量难以提高。

(4) 钻头的横刃较长，钻孔时定心条件差，工作时轴向力大，钻头容易摆动。

(5) 钻头的主切削刃全长参加切削，刃上各点的切削速度又不相等，刀尖处最大，磨损严重，影响了加工质量和生产率。

(6) 切屑沿刀刃上各点流出时，流速相差较大，卷成螺旋形，加上钻削加工是半封闭式切削，所以排屑不畅，切削温度高，切削液输送困难，严重影响钻削加工过程和刀具磨损，从而限制了生产率的提高。

综上所述原因，钻孔后的形位误差较大，容易造成孔轴线歪斜、孔径扩大、孔不圆等现象。钻削加工的尺寸精度较低，正常切削条件下一般仅能获得 IT13～IT12 精度的孔，加工表面粗糙，一般表面粗糙度为 R_a 50～12.5 μm。因此，钻孔属于粗加工方法，可用于单件、小批量生产，也可用于大批量生产。

为了提高孔的加工精度，生产中常常采取如下必要措施，防止孔发生偏斜或减少偏斜的程度。

(1) 钻孔前先平端面，保证进给运动方向与端面垂直，起钻时两刀刃受到相等的径向力。

(2) 先用刚性较好的尖顶钻头或中心钻钻出定心坑，以提高钻头起钻时的稳定性。

(3) 仔细刃磨钻头，尽量保证切削刃对称，防止产生径向力不平衡而造成钻头歪斜和孔径扩大现象。

(4) 修磨横刃，如图 2－23 所示，把横刃磨短以改善定心和切削条件。

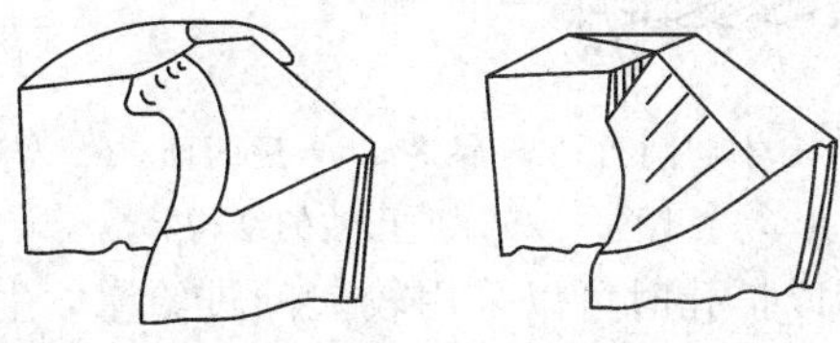

图 2－23　横刃的修磨

(5) 适当减小进给量。

(6) 采用工件回转的钻削方式(类似于车床上钻孔)，如图 2－24 所示。这样，即使钻头引偏，孔径尺寸变化，但是能保证被加工孔的轴线与端面垂直，而孔径误差在后面工序纠正相对比较容易。

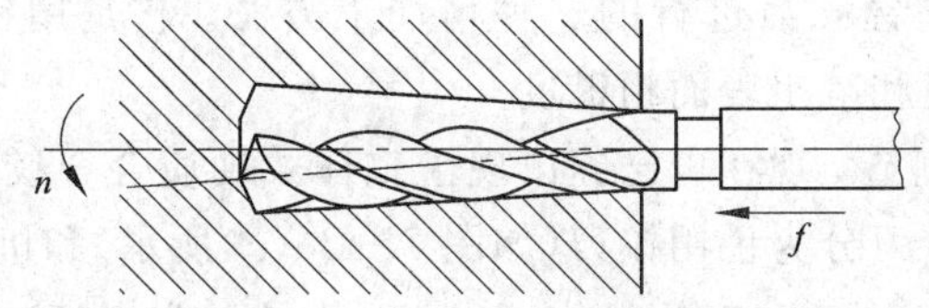

图 2－24　工件旋转方式钻孔

(7) 利用钻模上的钻套(详见第四章)为钻头导向，这点对斜面钻孔尤为重要。

钻头的直径 d 由工件上的孔径尺寸决定，应尽可能一次钻出所需要的孔径。一般当孔径超过 ϕ35 mm 后，常采用先钻后扩的工艺，这时第一次钻孔的直径取工件孔径的 1/2～2/3。钻头直径确定后，再根据钻头的强度、机床进给机构的刚性及被加工孔的表面粗糙度等条件，选取进给量，一般

$$f=(0.01\sim0.02)d$$

式中：d——钻孔直径。

切削速度一般要考虑刀具耐用度，具体值可参考有关手册。钻较深孔时，应注意经常退出钻头，以便排除切屑，冷却钻头。

2.3.3　扩孔

扩孔是用扩孔钻对工件上已经钻出、铸出或锻出的孔进一步加工的方法，以扩大孔径、提高孔的精度。扩孔钻的结构见图 2－25 所示，其直径规格为 ϕ10～ϕ80 mm，对于直径更大的孔，扩孔应用较少。

扩孔钻一般用高速钢制造，也可采用整体硬质合金或硬质合金镶齿结构，或在工作表面涂层，提高刀具的使用性能和寿命。

与钻头相比，扩孔钻在结构及加工条件上有如下特点：

(1) 因切除余量较小，所以容屑槽浅，钻芯粗，强度和刚性较好。

(2) 切削刃不必延伸到钻芯，所以没有横刃，扩孔时轴向力小，轴线不易偏斜。

(3) 刀齿数较多，可作出 3～4 个，因此导向棱带多，导向性好，切削平稳。

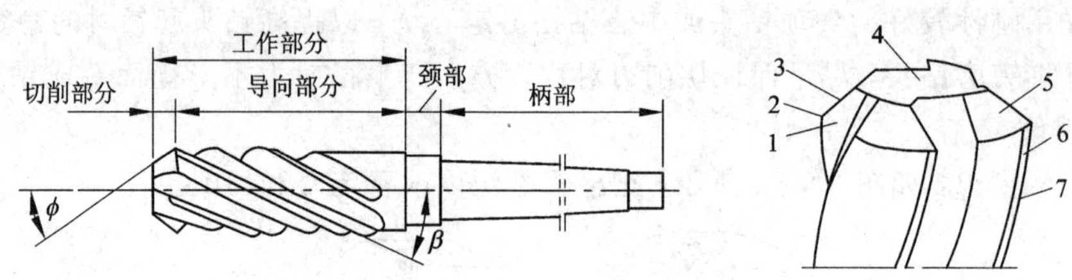

1—前刀面；2—刀尖；3—主切削刃；4—钻芯；5—后刀面；6—导向棱带；7—副切削刃

图 2-25　扩孔钻的结构

正是由于上述特点，所以扩孔时可以采用较大的进给量，生产率较高，被加工孔的精度和表面质量都较好，而且扩孔在一定程度上还可以纠正原孔轴线的歪斜。扩孔后的精度一般可达 IT10～IT9，表面粗糙度 R_a 值可达 6.3～3.2 μm，因此，扩孔属于半精加工，常作为铰孔的预加工。对于精度要求不太高的孔，扩孔也可作为终加工。

2.3.4　铰孔

铰孔是在扩孔或半精镗孔后进行的一种精加工方法。它是用铰刀从孔壁切除微量金属，以提高孔的尺寸精度和减小表面粗糙度。

铰刀一般由高速钢制造，现在也已经出现了整体式硬质合金铰刀，或在高速钢或硬质合金表面涂层的铰刀。铰刀分为手用铰刀(如图 2-26(*a*)所示)和机用铰刀(如图 2-26(*b*)所示)两种。铰刀由柄部、颈部和工作部分组成。手用铰刀为直柄，其工作部分较长，导向作用好。机用铰刀有直柄、锥柄两种，其中锥柄较多，可通过夹头或直接装在钻床、车床、铣床或镗床主轴上进行铰孔。

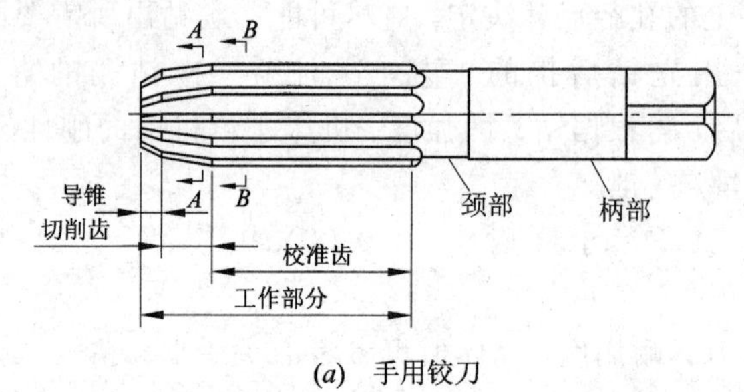

(*a*)　手用铰刀

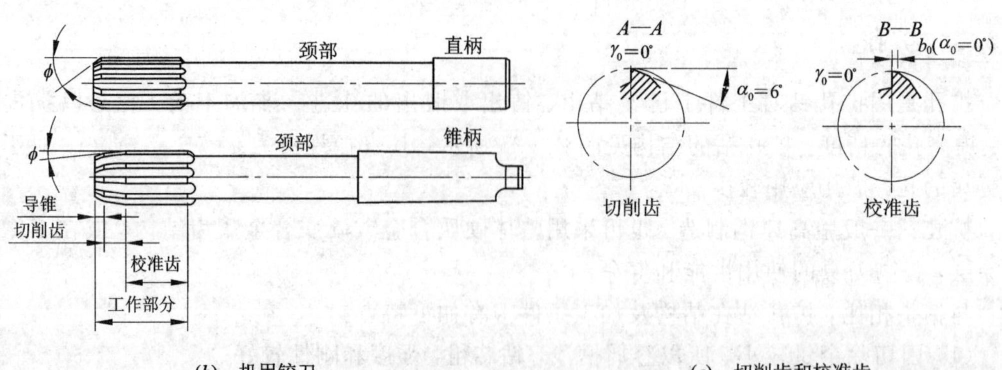

(*b*)　机用铰刀　　　　(*c*)　切削齿和校准齿

图 2-26　铰刀的结构

铰刀的工作部分由导锥、切削齿和校准齿组成。铰刀圆周上一般有 6～12 个齿，导锥的作用是引导铰刀进入被加工孔。切削部分的锥角 2ϕ 的大小影响铰刀轴向力的大小和刀刃单位长度的负荷，手用铰刀的 $\phi=30'\sim1.5°$，机用铰刀的 $\phi=5°\sim15°$。校准部分由圆柱和倒锥两部分组成：圆柱部分保证铰刀的直径并便于测量；倒锥靠近刀柄一端，目的是为了刀具退出时导向、减少和孔壁的摩擦并防止孔径扩大。为了提高孔的精度和降低表面粗糙度，校准齿上有很窄的棱带 b_0，棱带后角为零，宽约为 0.05～0.3 mm（如图 2-26(*c*)所示），所以铰削过程实际上是切削和挤刮两种作用综合的结果。

铰孔的质量主要取决于铰刀本身精度、加工余量、切削用量和切削液的使用。铰削余量一般较小，具体值应视孔径大小而定，一般粗铰为 0.15～0.35 mm，精铰为 0.05～0.15 mm，孔径较小和精度要求较高时取较小值。铰孔时为了防止产生积屑瘤、表面粗糙以及切屑太薄而发生刀刃打滑和啃乱现象，高速钢铰刀一般采用较低的切削速度（$v<5\sim8$ m/min）和较大的进给量（$f>0.3\sim0.5$ mm/r）。铰削时正确使用切削液可进一步提高铰孔的表面质量，一般铰削铸铁件时使用煤油，铰削钢件时使用乳化液。

由于铰刀刀齿数比扩孔钻更多，所以导向性更好；铰孔加工余量小，切屑薄，容屑槽更浅，所以芯部直径大，刚性好。铰刀校准齿可以校正孔径、修光孔壁，而且铰刀经过仔细刃磨后可以做得十分精确，所以铰削后的孔的精度较高，一般尺寸精度可达 IT8～IT6，表面粗糙度 R_a 值可达 1.6～0.2 μm，广泛用于中小尺寸标准孔的精加工。但是铰孔不适合加工短孔、深孔和断续孔。

铰孔时，如果铰刀轴线与机床主轴轴线不同轴，容易引起振动和孔径扩大，降低加工质量。为了消除这种影响，铰刀与机床主轴最好采用浮动连接方式。图 2-27 所示是一种最简单的浮动夹头，它利用锥柄 1（安装在机床主轴孔内，和机床刚性连接）、套筒 2 和销子 3 之间的间隙使装在套筒锥孔中的铰刀可以浮动，以适应预制孔的方向。

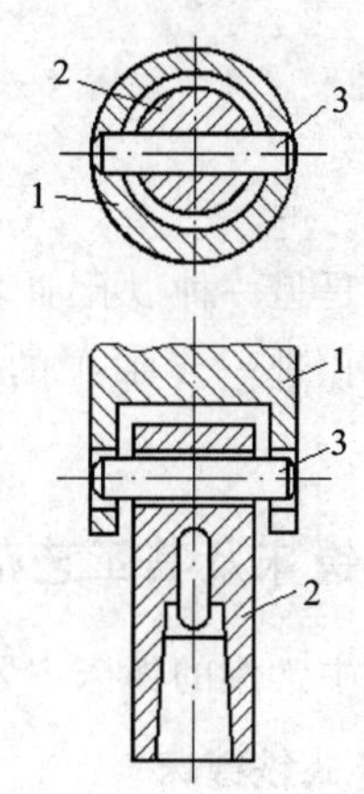

1—锥柄；2—套筒；3—销子

图 2-27　浮动夹头

当被铰孔与其他表面之间的相互位置精度要求较高时，应使铰刀在有精密导向的情况下进行工作。但由于铰削余量很小，即使铰刀与机床主轴刚性连接，其纠正位置误差的能力也很差，所以孔的位置精度一般由铰孔前的加工工序来保证。在这种情况下，生产中常采用的方法是工件在一次安装下通过快速换刀进行连续的钻、扩、铰加工，这样做一方面可以避免由于工件安装误差而引起加工余量不均匀，另一方面连续更换钻头、扩孔钻、铰刀或锪钻等比装卸工件更为快捷和方便。为了达到不停车而快速换刀的目的，常在钻床上使用快换夹头来装夹刀具。

图 2-28 所示是一种快换夹头的结构示意图。钻夹头 1 的柄部紧固在机床主轴锥孔内，钻头安装在套筒 2 的锥孔内，外套 3 可以沿钻夹头的外圆上下滑动，上下两个弹簧圈 5 可以限定其滑动的范围。切削时，向下推动外套 3，则钢球 4 被挤入套筒 2 的凹坑内，主轴

便可以通过钻夹头、钢球、套筒带动刀具旋转。需要换刀时，可以把外套3向上推，钢球4因离心力作用而脱离2的凹坑，此时即可取下套筒和刀具进行换刀。为了适应不同的刀柄，应备有若干个外表面尺寸相同的套筒。

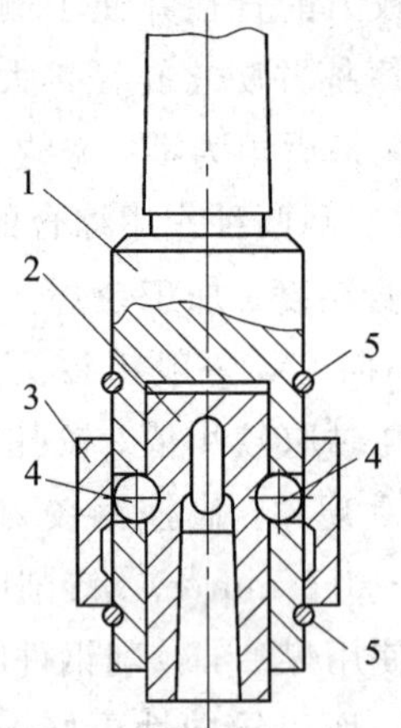

1—钻夹头；2—套筒；3—外套；4—钢球；5—弹簧圈

图 2-28 快换夹头

钻、扩、铰联合加工工艺是对中、小尺寸孔精加工常用的工艺方法。

2.4 镗床和镗削加工

镗床是另一种以孔加工为主的机床。镗削加工主要是指利用镗刀在镗床上对已经铸出或钻出的孔进一步加工的方法，以达到增大孔径、提高孔的精度和降低表面粗糙度的目的。

2.4.1 镗床及其工艺范围

生产中常用的镗床主要有卧式铣镗床、坐标镗床和金刚镗床等。

1. 卧式铣镗床

卧式铣镗床的外形如图 2-29 所示，它主要由下面几个部分组成。

1）工作台部分

工作台部分由下滑座11、上滑座12和工作台3组成，装在床身导轨上。下滑座可沿床身导轨作平行于主轴轴线方向的移动，带动工作台上的工件作纵向进给运动。上滑座可沿下滑座上的导轨作垂直于主轴轴线方向的移动，以实现横向进给。工作台可沿上滑座的环形导轨在水平面内回转360°，以调节工作台的角度位置。

2）前立柱

前立柱7固定在床身10上，主轴箱可沿着它的垂直导轨上下移动，调节其上下位置或作该方向的进给运动。

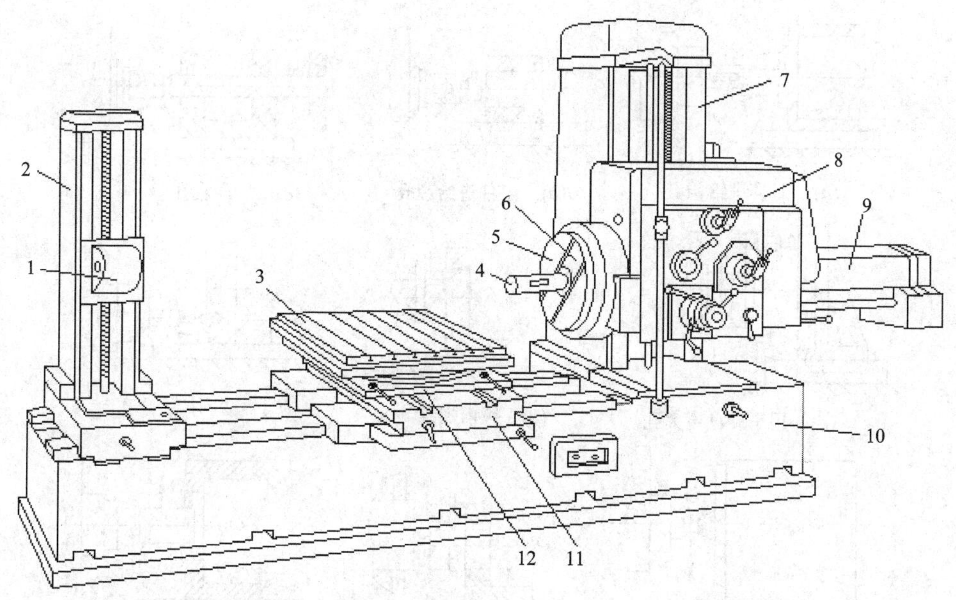

1—后支架；2—后立柱；3—工作台；4—主轴；5—平旋盘；6—径向刀具溜板；7—前立柱；
8—主轴箱；9—后尾筒；10—床身；11—下滑座；12—上滑座

图 2-29 卧式铣镗床

3）主轴箱

主轴箱 8 内装有主运动(镗刀旋转)、进给运动的变速和换向机构以及操纵机构等。主轴箱的前端是主轴 4 和平旋盘 5。主轴和平旋盘可以分别作旋转运动。在主轴前端有莫氏锥孔，用于安装镗杆或镗刀、钻头等刀具，主轴可带动刀具沿轴向移动。装在平旋盘中间导轨上的径向刀具溜板 6 除了随平旋盘一起旋转外，还可作径向移动。

4）后立柱

后立柱 2 装在床身尾部，其上装有后支架 1，用来支承悬伸较长的镗刀杆，防止其弯曲变形。同时后支架可以沿立柱导轨上下调整位置，保证其支承孔轴线与主轴轴线等高。为了适应镗刀杆的长度，后立柱还可沿床身导轨纵向调整。

综上所述，镗床的运动包括：

① 主运动：主轴和平旋盘的旋转运动。

② 进给运动：主轴带动镗刀的轴向进给运动；平旋盘刀具溜板的径向进给运动；主轴箱的垂直进给运动；工作台的纵向、横向进给运动。

③ 辅助运动；工作台的回转；后立柱的纵向调整；后支架的上下调整等。

卧式铣镗床的加工范围较广，除了可以进行中、大型孔的加工以外，还可以加工端面、镗内环槽、镗内螺纹、钻孔、扩孔、铰孔、攻螺纹等。图 2-30 所示为卧式铣镗床的典型加工。

2. 坐标镗床

坐标镗床是一种高精度机床，主要用于精密孔和位置精度要求很高的孔系的加工。坐标镗床的主要特点是具有高精度的位置坐标测量装置，如带校正尺的精密丝杠坐标测量装置、光学坐标测量装置等，可以实现工件和刀具的精确定位，从而保证被加工孔具有很高

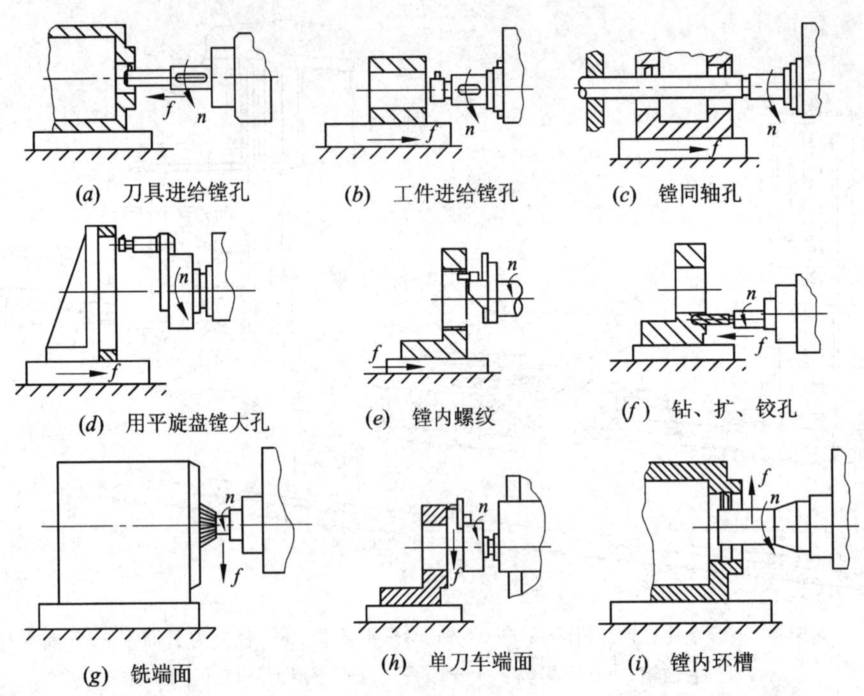

图 2-30 卧式铣镗床的典型加工

的位置精度。

图 2-31 所示为立式单柱坐标镗床的外形图。其主轴立式布置，与工作台台面垂直，工作台 1 可在床鞍 5 上纵向移动(坐标刻度值 0.001 mm)，床鞍 5 又可在床身导轨上横向移动(坐标刻度值 0.001 mm)，主轴箱可以带动主轴和刀具作垂直进给(坐标刻度值 0.01 mm)。镗刀装在主轴锥孔中作旋转主运动。

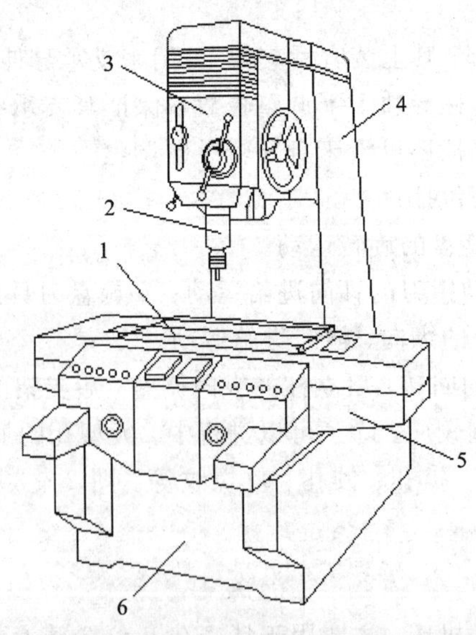

1—工作台；2—主轴；3—主轴箱；4—立柱；5—床鞍；6—床身

图 2-31 立式坐标镗床

单柱式坐标镗床工作台三个侧面都是敞开的，结构简单，操作比较方便，但工作台须实现两个坐标方向的移动，使工作台和床身之间的层次增多，削弱了刚度。此外，工作台尺寸越大，主轴箱悬臂安装离立柱越远，刚度较差，所以一般中小型机床多采用这种布局形式，而大型坐标镗床多是双柱龙门式结构。

图 2－32 所示为卧式坐标镗床的外形图。其主轴水平布置，与工作台面平行。这类坐标镗床工艺范围较广，工件安装方便，利用回转台可分度，可实现一次安装中完成几个面上的孔与平面的加工。

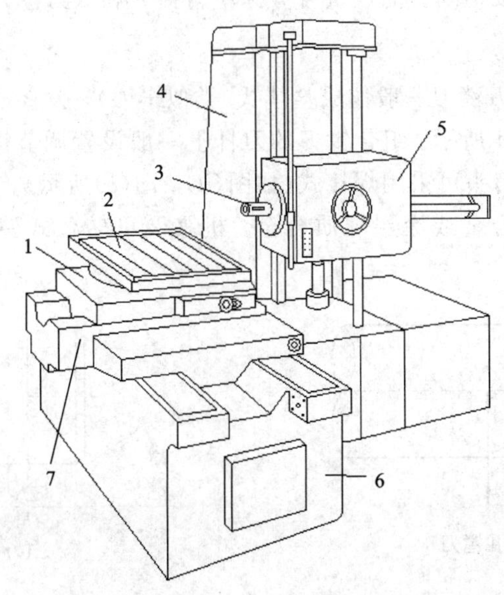

1—上滑座；2—回转工作台；3—主轴；4—立柱；5—主轴箱；6—床身；7—下滑座

图 2－32　卧式坐标镗床

坐标镗床除了可以镗孔外，还可以进行钻、扩、铰孔、精铣以及精密刻线、直线和孔距尺寸的精密测量等。坐标镗床过去主要用于工具车间进行单件生产，现在也逐渐用于成批生产具有精密孔系的零件，如飞机、机床等行业中各种箱体类零件。

3. 金刚镗床

金刚镗床是一种高速精密镗床，因以前采用金刚石镗刀而得名，现已大量采用硬质合金刀具。

图 2－33 为单面卧式金刚镗床的外形示意图，它的运动方式和其他卧式镗床基本相同。金刚镗床的主轴通常短且粗，在镗杆的端部设有消振器。主轴采用精密轴承支承，电动机经皮带轮直接带动主轴旋转，从而保证主轴具有良好的刚性和稳定性。在这类机床上进行加工时，切削速度很高，背吃

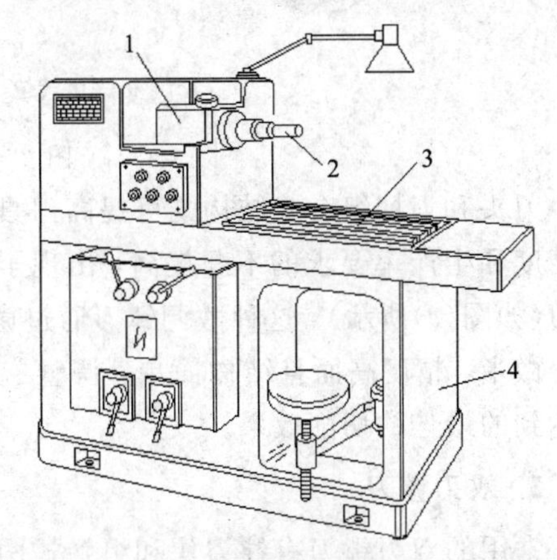

1—主轴箱；2—主轴；3—工作台；4—床身

图 2－33　卧式金刚镗床

刀量 a_p 和进给量 f 极小(一般 a_p 不超过 0.1 mm，f 为 0.01～0.14 mm/r)，加上主轴系统高的回转精度和平稳性，可以获得很高的加工精度(孔径精度一般可达 IT6～IT7，镗孔的圆度误差不大于 3～5 μm)和表面质量(表面粗糙度 R_a 值一般为 0.08～1.25 μm)。

金刚镗床在成批、大量生产中得到广泛应用，特别适合于有色金属和铸铁的光整加工，常用于发动机汽缸、连杆、活塞等零件上的精密孔的加工。

2.4.2 镗刀

镗刀的种类很多，按切削刃的数量可分为单刃镗刀和双刃镗刀两种。

1. 单刃镗刀

加工小直径孔的单刃镗刀一般作成整体式(类似车刀)，大直径镗刀通常作成刀柄和刀头组合结构，如图 2－34 所示。组合镗刀的刀杆上一般设置调节螺钉，根据所镗孔径大小调节刀头伸出的长度。刀头可采用焊接式(如图(*a*)、图(*b*)所示)、机夹式或可转位式(如图(*c*)所示)，刀片为硬质合金或涂层硬质合金。机夹及可转位式镗刀的刀柄可重复、长期利用。

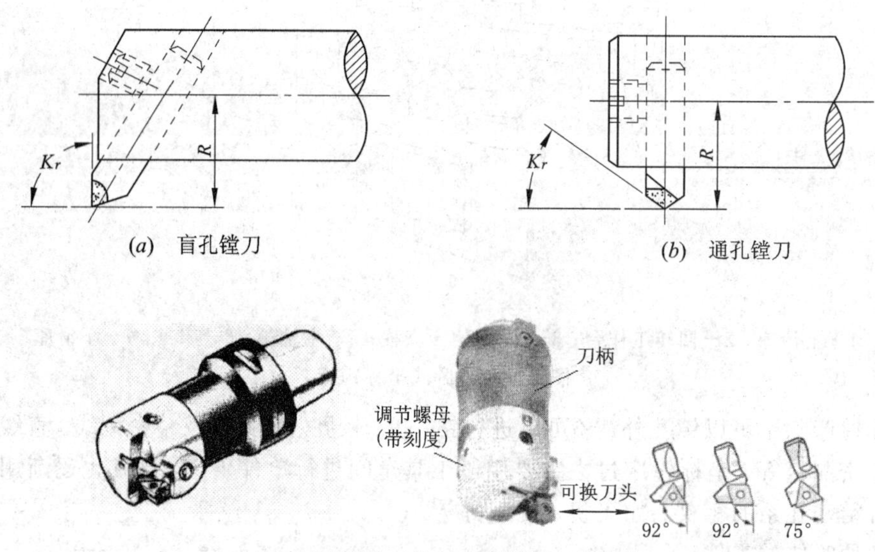

(*a*) 盲孔镗刀

(*b*) 通孔镗刀

(*c*) 机夹可转位、径向可调整的单刃精密镗刀

图 2－34 单刃镗刀

刀头和刀柄组合式结构既可提高刀具的通用性，又可降低刀具的成本。随着对孔的加工精度和生产率要求的不断提高，出现了在坐标镗床上、自动线和数控机床上使用的微调镗刀(如图(*c*)所示)。这种微调镗刀通过微调螺母可对镗刀的径向尺寸进行微调，微调量为几个微米，精度高而且结构简单，调整方便，同时可根据工艺要求更换不同偏角的刀头，以达到的最佳的切削效果。

2. 双刃镗刀

常用的双刃镗刀有镗刀块和组合式两种。

镗刀块又有定尺寸(如图 2－35 所示)和可调尺寸(如图 2－36 所示)两种。可调镗刀块在调好尺寸以后，也相当于是定尺寸刀具。镗刀块在刀杆上的装夹方式一般也有两种，一种是图 2 - 35 所示的固定式安装，调好镗刀块在刀杆中的径向位置后，通过斜楔或螺钉锁紧在刀杆上。另一种是图 2 - 36 所示的浮动安装，如果采用浮动安装方式，工作时刀头在刀杆的矩形孔中不需夹紧，而是通过作用在两个对称刀刃上的径向切削力来自动平衡刀具的切削位置，这样可以避免刀具安装误差与机床主轴偏差对加工精度的影响，能在孔壁上均匀地切除一层金属，所以加工精度较高，可达 IT6～IT7，表面粗糙度 R_a 值可达 0.4～1.6 μm。但这种镗孔方式不能纠正孔的直线度误差和孔轴线的歪斜，孔的直线度和位置精度要靠前边加工工序保证。采用镗刀块镗孔时，工件孔径的尺寸精度由镗刀来保证。

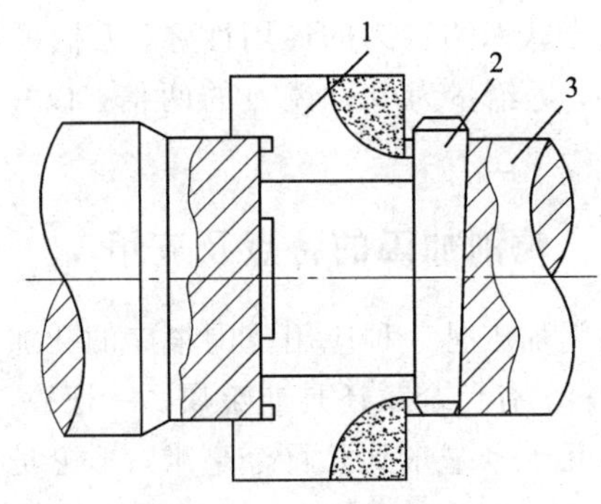

1—镗刀块；2—斜楔；3—刀杆

图 2 - 35　固定式镗刀块

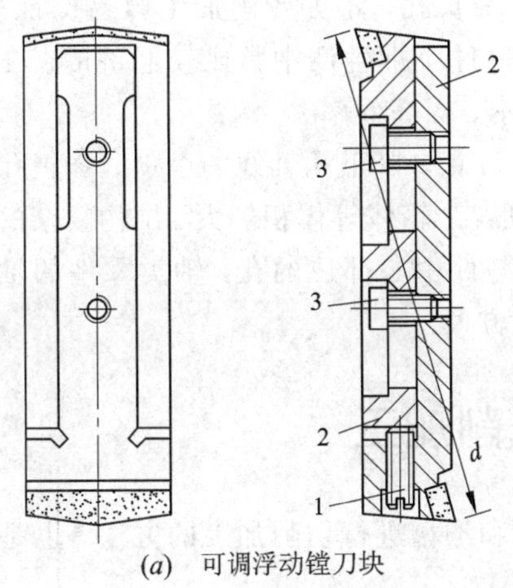

(a)　可调浮动镗刀块

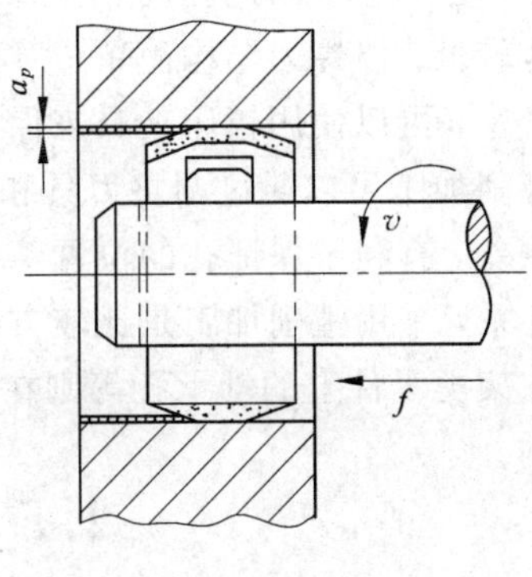

(b)　浮动镗刀工作示意图

1—调节螺钉；2—刀体；3—紧定螺钉

图 2 - 36　浮动式镗刀块

图 2 - 37 所示的双刃镗刀为组合式结构。镗刀由刀柄和对称安装的两个刀头组成，每个刀头的径向位置可以根据需要进行调整，同时刀头和刀片均可更换。

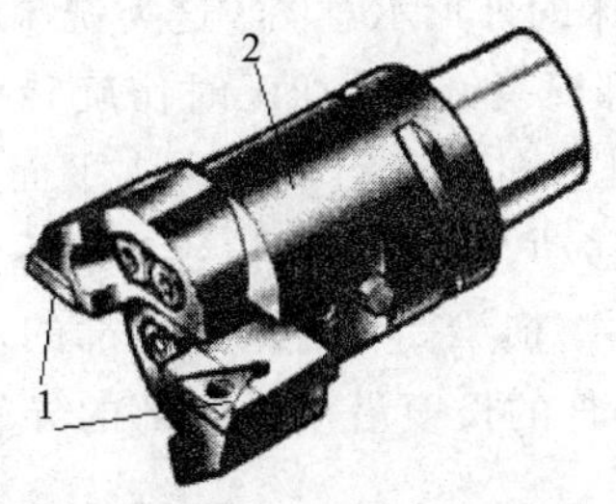

1—可调刀头；2—刀柄

图 2 - 37　组合式双刃镗刀

组合式双刃镗刀的通用性好，刀柄可长期重复使用，它相当于用相同直径的两把刀同时加工，进给量为单刃镗刀的两倍，以一般切深既可获得最高金属切除率，所以加工效率高。

2.4.3 镗削加工的特点及应用

镗削加工是一种应用范围很广的孔加工方法。镗削适用于各种材料的加工，不论是铸铁、钢料、有色金属还是非金属。一把镗刀可以加工一定范围内不同直径的孔，可加工的孔径从几十个毫米到几百个毫米，不论是标准孔径还是非标准孔径，都可以采用镗削的方法加工。由于标准扩孔钻、铰刀的最大直径一般为 ϕ80 mm，所以大孔的加工，特别是对于超过 80 mm 的特大孔，镗孔几乎是惟一的加工方法。但由于受孔径的制约镗杆较细，刚性较差，所以镗削一般不适合加工孔径特别小的孔或长径比太大的孔。

镗孔时，刀具的工作条件一般来说比车外圆要差，因为镗刀的尺寸、刀杆粗细和长度在很大程度上取决于被加工孔的尺寸、深度和位置，工艺系统的刚性较差，小尺寸的镗刀更容易产生振动，因此孔的精度难以控制，特别是细长孔，不如铰削加工容易保证质量，效率也较低。但镗刀结构简单，刀具储备量少，在单件小批生产中是比较经济的。在大批量生产中，可以使用镗床夹具来保证精度、降低成本、提高效率。

镗削加工可以通过调整刀具和工件之间的相对位置，校正孔轴线的歪斜，修正孔的直线度误差，有利于保证孔的位置精度，因此，对于机架、箱体等体积较大、结构复杂的零件上的孔系，采用镗削加工是比较方便的。而盘套类零件中心部位的孔，轴类零件的轴向孔和小支架类零件上的轴承孔等则在车床上加工较为方便。

2.5 铣床和铣削加工

铣削加工是在铣床上利用铣刀对工件上的平面和沟槽进行切削加工的方法，也是生产中最常见的切削加工方法之一。

2.5.1 铣床与铣削运动

铣床的类型很多，生产中最常用的是卧式升降台铣床和立式升降台铣床。

1. 卧式升降台铣床

图 2-38 是卧式升降台铣床的外形示意图。这类铣床的特点是主轴 4 水平布置，习惯上称卧式铣床或卧铣。主轴端部安装铣刀，加工时作旋转主运动。升降台 8 和其上面的床鞍 7 表面均有导轨，可使安装工件的工作台 6 实现水平面内两个垂直方向的运动。升降台可沿床身侧面的垂直导轨上下移动，从而使工作台实现垂直方向的进给。床身 2 固定在底座 1 上，用于支承机床的各部件。横梁 3 可沿床身顶部的水平导轨调整伸出的长度，横梁末端装有支架 5，它可以根据刀杆的长度沿横梁底部的导轨调整位置，用于支承刀杆的悬伸端，以增加刀具的刚性。

如果在床鞍 7 和工作台之间增加回转盘，便可以使工作台增加一个水平面内的回转运动(±45°)，可使工作台作斜向进给，从而使机床的工艺范围更加广泛，故这类铣床称为万能卧式铣床。

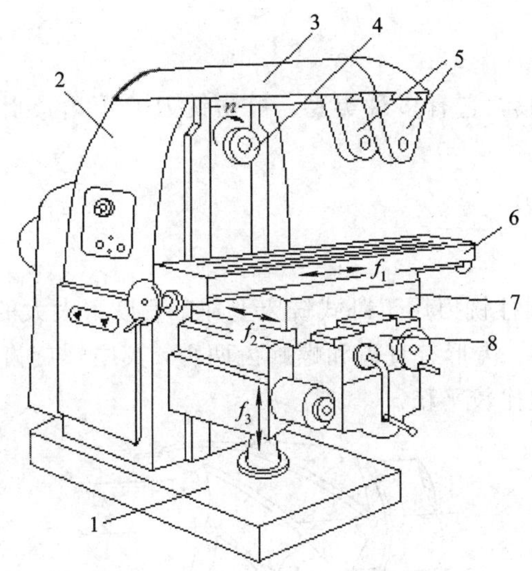

1—底座；2—床身；3—横梁；4—主轴；5—支架；6—工作台；7—滑鞍；8—升降台

图 2-38　卧式升降台铣床

在卧式铣床上可用各种铣刀铣削平面、沟槽、台阶面或成型面。

2. 立式升降台铣床

图 2-39 是立式升降台铣床的外形示意图，其主要特点是主轴垂直布置，习惯称立式铣床或立铣。它的铣头 1 可根据加工要求在垂直面内调整角度，以铣削斜面或斜向进给，主轴 2 的锥孔中装上铣刀，可沿其轴线方向手动进给或调整位置。立式铣床的工作台、床鞍及升降台的结构外形与运动和卧式铣床基本相同。

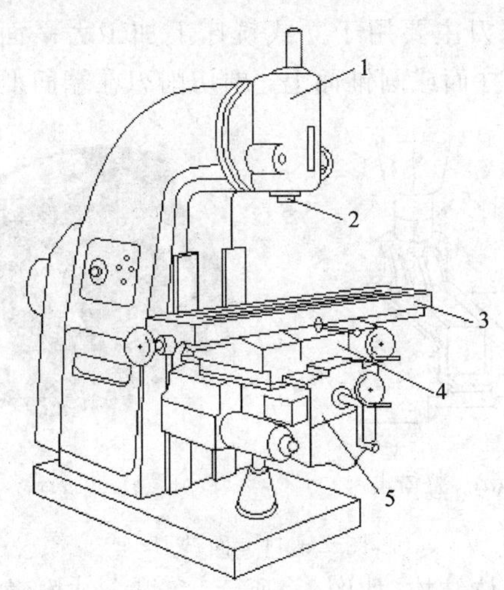

1—立铣头；2—主轴；3—工作台；4—床鞍；5—升降台

图 2-39　立式升降台铣床

立式升降台铣床上多用面铣刀或立铣刀加工平面、台阶、沟槽及各类成型面。

除了上述常用的铣床外，生产中还有用于加工各类大型工件上的平面、沟槽的高效龙门铣床以及工具铣床、数控铣床等。

2.5.2 铣刀

铣刀是多齿旋转刀具，它有多种类型。根据铣刀的用途及形状分类，一般分为下面几种。

1. 加工平面用的铣刀

1）圆柱铣刀

如图 2－40 所示，圆柱铣刀用于卧式铣床上加工宽度不太大的平面。它的切削齿分布在圆柱面上，无副切削刃。齿形有直齿和螺旋齿两种，其中螺旋齿圆柱铣刀铣削时刀具逐渐切入和切出，切削过程比较平稳。

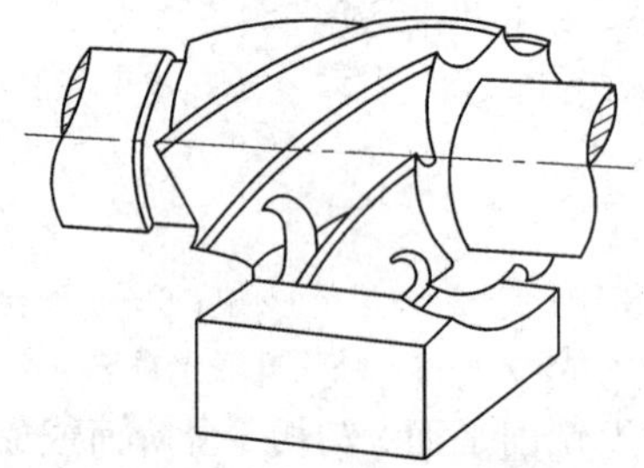

图 2－40　圆柱铣刀

使用螺旋齿圆柱铣刀加工时，轴向力大，要注意和主轴的旋转方向配合好，使作用于铣刀上的轴向力朝向刚性较好的铣床主轴一端，而不要朝向刚性较差的支架一端，以免发生振动。

2）面铣刀

如图 2－41 所示，面铣刀主要用于立式铣床上加工大平面，也可以在卧式铣床上使用。它的主切削刃分布在圆柱面或圆锥面上，副切削刃在端面上。

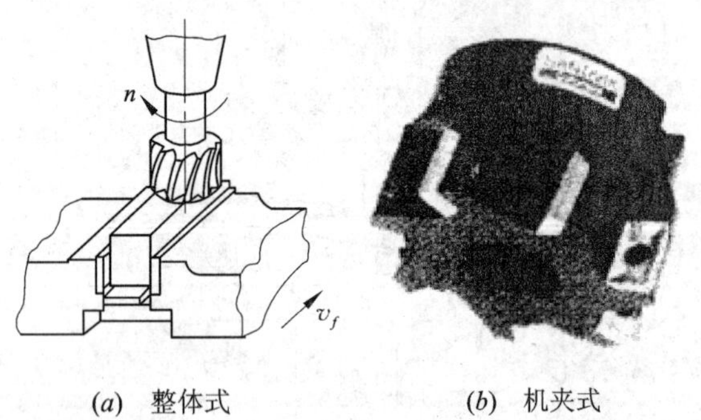

(*a*)　整体式　　(*b*)　机夹式

图 2－41　面铣刀

面铣刀一般有高速钢整体结构（如图(*a*)所示）和组合结构（如图(*b*)所示）两种，后者多为机夹式结构，目前使用更为广泛，其刀片材料一般为硬质合金或涂层硬质合金。

面铣刀刀杆伸出短，刚性好，切削平稳，铣削平面质量好，效率高，是加工平面最常用的刀具。

2. 加工沟槽、台阶的铣刀

由于沟槽的形状各不相同，加工沟槽的铣刀有多种。

1）立铣刀

立铣刀主要用来铣削台阶面、斜面和沟槽，如图 2 - 42 所示。其刀齿为螺旋齿，分布在圆柱面和端面上，其中圆柱面上的刀刃是主切削刃，端面上的刀刃是副切削刃且不延伸到铣刀中心，所以立铣刀工作时不能沿铣刀轴线方向作垂直进给运动。

立铣刀一般为高速钢整体结构（如图 2 - 42(*a*)所示），但随着材料技术和加工工艺的不断发展，现在已经有硬质合金（或涂层硬质合金）可转位刀片立铣刀（如图 2 - 42(*b*)所示）和整体式硬质合金立铣刀（如图 2 - 42(*c*)所示），从而使立铣刀的加工范围更加广泛，加工效率更高。

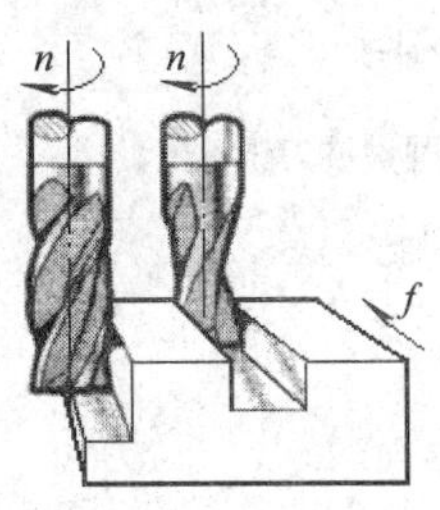

(*a*) 立铣刀铣削示意图

(*b*) 可转位刀片立铣刀

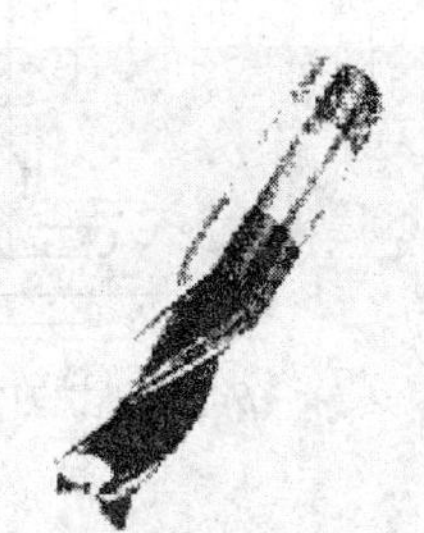
(*c*) 整体硬质合金铣刀

图 2 - 42 立铣刀

2）三面刃铣刀

三面刃铣刀主切削刃在圆柱面上，两个侧面都有副切削刃，见图 2 - 43 所示。三面刃铣刀主要用于加工直槽和台阶面，其齿形有直齿（如图 2 - 43(*a*)所示）和错齿（如图 2 - 43(*b*)所示）两种。错齿三面刃铣刀主切削刃呈左右旋交叉分布，切削平稳，生产率高，加工质量也较好。

生产中所用的盘铣刀还有两面刃铣刀，它和三面刃铣刀的区别就是只有一个端面有刀刃，并且一般不用来从实体材料中间加工沟槽或台阶。

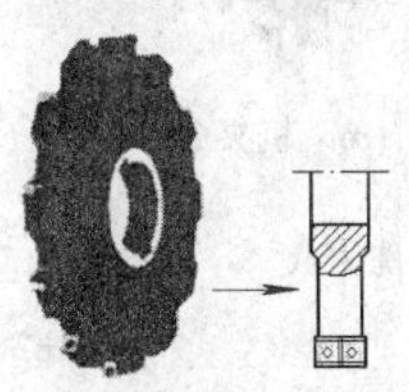
(*a*) 机夹可转位刀片三面刃铣刀（直齿）

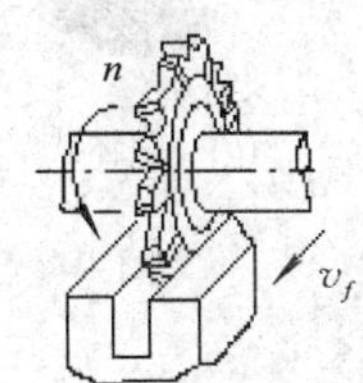

(*b*) 整体三面刃铣刀（错齿）

图 2 - 43 三面刃铣刀

3）键槽铣刀

图 2 - 44(*a*)所示为铣平键用的铣刀，它与立铣刀的外形非常相似，但刀齿数仅有两个，且端面刃直达铣刀中心，所以兼有钻头和立铣刀的功能。利用键槽铣刀铣键槽时，可以沿铣刀轴线直接进给，钻出底孔然后沿键槽方向铣出全长（如图(*b*)所示），刀的直径就是键槽的宽度。

半圆键槽铣刀(如图 2 - 44(c)所示)则相当于是一把三面刃盘铣刀，其宽度即为键槽宽度。

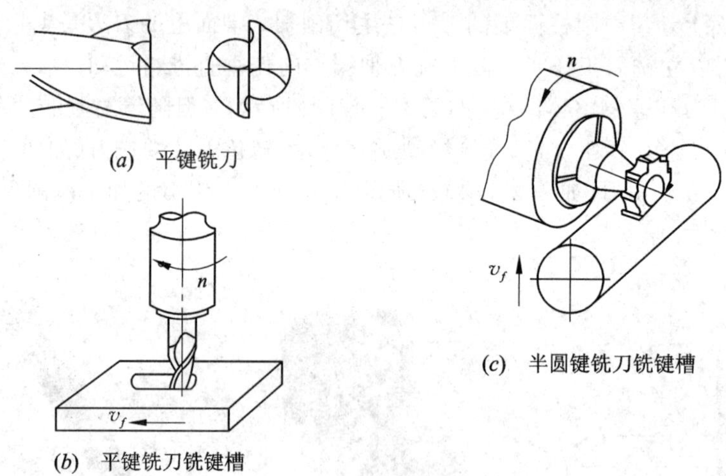

图 2 - 44 键槽铣刀

4）锯片铣刀

图 2 - 45 所示，锯片铣刀主要用于铣削要求不高的窄槽和切断。锯片铣刀多为高速钢整体结构(如图(a)所示)，目前也有机夹式(如图(b)所示)和用于加工中心的可转位硬质合金刀片式结构，使刀具耐用度大大提高。

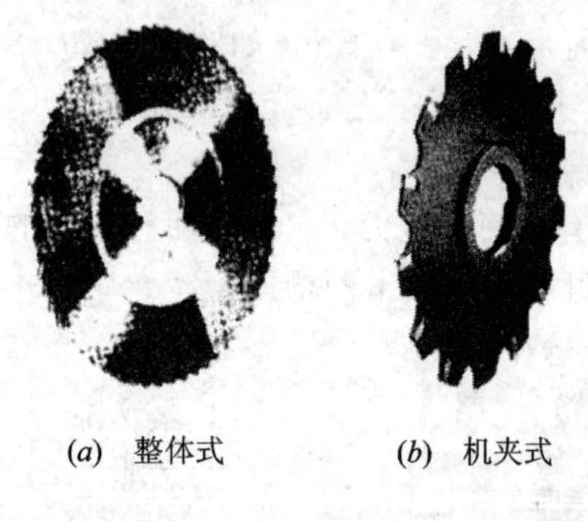

(a) 整体式　　(b) 机夹式

图 2 - 45 锯片铣刀

5）成形铣刀

如图 2 - 46 所示，这类铣刀属于加工特殊表面用的铣刀，其最大特点是切削刃轮廓形状是根据加工表面的廓形设计和制造的，一般用高速钢制造。加工中较为常见的成形铣刀有角度铣刀(如图(a)所示)、凸半圆铣刀、凹半圆铣刀(如图(b)所示)、齿轮铣刀、花键铣刀等。

成形铣刀的齿背有尖齿和铲背两种，其中铲背应用较多，它的后刀面(齿背)是用成形车刀在铲齿车床上铲削而成的。磨损后只要刃磨前刀面就可保证刃形不变，刃磨非常方便。

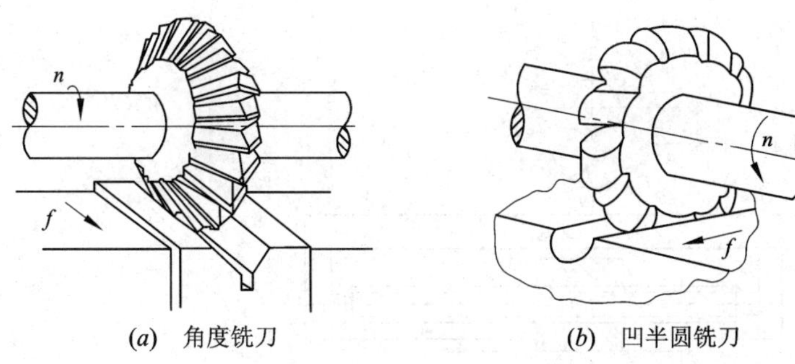

(a) 角度铣刀　　(b) 凹半圆铣刀

图 2 - 46　成形铣刀

2.5.3　铣削加工的特点及应用

下面主要介绍一下铣削加工中的几个主要工艺问题和相应的特点。

1. 铣削方式

1）周铣和端铣

用圆柱铣刀铣平面称为周铣；用面铣刀铣平面称为端铣。较大的平面一般都用端铣，因为面铣刀可以采用硬质合金或涂层刀片，而且刀柄的刚性好，允许的切削速度高、进给量大，所以生产率高。面铣刀的副切削刃能修光加工表面，所以加工质量较好。而圆柱铣刀一般用高速钢制造，无副切削刃，加工效率较低，且质量较差。周铣一般只用于铣削窄平面和收尾带圆弧的平面等。

2）顺铣和逆铣

用圆柱铣刀铣削时，其铣削方式又可以分为顺铣和逆铣，如图 2 - 47 所示。当铣刀切削点的速度方向和工件的进给运动方向相反时，称为逆铣(如图(*a*)所示)；当铣刀切削点速度方向和工件进给运动方向相同时称为顺铣(如图(*b*)所示)。

逆铣时切削厚度从零逐渐增加到最大，在切削齿刚进入切削时有打滑和挤压作用，造成表面冷硬，加工表面质量较差。顺铣时则正好相反，切削厚度由最大逐渐减小到零，刀齿与加工表面间无挤压打滑现象，所以加工表面质量较好，刀具磨损小。但顺铣时刀具作用在工件上水平方向的铣削力 F_v 与机床传动机构推动工作台的力 $F_{丝}$ 方向相同(如图 2 - 47(*b*)所示)，由于传递动力的丝杠和螺母之间存在间隙，当铣削力较大时容易造成工作台的窜动；逆铣时情况恰好相反。因此，如果机床传动丝杠中有消除间隙机构，表面又无硬皮，优先考虑采用顺铣加工。精加工时铣削力较小，常采用顺铣。否则，则应考虑采用逆铣的方式加工。

如图 2 - 48 所示，用面铣刀加工表面时，按工件和铣刀的相对位置，可分为对称铣削(如图(*a*)所示)和不对称铣削(如图(*b*)、(*c*)所示)。不对称铣削又可以分为不对称顺铣(切入时切削厚度最大，切出时最小，如图(*b*)所示)和不对称逆铣(切入时切削厚度最小，切出时最大，如图(*c*)所示)。

相对而言，采用不对称逆铣方式加工，可以使切削更加平稳，刀齿切入时冲击力小，表面质量较好，刀具耐用度较高。不对称顺铣一般用于加工容易粘刀的材料，如不锈钢等，不对称逆铣一般用于加工低合金钢等材料，如 9Cr2 等。

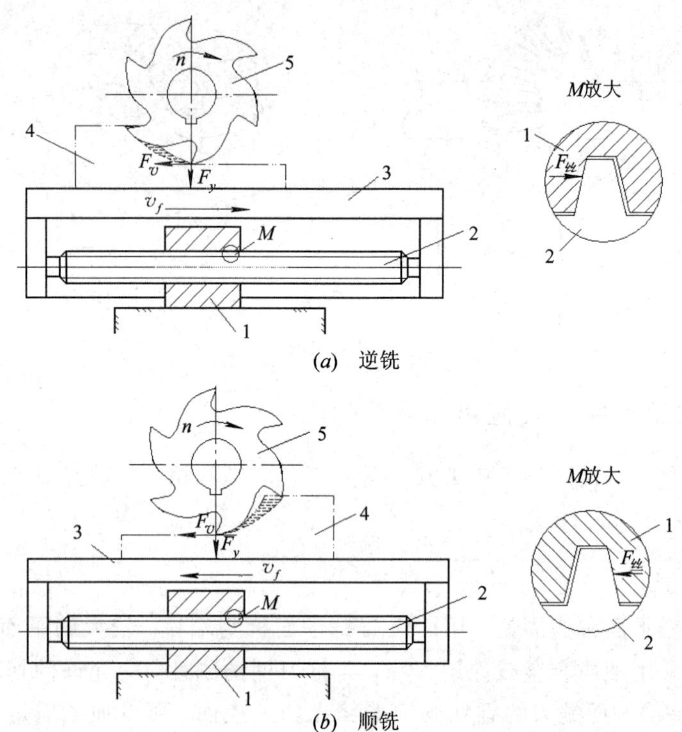

1—传动螺母；2—传动丝杠；3—机床工作台；4—工件；5—铣刀

图 2-47 顺铣和逆铣

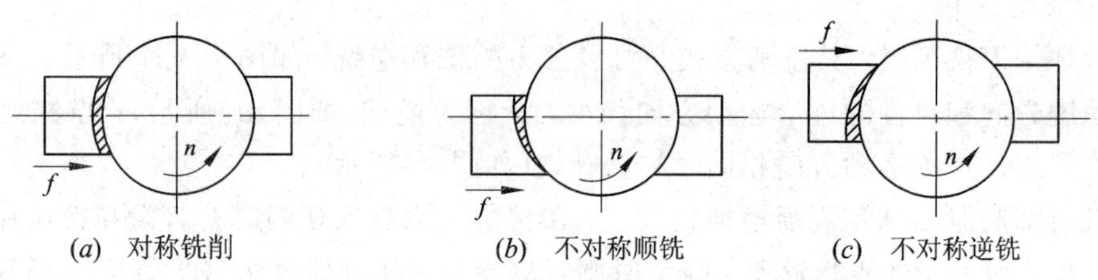

图 2-48 对称铣削和不对称铣削

2. 铣削用量要素

铣削用量要素包括铣削速度、进给量和背吃刀量(如图 2-49 所示)。

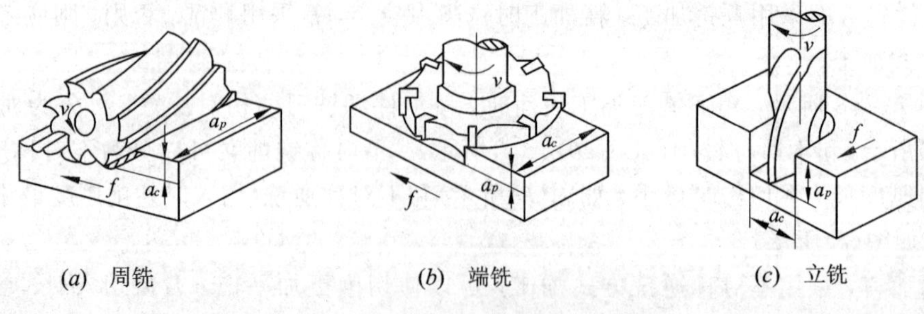

图 2-49 铣削用量

1）铣削速度 v

铣削速度是指铣刀旋转的线速度，可用下式计算：

$$v=\frac{\pi dn}{1000\times 60}\ (\mathrm{m/s})$$

式中：d——铣刀直径，mm；

n——铣刀转速，r/min。

2）进给量

(1) 每齿进给量 a_f(mm/z)：铣刀每转过一个齿工件与刀具的相对位移量。

(2) 每转进给量 f(mm/r)：铣刀每转过一转工件与刀具的相对位移量。

(3) 进给速度 v_f(mm/min)：铣刀相对于工件单位时间内在进给运动方向上移动量。

三者关系为：$v_f=f\times n=a_f\times z\times n$

式中：z——铣刀刀齿数。

3）背吃刀量 a_p

背吃刀量是平行于铣刀轴线测得的切削层的尺寸(如图 2-49 所示)，单位 mm。铣削加工时，铣削用量确定的原则和方法可参见第 1 章所述，具体值可参考相关手册。

3. 分度头及其工作

和其他机床一样，铣床也有若干种附件来扩大其工作范围，如分度头、圆形工作台、虎钳等。但是在铣床上利用分度头进行有分度要求的加工是铣床上比较有特色的工作，下面主要对分度头以及在铣床上利用分度头进行分度铣削的原理和方法进行介绍。

1）分度头

铣削六方、花键、齿轮、离合器、多齿刀具的容屑槽等工作时，每铣完一个表面，都要使工件转过一个角度再铣另一个表面，这种工作称为分度。在普通铣床上，这项工作可以利用分度头来完成。

分度头型号中各符号的含义如下(以 FW250 为例)：

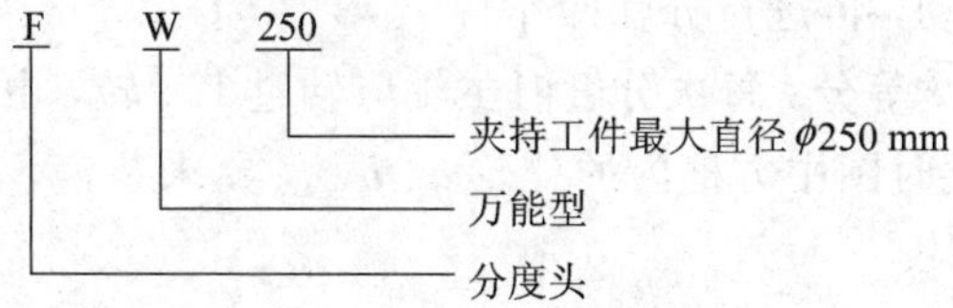

图 2-50(*a*)所示是生产中常用的万能分度头的外形示意图，图(*b*)是其传动系统图。分度头通过底座 8 用 T 形螺栓固定在铣床的工作台上。分度头的主轴 11 装在回转体 6 内，回转体以其轴颈支承在底座 8 上并可绕其回转，使主轴根据需要上下搬转角度：向上不大于 90°，向下不大于 6°。主轴前端有锥孔，可以插入顶尖支承工件，也可以通过其外部螺纹安装卡盘装夹工件。主轴后端可以插入挂轮心轴，需要时可以安装挂轮(图(*b*)中双点划线框内部分)。主轴调整好后可以通过手柄 5 锁紧。

分度盘 2 上分布有很多同心圆的孔眼，各圈孔数不同，但孔距是准确等分的。摇动手柄 9，手柄轴穿过空套锥齿轮，经过 1∶1 的圆柱齿轮和 1∶40 的蜗杆蜗轮带动主轴旋转，其转角可以从主轴前端的刻度盘 7 上直接读出。

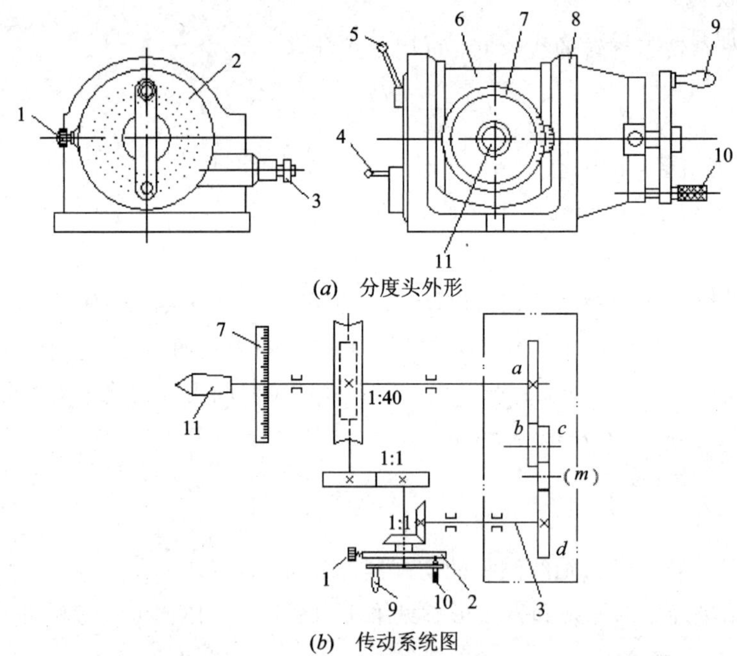

(a) 分度头外形

(b) 传动系统图

1—锁紧螺钉；2—分度盘；3—挂轮轴；4—操纵手柄；5—锁紧手柄；6—回转体；7—刻度盘；8—底座；9—手柄；10—插销；11—主轴；a、b、c、d—挂轮；m—介轮

图 2-50 分度头

2）分度方法

(1) 直接分度。通过摇动手柄使主轴旋转，用主轴前端的刻度进行直接分度。这种方法简单，但分度精度较低，在分度数目较多、精度要求较高时，常采用下面介绍的两种方法。

(2) 简单分度。简单分度时，需借助分度盘 2 和插销 10 的帮助，并且要用锁紧螺钉 1 锁紧分度盘使之不能转动，再进行分度操作。

如果工件需要圆周 z 等分，每次分度时主轴应转过 $1/z$ 转，由传动系统图可知，手柄 9 此时应转过的圈数为(此时图中方框内的挂轮 a、b、c、d 未装，不用)：

$$n=\frac{40}{z}=a+\frac{p}{q}$$

式中：a——每次分度手柄应转的整圈数；

q——所选用的孔圈的孔数；

p——除整圈外，插销在上述孔圈上应转过的孔距数。

比如：加工六边形的工件时，手柄应转过的圈数为 $n=\frac{40}{6}=6\ \frac{2}{3}=6\ \frac{36}{54}$，即每次分度时，手柄应在孔数为 54 的孔圈上转过 6 整圈后，再转 36 个孔距。

(3) 差动分度。由于分度盘的孔圈及孔数是有限的，有时可能找不到合适的孔圈，例如，要铣齿数为 77 的齿轮，每次分度手柄应转过 40/77 圈，但是分度盘上没有孔数能被 77 整除的孔圈，这时可采用差动分度方法来解决。

下面结合铣齿数为 77 的齿轮的铣削说明差动分度的原理。如图 2 - 51 所示，当铣完一个齿槽后，插销应该从孔 1 拔出，并转到 2 处插入分度盘，但 2 处无孔可插。可以这样设想，当定位销从孔 1 顺时针转到孔 2 处，与此同时使分度盘作微量补偿转动：令分度盘上的孔 3 顺时针转过角 α 或孔 4 逆时针转过角 β，使孔 3 或孔 4 恰好对准 2 的位置，这样定位销便可直接插入孔中，实现准确分度。

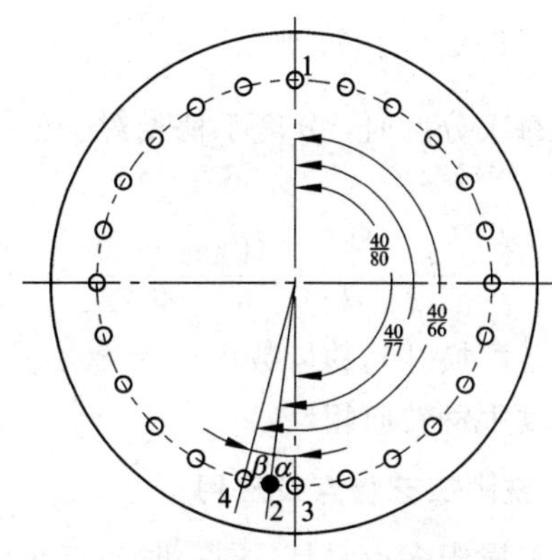

图 2 - 51　差动分度原理

为了实现手柄转动的同时分度盘作微量的补偿转动，需要在分度头的主轴和挂轮轴之间安装挂轮，通过挂轮使分度头主轴和挂轮轴之间建立起运动联系，并要松开分度盘紧固螺钉，使分度盘能自由转动。这样，手柄的运动可以带动主轴(分度回转)和挂轮轴(补偿转动)同时转动。传动路线中是否加入介轮 m，取决于分度盘补偿运动的转动方向与手柄转动方向相同还是相反。传动路线中的挂轮的齿数取决于分度盘需要补偿转动角度的多少。可见，选择挂轮是解决差动分度问题的核心。

差动分度的具体方法和步骤如下：

① 先假设一个与等分数 z 相近的、能进行简单分度的 z_0 代替 z，先按 z_0 进行简单分度。

② 如果 $z_0>z$，则分度时手柄实际上少转了$\dfrac{40}{z}-\dfrac{40}{z_0}=\dfrac{40(z_0-z)}{z_0 z}$圈，即：若主轴要转$\dfrac{1}{z}$转，分度盘必须再同向补偿转动$\dfrac{40(z_0-z)}{z_0 z}$圈。由传动关系可知，$\dfrac{40(z_0-z)}{z_0 z}=\dfrac{1}{z}\times\dfrac{a}{b}\times\dfrac{c}{d}$，式中 a、b、c、d 为挂轮齿数。整理后得配换挂轮的计算公式如下：

$$\frac{a}{b}\times\frac{c}{d}=\frac{40(z_0-z)}{z_0}$$

需要说明：

① 如果 z_0 的取值小于 z，则上式的计算结果为负，表明分度盘应沿逆时针方向(与手柄反向)补偿转动，此时应在挂轮 c、d 之间加介轮 m。m 只改变方向，不改变传动比。

② 应选用分度头上配有的挂轮，计算结果不合适时，应重新设定 z_0 进行计算。选好挂轮后应试摇，检验分度是否准确。

例　铣削齿数为 109 的齿轮，应用 FW250 分度头进行分度，试进行差动分度调整计算。已知：FW250 分度头上配有三块分度盘，每块有 8 个孔圈，各孔圈的孔数如下：

第一块：16、24、30、36、41、47、57、59；

第二块：23、25、28、33、39、43、51、61；

第三块：22、27、29、31、37、49、53、63。

该分度头配有一套共 12 个挂轮，齿数分别是 25、25、30、35、40、50、55、60、70、80、90、100。

解 设$z_0=105$，则$n_0=\frac{40}{z_0}=\frac{40}{105}=\frac{8}{21}=\frac{24}{63}$圈

即每次分度时，分度手柄相对于分度盘(应使用第三块)在63个孔的孔圈上转过24个孔距。

$$\frac{a}{b}\times\frac{c}{d}=\frac{40(z_0-z)}{z_0}=\frac{40\times(105-109)}{105}=-\frac{160}{105}=-\frac{80\times40}{70\times30}$$

故各配换挂轮的齿数为：$a=80$、$b=70$、$c=40$、$d=30$。式中负号表示要加介轮，分度盘和分度手柄转向相反。

4. 铣削工艺特点及应用

铣刀属于多齿刀具，同一时刻有两个以上的刀齿同时参加切削，刀具切出后可以有冷却时间，有利于提高刀具的耐用度并可以采用较大的切削用量，因此，铣削加工和其他平面的加工方法(如刨削、磨削等)比较，生产率较高。

由于铣刀的类型很多，铣床的附件也较多，特别是分度头的使用，使得铣削加工的范围极为广泛，不仅可以加工各种类型的大小平面、台阶面，而且可以加工各种直槽、螺旋槽、成形内外表面等，还可以加工有分度要求的平面和沟槽，这是其他加工方法很难完成的。另外，铣刀材料的不断发展，整体硬质合金铣刀和各种涂层硬质合金可转位刀片铣刀的应用，使其加工材料的范围也日益广泛，加工效率不断提高。

铣削加工时，同时参与铣削的刀齿数和作用点不固定，造成切削力的大小和方向随时变化，再加上铣削力一般较大，容易引起振动。另外逆铣时刀齿切入加工表面时的挤压、滑移和铣刀直径小于工件宽度时的接刀痕等，限制了铣削加工质量的提高。一般精铣后的精度等级可达IT9～IT7，表面粗糙度R_a值可达6.3～1.6 μm。

铣削加工既适用于成批大量生产，也适用于单件小批生产；既适合大型箱体、底座等零件的加工，也适合中小型支架、壳体等零件的加工。

2.6 磨床及磨削加工

在机械加工技术向净成型、精密和自动化方向发展的今天，磨削加工越来越受到人们的重视，其应用越来越广泛。

2.6.1 磨床及磨削运动

用磨料磨具(砂轮、砂带、油石等)为工具进行切削加工的机床，统称磨床。机械零件上的各种表面大多都能用磨床磨削，所以磨床的种类很多，下面主要介绍生产中应用最多的几类。

1. 外圆磨床

1) 普通外圆磨床

图2-52为普通外圆磨床的外形示意图。砂轮装在砂轮架6上，由单独的电机带动高速旋转作主运动。磨床的工作台上装有头架4和尾架7，工件5可以通过卡盘装夹在头架主轴上，或通过前后顶尖装夹在头架和尾架之间，并由头架主轴带动作圆周进给运动。尾

架的位置可以根据工件的长度在上工作台 3 上移动调整，工作台可以载着工件沿床身上的纵向导轨往复运动，可使工件实现轴向进给。上工作台 3 相对于下工作台 2 可以搬转一定的角度，以便磨削锥面。砂轮架可以沿床身上的横向导轨移动，使砂轮相对于工件作横向切入进给。

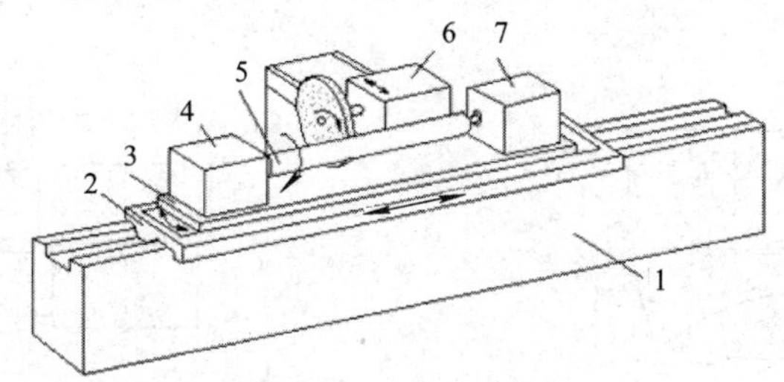

1—床身；2—下工作台；3—上工作台；4—头架；5—工件；6—砂轮架；7—尾架

图 2－52　外圆磨床外形示意图

普通外圆磨床上的主要工作如图 2－53 所示。

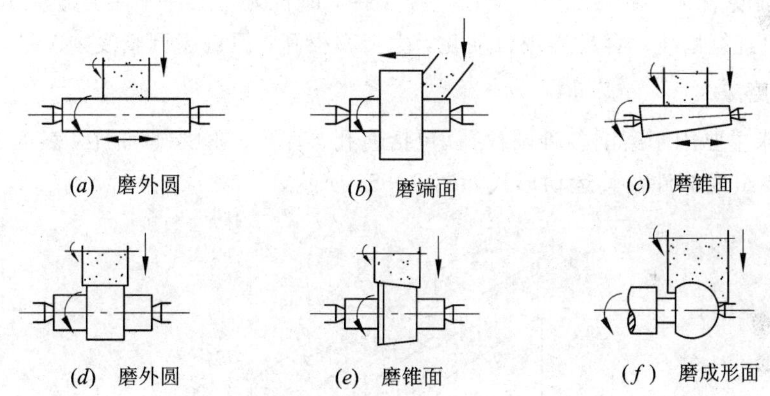

图 2－53　普通磨床的主要工作

2）无心外圆磨床

无心外圆磨床的工作原理见图 2－54 所示。用这种磨床加工时，工件不用通过卡盘或顶尖固定，而是以工件被磨削的外圆自身定位，直接浮动地放在导轮 3 和砂轮 1 之间的托板 2 上，两轮和托板组成 V 形定位面托住工件(如图(*a*)所示)。导轮是磨粒极细的橡胶或树脂结合剂砂轮，摩擦系数较大。砂轮旋转速度很高，而导轮的速度很低，一般为 0.3～0.5 m/s，且无切削能力。导轮的轴线与砂轮轴线斜交 α 角，因此导轮的旋转速度 $v_{导}$ 分解的 $v_{工}$ 用以带动工件旋转，即工件的圆周进给，$v_{进}$ 用来带动工件轴向移动，即工件的纵向进给运动。为了使工件定位稳定，并与导轮有足够的摩擦力矩，应使导轮与工件接触部位为直线，因此，导轮的圆周表面的轮廓线应修整为双曲线。

上述工作方式又称纵向无心磨削，也是生产中用得较多的一种工作方式，主要用于大批量磨削细长光轴、销轴和小套等零件。如果磨削阶梯轴或成型回转表面，应采用图(*b*)所示的横向无心磨削。工作时由工件(连同导轮)或砂轮作横向进给，导轮的轴线仅倾斜一个很小的角度(约 30′)，对工件产生一个微小的轴向力，使它顶在定位挡板上，以便得到可靠的轴向定位。

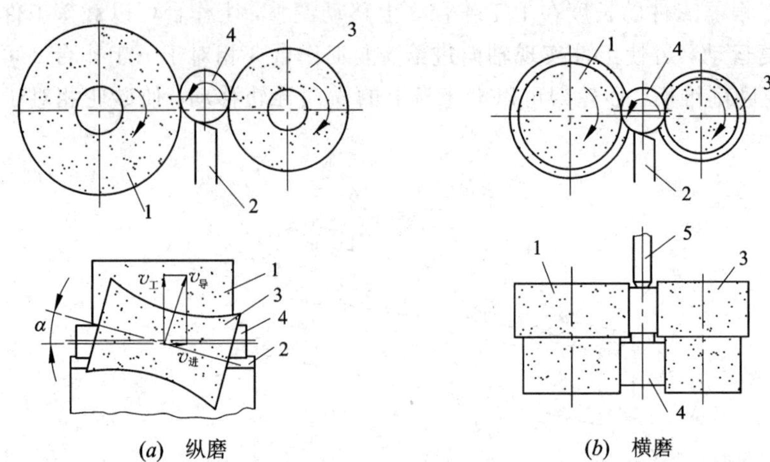

1—砂轮；2—托板；3—导轮；4—工件；5—挡销

图 2-54　无心磨削外圆的加工原理

无心外圆磨削时，导轮和托板全长支撑工件，刚性好。工件不用打顶尖孔，装夹工件省时省力，可连续磨削，容易实现自动化，生产率很高，但机床调整复杂。

2. 内圆磨床

内圆磨床主要用于磨削各种圆柱孔(包括通孔、盲孔、阶梯孔和断续表面的孔等)和圆锥孔，其主要组成部件及其运动形式如图 2-55 所示。

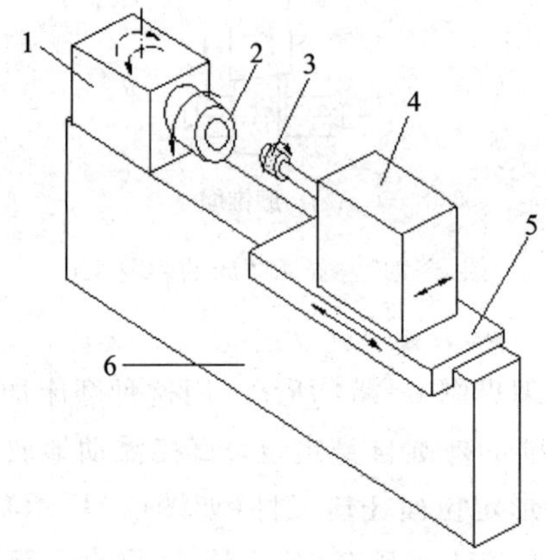

1—头架；2—工件；3—砂轮；4—砂轮架；5—拖板；6—床身

图 2-55　内圆磨床外形示意图

磨削圆柱孔时，工件 2 用卡盘装夹在头架 1 的主轴上，并由主轴带动作旋转运动。砂轮 3 由砂轮架 4 的主轴带动作旋转主运动。工件和砂轮的转向相反。砂轮架可以沿拖板 5 上的导轨作横向进给运动，拖板 5 又可以沿床身 6 上的导轨作纵向直线往复运动。

把头架 1 在水平面内转一定角度即可磨削锥面。

3. 平面磨床

平面磨床主要用于磨削平面。根据砂轮轴的布置形式，平面磨床有周磨平面磨床和端磨平面磨床两类，如图 2-56 所示。

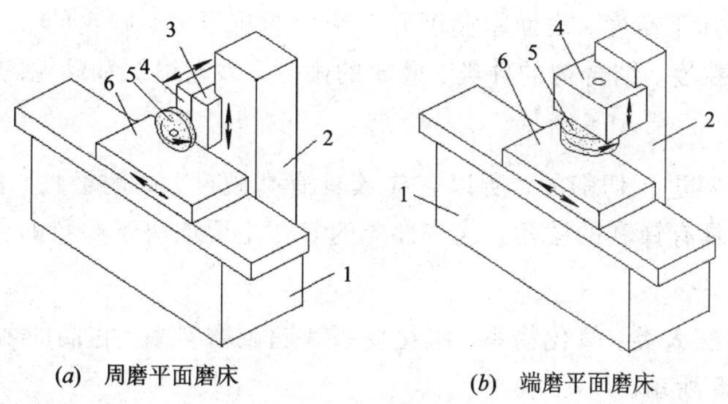

(a) 周磨平面磨床　　(b) 端磨平面磨床

1—床身；2—立柱；3—拖板；4—砂轮架；5—砂轮；6—工作台

图 2-56　平面磨床外形示意图

图 2-56(*a*)所示是用砂轮圆周磨削平面的周磨平面磨床。磨削时，工件可以方便地通过工作台的磁力被吸在工作台 6 上。工作台可以沿床身 1 上的导轨作纵向往复运动。砂轮 5 在砂轮架 4 的主轴的带动下作旋转主运动。砂轮架可以沿拖板 3 的导轨作横向间歇进给运动。拖板带动砂轮架一起沿立柱 2 的垂直导轨作调整运动或切入工件的运动。

图 2-56(*b*)是用砂轮的端面磨削工件的平面磨床，即端磨平面磨床。其最大特点是砂轮轴垂直布置，砂轮 5 在砂轮架 4 的主轴的带动下作旋转主运动。砂轮架可沿立柱 2 的垂直导轨切入工件或调整砂轮与工件的相对位置。

平面磨床的工作台有矩形和圆形两类。根据主轴的布置和工作台的形状可以有四种组合结构，见图 2-57 所示。其中卧轴矩台和立轴圆台平面磨床应用较为广泛。

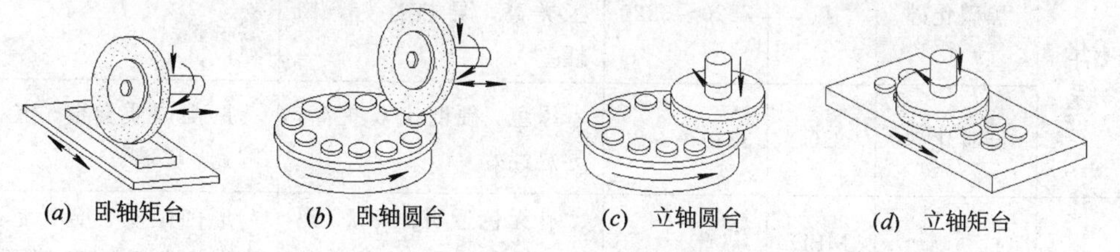
(a) 卧轴矩台　　(b) 卧轴圆台　　(c) 立轴圆台　　(d) 立轴矩台

图 2-57　平面磨床工作台和主轴形式

2.6.2　砂轮

砂轮是磨削加工时使用的切削工具，它是利用结合剂把磨料粘接成型，然后再进行烧结制成的一种多孔物体，如图 2-58 所示，所以砂轮的组成包括磨料、结合剂和孔隙。

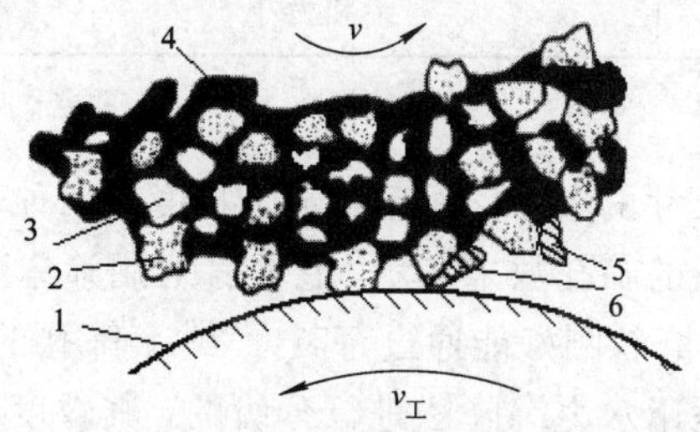

1—工件；2—磨粒；3—气孔；4—结合剂；5、6—磨屑

图 2-58　砂轮的构造

砂轮的特性对加工精度、表面粗糙度和生产率影响很大。砂轮的主要特性参数包括磨料的种类、磨料的粒度、结合剂的种类、砂轮的硬度、砂轮组织和砂轮的形状和尺寸等。

1. 磨料

砂轮是通过磨料进行切削的，所以它应该具有高硬度、高耐磨性、高耐热性、足够的强度和韧性，还应具有锋利的棱角。这些性能的好坏主要取决于磨料的种类和粒度。

1）种类

常用的磨料有三大类：氧化物系、碳化物系和超硬磨料系。它们的名称、代号、性能和适用范围如表 2－5 所示。

表 2－5　常用磨料种类、性能和用途

类别	名称	代号	显微硬度/HV	特　性	用　途
氧化物系	棕刚玉	A	2200～2280	棕褐色，硬度较低，韧性较好	磨削碳钢、合金钢、铸铁等
	白刚玉	WA	2200～2300	白色，较 A 硬，磨粒锋利，韧性较差	磨削淬火钢、高速钢和高碳钢等
	铬刚玉	PA	2000～2200	玫瑰红色，韧性较 WA 好	磨削高速钢、高强度钢，刃磨刀具
碳化物系	黑碳化硅	C	2820～3320	黑色带光泽，硬度比刚玉类高，导热性好，韧性差	磨削铸铁、黄铜、非金属材料
	绿碳化硅	GC	3280～3480	绿色，硬度比 C 更高，导热性好	磨削硬质合金、宝石、陶瓷、玻璃等
超硬磨料系	人造金刚石	MBD RVD 等	10000	有无色透明、淡绿、黑色，硬度最高，耐热性较差，价格高	磨削硬质合金、宝石、陶瓷、光学玻璃等硬脆材料
	立方氮化硼	CBN	8000～9000	棕黑色，硬度仅次于 MBD，韧性及耐热性均好于 MBD，与铁组元素亲和力小	磨削高硬度、高韧性材料，如不锈钢、高温合金、钛合金等

2）粒度

磨料的粒度是指磨粒尺寸的大小。国标规定了粒度有两种表示方法：磨粒和微粉。

磨粒是用 1 英寸长度上的筛孔数来表示，它是针对用筛选法来区分的磨粒，尺寸较大。如粒度为 40#，表示对应的磨粒刚好能通过每英寸 40 个筛孔的筛子。所以，号数越大，磨粒的实际尺寸越小。微粉是用水力沉降法进行分级的，其粒度号是用该级颗粒的实际最大尺寸(μm)来表示，前面冠以符号 W。例如 W28，表示颗粒的实际最大尺寸为 28 μm。

常用磨粒的粒度号及适用范围见表 2－6。

表 2－6　常用磨粒及适用范围

类别	粒度号		适用范围
磨粒	粗粒	$8^{\#}$　$10^{\#}$　$12^{\#}$　$14^{\#}$　$16^{\#}$　$20^{\#}$　$22^{\#}$　$24^{\#}$	荒磨
	中粒	$30^{\#}$　$36^{\#}$　$40^{\#}$　$46^{\#}$	一般磨削，加工表面 R_a 值可达 0.8 μm
	细粒	$54^{\#}$　$60^{\#}$　$70^{\#}$　$80^{\#}$　$90^{\#}$　$100^{\#}$	半精磨、精磨，加工表面 Ra 值可达 0.8～0.1 μm
	微粒	$120^{\#}$　$150^{\#}$　$180^{\#}$　$220^{\#}$　$240^{\#}$	精磨、超精磨、刀具刃磨、珩磨等
微粉	W60　W50　W40　W28		精磨、精密磨、超精磨、珩磨等
	W20　W14　W10　W7　W5　W3.5　W2.5　W1.5　W1.0　W0.5		超精磨、镜面磨、精研 Ra 值可达 0.05～0.01 μm

2. 结合剂

结合剂是磨具中用以粘接磨料的物质。国标中规定了结合剂的种类及代号等，表 2－7 列出了常用结合剂的名称、特性及适用范围。

表 2－7　结合剂的种类及应用

名称	代号	特　征	适用范围
陶瓷	V	由粘土、长石、滑石、硼玻璃和硅石等材料配制而成。化学性质稳定，耐热、耐油、耐酸，强度较高，成本低，但性较脆	除薄片砂轮外，能制成各种砂轮
树脂	B	成分主要为酚醛树脂，少数也有采用环氧树脂。强度高，富有弹性，具有一定的抛光作用，但耐热性差，不耐酸碱	切断和窄槽的薄片砂轮、高速砂轮
橡胶	R	多数采用人造橡胶，比树脂结合剂弹性更好，强度高、抛光作用好，但耐热性差，不耐油和酸，易堵塞	无心磨导轮、抛光砂轮等
金属	M	常用的是青铜结合剂，砂轮型面成形性好，强度高，有一定韧性，但是自锐性差	主要用于制作金刚石砂轮和 CBN 砂轮

3. 砂轮硬度

砂轮的硬度是指其工作时在外力的作用下磨料颗粒脱落的难易程度。容易脱落的，砂轮较软，反之则较硬。国标对砂轮硬度规定了 16 个级别，具体见表 2－8。砂轮的硬度合适，磨粒磨钝后因切削力增大便可自行脱落，露出新的锋利的磨粒。砂轮特有的这种自锐性可以增加磨削效率，提高工件的表面质量。

表 2-8　砂轮硬度等级、代号

等级	超软			软			中软		中		中硬			硬		超硬
代号	D	E	F	G	H	J	K	L	M	N	P	Q	R	S	T	Y
选用	普通磨削常用 G～N 级硬度的砂轮；磨淬火钢选用 H～K 级；未淬硬钢选用 L～N 级；高表面质量磨削选用 K～L 级；刃磨硬质合金刀具选用 H～J 级															

一般情况下，加工硬度大的金属，应选用软砂轮；加工软金属时，应选用硬砂轮。粗磨时选用软砂轮，精磨时选用硬砂轮。

4. 砂轮组织

砂轮的组织是指磨具中磨粒、结合剂、气孔三者之间的比例关系。当磨料在砂轮中占有的体积百分比(称磨粒率)较大时，气孔体积小，则组织紧密，反之则组织疏松。国标规定了 15 个组织号，具体见表 2-9 所示。组织号越大则组织越疏松，切削液和空气容易进入磨削区域，可降低磨削温度。普通磨削常用 4～7 号组织(即中等组织)的砂轮。

表 2-9　砂轮的组织分级

组织号	0	1	2	3	4	5	6	7	8	9	10	11	12	13	14
磨粒率/%	62	60	58	56	54	52	50	48	46	44	42	40	38	36	34
用途	成形磨削、精密磨削				磨削淬火钢、刀具刃磨				磨削韧性大而硬度不高的材料					磨削热敏性大的材料	

5. 形状和尺寸

砂轮的形状和尺寸是根据机床类别和加工要求设计的。国标中规定了砂轮的形状及代号，表 2-10 列出了生产中常用的几种砂轮的形状、代号和应用情况。

表 2-10　常用砂轮的形状、代号及用途

砂轮名称	截面形状简图	代号	用途
平行砂轮		1	磨削外圆、内圆、平面，并用于无心磨
双斜边砂轮		4	磨削齿轮的齿形和螺纹
桶形砂轮		2	立轴端磨平面
杯形砂轮		6	立轴端磨平面、内圆及刀具后刀面
碗形砂轮		11	刃磨刀具后刀面、端磨平面
蝶形一号砂轮		12*a*	磨削铣刀、铰刀、拉刀及齿轮的齿形
薄片砂轮		41	切断和开槽

表达砂轮特性的标记一般标注在砂轮端面上，其顺序是：形状代号、尺寸、磨料种类、粒度号、硬度、组织号、结合剂和允许的最高工作线速度。例如：

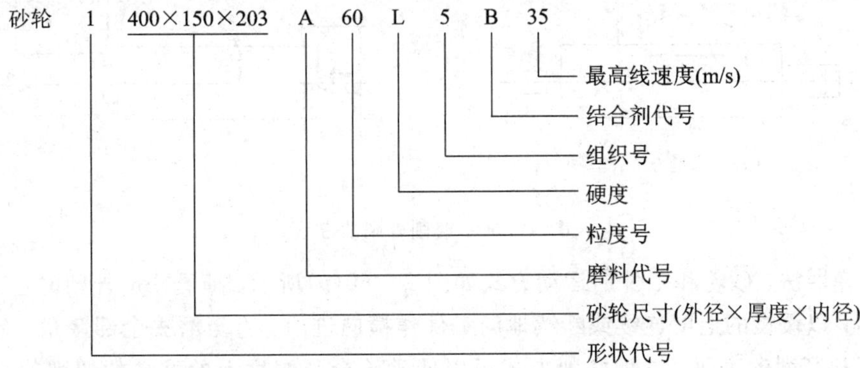

2.6.3 磨削加工方法及应用

1. 磨削加工的实质

磨削也是一种切削加工。排列在砂轮表面的磨粒形状各异，其间距和高低为随机分布。各种磨粒在切削过程中所起的作用见图 2－59 所示：较为凸出和锋利的磨粒，起切削作用并有切屑产生(如图(*a*)所示)；凸起高度小和较钝的磨粒无明显的切屑产生，只能在工件表面刻划出沟痕，即起刻划作用(如图(*b*)所示)；凹下和已经钝化的磨粒，既不切削，也不刻划，只是从工件表面滑擦而过，即起摩擦抛光作用(如图 *c*)所示)。由此可见，磨削过程实际是为数甚多的磨粒对工件表面进行切削、刻划、摩擦抛光综合作用的结果。一般来说，粗磨时以切削作用为主；精磨时切削、刻划和抛光作用并存。

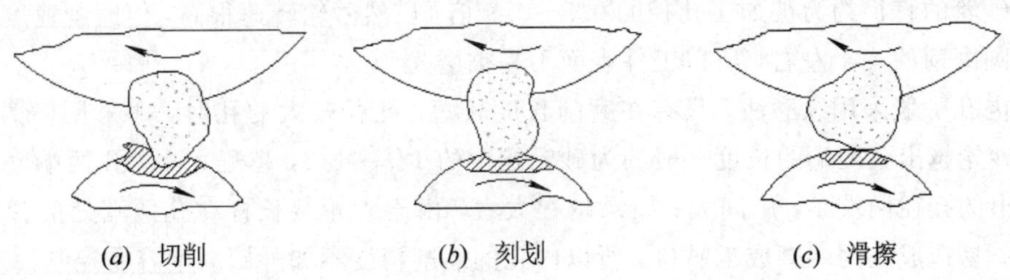

图 2－59 各种磨粒在磨削过程中的作用

2. 磨削方法

1) 外圆磨削

外圆磨削通常作为外圆的精加工在普通外圆磨床上进行，基本加工方法有纵磨法和横磨法，如图 2－60 所示。

(1) 纵磨法。砂轮和工件的运动方式如图 2－60(*a*)所示。采用纵磨法，砂轮前面迎着进给方向的磨粒起切削作用，而后边的磨粒起修光作用，因此加工表面粗糙度较小，但磨削效率较低。纵磨法每次横向进给小，磨削力小，工件散热条件好，磨削精度也高，因此应用非常广泛，特别适于精磨以及磨削较长的工件。

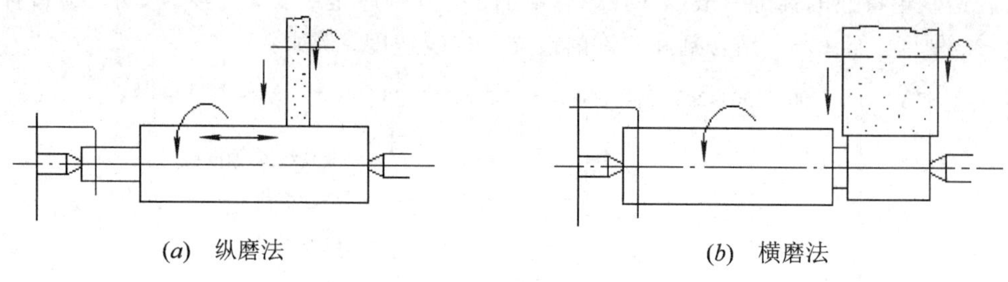

(*a*) 纵磨法　　　　(*b*) 横磨法

图 2－60 磨削外圆的方法

(2) 横磨法。砂轮和工件的运动方式如图 2－60(*b*)所示。横磨法磨外圆时，工件不作纵向进给，以缓慢的速度连续或断续地向工件作横向进给，直至磨去全部余量。砂轮的宽度稍宽于被磨削的表面。这种磨削方式可以使砂轮全部宽度上的磨粒的切削能力充分发挥，因此，磨削效率较高。但是横磨时会使砂轮由于修整不好或磨损不均所产生的外形误差直接复映到工件表面上，影响工件的几何精度。另外砂轮与工件接触区域较长，磨削力大，磨削温度高，工件容易烧伤，所以应大量浇注切削液。横磨法的加工精度比纵磨法低，一般适用于刚性好、轴向长度较短的外圆和成形面或两端都有台阶的轴颈(如曲轴的曲拐颈等)的磨削。

有些零件的外圆还可在无心磨床上采用无心磨削的方法加工。

2) 内圆磨削

内圆磨削可以在万能外圆磨床或内圆磨床上进行。与外圆磨削相比，内圆磨削具有如下特征：

(1) 加工质量不如外圆磨削。由于受孔径限制，砂轮直径较小，尤其是磨小孔时。一般磨内孔砂轮的直径约为被加工孔径的0.5～0.9倍。虽然砂轮转速很高，但磨削速度也只有普通外圆磨削的一半左右，所以工件表面不易被磨光。

磨内孔一般采用纵磨法，只有在磨削长度较短、孔径较大的孔时，才采用横磨法。纵磨时，砂轮越出孔两端的长度一般约为砂轮宽度的1/3～1/2，越程太小，孔两端磨削时间短，磨出的孔径两端小，中间大；如果越程太大，由于砂轮接长杆在孔两端处的弹性退让的恢复，易造成孔两端磨成喇叭口。所以内孔的磨削精度不如外圆磨削容易控制。

(2) 磨削效率低。由于砂轮直径小，转速高，砂轮上的每一个磨粒单位时间内参加切削的次数是外圆磨削的几倍至几十倍，所以砂轮损耗块，容易钝，加上切削液不易进入切削区域及时冲走切屑和脱落的磨粒，容易造成砂轮堵塞，因此必须经常修整或更换。另外，为了保证孔的精度和粗糙度要求，必须减小磨削用量和增加光磨次数，所以内孔磨削的生产率比外圆磨削要低得多。

基于上述原因，内圆磨削经常被精镗和铰削代替。但内圆磨削能够加工高硬度材料，有些形状的零件或技术要求较高的零件不适合铰削，尤其是经过淬火的零件的内孔，通常还要采用磨削工艺。内圆磨削的精度一般可达IT8～IT6，表面粗糙度 R_a 值一般为1.6～0.4 μm。

3）平面磨削

平面磨削的方法主要有周磨和端磨两种方式。

周磨就是用砂轮圆周上的磨粒进行磨削的方法，生产中一般在卧轴矩台平面磨床上进行。磨削时砂轮与工件的接触面积小，磨削力小，磨削热少，便于冷却和排屑，砂轮磨损均匀。因此，这种方法的加工精度高，表面粗糙度较低，但效率低，适于精磨。

端磨就是利用砂轮端面上的磨粒进行磨削的方法，生产中一般在立轴圆台平面磨床上进行。这种磨床的功率大，砂轮轴的刚性好，悬伸短，可采用较大的磨削用量，生产率较高。但这种磨削方式砂轮与工件的接触面积大，产生磨削热多且不易散发，冷却液不易进入磨削的中心区域，冷却效果不好，工件易产生较大热变形或烧伤。此外，砂轮从外缘到中心各处的线速度不等，造成磨损不均，所以，磨削精度较低。这种磨削方式一般用来加工精度不高的平面或对硬度较高的零件以磨代铣。

平面磨削时，工件是利用工作台的电磁吸力进行安装的，非常方便。两平行平面互为基准进行磨削，可达到较高的平行度。

2.6.4 磨削加工的特点

据测量，刚修整过的刚玉砂轮，磨粒的平均前角为－65°～－80°，磨削一段时间后增加为－85°。因此，磨削时是负前角切削。负前角切削是磨削加工的一大特点，很多物理现象均与此有关。磨削加工的特点总结如下：

1）加工精度高、表面粗糙度低

砂轮表面磨粒多，经过仔细修整后砂轮表面具有无数锋利、等高的微刃，加上磨床本身能做微量的横向进给，这样瞬间有无数等高的磨粒微刃以极高速度从工件表面划过，从而切下极薄的金属层，半钝化的和脱落的磨粒还具有滑擦抛光作用，因此磨削的尺寸精度能达到IT6～IT7，表面粗糙度 R_a 值可达 0.1 μm。

2）背向磨削力大

这主要是由于砂轮的宽度较大，磨粒又是以很大负前角切削的缘故。这与一般切削时主切削力最大是不同的，背向磨削力大是磨削加工的一个显著特点。

背向磨削力作用在砂轮和工件上，会造成砂轮加速钝化，工件弯曲变形，出现圆柱度误差。为此，磨削时尤其是精磨时，需要一定的光磨次数，或采用辅助支承，以减少背向力对加工质量的不利影响。所谓光磨，就是指磨到工件尺寸接近最终尺寸(余量一般为0.005～0.01 mm)时不再吃刀，继续磨削，直到火花消失为止。光磨可以提高工件的形状精度，降低表面粗糙度。

3）磨削温度高

磨削属于高速切削，切屑与工件分离的时间短，砂轮导热性又很差，造成砂轮和切屑传出的热量很少，而80％左右的切削热传入工件，瞬时聚集在工件表层，造成工件表面的温度高达1000℃以上，而表层1 mm以下的温度接近室温，这种极大的温度梯度不但会造成工件表面热变形和烧伤，而且会产生极大的残余应力。为此，磨削时需要浇注大量的切削液，以降低磨削温度。

4）表面变形强化和残余应力严重

与刀具切削相比，虽然磨削的表面变形强化和残余应力层要浅得多，但是其程度却严重的多，这对零件的后续加工和使用性能会产生一定的影响。通过及时修整砂轮、保持砂轮的锋利、浇注充足的切削液、增加光磨次数等措施，均可以在一定程度上减少表面变形强化和残余应力。

2.6.5 磨削新技术

随着生产要求的不断提高和技术的进步，磨削加工出现了很多新技术，其中包括超高速磨削、深切缓进给磨削、镜面磨削和砂带磨削等。下面仅对其中部分技术进行简单介绍。

1. 超高速磨削

通常指砂轮速度大于150 m/s的磨削。超高速磨削对硬脆材料和高塑性等难磨材料均有良好的磨削表现。

与普通磨削相比，超高速磨削显示出极大的优越性：

1）大幅度提高磨削效率，减少设备使用台数

如采用电镀CBN砂轮以123 m/s的高速磨削割草机曲轴，原来需要6个车削和3个磨削工序，现在只需要3个磨削工序，生产时间减少65%。

2）磨削力小，零件加工精度高

磨削速度为360 m/s以下的试验表明，在一个较窄的速度范围(180～200 m/s)内，摩擦状态由固态向液态急剧变化，并伴随着磨削力的急剧下降，有利于减小系统的变形，保证加工质量。

3）降低加工工件表面粗糙度

实验表明，在其他条件相同时，以33 m/s、100 m/s和200 m/s的速度磨削，表面粗糙度值分别为R_a2.0 μm、R_a1.4 μm和R_a1.1 μm，可见高速磨削有利于降低表面粗糙度。

4）砂轮寿命延长

实验表明，在金属切除率相同的条件下，砂轮速度由80 m/s提高到200 m/s，砂轮寿命可提高8.5倍。在200 m/s的速度磨削时，以2.5倍于80 m/s时的磨除率进行磨削，砂轮寿命仍然可提高1倍。

实现超高速磨削必须提高砂轮的强度，如采用陶瓷结合剂或添加加强纤维网的树脂结合剂砂轮、电镀金刚石砂轮等。严格控制磨床主轴与砂轮(组合体)的动平衡，提高机床的动刚度和静刚度，增大电机功率，仔细地修整砂轮，增强冷却效果和加强安全措施等均可延长砂轮寿命。

2. 深切缓进给磨削

深切缓进给磨削又称蠕动磨削或强力磨削，它是以大的吃刀量(2～30 mm)和缓慢的进给量(10～100 mm/min)实现高效切削的一种方法。

强力磨削时砂轮与工件的接触弧长比普通磨削大几倍到几十倍(图2-61所示)，材料的去除率高，工件往复次数少，节省了工作台换向和空程时间；由于进给速度低，磨削厚度薄，减轻了磨粒与工件边缘的冲击，而且磨削过程中砂轮不需要无数次撞入工件端部锐边，磨粒脱落和破碎减少，可使砂轮常时间保持原有的精度。但是强力磨削磨削力大，磨

削温度高，工件表面容易烧伤，容易造成磨床振动。

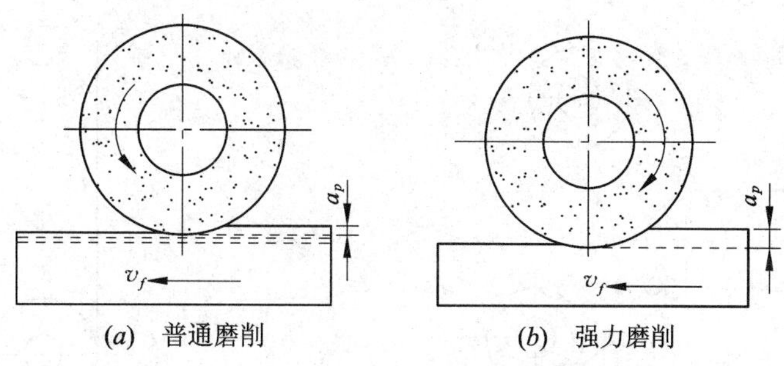

(*a*) 普通磨削　　(*b*) 强力磨削

图 2 - 61　强力磨削与普通磨削对比

由于上述特点，采用强力磨削时，应保证机床电机有足够的功率，机床主轴有足够的刚度，机床工作台进给时无爬行现象，并有快速返程装置和高效的切削液过滤装置等，所以设备费用高；应采用超软而疏松的砂轮，采用顺磨(磨削区内砂轮的转速方向与进给速度方向相同)并保证切削液大量、高压、连续的充分供应，以便冷却和冲走磨屑及脱落的磨粒。

这种磨削技术可以直接从铸、锻件毛坯上磨出成品，实现以磨代车、以磨代铣，特别适合于耐热合金等难加工材料和淬硬金属的成型加工。

3. 砂带磨削

用砂带作为磨削工具磨削各种表面的方法称为砂带磨削。

砂带的结构和组成如图 2 - 62 所示。基底材料多为聚酯、硫化纤维布等，为了使底胶与基底牢固粘接，要在纤维布上涂一层粘接膜，覆膜的作用是为了增加砂带的耐热性、耐湿性和弹性等。

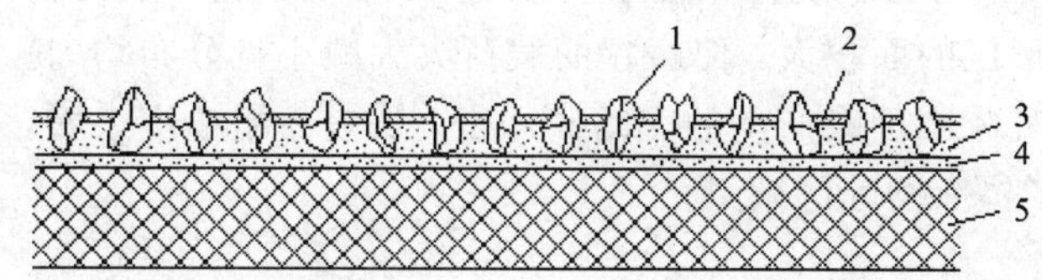

1—磨粒；2—粘接剂(覆胶)；3—粘接剂(底胶)；4—粘接膜；5—基底

图 2 - 62　砂带结构和组成示意图

砂带磨削经过近几十年的发展，现已成为一项较完整且自成体系的新的加工技术。

砂带磨削有开式和闭式两种，如图 2 - 63 所示。开式砂带磨削(如图(*a*)所示)使用成卷的砂带由电动机经减速机构通过卷带轮带动作缓慢进给，并绕过接触轮与工件被加工表面接触而产生一定的工作压力。工件高速回转，砂带头架作纵向及横向进给，从而对被加工表面进行磨削。闭式砂带磨削(如图(*b*)所示)是采用无接头或有接头的环形砂带，通过接触轮和张紧轮撑紧，由电机通过接触轮带动砂带作高速回转，砂带头架作纵向及横向进给，从而对工件进行磨削。

砂带磨削技术之所以受到人们日益广泛的重视并得到迅速发展，是因为它具有以下一些重要的特点：

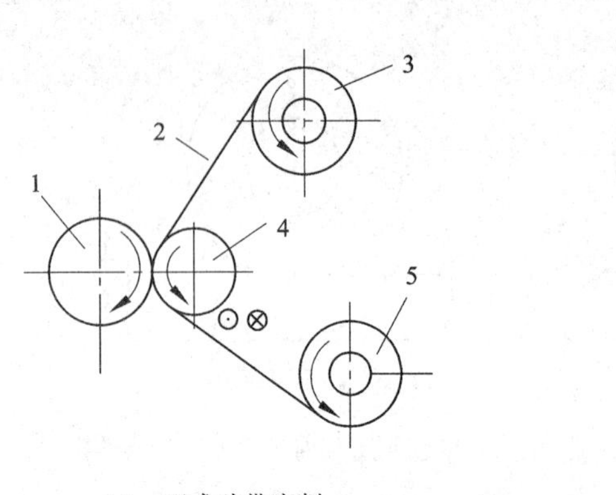

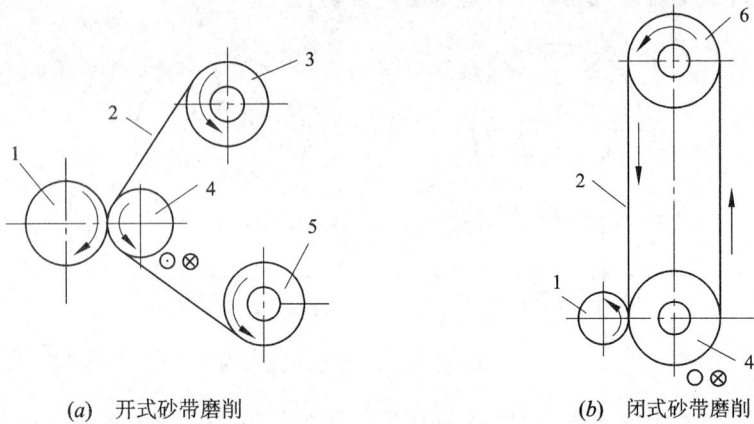

(*a*) 开式砂带磨削

(*b*) 闭式砂带磨削

1—工件；2—砂带；3—砂带轮；4—接触轮；5—卷带轮；6—张紧轮

图 2-63　砂带磨削

1）磨削效率高

砂带上的磨粒分布特点决定了它比砂轮磨粒具有更强的切削能力，所以其磨削效率非常高。砂带的磨削比（切除工件的重量和磨料磨损的重量）大大超过了砂轮，可高达 300∶1，甚至 400∶1，而砂轮只有 30∶1。

2）加工表面质量高

主要表现在加工表面粗糙度值小，残余应力状态好，以及表面无微观裂纹或金相组织变化等现象。这除了因砂带磨削具有磨削、研磨和抛光的多重作用外，还因为相对砂轮磨削而言，砂带上的砂粒更容易具有方向性（如静电植砂），磨粒间隔大，所以不宜堵塞，磨削温度低，工件表面不易出现烧伤等现象。此外，砂带接触轮一般外套一层橡胶或软塑料，因此磨削时弹性变形区的面积大，使磨粒的载荷大大减小且分布均匀。砂带的弹性磨削效应能够大大减轻或吸收磨削时产生的震动和冲击。从表面粗糙度来看，砂带磨削目前已达 $Ra0.01\ \mu m$，达到了镜面磨削的效果。

3）磨削精度高

由于砂带制作质量和砂带磨床生产水平的提高，砂带磨削早已跨入精密和超精密加工的行列，最高精度已达到 0.1 μm 以下。

4）磨削成本低

与砂轮磨床相比，砂带磨床简单得多，对机床的刚性及强度要求都远低于砂轮磨床。砂带的制作比砂轮简单方便，无烧结和动平衡问题，其价格也比砂轮便宜。

5）砂带磨削操作简便、安全

从更换调整砂带到被加工工件的装夹，这一切都可以在很短的时间内完成，所以，砂带磨削非常安全，噪音和粉尘小，且易于控制，环境效益好。

砂带的柔性可以使砂带磨削十分方便地用于平面、内孔、外圆和复杂曲面的磨削，工艺灵活性大、适应性强，可以补充或部分的取代砂轮磨削。在国外，砂带磨削技术已有了很大的进步，砂带采用新基体、新粘接剂、新型磨料，使其寿命延长，消耗量大大减少，而且近年来砂带磨削也采用深切强力磨削，而且数控和自适应控制的砂带磨床也已经应用。

砂带磨削的加工对象和应用领域日趋广泛，它几乎能加工所有的工程材料，并已成为获取显著经济效益的一种重要手段。

2.7　其他机床及加工方法概述

2.7.1　拉床及拉削加工

用拉刀在拉床上加工内、外表面的方法称为拉削加工。拉床有立式和卧式两种。图2-64为卧式拉床的外形及工作原理示意图。机床的液压系统使主轴牵引拉刀作直线主运动。拉削加工无进给运动，其进给靠拉刀的齿升量来实现。

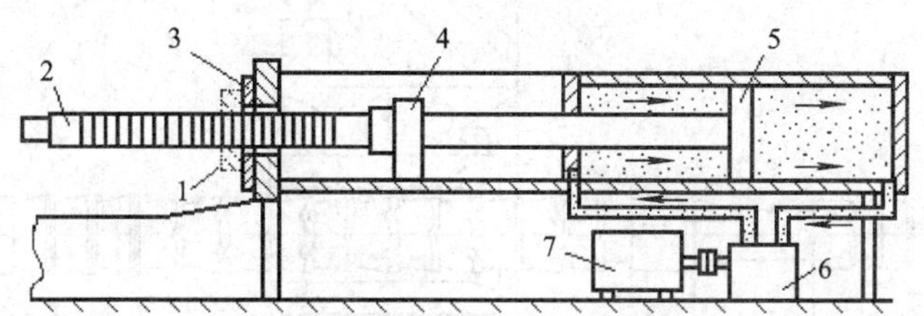

1—工件；2—拉刀；3—垫圈；4—滑块；5—活塞；6—油泵；7—电机

图2-64　卧式拉床

拉削可加工多种内表面和外表面，如图2-65所示，图中阴影部分为拉削余量。

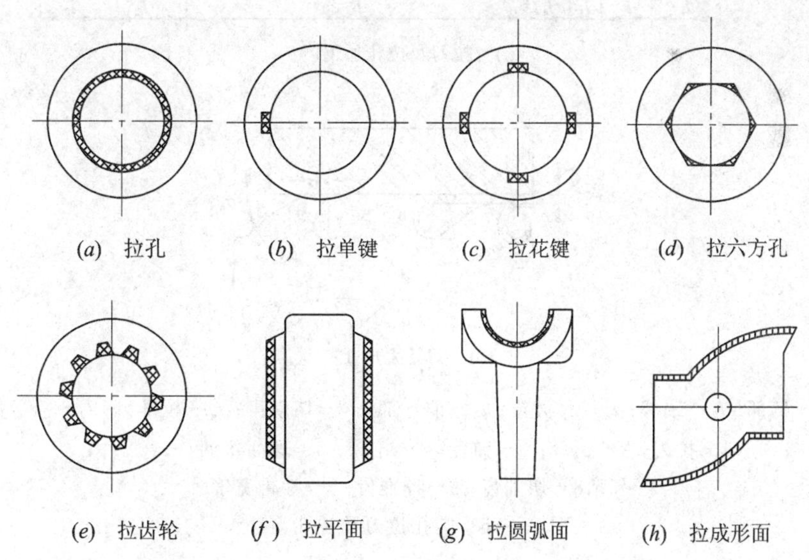

(a)　拉孔　(b)　拉单键　(c)　拉花键　(d)　拉六方孔

(e)　拉齿轮　(f)　拉平面　(g)　拉圆弧面　(h)　拉成形面

图2-65　拉削加工示例

下面以圆孔拉刀拉削为例，介绍拉刀的结构和拉削加工特点。

图2-66为圆孔拉刀拉孔示意图，其切削部分 l_5 由粗切齿、精切齿两部分组成，粗切齿的齿升量大于精切齿的齿升量，所以粗切齿承担大部分切除任务，精切齿承担小部分切除任务；校准齿无齿升量，后刀面上有一后角为零的窄棱带，宽度为 s，能起校准孔径、修光孔壁的作用。因此，拉刀拉削可以看成是按高低顺序排列成队的多把刨刀进行刨削。

拉削时工件不需要夹紧，只以已加工过的一个端面为支承面。当工件端面与被拉孔的轴线不垂直时，可以依靠图 2 - 66 中所示的球面浮动支承装置自动调节，使孔的轴线始终与拉刀的轴线保持一致，防止拉刀损坏或折断。装置中的弹簧 3 是为了保持球面的贴合，避免脱落。

拉削加工不论是对内表面还是外表面，一般均在一次行程中完成粗、精加工，生产率很高。拉刀属于定尺寸刀具，拉床又是液压传动，故切削平稳，加工质量好。拉孔的直径一般为 8～120 mm，孔的深径比 $l/D \leqslant 5$。粗拉的尺寸精度为 IT8～IT7，表面粗糙度 R_a 值为 1.6～0.8 μm，精拉的尺寸精度为 IT7～IT6，表面粗糙度 R_a 值为 0.8～0.4 μm。拉刀结构和制造过程均较复杂，成本较高，因此拉削加工主要用于成批或大量生产中。

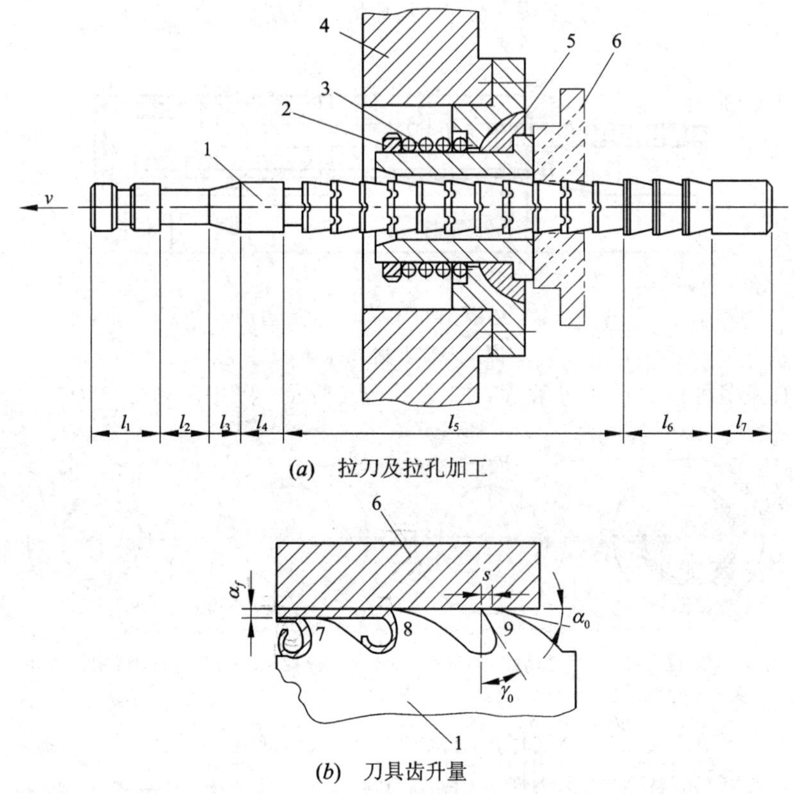

(*a*) 拉刀及拉孔加工

(*b*) 刀具齿升量

l_1—柄部；l_2—颈部；l_3—过渡锥；l_4—前导部；l_5—切削齿；l_6—校准齿；l_7—后导部

1—拉刀；2—螺母；3—弹簧；4—拉床；5—球面垫圈；6—工件；

7、8—切削齿；9—校准齿；s—棱带宽度

图 2 - 66　圆孔拉刀及拉孔方法

2.7.2　齿轮加工机床及齿轮加工

齿形的加工方法很多，可分为无屑加工和有屑加工两大类。无屑加工通常指精锻、精铸、冲压、粉末压制等，由于这种方法加工精度较低，所以应用范围很窄。有屑加工(即切削加工)精度高，是齿形加工的主要方法。

按加工原理，齿形切削加工的方法可分为两种：成形法和展成法。

1. 成形法

成形法是用与被切齿轮的齿槽法向截面形状一致的成形刀具切出齿形的方法，常见的有铣齿、拉齿等。

一般模数 $m<8$ 的齿轮用盘状齿轮铣刀在卧式铣床上加工，如图 2-67(a)所示；模数 $m\geqslant8$ 的齿轮一般用指状齿轮铣刀在立式铣床上加工，如图 2-67(b)所示。

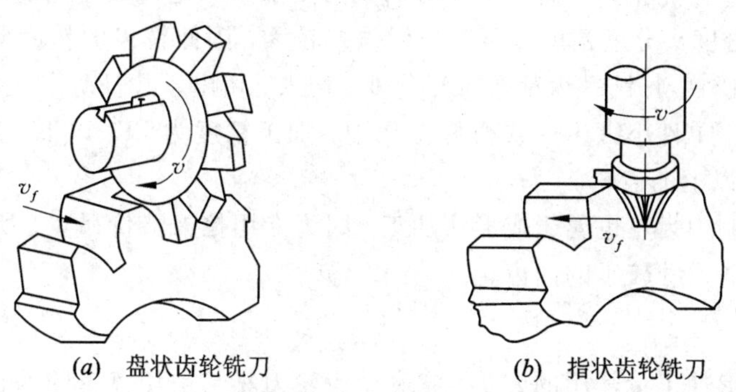

(a) 盘状齿轮铣刀　　(b) 指状齿轮铣刀

图 2-67　齿轮铣刀

图 2-68 所示是在卧式铣床上用盘铣刀铣直齿圆柱齿轮时工件的安装方法和机床工作情况：铣刀作旋转运动，齿坯装在心轴上，心轴装在分度头顶尖与尾座顶尖之间，随工作台作纵向进给。每铣完一个齿，纵向退刀进行分度，再铣下一个齿槽。

由于齿轮渐开线的形状除了与模数 m、压力角 α 有关外，还与齿轮的齿数有关，所以选用齿轮铣刀时，除了模数 m 和压力角 α 应与被切齿轮的模数、压力角一致外，还须根据齿轮齿数 z 选择相应的刀号。为了减少刀具的数量，在制作齿轮铣刀时，每一模数的铣刀只制作 8 把(8 个刀号)，每把刀分别铣削一定齿数范围的齿轮，如表 2-11 所示。为了保证齿轮在啮合中不被卡住，每把铣刀的齿形均按它所对应的范围内最小齿数的齿轮的齿槽轮廓制作，以得到被加工齿轮最大的齿槽空间。因此，各号铣刀加工范围内的齿轮除最小齿数外，其他齿数的齿轮只能得到近似齿形。

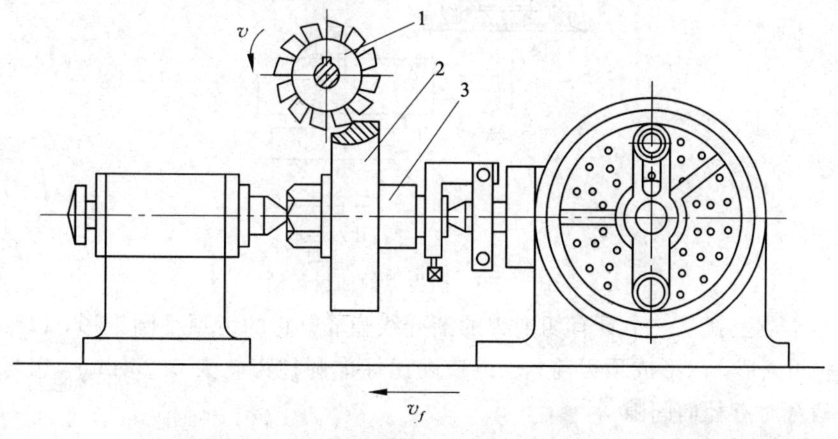

1—齿轮铣刀；2—齿坯；3—心轴

图 2-68　成型法铣齿

表 2-11　齿轮铣刀的刀号及对应的加工范围

刀　　号	1	2	3	4	5	6	7	8
加工齿数范围	12～13	14～16	17～20	21～25	26～34	35～54	55～134	135以上及齿条

齿轮铣刀的结构简单，在普通铣床上即可完成铣齿工作，所以生产成本低。因齿形的准确性完全取决于齿轮铣刀，而一个刀号的铣刀要加工一定齿数范围的齿轮，所以造成齿形误差大。使用分度头分度精度较低，分齿误差较大，因此铣齿的精度低，一般铣齿精度为IT10～IT9。此外，每铣一齿都要重复分度、切入、切出、退刀动作，生产率低。因此成形法铣齿一般用于单件小批生产或机修工作中，加工精度为IT9以下，齿面粗糙度 R_a 值为6.3～3.2 μm以上的齿轮。

在拉床上拉制内齿轮也属于成形法加工，因为专用拉刀造价昂贵，所以只适用于大批量生产中加工径向尺寸较小的内齿轮。

2. 展成法

展成法是齿形加工最常用的方法，它利用齿轮刀具与被切齿轮的啮合运动，在专用机床上切出齿形。插齿和滚齿是展成法中最常见的两种方法。

1）插齿

插齿加工相当于一对无啮合间隙的圆柱齿轮传动，插齿的加工原理见图2-69所示。插齿时，强制使插齿刀与齿轮坯之间严格按照一对相啮合齿轮的速比传动，$n_{刀}/n_{工}=z_{工}/z_{刀}$，即插齿刀转过一个齿，被切齿坯应转过一个齿的角度，同时，插齿刀作上下往复运动，以便切出全齿宽，插齿刀还要作径向进给运动以切至全齿深。此外，为了避免插齿刀在返回行程中擦伤已加工表面和加剧刀具的磨损，工作台带着被切齿坯还要做让刀运动，当切削行程开始前，工作台复位。插齿刀每刀齿侧面运动轨迹所形成的包络线，就是被切齿轮的渐开线齿形。

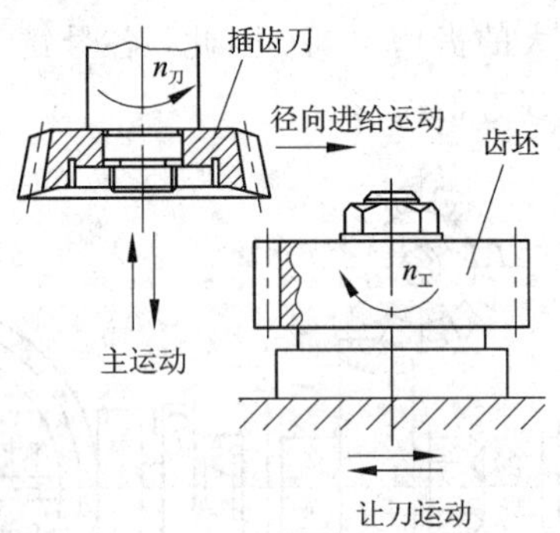

图2-69　插齿刀的插齿运动

插齿刀本质上就是一个具有切削刃的渐开线齿轮。它的齿顶呈圆锥形，以形成顶刃后角；端面呈凹锥形，以形成顶刃前角。齿顶高比标准圆柱齿轮大0.25 mm，以保证插削后的齿轮在啮合时有径向间隙。

插齿是在插齿机（如图2-70所示）上进行的。插齿时，插齿刀安装在刀架2的刀轴1上。齿轮坯4安装在工作台6的心轴5上。插齿刀和齿轮坯通过插齿机的传动系统获得所要求的强制运动。

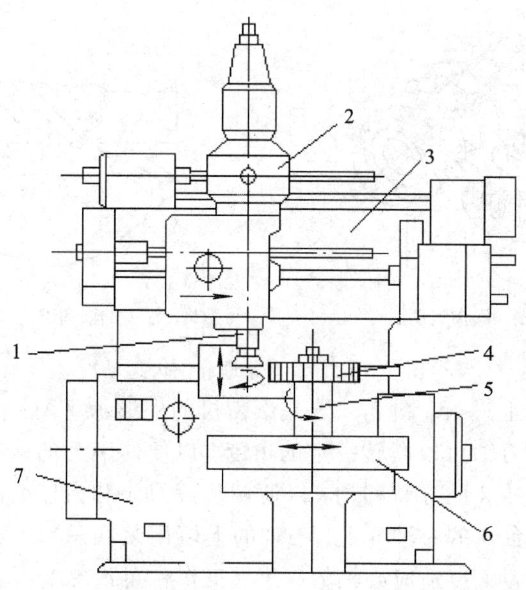

1—刀轴；2—刀架；3—横梁；4—齿坯；5—心轴；6—工作台；7—床身

图 2－70　插齿机

插齿可以加工内、外直齿圆柱齿轮以及相距很近的双联或多联齿轮。若在插齿机上安装图 2－71 所示的附件，还可以加工内、外螺旋齿轮。插齿既适用于单件小批生产，也适用于大批大量生产。

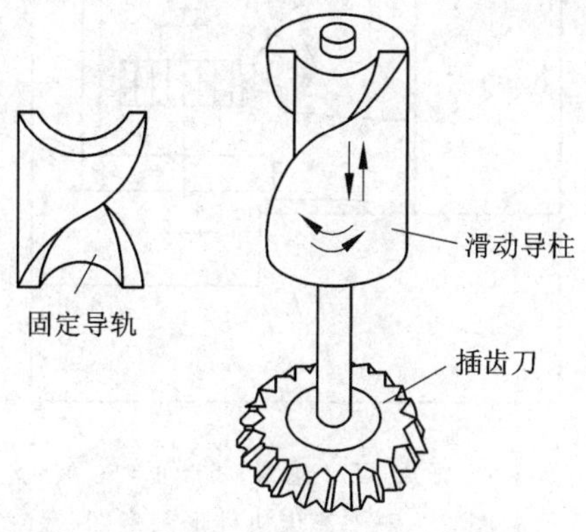

图 2－71　插削螺旋齿轮附件

2）滚齿

滚齿加工相当于齿轮与齿条无间隙啮合。滚齿所用的刀具叫滚刀。滚刀是由齿条刀具发展起来的。滚刀的形状类似蜗杆，其螺旋线一般是单头的，螺旋角接近 90°，在垂直于螺旋线的方向上开出沟槽，并磨出刀刃，就形成一排排的条形刀齿。滚刀旋转一周，相当于齿条在法向移动一个刀齿，滚刀的连续转动，就像一个无限长的齿条在连续移动，见图 2－72 所示。滚齿时，强制使滚刀和被切齿坯之间严格按照齿轮与齿条的传动比关系啮合传动，滚刀的刀齿在一系列位置上的包络线就形成了工件的渐开线齿形。

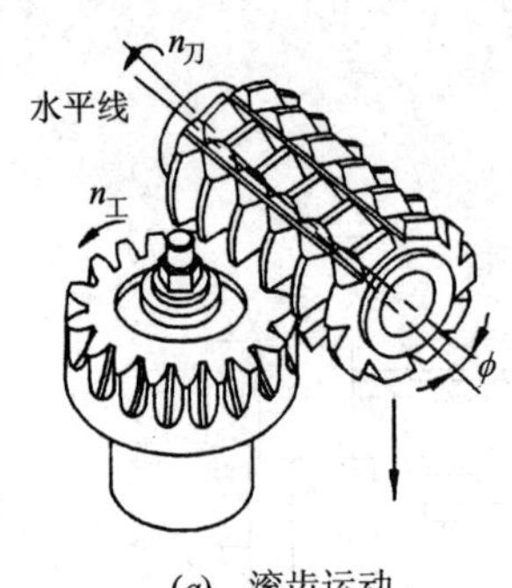

(a) 滚齿运动

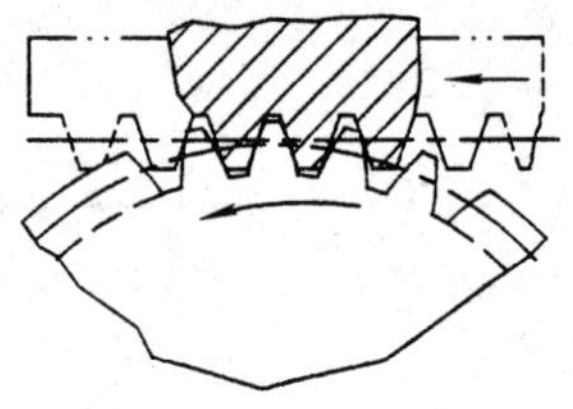
(b) 滚刀的法向剖面(齿条齿形)

图 2-72　滚齿原理和滚齿运动

滚切齿轮在滚齿机上进行，图 2-73 是滚齿机的外形示意图。滚刀 4 安装在刀架 3 的刀轴上作旋转主运动。刀轴可以搬转一定的角度，以便使滚刀的齿向与被加工齿轮的齿向一致。刀架 3 可以沿立柱 2 的导轨移动，以便调整滚刀 4 和齿坯 8 的垂直位置和实现垂直进给。齿坯安装在工作台 9 的心轴 6 上。心轴的上端用装在悬臂 5 上的顶尖支承，悬臂可沿支架 7 的导轨垂直移动，以适应心轴的高度。工作台可沿床身 1 的水平导轨移动，以调整滚刀与齿坯的水平相对位置。滚刀与齿坯之间的强制相对运动由滚齿机的传动机构实现。

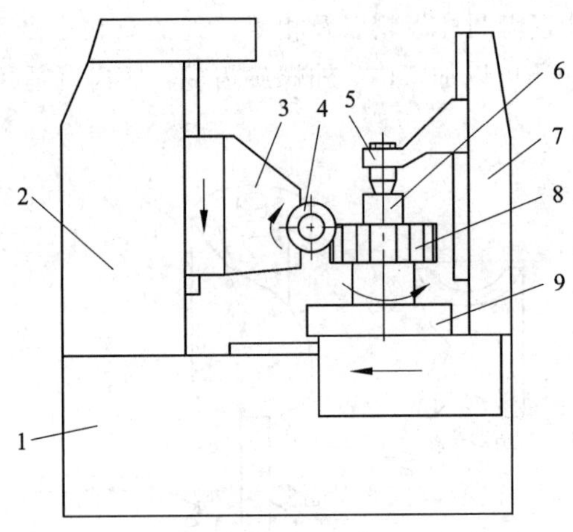

1—床身；2—立柱；3—刀架；4—滚刀；5—悬臂；6—心轴；7—支架；8—齿坯；9—工作台

图 2-73　滚齿机外形示意图

为了在整个齿宽上切出齿形，滚刀还必须沿被切齿轮轴线方向作垂直进给运动。滚齿的径向切深，是通过手摇工作台控制的。模数小的齿轮可一次切至全深，模数大的齿轮可分两次或三次切至全深。

滚齿加工适于加工直齿圆柱齿轮、螺旋齿圆柱齿轮和蜗轮，但不能加工内齿轮、扇形齿轮和间距很近的多联齿轮。滚齿加工也可以用于各种批量的生产类型。

3）滚齿和插齿比较

相同点：滚齿和插齿均属于展成法，选择刀具时，只要刀具的模数、压力角和被切齿轮相同即可，而与被加工齿轮的齿数无关；两种方法加工出来的齿轮精度和齿面粗糙度基本相同，精度等级为IT8～IT7，表面粗糙度 R_a 值为1.6 μm左右；两种方法在各种批量加工中均被广泛应用。

不同点：插齿刀的制造、刃磨与检验比滚刀方便，插齿刀的精度较高，但插齿机的分齿传动链（使刀和被切齿轮强制实现按一定传动比啮合的传动链）较滚齿机的分齿传动链复杂，增加了传动误差。因此，滚齿加工分齿精度较高，而插齿加工齿形精度较高；滚齿和铣齿一样，被切齿轮的齿宽全长是由刀具多次断续切削出来的，不能像插齿那样通过调整圆周进给量来控制齿面的粗糙度，因此，插齿后的齿面粗糙度优于滚齿；滚齿为连续切削，而插齿不仅有空行程，其上下往复运动限制了切削速度的提高，因此，滚齿的生产率高于插齿；滚齿和插齿的加工范围也有所不同，螺旋齿轮在滚齿机上加工比在插齿机上加工方便且经济，而内齿轮和多联齿轮受结构所限，只能插齿而不能滚齿，对于蜗轮和轴向尺寸较大的齿轮轴，只能用滚齿而不能用插齿。

3. 齿轮的精加工

对于加工精度要求7级以上或淬火后的齿轮，在滚齿或插齿后还需要进行精加工，以进一步提高齿形的精度。常用的齿形精加工方法有剃齿、珩齿和磨齿等。

1）剃齿

剃齿是用剃齿刀对齿轮或蜗轮等的齿面进行精加工的方法，一般用于在滚齿或插齿后未经淬火（35HRC以下）的圆柱齿轮的加工。剃齿精度等级可达7～6级，齿面的粗糙度 R_a 值可达0.8～0.4 μm。

剃齿刀的形状类似一个高硬度的螺旋齿圆柱齿轮，如图2－74所示，其齿形非常精确，齿面上做了很多小沟槽，以便形成切削刃。

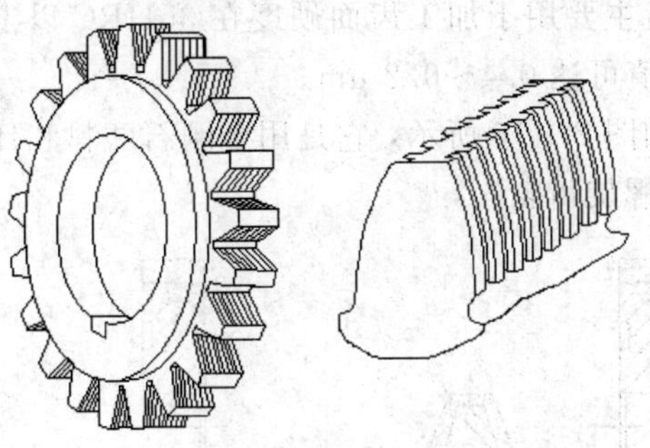

图2－74　剃齿刀

剃齿加工在专用的剃齿机上进行。图2－75所示为剃齿机工作原理。工件3通过心轴安装在工作台1上，并使剃齿刀2的轴线相对于工件轴线倾斜一个角度 β，以便使剃齿刀和工件正确啮合。剃齿刀和被切齿轮属于自由啮合，工件由剃齿刀带动，时而正转，时而反转，以便剃削轮齿的两个侧面。如果把剃齿刀上与工件啮合点 A 的速度 v_A 分解为沿工件切向的速度 v_{An} 和沿工件轴向的速度 v_{At}，那么 v_{An} 是带动工件作旋转运动的速度，而 v_{At} 则是剃齿刀和被剃齿面相对滑动的速度，即剃削速度。为了剃削工件的整个齿宽，工作台需要带动被加工齿轮作往复直线运动，并且在每行程终了时，剃齿刀作径向进给运动（每次进给0.02～0.04 mm），直到剃除全部余量。剃齿余量在齿厚方向一般为0.1～0.25 mm。

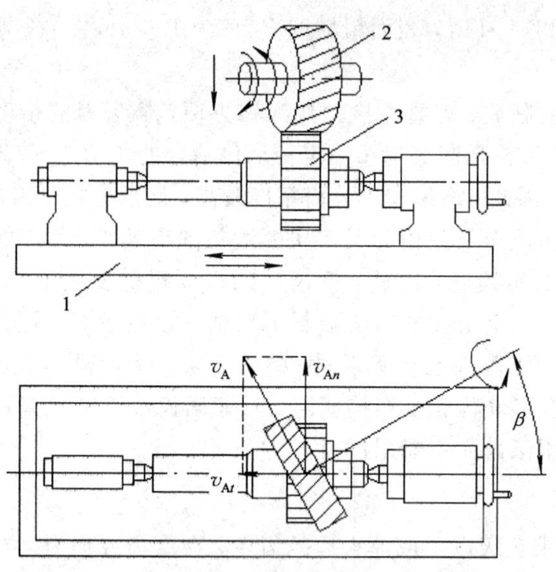

1—工作台；2—剃齿刀；3—被剃齿轮(工件)

图 2-75 剃齿方法

剃齿加工没有强制性的分齿运动，因此不能纠正分齿误差，但其可以提高齿形精度和齿向精度，降低表面粗糙度，所以剃齿加工前一般先采用滚齿加工。剃齿的生产率很高，多用于大批量生产。一般剃齿刀用高速钢制造，难以加工高硬度齿面。

2）珩齿

珩齿是用珩磨轮在珩磨机上进行的齿形精加工方法，其原理与剃齿完全相同，只是用珩磨轮代替剃齿刀。珩齿主要用于加工齿面硬度在35HRC以上的圆柱齿轮，珩齿精度可达6级，齿面粗糙度 R_a 值可达 0.4～0.2 μm。

珩磨轮的结构形状如图 2-76 所示，它是用金刚石磨料和环氧树脂等材料浇注或热压而成的具有切削能力的“螺旋齿轮”。

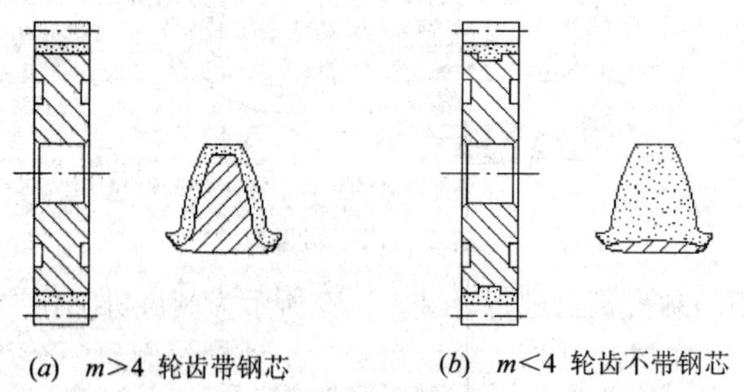

(a) $m>4$ 轮齿带钢芯　　(b) $m<4$ 轮齿不带钢芯

图 2-76 珩磨轮

珩磨时，珩磨轮的转速比剃齿刀高得多，一般为 1000～2000 r/min，旋转的同时在相啮合的齿面上产生相对滑动，从而实现切削加工。

珩齿过程中有剃、磨、抛光齿轮的综合作用。珩齿主要用于消除淬火后的氧化皮和齿面因轻微磕碰而产生的毛刺，进一步降低表面粗糙度，并使齿轮啮合时的噪声有所降低。珩齿常作为7级或766级齿轮“滚—剃—淬火—珩”工艺的最终工序。

3）磨齿

磨齿是用砂轮对未淬火或淬火后的齿面进行精加工的一种方法。磨齿的方法有成形法和展成法两种，这里主要介绍生产中应用较多的展成法磨齿。

展成法磨削齿面时又可采用下面几种方法。

（1）采用锥形砂轮磨齿，如图 2－77 所示。将砂轮的工作部分修整成锥面，以构成假想的齿条齿面。当强制地使砂轮与被磨齿轮之间保持齿条与齿轮的啮合运动关系时，砂轮端面便可包络出渐开线齿形。为了在磨齿机上实现这种啮合运动关系，砂轮高速旋转做主运动，被磨齿轮沿固定的假象齿条作往复纯滚动，以实现磨齿的展成运动。同时，砂轮还应沿齿向作往复运动，以磨出全齿宽。磨完一个齿的两个侧面后，工件进行分度继续磨下一个齿面，直至全部磨完为止。

（2）采用双蝶形砂轮磨齿，如图 2－78 所示。与锥形砂轮磨齿原理完全相同，它是将两个碟形砂轮倾斜一定角度，以构成假想齿条的一个齿形，同时对齿槽的侧面进行磨削。这种磨齿方法和用锥面砂轮磨齿的生产率都较低。

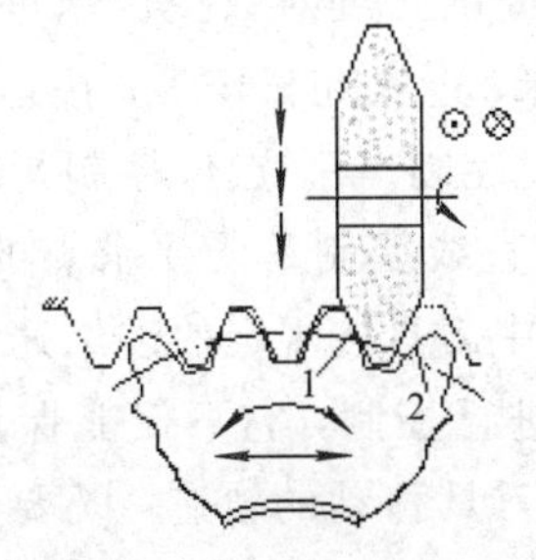

图 2－77　锥形砂轮磨齿

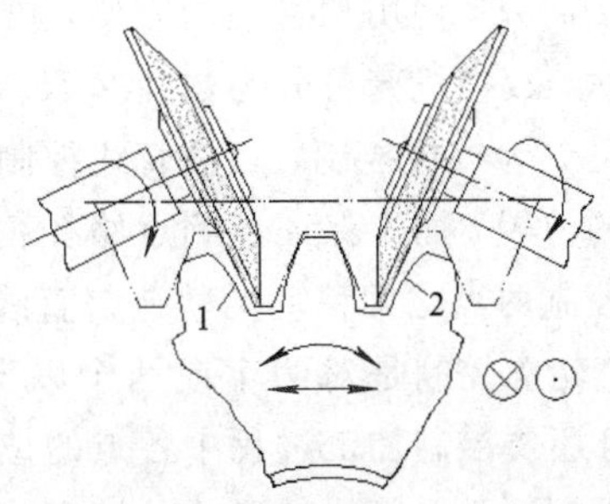

图 2－78　双蝶形砂轮磨齿

（3）采用蜗杆砂轮法磨削齿面。这种磨齿方法的原理类似于滚齿加工，不同的是它将砂轮做成蜗杆状，并用砂轮代替滚刀，加工时砂轮与被磨齿轮作展成运动，磨出渐开线。因为这种磨削方式为连续切削，所以在各种磨齿机中它的生产率最高，但蜗杆砂轮修整困难，且不易得到很高的加工精度。

展成法磨齿的加工精度高，可达 6～4 级，最高可达 3 级，表面粗糙度 R_a 值在 0.4 μm 以下，常用于齿面淬火的高精度齿轮的加工。

成形法磨齿的原理与铣齿相同，区别是用盘形砂轮代替了盘形铣刀。成形法磨齿受分度误差和砂轮形状精度、磨损不均等因素的影响，加工精度较低，一般为 5～6 级。

2.7.3　数控机床和加工中心

数控机床就是采用数字控制技术对机床的运动进行控制的机床。数控技术是 20 世纪中期发展起来的机床控制技术，是现代机械制造业中的高新技术之一。

所谓数控加工，指的是一种可编程的由数字和符号实施控制的自动加工过程。数控加工工艺则是指利用数控机床加工零件的一种方法。数控机床仍采用刀具和磨具对材料进行切削加工，这点在本质上和普通机床并没有区别，但在如何控制机床的切削运动等方面与传统的切削加工存在本质的差别，如图 2－79 所示。

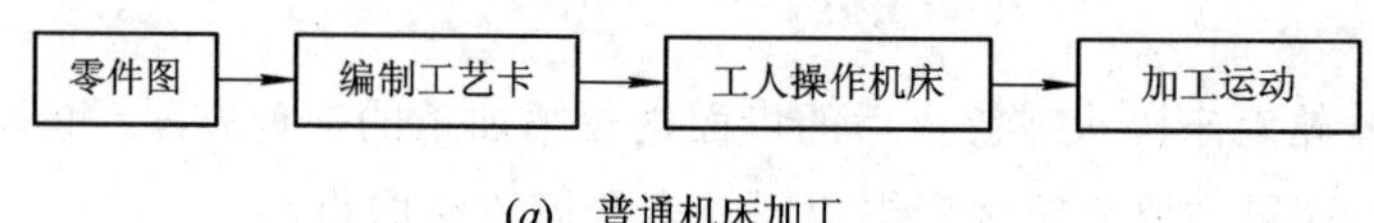

(*a*) 普通机床加工

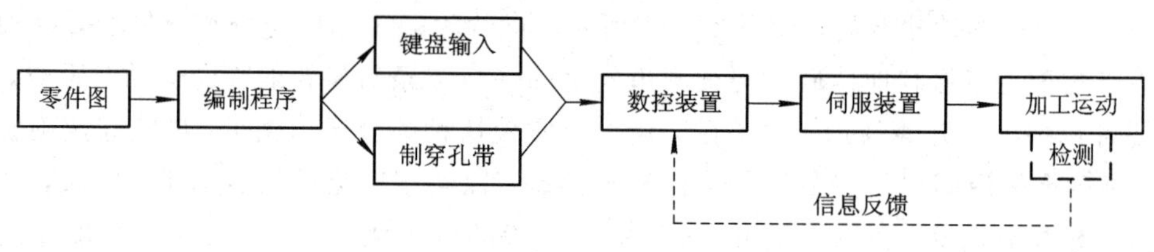

(*b*) 数控机床加工

图 2－79 普通机床与数控机床工作过程的区别

1. 数控机床的分类和组成

为了研究、使用和管理的方便，可根据需要，从不同的角度对数控机床进行分类。按工艺用途，数控机床可分为数控车床、铣床、镗床、冲床、电火花机床等；按运动方式，数控机床可分为点位控制、点位直线控制、轮廓控制(连续控制)等。点位控制是只保证单点在空间的位置，而不保证点到点路径精度的控制；点位直线控制是既要求点的准确定位，又要求控制两点之间移动的轨迹是直线，且在运动过程中刀具按规定的进给速度进行切削的控制；轮廓控制是对两个或两个以上的坐标轴同时进行控制，它不仅能保证各点的位置，而且还要控制加工过程中各点的位移速度，也就是刀具移动的轨迹，既要保证加工尺寸的精度，又要保证加工形状的精度。

数控机床一般由数控系统、伺服系统和机床本体三大部分以及辅助控制系统和加工位置反馈系统等组成。

数控系统是数控机床的核心，其主要作用是对输入的零件加工程序进行数字运算和逻辑运算，然后向伺服系统发出控制信号。有些数控机床的数控系统就是将 PC 机配以数控系统软件而构成。

伺服系统(简称驱动系统)是数控机床的执行部分，它包括位置控制单元、速度控制单元、执行电动机、测量反馈单元等部分。它接受数控系统发出的各种指令，并严格按指令要求驱动机床的执行部件(刀架或工作台)完成规定的运动。伺服系统的驱动元件是控制电机，常用的控制电机有步进电机、电液马达、直流伺服电机或交流伺服电机。

机床本体包括主运动部件、进给运动部件和支承件(如床身、立柱)等。有些数控机床还配备了刀库、自动换刀装置等。数控机床的结构和普通机床相比发生了很大的变化，它具有传动系统更加简化、传动链更短、传动元件更精密、传动效率更高等特点。

2. 数控机床加工原理

下面以数控铣床为例，简要介绍一下数控机床的工作原理。

图 2－80 所示是三坐标数控立式铣床的工作原理。

① 根据零件图样规定的技术要求、材料等信息按国际标准代码编写加工程序，将人为设计的指令变为数控机床能够接受的加工指令信息。

② 将编制好的加工程序记录在信息载体上。常用的信息载体有穿孔纸带、磁带、磁盘等，具体选哪一种应由数控装置的类型决定。

③ 通过读入装置将上述数据信息转换为数控装置可识别和处理的电脉冲信号并输入数控装置。由微机控制的数控机床，也可以由操作者通过控制面板上的键盘，将加工指令直接输入数控装置中。

④ 数控装置将数据处理后，转换成驱动伺服(或步进)电机运动的控制信号。

⑤ 由伺服(或步进)电机带动滚珠丝杠控制机床的各种加工运动。

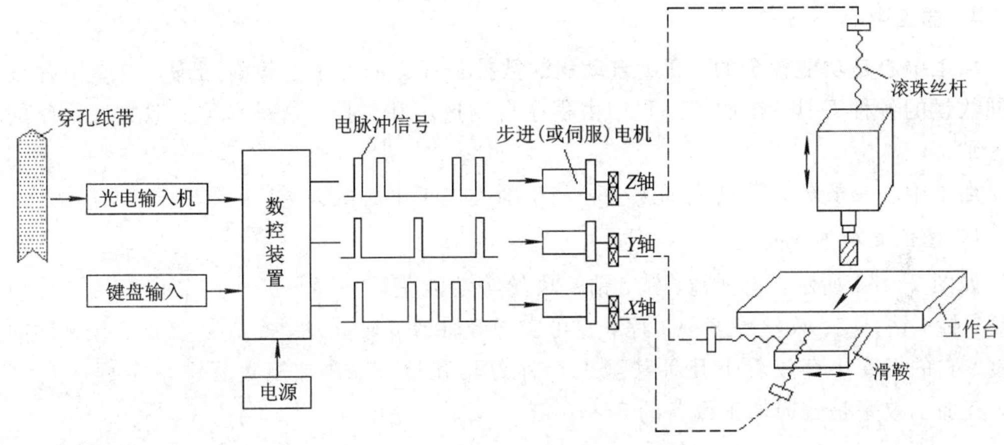

图 2-80　三坐标立式数控铣床工作原理

3. 数控机床的特点

数控机床自问世以来得到快速的发展，是与它在加工中表现出来的特点分不开的。

1) 自动化程度高

除了工件装夹由操作工人手工完成外，其余全部加工过程都由机床自动完成，大大减轻了工人的劳动强度。

2) 生产效率高

数控机床在加工中零件的装夹次数少，一次装夹后，除了定位面，其他表面均可加工，可省去工序转换、找正、测量等许多辅助时间。加工复杂零件时，效率可提高 5～10 倍。

3) 加工的零件精度高

数控机床在设计中考虑了整机刚度和零件的制造精度，又采用高精度的滚珠丝杠副传动，机床的定位精度和重复定位精度都很高，特别是有些数控机床具有加工过程自动检测和误差补偿等功能，因而能可靠地保证加工精度和尺寸的稳定性。

4) 有利于实现计算机辅助制造

目前，CAD/CAM 技术应用日趋广泛，柔性制造系统(FMS)、现代集成制造系统(CIMS)不断发展和推广，而数控机床及其加工技术正是这些技术和系统得以推广和应用的硬件基础。

5) 适应性强

如果加工对象改变，除了更换刀具和解决工件的装夹方式外，只需改变相应的加工程序即可，所以数控机床特别适合目前多品种、小批量、变化快的生产特征，它不但能够加工形状简单的零件，而且特别适合加工形状复杂的轮廓表面。

6）初始投资大，加工成本较高

数控机床的价格一般为普通机床的几倍，且附件价格也高。加工首件时需要编程、调试程序和试加工，时间较长，因此使零件的加工成本高于普通机床。此外，数控机床的复杂性和综合性，加大了维修工作的难度，对维修人员和维修设备要求也较高。但是，随着技术的不断发展，数控机床的价格呈不断下降的趋势。

4. 加工中心

加工中心是功能较全的、高度自动化的数控机床。加工中心设有刀库，刀库中存放着不同数量的各种刀具，在加工过程中由程序自动选用和更换，这是它与一般数控机床的主要区别。

加工中心一般分为镗铣类加工中心和车削类加工中心两大类。

1）镗铣类加工中心

如图 2－81 所示，它把镗、铣、钻及攻丝等功能集于一身，工件一次装夹后可自动完成铣、镗、钻、铰、攻丝等多种工序，它可实现 5 轴或 6 轴联动，完成复杂加工并保证加工精度。它的刀库中存放着十几种甚至上百种刀具和检具，在加工过程中可由程序自动选用，其加工效率是普通加工设备的 5～10 倍。

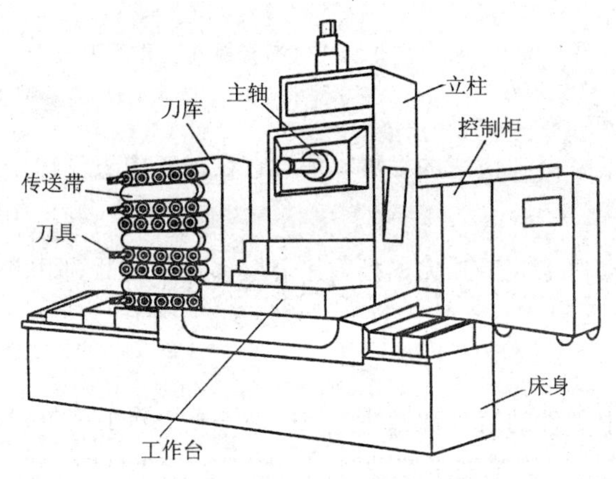

图 2－81　镗铣类加工中心

2）车削类加工中心

如图 2－82 所示，它的主体是数控车床，再配上刀库和换刀机械手就可使自动选择的刀具数量大为增加。对卧式车削中心来说，它与普通数控车床的本质差别在于以下两个方面的功能：一是具有动力刀具功能；它可通过刀架内部机构，使刀架上某一刀位或全部刀位上的铣刀或钻头等刀具回转；二是 C 轴位置控制功能。C 轴是指以卡盘与工件的回转中心轴(即 Z 轴)为中心的旋转轴。在原有 X、Z 坐标的基础上，再加上 C 坐标，就可以使车床实现三坐标两联动轴廓控制。例如，圆柱铣刀轴向安装，$X-C$ 坐标联动就可在工件端面铣削；圆柱铣刀径向安装，$Z-C$ 坐标联动，就可在工件外径上铣削。因此，车削中心能铣削凸轮槽和螺旋槽，其工艺范围比普通数控车床大大增加。

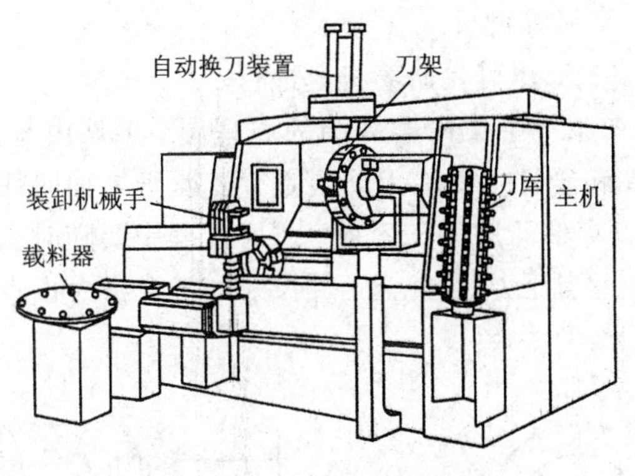

图 2-82 卧式车削中心

2.7.4 精密与特种加工方法

零件加工的精密程度，是随着时代的发展和科学技术的进步不断向前推进的，主要有两种表现形式：一是机械加工精度的不断提高，出现了精密和超精密加工技术；二是各种非传统加工方法的使用，即特种加工方法的使用。

1. 精密和超精密加工

精密加工是指在一定的发展时期，加工精度和表面质量达到较高程度的加工工艺。超精密加工则是指在一定发展时期，加工精度与表面质量达到最高程度的加工工艺。显然，在不同的发展时期，精密与超精密加工有不同的评价标准。

目前，精密加工的尺寸公差等级为IT5～IT3，加工精度为10～0.1 μm左右，表面粗糙度 R_a 值小于0.1 μm。超精密加工可达到的尺寸公差为0.1～0.01 μm，表面粗糙度 R_z 值为0.001 μm(在超精密加工中，表面粗糙度常用 R_z 表示)。

精密和超精密加工的工作原理和普通切削一样，都是通过刀刃在被加工表面切削形成工件的形状。不同的是：加工所用的刀具不同，加工使用的机床性能不同，切削用量不同，加工环境和测量手段不同等。

精密和超精密加工的方法很多，常用的加工方法有研磨、珩磨、超精加工、抛光、金刚石镗削、金刚石车削、砂带磨削和镜面磨削等。这里仅介绍研磨、珩磨、抛光、金刚石精密车削和精密砂轮磨削。

1）研磨

研磨是利用研磨工具(称研具)和研磨剂，在一定压力下通过研具和工件之间的复杂相对运动，从工件表面去除极薄表面层的精密加工方法。

研磨剂由磨料、研磨液和辅料混合调配而成。磨料一般用刚玉、碳化硅、金刚石等的微粉。研磨液可用煤油或煤油加机油的混合液，主要起冷却和润滑作用。常用的辅料有油酸、硬脂酸或工业用甘油等强氧化剂，利用其化学活性在工件表面形成一层极薄的疏松的氧化膜，以加速研磨过程，提高研磨效率。

研具是研磨剂的载体，用以涂敷和镶嵌磨料。研具材料的硬度一般比被研工件材料软，以便磨料能嵌入研具表面而不是工件表面，较好地发挥切削作用。另外，研具材料应组织均匀，耐磨性好，否则不易保持其几何精度，影响加工质量。最常用的研具材料是铸铁，也可使用软钢、铜、塑料等材料。

研磨可以采用手工进行，也可在研磨机上进行。

图 2 - 83 所示是在车床上手工研磨外圆的原理图。工件由车床主轴带动作低速旋转（20～30 r/min），在工件和研具之间涂上研磨剂，手握研具轴向往复移动。研具的孔中开有环形槽或螺旋槽，用以存储研磨剂和容屑。研磨过程中要随时检测工件尺寸和调节研具的调整螺钉（对工件产生适当压力），直至工件尺寸加工合格为止。

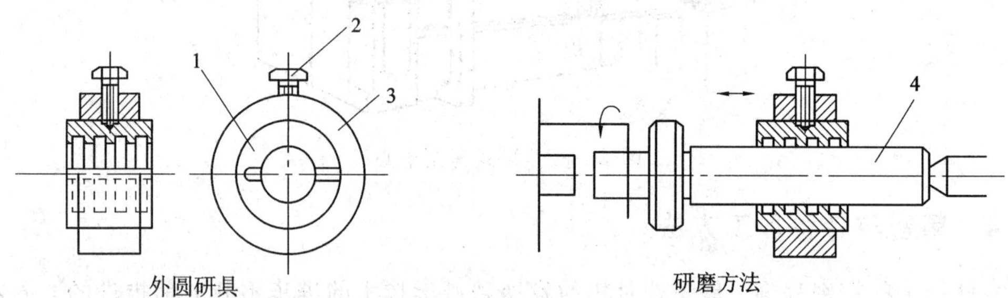

1—研具；2—调节螺钉；3—研磨夹；4—被研工件

图 2 - 83　在车床上手工研磨外圆

图 2 - 84 所示是在研磨机上研磨小零件外圆的示意图。工件 6 放置在上下两个研磨盘中间的隔离盘 2 的槽中，下研磨盘 1 用一根空心轴传动，上研磨盘 3 的位置可以轴向调节，以对工件施加恰当的压力。研磨时，上下研磨盘可以反向转动，或者下研磨盘转动而上研磨盘不动。隔离盘由偏心轴 4 传动，它上面用以放置工件的槽可根据工件的形状和尺寸做成不同的形式，其方向与研磨盘半径方向偏移一定角度 γ（见图 2 - 84(*b*)），使工件在旋转的同时，还产生轴向滑动，因而可以获得复杂的运动轨迹，使被研表面获得很高的精度和低的表面粗糙度。

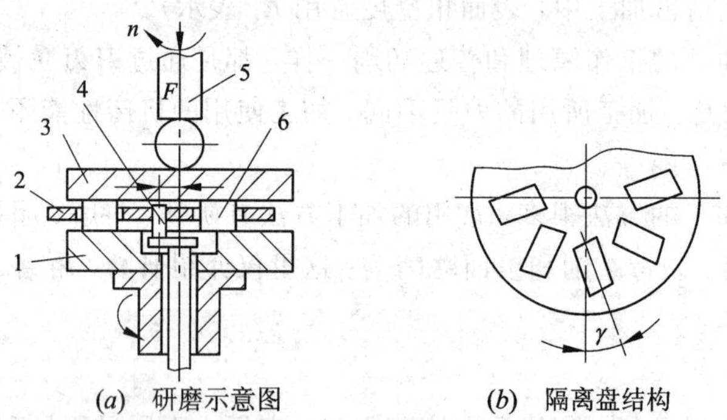

1—下研磨盘；2—隔离盘；3—上研磨盘；4—偏心轴；5—主轴；6—被研工件

图 2 - 84　机械研磨小零件外圆

研磨加工能加工外圆、内孔和平面等，工件的尺寸精度能达到 0.003～0.005 mm，表面粗糙度 R_a 可达 0.1～0.05 μm，但不能提高工件的位置精度。研磨加工方法简单，容易保证质量，尤其是当两个零件有密切配合要求时，研磨是一种很有效的加工方法，但是研磨的生产效率较低，可用于钢、铸铁、铝、硬质合金、半导体、陶瓷、塑料和光学玻璃等材料的精密加工。

2）珩磨

珩磨是利用油石作为加工工具对圆柱孔进行精密加工的一种方法。

珩磨孔的工具叫珩磨头。图 2－85 所示是一种简单的机械调压珩磨头。磨头体与机床主轴采用浮动联接，若干油石条 7 用粘接剂(或机械方法)与垫块 6 固结在一起，装入本体的均布槽中，垫块两端用弹簧箍紧。调整时，转动螺母使锥体下移，通过顶销使垫块沿径向涨开以改变工作尺寸和工作压力。

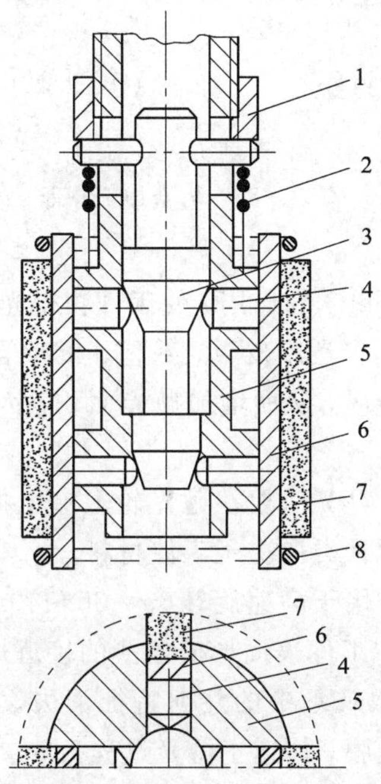

1－调整螺母；2－弹簧；3－锥体；4－顶销；5－本体；6－垫块；7－油石；8－弹簧卡箍

图 2－85　珩磨头

珩磨加工的原理如图 2－86 所示。工件安装在珩磨机的工作台上或安装在夹具中固定不动，珩磨头上的油石以一定的压力作用在被加工孔壁上，由主轴带动旋转并同时作往复轴向运动。在这个过程中，油石上的磨粒在工件的表面上磨出左右螺旋形的交叉痕迹，从而获得很低的表面粗糙度。径向加压运动是珩磨头的径向进给运动，加压越大，径向进给量就越大。

由于珩磨头的刚性好，珩磨余量小(一般为 0.02～0.15 mm)，冷却润滑充分，切削温度低，表面破坏层浅，有利于获得高的尺寸精度(可达 IT5)和好的表面质量。另外，工件上孔径大的地方，油石对工件孔壁的压力自动减小，被磨去的金属就少，最终使工件上的孔获得精确的圆柱形状。珩磨后孔的圆度和圆柱度可控制在 0.003～0.005 mm 范围内。由于珩磨头与机床主轴浮动连接，所以无法修正孔的位置误差与直线度误差。

珩磨时珩磨头轴向运动速度很高，同时参加切削的磨粒数又多，所以珩磨的生产率很高，常在大批大量生产中加工发动机的气缸孔、缸套以及各种液压装置油缸孔及炮筒等。

珩磨的加工范围很广，它能加工直径范围为 ϕ15～ϕ500 mm 的孔，还能加工长径比大于 10 的深孔，但不宜加工有色金属，因为它极易造成油石堵塞。

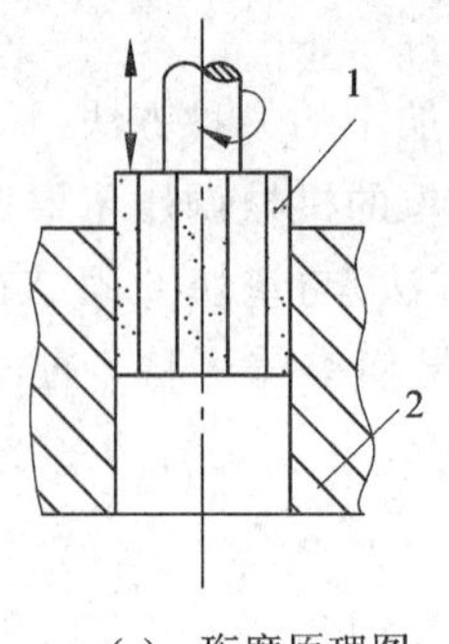

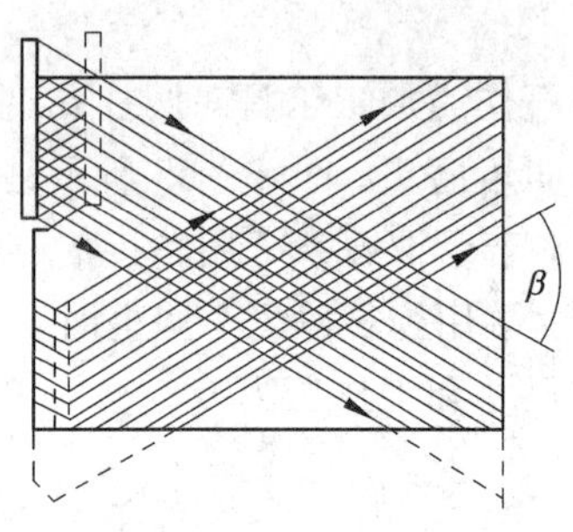

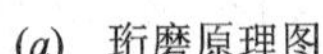

(*a*) 珩磨原理图　　(*b*) 孔壁加工痕迹放大

1—珩磨头；2—工件

图 2-86　珩磨加工原理

3）抛光

抛光是利用机械、化学、电化学的作用，使工件获得光亮、平整表面的加工方法。

抛光所用的工具叫抛光轮，它是用皮革、毛毡、帆布等材料叠制而成，具有一定的弹性，抛光时能依工件的形状而变形，从而增加抛光面积，因此对工件上的曲面也可进行抛光加工。

抛光一般在抛光机上进行。抛光时要在抛光轮上涂上抛光膏。抛光膏是由油脂、磨料微粉调制而成的糊状物。磨料的种类取决于工件材料。

抛光时，工件以一定压力作用于高速旋转（v=30～40 m/s）的抛光轮上，抛光轮对工件表面的剧烈摩擦产生高温，在工件表面形成极薄的接近熔化的高塑性层，在磨料的挤压下产生塑性流动，使工件表面微观不平的几何特征消失。在抛光膏中脂酸等物质的作用下，金属表面形成一层软的氧化膜，加速了抛光过程。

抛光只能用来降低表面粗糙度，所以抛光前工件应经过磨削、精车、精铣等加工。抛光的材料不受限制。

4）金刚石精密和超精密切削

金刚石精密切削的最大特点就是采用金刚石刀具。金刚石刀具与有色金属的亲和力小，摩擦系数低，其硬度、耐磨性以及导热性都非常优越，且能刃磨得非常锋利（刃口半径可小于 0.01 μm，实际应用一般为 0.05 μm），可加工出优于 R_a0.01 μm 的表面粗糙度。虽然金刚石刀具价格昂贵，但仍被认为是最理想的、无法替代的精密和超精密加工刀具材料。

金刚石超精密切削主要是车削，超精密车床采用了高精度的基础元件或部件（如主轴空气静压轴承、气浮导轨等）、高精度的定位检测元件（如光栅、激光检测系统等）以及高分辨率的微量进给机构和加工误差的补偿机构。机床本身采用恒温、防振以及良好的隔振等措施，还要有防止污染工件的装置。机床必须安装在洁净室内，进行超精密切削加工的材料必须质地均匀，没有缺陷。因此，精密和超精密金刚石车削加工，反映的是综合的制造工艺技术，只有制造工艺系统具有整体的高水平，才能真正实现金刚石精密和超精密加工。

金刚石精密和超精密切削具有以下特点：

① 金刚石刀具具有极高的硬度、耐磨性，能磨出极为锋利的刃口并能长期保持，能切

下极薄的金属层。

② 金刚石刀具与被切材料摩擦系数小，不易形成积屑瘤，金属变形小，所以加工表面层的硬度和硬化深度极小，表面加工质量好，能达超光滑镜面。

③ 金刚石导热性好，线膨胀系数小，可以获得很高的加工精度。

④ 金刚石切削对机床主轴的跳动、机床振动、加工环境的恒温和洁净都有非常严格的要求。

目前，金刚石车削不仅用于超精密光滑镜面加工，而且还用于表面粗糙度较小的高效切削中，如加工钟表零件、高硅铝合金活塞外圆和活塞销孔、光学仪器上的镜筒等。由于金刚石刀具易与铁族金属发生化学反应，金刚石切削在加工材料方面有所限制，它主要用于加工铜、铝及其合金等有色金属材料以及光学玻璃、大理石和碳素纤维等非金属材料。

5）精密和超精密砂轮磨削

精密和超精密砂轮磨削主要是依靠砂轮的精细修整，使磨粒在具有大量等高微刃的状态下进行加工，以便在被加工表面上留下大量的残留高度极小、极其细微的磨削痕迹，再加上经过无火花磨削过程，在微切削、滑挤、摩擦等综合作用下，使被加工表面达到镜面，并获得很高的精度。

砂轮表面大量的等高微刃是经过精细修整得到的，所以精密和超精密磨削之前必须认真仔细地用单粒金刚石笔或金刚石超声波修整器等工具对砂轮表面进行仔细修整。砂轮的修整技术是精密和超精密砂轮磨削的关键技术之一。

精密和超精密砂轮磨削时，由于去除的切屑极薄，磨削深度可能小于晶粒的大小，磨削就在晶粒内进行，所以磨削力一定要超过晶体内部原子、分子的结合力，这样就使砂轮的磨粒承受很高的应力，普通磨料很快就会磨损或崩裂，通常只有金刚石、立方氮化硼(CBN)等超硬磨料砂轮才能胜任。

精密和超精密砂轮磨削应在精密和超精密磨床上进行，机床应具有很高的刚性和几何精度，具有砂轮头架的微位移和工作台微进给机构以及加工误差的补偿机构，砂轮要经过仔细动平衡。

目前，超精密磨削技术的加工对象主要是玻璃、陶瓷等硬脆材料，能加工出 0.01 μm 圆度、0.1 μm 尺寸精度和 R_a0.005 μm 粗糙度的圆柱零件，平面超精密磨削能加工出 0.03 μm/100 mm 的平面。

2. 特种加工

在一些尖端科学技术部门和新兴工业领域，许多设备必须在高温、高压、高速及其他各种恶劣条件下工作，因此现代工业越来越多地使用各种质硬、难熔及具有各种其他特殊物理、力学性能的新材料，有些材料的硬度已经接近甚至超过现有刀具材料的硬度，使常规切削加工无法进行。此外，现代机械中还有一些形状特别复杂、尺寸及其细微、加工精度又要求很高的一些零件，这些零件的加工工艺问题靠传统的切削方法很难解决。特种加工就是适应这些需要而产生和发展起来的。

特种加工是相对于常规切削加工而言的，它的主要特点是：去除材料不是靠机械能，而是其他能量，如光能、电能、声能、化学和电化学能等；工具的硬度不必一定大于被加工材料的硬度；加工中工具和工件间不存在显著的机械切削力等。

实践证明，越是用常规切削加工难以完成的加工，就越能显示出特种加工的优越性和经济性。特种加工方法很多，而且仍在不断发展，下面仅介绍生产中应用较多的几种。

1）电火花加工

电火花加工是特种加工方法中最为常见的一种，加工时主要利用的是电能和热能。

电火花加工的原理如图 2－87 所示，它是利用工具和工件（正、负电极）之间脉冲放电时的电腐蚀现象来去除多余的材料，从而达到对零件尺寸、形状和表面质量的要求。加工时，工具 4 和工件 1 放在充满绝缘工作液 5（煤油或去离子水等）的工作槽中，并保持一定的间隙（0.01～0.20 mm）。绝缘工作液在泵 6 的作用下循环流动，在工件和工具之间加上直流脉冲电压（60～300 V），工具电极和工件电极之间的最小间隙处或绝缘强度最低处的工作液被击穿，产生火花放电。放电时间极短（几微秒到几十微秒），但非常集中，极高的能量密度（10^6～10^7 W/mm^2）使放电区域的温度高达 10 000℃以上，也使工具和工件上的微小部分金属瞬间熔化和气化并被迅速抛出，被工作液冷却并从间隙中冲走，工件表面形成一个小坑。当一个脉冲结束后，工作液介质恢复绝缘状态。放电过程重复进行（每秒钟几万次），随着工具电极不断进给，工件材料被逐渐蚀除，工具电极的形状被精确的复映在工件上。

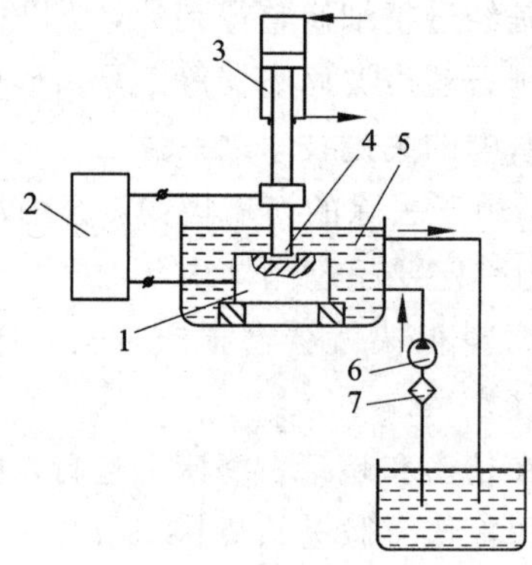

1－工件；2－脉冲电源；3－自动进给调节装置；4－工具电极；5－工作液；6－泵；7－过滤器

图 2－87　电火花加工原理图

火花放电必须具备下列条件：

① 脉冲放电，即工件与工具之间的放电过程应该是间隔的。

② 适当的放电间隙，它是靠机床自动控制机构来精确调整和控制的。

③ 正、负两极间流动的绝缘介质，以形成脉冲放电和电火花击穿，并把电蚀产物及时排走。

电火花加工的特点为：

① 加工时无切削力，有利于窄槽、小孔、薄壁以及各种复杂形状的型孔、型腔的加工，特别有利于低刚度零件和精密、细微表面的加工。

② 由于脉冲放电持续时间短，工件加工表面几乎不受热影响，对热敏性材料的加工特别有利。

③ 可以通过调整脉冲参数和更换电极，在同一机床上连续进行粗、半精和精加工，一般电火花加工的尺寸精度为 0.01 mm，表面粗糙度为 R_a0.8 μm 左右。

④ 可以加工任何硬、脆、软、韧及高熔点导电材料，在一定条件下还可以加工半导体和非导体材料。

⑤ 工具电极有损耗，影响成型精度，并且型腔最小角部半径不能太小。

2) 激光加工

激光加工是利用光能经过透镜聚焦后达到很高的能量密度，依靠光热效应来加工各种材料的一种特种加工方法。激光加工可以用来进行打孔、切割、雕刻、焊接和表面热处理等加工。

激光是一种受激辐射的强度非常高、方向性非常好的单色光，通过光学系统可以使它聚焦成一个直径为几微米到几十微米的极小光斑，从而获得极高的能量密度（10^8～10^{10} W/mm^2）。当激光照射到工件表面时，光能被工件表面吸收并迅速转化为热能，光斑区域的温度可达 10 000℃以上，使材料熔化甚至汽化或改变其物质性能，以达到加工或材料改性的目的。

图 2－88 所示是激光加工机工作原理示意图。激光加工机包括激光器、电源、光学系统和机械系统等四部分，其中激光器是最主要的部件。激光器按照所用的工作物质可分为固体激光器、气体激光器、液体激光器和半导体激光器四种，其中最为常用的是钕玻璃、钇铝石榴石 YGA 的固体激光器和 CO_2 气体激光器。

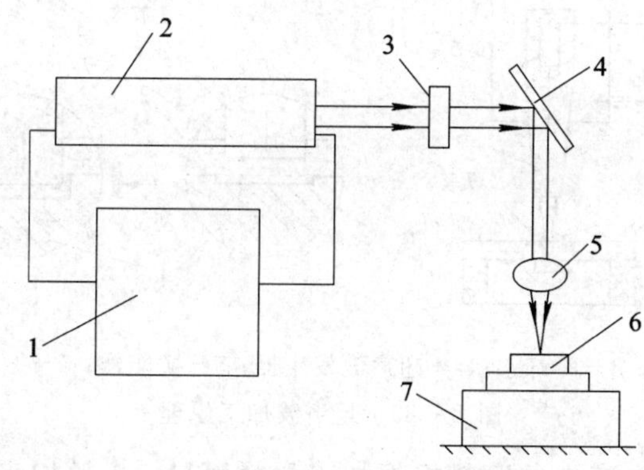

1—电源；2—激光器；3—光阑；4—反射镜；5—聚焦镜；6—工件；7—工作台

图 2－88 激光加工原理

激光加工的特点为：

① 激光加工不需要加工工具，所以不存在工具损耗问题，也不存在断屑、排屑的麻烦。通过与数控技术相结合，易于实现无人值守状态下进行加工，这对高度自动化的生产系统是非常有利的。国外已在柔性制造系统中使用激光加工机床。

② 激光加工的范围广，几乎能加工所有材料，如金属、陶瓷、金刚石、橡胶等。即使是玻璃等透明材料，在采取色化和打毛措施后也能加工。

③ 因激光能聚成极细的光束，所以能加工深而细小的微孔（直径可达 0.001 mm）和窄缝（0.1～0.5 mm），适合精细和微小加工。

④ 使用激光打一个小孔只需 0.001 s，激光切割的速度也远高于气割或机械切割的速度，因此，激光加工效率高，而且热影响区小，加工精度高（孔的尺寸精度可达 3 μm）。

⑤ 激光属于非接触加工，无明显的切削力，可加工刚性较差的薄壁零件。

⑥ 激光可穿过透明材料(如玻璃)进行加工，这对某些特殊情况(如工件只能在真空环境中加工)是十分方便的。

激光加工也存在不尽如人意之处，如技术高精、设备昂贵、一次性投资较大。对于要去除大量材料的加工，激光器功率还需增大。相信随着激光加工技术的进一步发展，这些问题均会得到解决。

3) *超声波加工*

超声波加工是利用声能作为动力，带动工具作超声振动，利用悬浮在液体中的磨粒对加工表面进行“轰击”及抛磨的加工方法。

超声波加工的原理如图 2－89 所示。超声波发生器 4 把工频交流电(50 Hz)转换为 16～20 kHz 的高频交流电并输送给超声换能器 5 使之产生超声频纵向机械振动(振幅为 0.005～0.01 mm)，再通过振幅扩大棒 6 把振幅扩大到 0.05～0.1 mm 左右，并带动固定在振幅扩大棒下面的工具 7 随之产生超声波振动。工具的强烈振动迫使工作液 2 中的磨粒以很大的速度和加速度撞击被加工表面，使材料被撞碎成粉末并从工件上脱落下来，然后被循环流动的工作液带走。随着工具连续向下运动，冲击去除不断进行，工具的形状和尺寸便被复映到工件上。

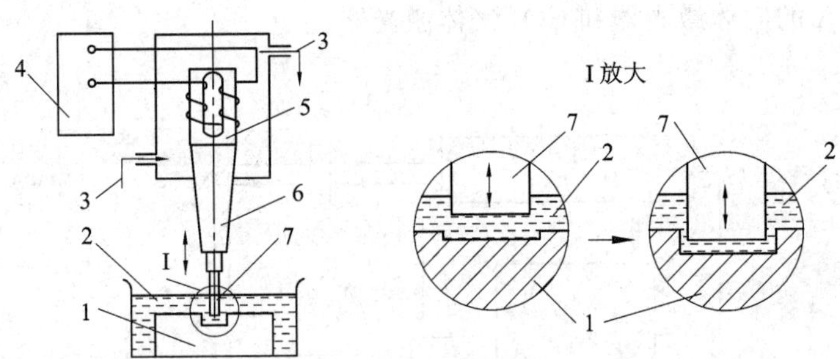

1－工件；2－工件液；3－冷却水；4－超声波发生器；5－换能器；6－振幅扩大棒；7－工具

图 2－89　超声波加工原理

超声波加工时，工作液中的磨料根据加工材料而异，一般加工塑性材料时用刚玉磨料；加工脆性材料用碳化硅磨料；加工金刚石则用金刚石粉。

超声波加工的特点为：

① 可加工任何材料，特别适合于加工电火花和电解等加工方法无法加工的不导电的非金属硬脆材料，如玻璃、陶瓷、金刚石、宝石等，以及半导体材料，如锗、硅等。

② 加工中工具对加工材料的宏观作用力小，热影响小，表面无残余应力、组织变化等现象，不改变加工表面性质。

③ 超声波加工是靠细小磨粒与水分子的作用进行的，加工精度较高，一般尺寸精度为 0.006～0.025 mm，表面粗糙度仅为 R_a0.2～0.8 μm。

④ 工件和工具间只有简单的相对运动，机床结构比较简单，工具简单，易于制造。

⑤ 材料去除率不及电火花加工和电解加工，生产率较低，并且工具损耗较高。

除上述几种特种加工方法外，生产中还有电子束、离子束、电化学、液体喷射加工等多种特种加工工艺方法，此处不再一一介绍。

2.8 零件结构的机械加工工艺性

2.8.1 零件结构工艺性的概念和设计原则

在机械设计中，不仅要保证所设计的机械设备具有良好的工作性能，还要考虑其是否便于制造，并尽可能降低制造成本。这种在机械设计中综合考虑使用性能、制造、装配、维修和制造成本等方面的技术，称为机械设计工艺性。

零件结构的设计工艺性，简称零件结构工艺性，它存在于零件生产和使用的全过程，包括：材料的选择、毛坯生产、机械加工、热处理、装配、使用中的维修等。影响结构工艺性的主要因素有生产类型、制造条件和工艺技术的发展等三个方面。由于不同批量的生产采用的设备、工装、制造工艺均不同，单件小批生产中工艺性良好，而在大批大量生产中未必也好，反之亦然；零件的结构工艺性必须与制造厂的生产条件相适应。另外，随着新的加工设备和工艺方法的不断出现，零件的结构工艺性的评判标准也在发生变化，例如特种加工工艺的出现，使诸如陶瓷、硬质合金等难加工材料、复杂型面、精密微孔等的加工变得容易。这就要求设计者不断掌握新的工艺技术，使设计更加符合当代工艺水平。

对于零件结构的机械加工工艺性，主要是从零件加工的难易性和加工成本两方面考虑。零件的结构越容易加工，制造成本越低，结构工艺性就越好。机器中的大部分零件的尺寸精度、形位精度、表面粗糙度等，最终要靠切削加工来保证，因此，零件结构的机械加工工艺性的好坏就显得尤为重要。

在满足零件使用要求的前提下，从制造容易、成本低的角度，设计零件结构时一般应考虑以下几个方面要素：

(1) 对零件的技术要求尽量降低。

(2) 不必加工的表面不要设计成加工面。

(3) 零件表面的有关尺寸应标准化、规格化，应尽量采用标准刀具加工，并尽量减少换刀的次数。

(4) 组成零件的表面应尽量简单、有规律，各表面的形状尽量统一，以减少机械加工工作量。

(5) 被加工表面应有足够的加工空间，应便于刀具以高生产率进行工作，如刀具的进入和退出的空间、标准的退刀槽、加工表面的连续和等高等。

(6) 零件表面形状应与刀具的形状相适应。

(7) 零件的结构应保证加工时便于定位、夹紧和测量，加工时应该有足够的刚性。

(8) 如果需要热处理，零件的结构应避免在热处理时发生过大的变形和开裂等。

2.8.2 改善零件结构的机械加工工艺性示例

表 2-12 给出了部分零件结构的机械加工工艺性存在的问题及改进后的结构示例，供大家参考学习。

表 2－12　零件结构的机械加工工艺性示例

设计原则	图　例		说　明
	改进前	改进后	
尽量采用标准化参数	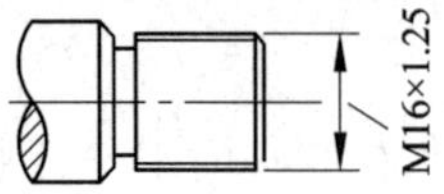 M16×1.25	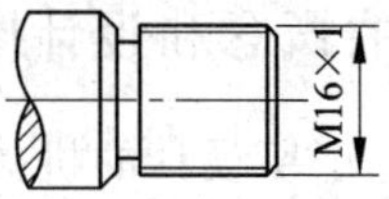 M16×1	螺纹参数应取标准值，以便用标准刀具加工和标准量具测量
加工表面的尺寸应尽量减少	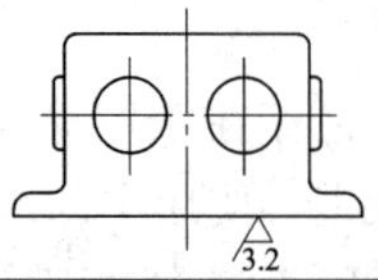 3.2	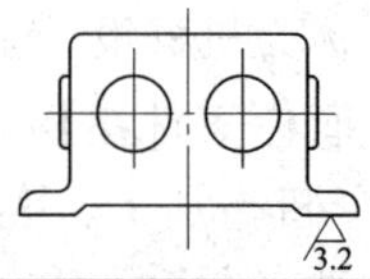 3.2	减少加工工作量和刀具磨损，同时使工件安装更加稳定可靠
避免在斜面上钻孔	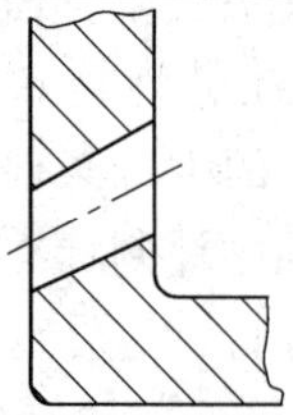	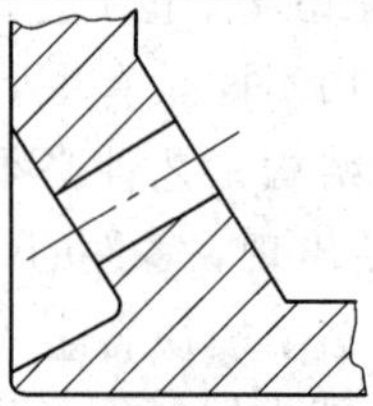	斜面钻孔容易造成钻头两刃受径向力不等而引偏，甚至钻头折断
便于刀具的引入和退出	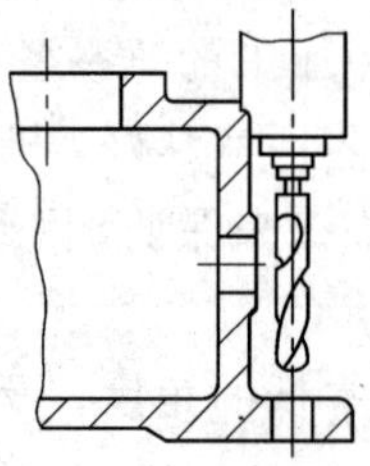	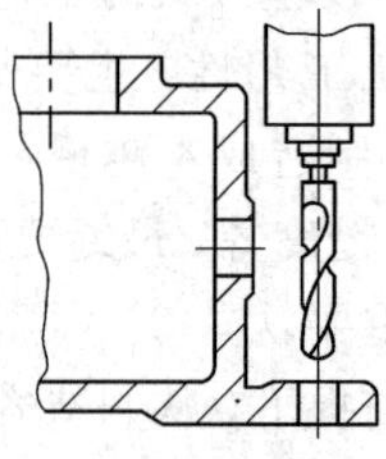	加工面离箱壁太近，妨碍刀具加工，改进后可避免主轴与工件干涉
便于刀具的引入和退出	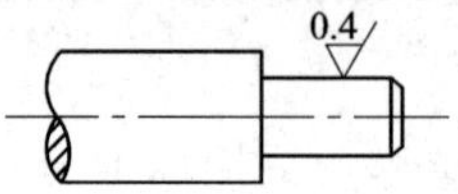 0.4	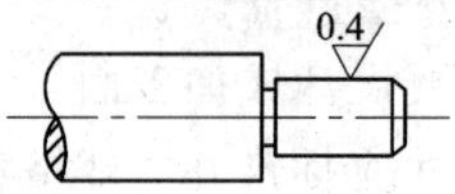 0.4	要求砂轮磨削的表面端部应留有砂轮越程槽
	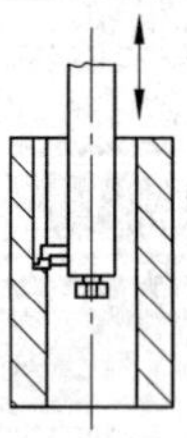	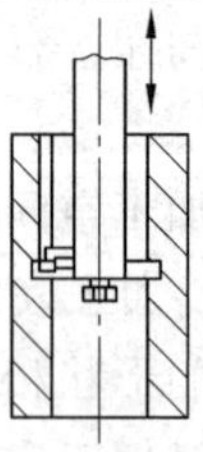	加工插槽时要在前端留出恰当的刀具的越程距离，改进后增加环槽作为越程距离
减少加工长度，避免深孔加工	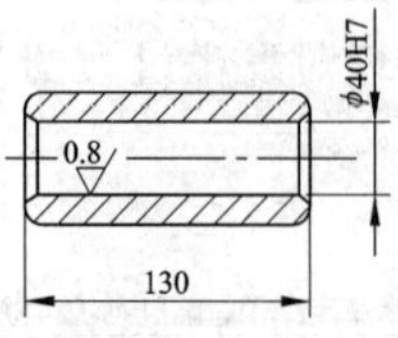 ϕ40H7 0.8 130	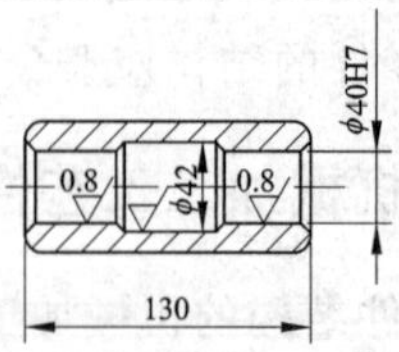 ϕ40H7 0.8　ϕ42　0.8 130 $\sqrt{}=\sqrt{12.5}$	有配合要求的长孔不应设计成全长精加工，改进后更有利于保证孔的加工精度

续表

设计原则	图例		说明
	改进前	改进后	
便于加工	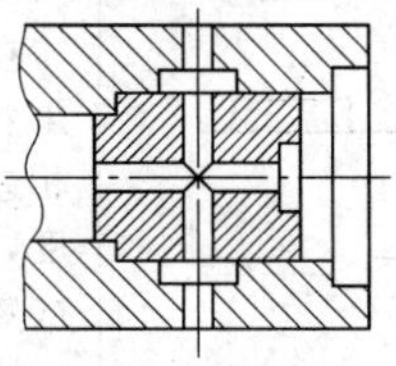	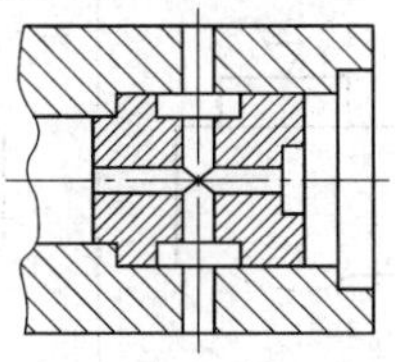	外表面的加工要比内表面容易得多。改进后的结构在保证使用的前提下，加工更加容易
	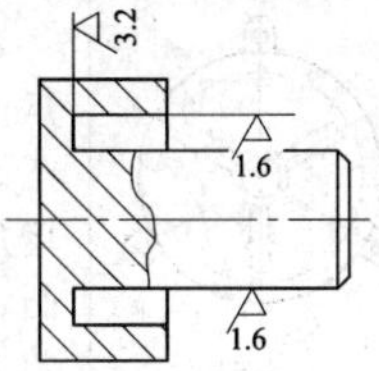	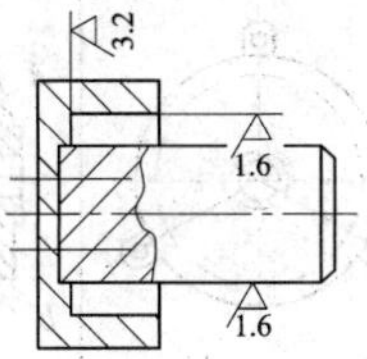	窄深的环形槽加工困难。改进后采用组合结构，既方便加工，又不影响使用
	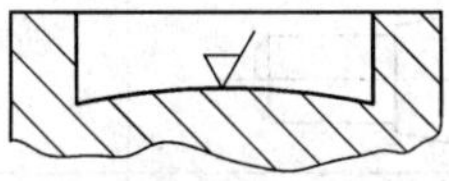	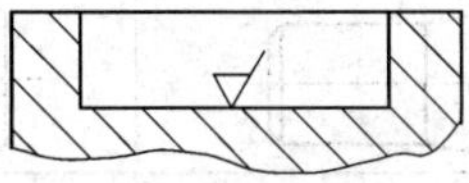	成型槽底加工不方便，改进后用通用刀具即可加工
加工表面的形状应与所用刀具一致	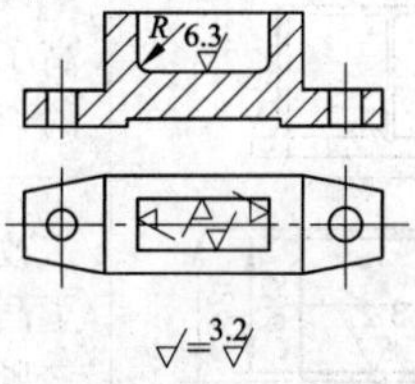	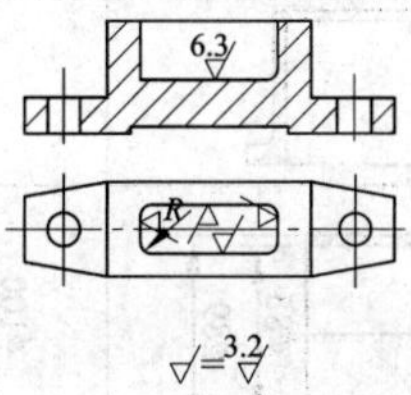	用铣削加工无法加工直角槽，改进后用立铣刀容易加工
尽量减少刀具的种类	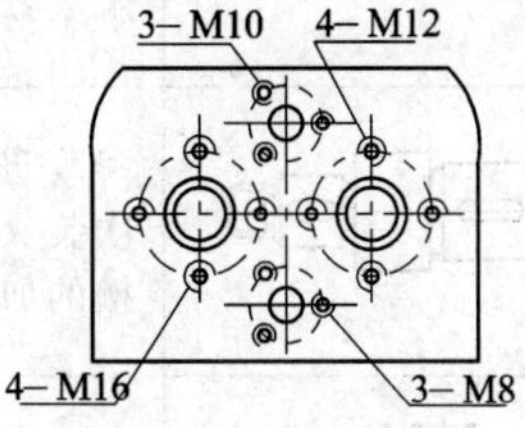	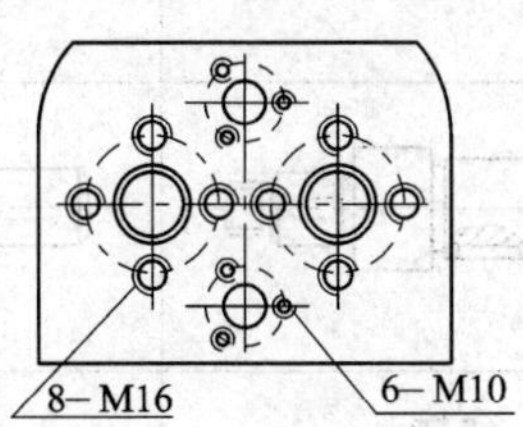	箱体上尺寸接近的孔应尽量保持尺寸一致，以减少钻头和丝锥的种类
	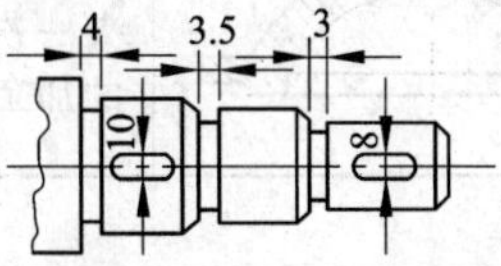	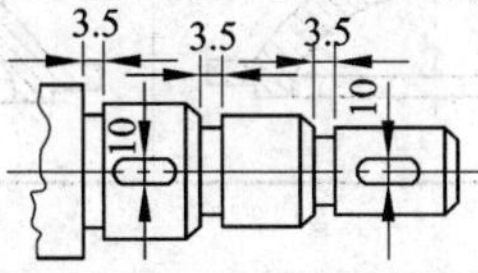	键槽的宽度尽量一致，减少切槽刀的种类和换刀的次数
防止热处理出现过大变形和开裂	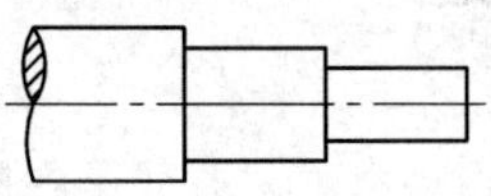	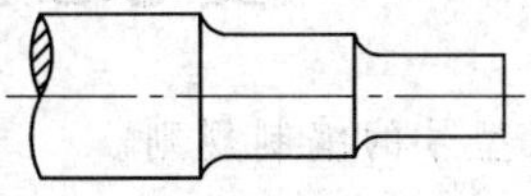	淬火前，阶梯轴的根部应设计成圆角，否则锐边和尖角处容易产生应力集中，造成开裂
	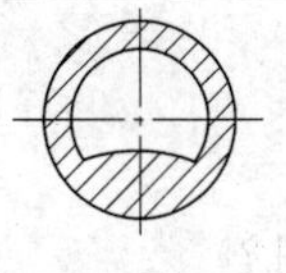	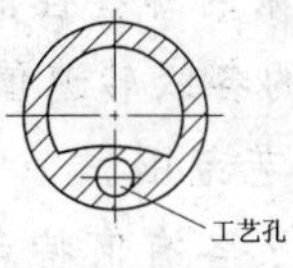 工艺孔	热处理时壁厚不均容易引起较大的变形，改进后壁厚较均匀

续表

设计原则	图例		说明
	改进前	改进后	
减少机床的调整次数	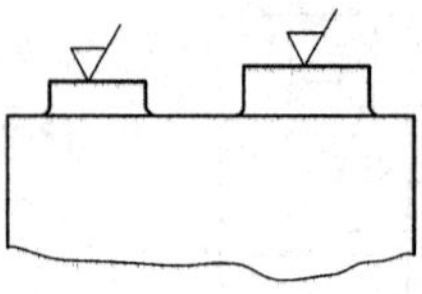	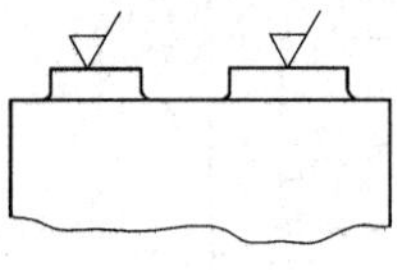	在同一尺寸方向上，如果各平面间的距离尺寸相差不大，尽量统一高度，以减少机床调整的次数
应便于装夹	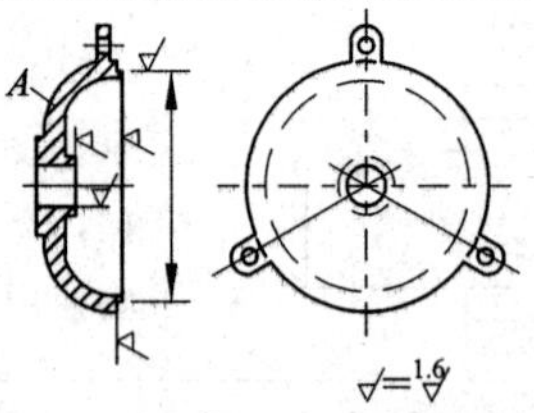	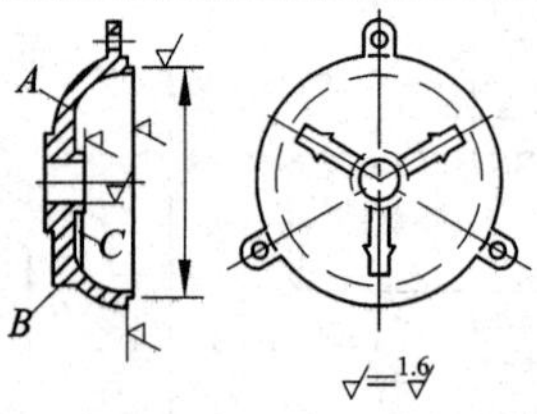	各加工表面很难用三爪卡盘一次装夹全部加工。改进后在弧面A上增加了均布的三个工艺凸台B和筋板C，既方便装夹，又增加了刚性
便于加工和测量	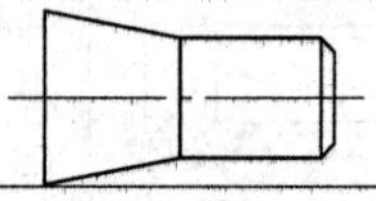	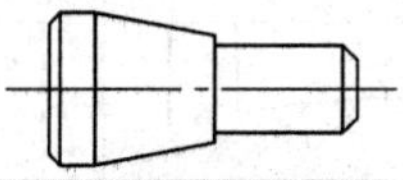	改进后小端锥面便于加工和测量
应有足够的刚度	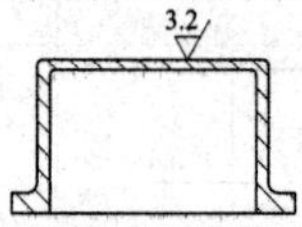	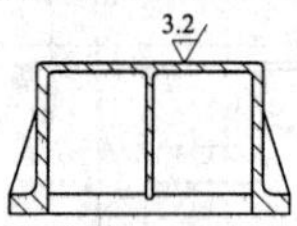	改进后增加了筋板，提高了刚度，可以承受较大的切削力，不易变形
	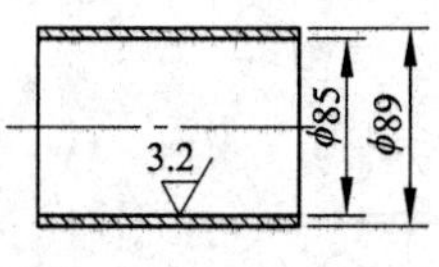	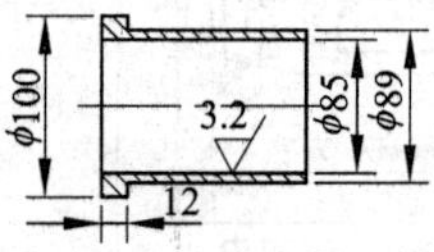	改进后的结构中增加了凸缘，提高了刚性，在夹紧力和切削力的作用下不易变形
尽量减少装夹次数	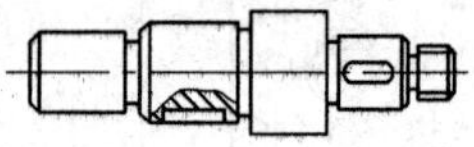	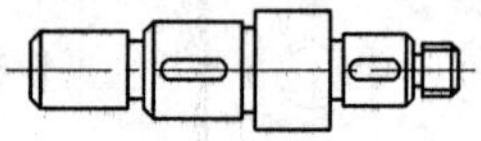	改进后的设计只需一次装夹便可完成两个键槽的加工
	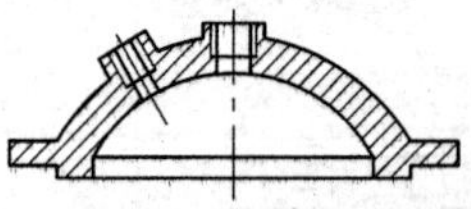	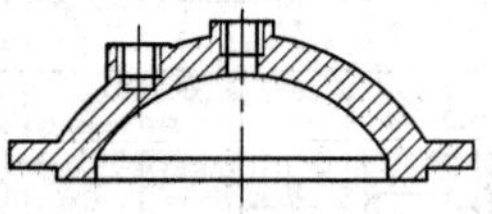	改进后的结构只需装夹一次便可完成两个孔的加工

复习思考题

1. 简述金属切削机床型号的编制规则。
2. 指出下列机床型号的含义：CW6163，X6132，Z3040，M1432A，Y3150E。
3. 选择机床时，应考虑机床的哪些性能指标？
4. 计算图2-1所示主轴的各级转速值。
5. 简述普通卧式车床的工艺范围。
6. 常用的车刀有哪些类型？各有何特点？如何选用？

7. 在普通车床上装夹工件时可用哪些附件？这些附件分别适合什么加工场合？

8. 试述常用钻床的种类和工艺范围。

9. 麻花钻、扩孔钻、铰刀的结构特点有什么不同？这些刀具在结构上的差别与加工特点和加工质量有什么联系？

10. 钻、扩、铰联合加工方法是对精度比较高的中小尺寸孔的典型加工工艺，这样安排有什么好处？

11. 钻孔时为什么轴线容易歪斜？针对这种情况可以采取哪些措施？

12. 为什么镗孔加工应用范围很广，而磨孔相对应用较少？

13. 为什么浮动镗孔能提高孔的尺寸精度、形状精度，降低孔的表面粗糙度，但是不能提高孔的位置精度？

14. 题图 2-1 所示各零件上有不同尺寸和不同位置的各种孔，试根据这些孔的尺寸公差等级、表面粗糙度以及零件的类型、数量和孔所在的位置，选择这些孔的加工方法和适合使用的机床，并填写在表中。

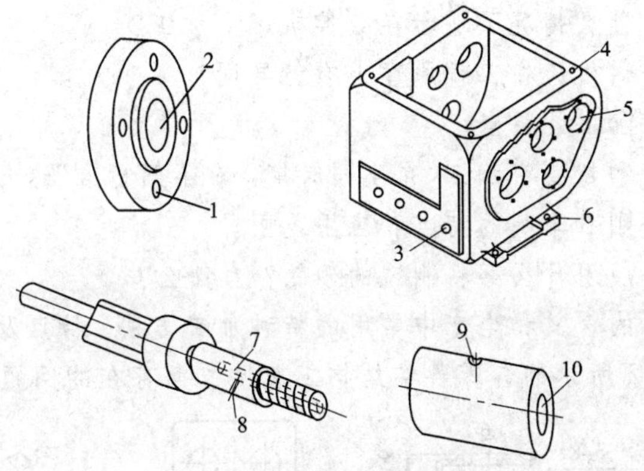

题图 2-1　各种零件上的孔

题表 2-1　选择孔的加工方法和所用机床

孔序	孔名	零件	件数	尺寸和公差	$Ra/\mu m$	机床	加工方法
1	穿螺钉孔	法兰盘	100	ϕ9H12	12.5		
2	法兰中心孔			ϕ40H10	3.2		
3	轴孔	箱体	10	ϕ20H7	1.6		
4	螺纹底孔			ϕ6.7H12	12.5		
5	轴承孔			ϕ85H7	1.6		
6	穿螺钉孔			ϕ12H12	12.5		
7	轴向油孔	阶梯轴	5	ϕ4H13	12.5		
8	径向油孔			ϕ4H13	12.5		
9	径向油孔	轴套	100	ϕ5H13	12.5		
10	轴孔			ϕ30H7	1.6		

15. 常用的铣床及铣刀有哪几类？主要用途各是什么？

16. 工件在铣床上有哪些安装方法？

17. 铣刀直径为 ϕ80 mm，齿数为 10，铣削速度采用 28 m/min，每齿进给量 f_z＝0.06 mm，试求铣床主轴转速 n 和每分钟进给量 v_f。

18. 端铣和周铣、逆铣和顺铣各有何特点？分别应用于什么场合？

19. 简述铣削的工艺特点和应用范围。

20. 使用FW250分度头装夹工件，铣削齿数为62和97的直齿圆柱齿轮，试分别进行分度计算。

21. 指出砂轮的特性参数及其含义，并简述各参数对砂轮使用性能的影响。

22. 简述无心外圆磨削的加工原理。

23. 为什么内圆磨削的质量和效率均不如外圆磨削？

24. 磨削加工的工艺特点如何？

25. 查手册指出砂轮特性代号GB 60R1A SP 300×20×120的含义。

26. 试述拉削加工的特点及应用范围。

27. 成形法和展成法加工齿轮的具体加工方法包括哪些？各有何特点？分别应用于什么场合？

28. 有一形状复杂的法兰盘零件，什么情况下适于在普通车床上加工？什么情况下适于在六角车床上加工？什么情况下适于在数控机床上加工？

29. 数控机床和普通机床在工作原理上有何异同？

30. 简述数控机床加工的特点。

31. 如何理解精密和超精密加工“在不同时期，有不同标准”这句话的含义？

32. 简述超精密金刚石车削的特点和应用范围。

33. 超精密磨削一般用什么磨料制造的砂轮？为什么？

34. 简述特种加工的含义和生产中常用的特种加工方法、特点及应用情况。

35. 指出题图2-2所示的各零件在结构工艺性方面存在的问题，并提出改进意见。

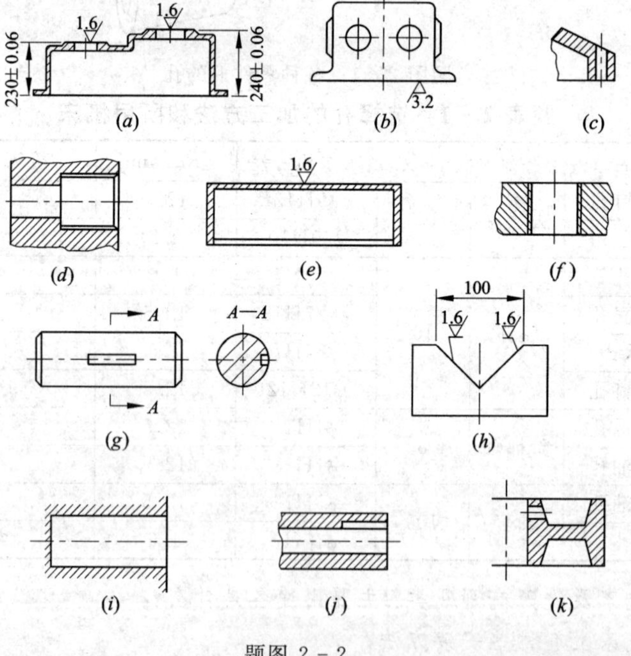

题图 2-2

第 3 章　机械加工工艺过程

在生产过程中，由于零件的要求和生产条件不同，因而其制造工艺过程也不相同；相同的零件采用不同的工艺方案生产时，其生产率、经济效益也是不同的。因此，要想使零件的加工获得良好的技术性和经济性指标，必须按照一定的原则制定合理可行的加工流程。本章重点讨论的内容就是如何根据零件的实际情况拟定合理可行的加工方案，以及制定工艺方案时应重点考虑和解决的问题，并通过典型实例对这些问题的解决方案进行分析和讨论。

3.1　机械加工工艺过程的基本概念

3.1.1　生产过程和工艺过程

1. 生产过程

生产过程是指从原材料变为产品的全部劳动过程的总和。它包括原材料的采购和保管、生产技术准备工作、毛坯制造、零件机械加工和热处理，以及产品的装配、调试、油封、包装、发运等项工作。在现代机械产品生产中，多采用专业化生产方式，以达到优质、高产、低耗和清洁生产的目的。

2. 工艺过程

在生产过程中，直接将原材料改变形状、尺寸、性能使之成为成品或半成品的过程称为工艺过程。它包括毛坯制造、机械加工、热处理、装配等。其他生产过程则称为辅助过程，例如运输、保管、动力供应、设备维修等。

工艺过程中属于机械加工所进行的内容称为机械加工工艺过程。本章只讨论机械加工工艺过程的制定问题。

3. 工艺规程

由于生产条件的不同，同一产品的工艺过程不是惟一的。将适合本厂实际情况，较为先进、合理的工艺过程确定下来形成技术文件，作为指导工人操作以及生产管理和工艺管理等的依据，该技术文件被称为“工艺规程”。

3.1.2　机械加工工艺过程的组成

为了便于分析机械加工的情况和制定工艺过程，常将机械加工工艺过程分为如下的组成部分：工序、安装、工位、工步和走刀。

1. 工序

工序是组成工艺过程的基本单元。工序是指一个(或一组)工人，在一台机床上(或一个工作地)对一个(或同时对几个)工件所连续完成的那部分工艺过程。划分工序时尤其要注重工作地点是否改变和加工是否连续。表 3-1 和表 3-2 分别给出了不同批量条件下图 3-1 所示阶梯轴的加工工艺过程。在表 3-1 中，车端面、打顶尖孔、车全部外圆、切槽与倒角等有关加工内容是在同一车床上连续进行的，所以划归为一个工序。在表 3-2 中，铣端面、打顶尖孔与车外圆、切槽与倒角不在一个机床上进行，也不是连续进行的，所以划分为两个工序。

表 3-1　阶梯轴加工工艺过程(单件小批生产)

工序号	工　序　内　容	设　　备
1	车端面、打顶尖孔、车全部外圆、切槽与倒角	车床
2	铣键槽、去毛刺	铣床
3	磨外圆	外圆磨床

表 3-2　阶梯轴加工工艺过程(中批生产)

工序号	工　序　内　容	设　　备
1	铣端面、打顶尖孔	铣端面打顶尖孔机床
2	车外圆、切槽与倒角	车床
3	铣键槽	铣床
4	去毛刺	钳工台
5	磨外圆	外圆磨床

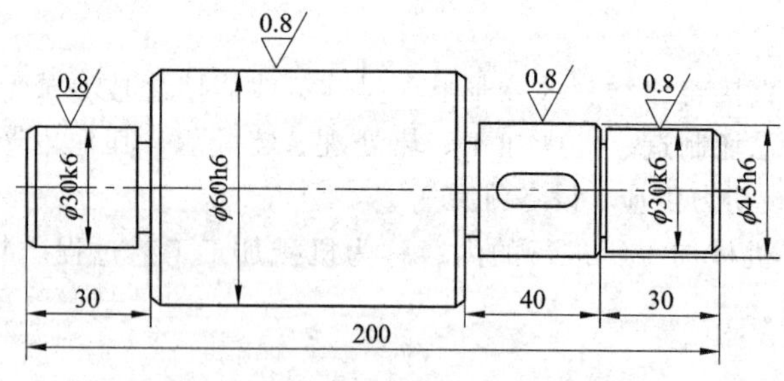

图 3-1　阶梯轴简图

2. 安装

工件在机床上被定位、夹紧的过程称为装夹。工件在一次装夹中所完成的那部分工序就称为安装。在一道工序中，工件可能被安装一次或几次。

零件加工过程中应尽量减少工件的安装次数，以减少安装误差和缩短加工辅助时间。

3. 工位

在生产中，为减少工件安装次数，有时要采用回转工作台或回转夹具，使工件在一次安装中有不同的加工位置。在一次安装中，工件所占据的每个工作位置称为工位。

图 3-2 所示为利用机床的回转工作台在一次安装中完成装卸工件、钻孔、扩孔和铰孔四个工位的加工。多工位加工是生产中减少辅助时间、提高生产率的有效途径。

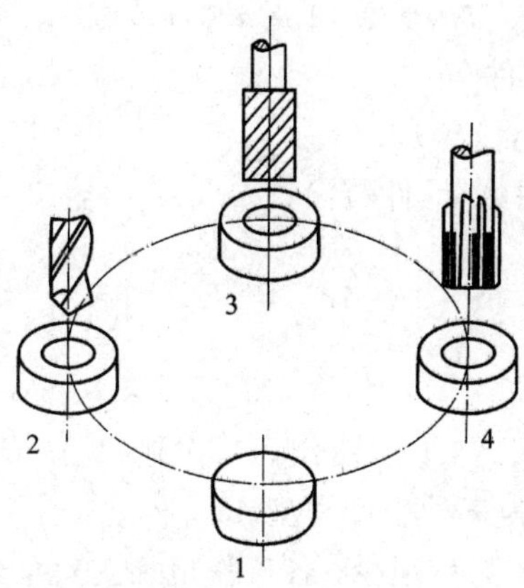

工位 1—装卸工件；工位 2—钻孔；工位 3—扩孔；工位 4—铰孔

图 3-2　多工位加工

4. 工步

在一个工序中，当加工表面不变、切削工具不变、切削用量中的进给量和切削速度不变时所完成的那部分工艺过程称为工步。对一次安装中连续进行的几个相同工步，可算做一个工步。如图 3-3(*a*)所示，在一个工序中连续钻四个 ϕ10 mm 的孔，认为是一个工步，即钻 4-ϕ10 mm 孔。为了提高生产率，有时用几把刀具同时加工一个零件的几个表面(如图 3-3(*b*)所示)，称之为复合工步。复合工步也看做是一个工步。

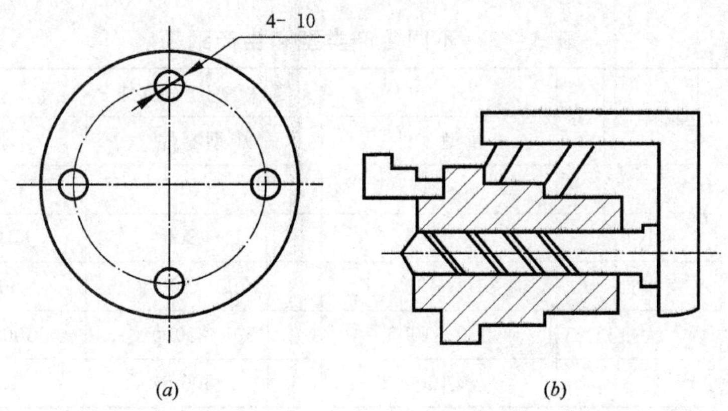

图 3-3　连续工步和复合工步

5. 走刀

在一个工步内，若加工余量较大，可分为几次切削，每切削一次称为一次走刀。

3.1.3 生产纲领、生产类型及工艺特征

1. 生产纲领

生产纲领是企业在计划期内应当生产的产品产量。某零件的生产纲领就是包括备品和废品在内的该零件的年产量，可按下式计算：

$$N = Qn(1 + a\% + b\%)$$

式中：N——零件的生产纲领(件/年)；

Q——产品的生产纲领(台/年)；

n——每台产品含该零件数量(件/台)；

$a\%$——备品率；

$b\%$——废品率。

2. 生产类型

生产类型是指企业(或车间、工段、班组、工作地)生产专业化程度的分类。根据生产纲领的大小，产品的生产可分为三种生产类型。

(1) 单件生产：产品的生产数量很少，各工作地加工对象经常改变，很少重复，如新产品的试制、专用设备制造、重型机械制造等。

(2) 成批生产：一年中分批制造相同的产品，产品有一定数量，工作地点的加工对象周期性重复。例如，机床制造就是比较典型的成批生产。

每批生产的同一产品的数量称为批量。根据批量的大小，成批生产又可分为小批生产、中批生产和大批生产。

(3) 大量生产：同一产品生产数量很大，大多数工作地长期重复某一零件的某一道工序的加工。例如，汽车、摩托车、轴承等的制造通常都是以大量生产的方式进行的。

生产纲领和生产类型的关系随产品的大小和复杂程度而不同，表 3－3 给出了两者之间的基本关系。

表 3－3　不同生产类型和生产纲领

生产类型		零件的年产量/件		
		重型零件	中型零件	小型零件
单件生产		<5	<10	<100
成批生产	小批	5～100	10～200	100～500
	中批	100～300	200～500	500～5000
	大批	300～1000	500～5000	5000～50 000
大量生产		>1000	>5000	>50 000

3. 各种生产类型的工艺特征

对于不同的生产类型，产品制造的工艺方法、采用的设备、工装、对工人技术水平的要求均有很大不同。各种生产类型的工艺特征归纳成表 3－4。

表 3－4　各种生产类型的工艺特征

工艺特征＼生产类型	单件生产	成批生产	大量生产
机床设备	采用通用设备	使用通用设备，部分采用专用设备	广泛使用高效专用设备
夹具	采用通用夹具	较多使用专用夹具	广泛使用高效专用夹具
刀具和量具	一般刀具、通用刀具和量具	部分采用专用刀具和量具	广泛使用高效刀具和量具
毛坯和加工余量	采用木模铸造、自由锻，加工余量大	部分采用金属模铸造和模锻，加工余量中等	采用金属模机器造型，模锻等，加工余量小
工艺规程	采用工艺过程卡	采用工艺卡，重要工序较详细	采用工艺过程卡、工序卡，内容详细
对工人的要求	需要技术水平较高的工人	需要一定技术水平的工人	调整工要求技术水平高，操作工技术水平要求不高

3.1.4　机械加工工艺规程

一个零件的工艺规程在由主管的工艺技术人员制定出来，经过各级领导和标准化管理人员的审定、批准以后，还必须经过生产实践的检验。在工艺规程执行的初始阶段，有一个试行过程，即先对一小批该种零件按编制的工艺规程进行加工，分析加工中出现的各种问题，有针对性地对工艺规程进行补充、修改和完善。当经过几个这样的循环之后，发现确实没有什么问题时再大批量投入生产。工艺规程要根据生产条件而定，随着生产的发展、科技的进步、各种先进高效加工方法的不断涌现，要在生产中不断地推广新工艺、新技术，使工艺规程更加科学合理。

1. 制定工艺规程的原则

(1) 根据零件的生产纲领而定。不同的生产纲领决定了不同的生产规模，生产中所用的机床、工装、对工人技术水平等诸多方面的要求是不相同的。

(2) 确保零件的加工质量。工艺规程必须保证设计图纸规定的各项要求，工艺人员不能擅自变更加工标准。

(3) 在符合本厂生产条件的前提下，尽量采用先进工艺，提高效率，降低成本。

(4) 为工人创造良好的劳动条件，减轻劳动强度。

2. 工艺规程的作用

(1) 它是指导生产的主要技术文件。工艺规程是一切生产人员都必须严格遵守、认真执行的技术文件，生产人员无权违反和更改工艺规程的内容。如确实需要修改，应由主管工艺人员填写工艺规程修改单，经各级领导批准后方可正式修改。工艺修改单要由专门部门保管以备查。

(2) 它是组织和管理生产的重要依据。在新产品投产前，应先编制出有关的工艺规程，根据它来进行技术准备和生产准备。如按指定的种类和规格采购原材料，进行通用工艺装备的购置以及专用工艺装备的设计和制造、机床和人员的配备等。工厂的生产管理部门在日常的管理中也要根据生产计划和工艺规程的内容有效地管理和组织生产，调整设备负荷，检查加工进度，以保证每个时期生产任务的圆满完成。

(3) 它是新建和扩建工厂的重要资料。在新建和扩建工厂的过程中，要根据工艺规程和其他资料，确定出应配备的各种机床设备的品种和数量，画出相应的各车间和工厂的布置图，计算出各车间的占地面积和人员数量，并作为工厂建设的重要依据。

3. 制定工艺规程的原始资料

制定工艺规程需要以下资料：

(1) 产品的装配图和零件的工作图。

(2) 产品验收的质量标准。

(3) 零件的生产纲领。

(4) 现有生产条件，包括毛坯生产条件、工厂的工艺装备及专用设备的制造能力、机械加工车间的设备及工艺装备条件、工人的技术水平等。

(5) 新技术、新工艺资料及有关的工艺手册、技术资料等。

4. 制定工艺规程的步骤

(1) 对被加工零件进行工艺分析。根据零件的生产纲领，确定生产类型和零件加工的工艺特征。结合产品装配图重点熟悉所加工零件的作用、工作条件及其与其他零件的装配关系。在分析零件图的过程中重点要找出零件的主要加工表面，分析其技术要求，以便确定工艺过程的重点。在分析零件图时还要审查零件的结构工艺性。

(2) 确定毛坯。常用的毛坯种类有铸件、锻件、型材和组合毛坯(如焊接件等)。

选择毛坯应考虑的因素有：

① 零件的材料和机械性能。如对于铸铁和青铜只能采用铸造；对于要求有良好机械性能的重要钢质零件，应选用锻件毛坯，而不宜选用型材。

② 零件的结构与外形尺寸。轴类零件如大小外圆直径相差不大，宜选用圆棒料；如各台阶直径相差较大，应选用锻件。大型零件的毛坯多采用砂型铸造、自由锻和焊接件。板状钢质零件多采用锻造毛坯。

③ 生产纲领的大小。当零件产量较高时，应选用精度和生产率都较高的毛坯制造方法，如精密铸造、压铸、模锻等；当零件产量较低时，一般选择精度和生产率都较低的毛坯制造方法以降低制造成本，如砂模铸造、自由锻造等。

④ 自制与外购毛坯。目前国内有一些机械制造厂毛坯由自己生产，由于批量不大，故成本较高，有时还受技术水平的限制而影响到毛坯合格率。现在更多工厂都采用外购毛坯的途径，向专门生产各类毛坯的专业化工厂购买毛坯。由于这些专业化工厂毛坯生产批量大，有条件广泛采用新工艺、新技术，所以成本较低。毛坯的专业化生产是毛坯制造方式的发展趋势。

(3) 拟定工艺路线。拟定工艺路线时要完成的任务包括：选择定位基准，确定各加工表面的加工方法，划分加工阶段，确定工序的集中与分散，安排各表面的加工顺序等。

表 3－5　机械加工综合工艺过程卡片

<table>
<tr><td rowspan="2">工厂</td><td colspan="4" rowspan="2">机械加工综合工艺过程卡片</td><td colspan="2">产品型号</td><td colspan="2"></td><td colspan="2">零(部)件图号</td><td></td><td colspan="2">共　页</td></tr>
<tr><td colspan="2">产品名称</td><td colspan="2"></td><td colspan="2">零(部)件名称</td><td></td><td colspan="2">第　页</td></tr>
<tr><td>材料牌号</td><td></td><td>毛坯
种类</td><td></td><td>毛坯外
形尺寸</td><td colspan="2">每毛坯件数</td><td colspan="2"></td><td colspan="2">每台
件数</td><td></td><td>备
注</td><td></td></tr>
<tr><td rowspan="2">工
序
号</td><td rowspan="2">工序
名称</td><td colspan="3" rowspan="2">工 序 内 容</td><td rowspan="2">车
间</td><td rowspan="2">工
段</td><td rowspan="2">设　备</td><td colspan="3">工 艺 装 备</td><td colspan="3">工时/min</td></tr>
<tr><td>刀具</td><td>夹具</td><td>量具</td><td>准终</td><td colspan="2">单件</td></tr>
<tr><td></td><td></td><td colspan="3"></td><td></td><td></td><td></td><td></td><td></td><td></td><td></td><td colspan="2"></td></tr>
</table>

<table>
<tr><td></td><td></td><td></td><td></td><td></td><td></td><td></td><td></td><td></td><td></td><td rowspan="2">编制(日期)</td><td rowspan="2">审核(日期)</td><td rowspan="2">会签(日期)</td><td rowspan="2"></td><td rowspan="2"></td></tr>
<tr><td></td><td></td><td></td><td></td><td></td><td></td><td></td><td></td><td></td><td></td></tr>
<tr><td>标
记</td><td>处
记</td><td>更改
文件号</td><td>签
字</td><td>日
期</td><td>标
记</td><td>处
记</td><td>更改
文件号</td><td>签
字</td><td>日
期</td><td></td><td></td><td></td><td></td><td></td></tr>
</table>

编制：　　　　校对：　　　　审核：　　　　会签：　　　　批准：　　　　日期：

表 3-6　机械加工工艺卡片

零件简图及技术条件	厂　名			
	产品型号	零件名称		零件号
	材料	名称	牌号	机械性能
	毛坯	种类	尺寸	每一毛坯可制件数
	每台件数	批量	净重/kg	

序号		工序和工步内容	加工面号数	定位表面	同时加工零件数	机床型号编号	工艺装备名称及编号				加工尺寸/mm				切削用量						工时/min				
工序	工步						夹具	刃具	量具	辅具	直径或宽度	长度	计算的行程长度	每边余量	背吃刀量 a_p/mm	行程次数	进给量 f/(mm·r^{-1})	切削速度 v/(m·min^{-1})	每分钟转数或双行程	切削功率 p_c/kW	机动时间	辅助时间	工作地服务时间	准备终结时间	合计

编制：　　校对：　　审核：　　会签：　　批准：　　日期：

表 3－7　机械加工工序卡片

共　　页　　第　　页

工　厂	机械加工工序卡片	产品型号		零件图号		共　页
		产品名称		零件名称		第　页

（工序图）				
	车间	工序号	工序名称	材料牌号
	毛坯种类	毛坯外形尺寸	每坯件数	每台件数
	设备名称	设备型号	设备编号	同时加工件数
	夹具编号	夹具名称		冷却液
	工序工时			
	准终		单件	

工步号	工步内容	工艺装备	主轴转速 /(r/min)	切削速度 /(m/min)	进给量 /(mm/r)	背吃刀量 /(mm)	进给次数	工时定额	
								机动	辅助

										编制（日期）	审核（日期）	会签（日期）	
标记	处记	更改文件号	签字	日期	标记	处记	更改文件号	签字	日期				

编制：　　　　校对：　　　　审核：　　　　会签：　　　　批准：　　　　日期：

(4) 确定余量及工序尺寸。确定各工序的加工余量，计算工序尺寸及公差，确定各工序的技术要求及检验方法。

(5) 确定各工序所用设备、工艺装备、切削液种类。

(6) 确定各工序切削用量。

(7) 填写工艺文件。

5. 工艺规程的类型

工艺规程的种类及形式多种多样，详简程度依生产类型也有较大差异。虽然各种工艺文件的格式在不同企业不一定相同，但是其中所包含的内容基本是一致的。生产中常用的工艺规程有下面几种：

(1) 机械加工综合工艺过程卡片，如表 3-5 所示。该卡片以工序为单位，简要列出零件的加工步骤和加工内容，主要用于单件小批量生产，也可用于生产管理。

(2) 机械加工工艺卡片，如表 3-6 所示。该卡片以工序为单位，详细说明零件的加工过程，用以指导生产。卡片中画出零件图，但不必画出各工序图，多用于不太复杂的零件的批量加工。

(3) 机械加工工序卡片，如表 3-7 所示。该卡片以工序为单位，每张卡片都画出工序简图并标注该工序加工技术要求，同时用粗实线标出加工部位，用规定符号标出定位及夹紧部位等，还应详细填写各工步内容、加工中所用设备及工艺装备、切削用量及冷却液种类等内容。

3.2 工件的安装与定位

3.2.1 工件的安装方式

工件的安装包括定位和夹紧两方面的内容。定位的含义是使工件相对于机床和刀具处于一个正确的加工位置。工件定位后，为了使其在加工中不改变正确位置，还要夹紧、夹牢。随着批量的不同，工件的大小和加工精度要求的不同，工件安装的方法也有所不同，一般有以下三种方式。

1. 直接找正定位安装

直接找正定位安装是指用百分表、划针在机床上直接找正工件，使其获得正确位置的方法。对于形状简单的零件，加工时常采用这种方法装夹。图 3-4 表示了在牛头刨床上直接找正工件的情况。

直接找正定位装夹费时费事，因此一般用于单件小批量加工或对工件的定位精度要求特别高的加工(要采用精密量具找正)。

2. 划线找正定位安装

工件加工前，按照加工要求在其表面上进行划线，表示出被加工表面的位置。加工时，在机床上按所划线的位置找正工件，如图 3-5 所示就是用划线找正定位后，再夹紧进行加工的例子。

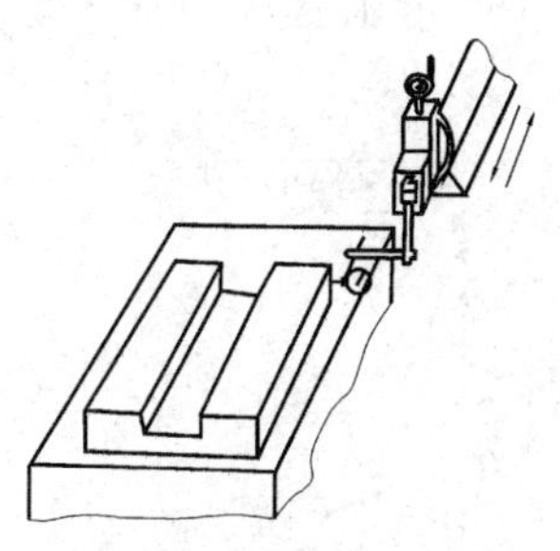

图 3-4　直接找正定位安装

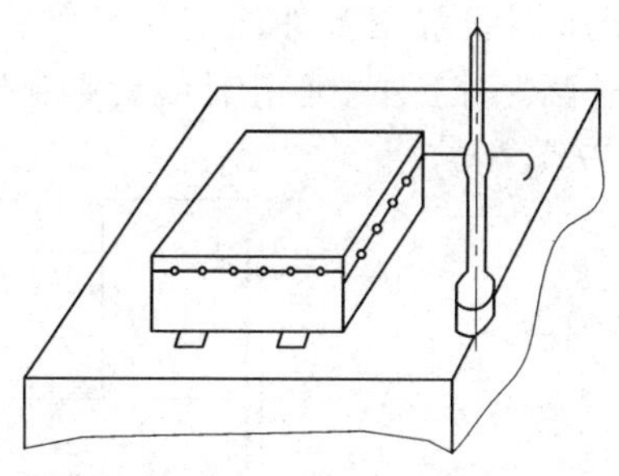

图 3-5　划线找正定位安装

此种方法与划线操作的准确程度有关，所以需要技术高的划线工，而且定位精度和找正效率都较低，多用于单件小批量且形状复杂的零件和大型零件的加工。毛坯精度较低时，一般无法直接使用夹具安装，也常采用此方法。

3. 在机床夹具中定位安装

目前，对于中小尺寸的工件，在批量较大时，都用夹具定位来装夹，不需要进行找正，这样既能保证加工精度，且安装方便迅速，生产效率高，可以节省大量的辅助时间。但是制造专用夹具的费用较高，周期长，因此这种方法广泛用于成批和大量生产中。关于机床夹具的详细内容将在第4章中加以介绍。

零件需要经过多次装夹加工时，有关表面间的位置精度就可用上述适当的定位安装方法获得。也可以使有关表面的加工全部在一次装夹中进行，这样可使加工表面间更容易获得高的位置精度。这两种方法是零件在机械加工中获得表面之间位置精度最常用的方法。

3.2.2　基准的概念

由于组成零件的若干表面之间有一定的尺寸和位置关系，因而加工时也必须以某个或某几个表面为依据来加工其他有关表面，以保证零件规定的技术要求。零件表面间的各种相互依赖关系，就引出了基准的概念。

所谓基准，就是零件上用来确定某些点、线、面的位置时所依据的那些点、线、面。根据功用不同，基准可分为设计基准和工艺基准两大类。

1. 设计基准

设计基准是在零件图上用来确定其他点、线、面位置而采用的基准，它是标注尺寸的起点。

如图3-6所示零件，外圆和孔的设计基准是零件的轴心线，端面 A 是端面 B、C 的设计基准，内孔 D 的轴心线是 ϕ25h6 外圆径向跳动的设计基准。一般来说，设计基准是可逆的，如对图中尺寸35来说，A 面是 C 面的设计基准，也可以说 C 面是 A 面的设计基准，即两者互为设计基准。

2. 工艺基准

零件在加工和装配过程中所使用的基准称为工艺基准。

根据用途不同，工艺基准又分为下面四类。

1）定位基准

在加工时，用以确定工件在机床上或夹具中的正确位置的基准称为定位基准。例如图

3-5 中所划线就是工件的定位基准；再如，在图 3-6 所示轴套孔中穿入心轴来加工 ϕ25h6 外圆，则工件中心孔轴线就是定位基准。

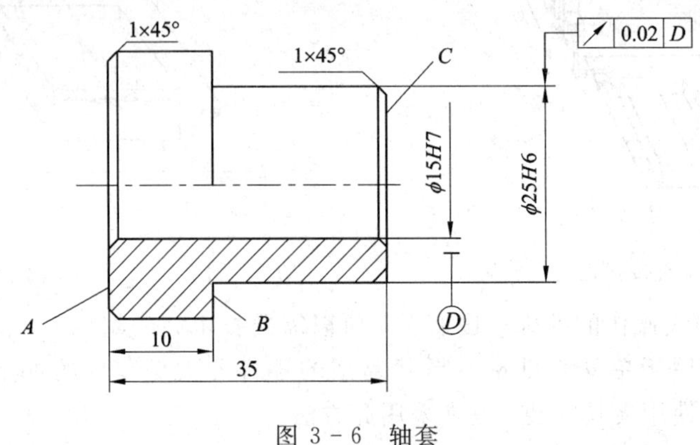

图 3-6 轴套

2）工序基准

在工序图中用以确定本工序被加工表面位置的基准称为工序基准。

3）测量基准

测量工件各加工表面时所使用的基准称为测量基准。例如，在图 3-6 所示工件中心孔中装入心轴并用顶尖支承检验外圆跳动时，中心孔轴线就是测量基准。

4）装配基准

装配时确定零件或部件在产品上的相对位置所使用的基准叫做装配基准，如箱体的底面、主轴的安装轴颈(也称支承轴颈)等。

这里要说明的是，作为基准的点、线、面在工件上不一定具体存在，例如轴心线、对称平面等，它们是由某些具体存在的表面来体现的，这种表面称为基面。例如，车床上用三爪卡盘夹持一段圆柱面，实际定位基面是外圆柱面，而它所体现的定位基准是它的轴心线；再如加工图 3-6 中的外圆时，内孔表面就称为定位基面，而它所体现的定位基准则是内孔的轴心线。

由上述可知，工件加工时，每次安装都要首先面临选择定位基面的选题，而合理选择定位基面也是始终贯穿在整个零件加工过程中的、重要的、必须予以解决的问题。下面就讨论工件加工时的定位问题。

3.2.3 定位原理

一个空间处于自由状态的物体，均有六个自由度，即沿空间三个相互垂直的坐标轴 x、y、z 方向的移动自由度和绕此三个坐标轴的转动自由度，分别以符号 $\vec{x}$、$\vec{y}$、$\vec{z}$ 和 $\overset{\frown}{x}$、$\overset{\frown}{y}$、$\overset{\frown}{z}$表示。

同理，在工件没有采取定位措施之前，其在机床或夹具中的位置是任意的。因此，对一个工件来说，其位置是不确定的，而对于一批工件来说，其位置是变动的、不一致的。六个方面的位置都不确定，是工件在空间位置不确定的最高程度。定位的任务就是消除工件的这种自由度，也就是说，使工件在夹具中的位置按照一定的要求确定下来，将一一限制各自由度。

为了使分析问题简单明了，这里引出定位支承点的概念，即将夹具或机床上的定位元件抽象化，转换为相应的支承点，用这些支承点来限制工件的六个自由度。例如图 3－7 所示的长方体工件，用图中的六个支承点限制工件的六个自由度。其中底面的三个支承点 1、2、3 限制工件的三个自由度：$\widehat{x}$、$\widehat{y}$、$\vec{z}$；侧面的两个支承点 4、5 限制工件的两个自由度：$\vec{y}$、$\widehat{z}$；端面的一个支承点 6 限制工件的一个自由度 $\vec{x}$。

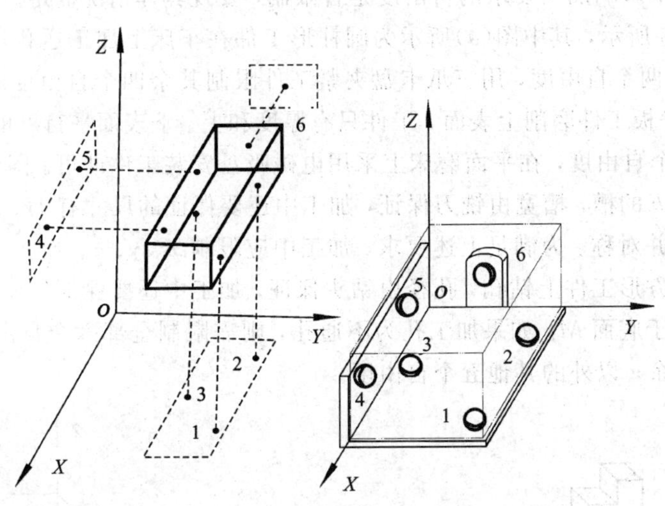

图 3－7　长方体工件定位

如上所述，用按一定要求合理布置的六个支承点与工件的定位基面接触(或配合)，限制工件的六个自由度，使工件在机床上或夹具中占有一确定位置，这就是工件定位原理，又称“六点定位原则”，简称“六点定则”。

六点定位也适用于其他形状的工件，只是定位支承点的分布形式有所不同。

在上述长方体工件上，底面称为主要定位基面，三个支承点不能在一条直线上，三点分布得越远，工件定位就越稳定。侧面称为导向定位基面，两个支承点的连线不能垂直于底面。两个支承点的距离应尽量远一些，以减少转角误差。限制工件一个自由度的端面称为止推定位基面。

需要强调的是：

① 用定位支承点或相当于定位支承点的定位原件去限制工件的自由度时，定位支承点必须与工件定位基准面保持接触或配合，二者一旦脱离，就表示定位支承点失去了限制自由度的作用。

② 我们说工件在某个方向的自由度被限制，是指工件在该方向有了确定位置，而不是指工件受到使脱离定位支承点的外力时也不运动。使工件在外力的作用下不能运动，这是夹紧的任务。定位和夹紧是两个概念，务必分清。

③ 理论上的定位支承点在实际定位时都具体体现为定位原件，而定位原件所相当的定位支承点的数量有时并不是非常明显或直观，此时应从它实际所限制的自由度来判断。夹具中具体的定位原件应转化为几个定位支承点的问题，在第 4 章中介绍定位原件时会有更详细的介绍。

3.2.4 限制工件自由度与加工要求的关系

按照加工要求确定工件必须限制的自由度数是确定零件定位方案时首先要解决的问题。

零件在加工中，需要限制的自由度数目与零件的加工要求有关。影响加工要求的自由度必须限制；不影响加工要求的自由度是否限制，要视具体情况而定。

如图 3-8 所示，其中图(*a*)所示为圆柱形工件在车床上加工通孔，根据加工要求，不需限制 $\vec{x}$ 和 $\overset{\frown}{x}$ 两个自由度，用三爪卡盘夹紧工件限制其余四个自由度即可满足加工要求。图(*b*)所示为平板工件磨削上表面，工件只有厚度和上、下表面平行度的加工要求，只需限制 $\vec{z}$、$\overset{\frown}{x}$、$\overset{\frown}{y}$ 三个自由度，在平面磨床上采用电磁吸盘安装工件即可。图(*c*)所示为在圆柱面上加工宽度为 b 的槽，槽宽由铣刀保证，加工中还要保证的尺寸有 H、L，并保证 b 槽与圆柱的轴线平行并对称。为满足上述要求，加工中应限制 $\vec{x}$、$\vec{y}$、$\vec{z}$、$\overset{\frown}{x}$、$\overset{\frown}{z}$ 五个自由度。图(*d*)所示为在一长方形工件上钻孔，孔径由钻头保证，加工中还要保证的尺寸有 B、L，并要求孔的轴线垂直于底面 M。如果加工孔为不通孔，则需限制全部六个自由度；如加工孔为通孔，则需限制除 $\vec{z}$ 以外的其他五个自由度。

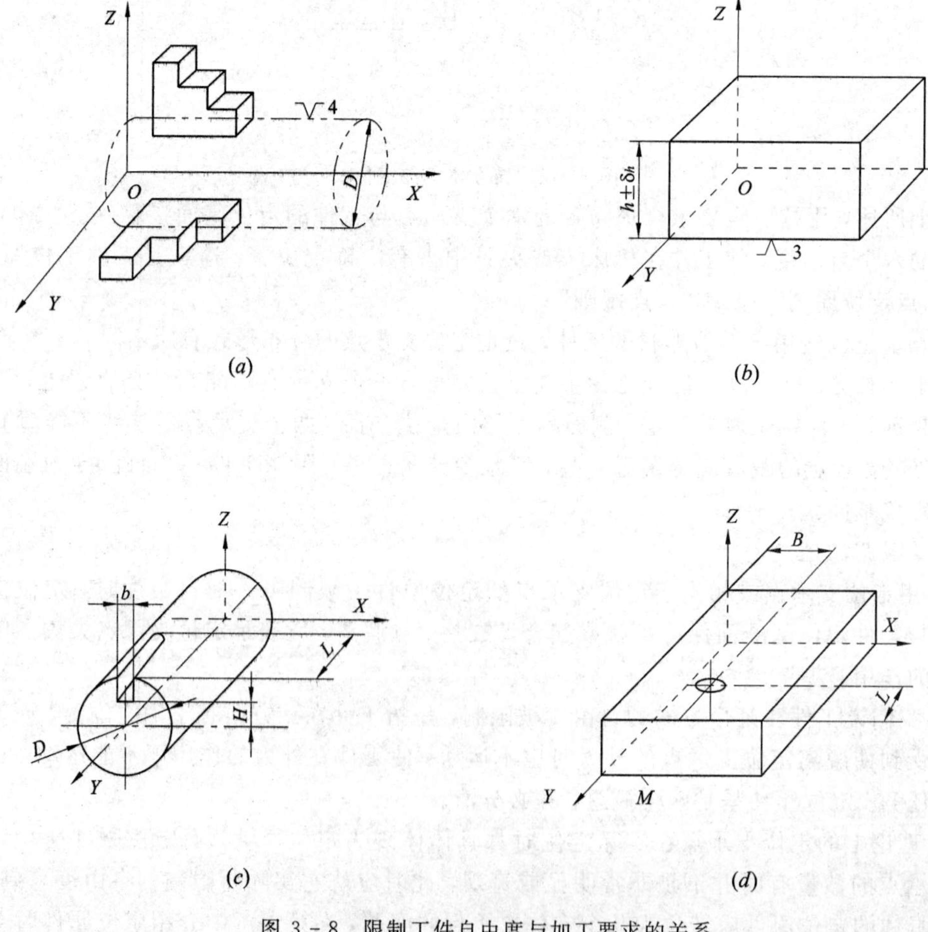

图 3-8 限制工件自由度与加工要求的关系

由上述可知，工件定位时可能出现下列四种情况。

1. 完全定位

工件的六个自由度全部被限制的定位，称为完全定位。如图 3－8(*d*)中加工孔为不通孔时就是这种情况。

2. 不完全定位

工件被限制的自由度少于六个，但能保证加工要求的定位，称为不完全定位。如图 3－8(*c*)中所示，用定位原件限制了它的 $\vec{x}$、$\vec{y}$、$\vec{z}$、$\overset{\frown}{x}$、$\overset{\frown}{z}$ 五个自由度，这种情况就属于不完全定位。

3. 欠定位

根据加工要求，应该限制的自由度没有完全被限制的定位，称为欠定位。欠定位是不允许的，因为欠定位保证不了工件的加工要求。

例如，图 3－9 所示为刨直角台阶时的定位情况，其中(*c*)图定位时只用底面支承(相当于三个定位支承点)，这就属于欠定位情况，它无法保证台阶的方向。在确定工件的定位方案时，绝不允许发生欠定位这样的原则性错误。

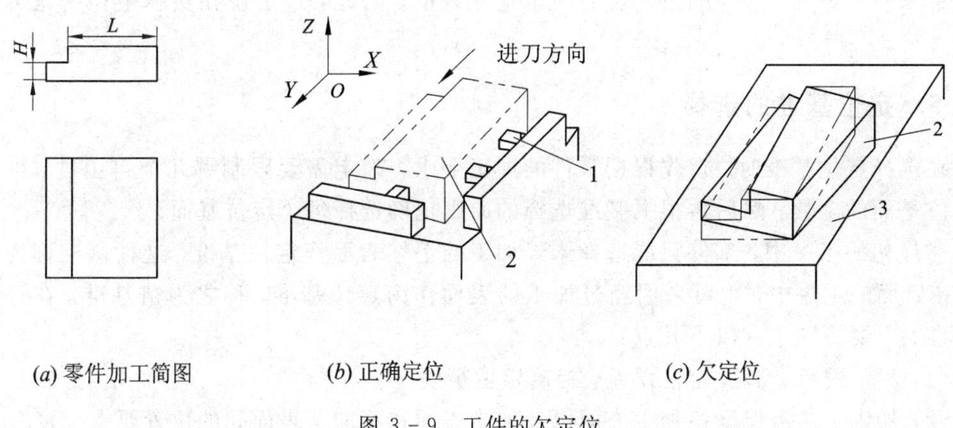

(*a*) 零件加工简图　(*b*) 正确定位　(*c*) 欠定位

图 3－9　工件的欠定位

4. 过定位

工件定位时，如果几个定位支承点重复限制同一个或几个自由度，则称为过定位。

图 3－10 所示为两个过定位的例子，图(*a*)中心轴圆柱面和 *A* 面重复限制了 $\overset{\frown}{x}$、$\overset{\frown}{z}$ 两个自由度；图(*b*)中两个短圆柱销重复限制了 $\vec{y}$ 自由度，都属于过定位情况。过定位可能会造成下列不良结果：

(1) 工件定位不一致，定位精度降低。

(2) 使工件或定位元件产生变形。

(3) 工件装不到夹具上。

因此，在确定工件定位方案时，一般情况下应尽量避免采用过定位。彻底消除过定位可采用改变定位元件结构的方法，这是常用的合理方法。如将图 3－10(*b*)中的一个圆柱销改为削边销，就可消除上述过定位。

工件定位时并不是绝对不允许过定位，条件是要求工件定位基准和夹具定位元件都具有较高的形状和位置精度，这样才能避免产生上述不良后果。如在图 3－10(*a*)中，提高心

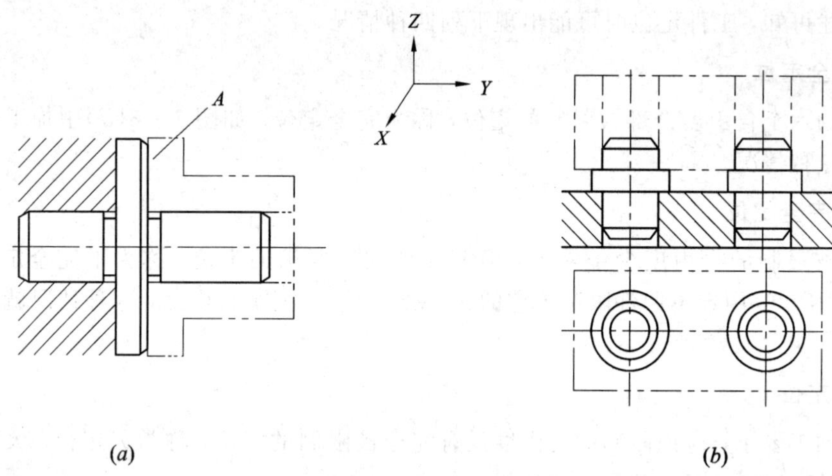

图 3-10　过定位实例

轴端面 A 与外圆轴线的垂直度以及工件大端面与内孔轴线的垂直度，并保证轴、孔恰当的配合间隙，这样不但可以实现定位，而且还能提高装夹稳定性，防止加工中出现振动，给加工带来一定好处，这样的过定位有时也是允许的。因此，过定位在实际生产中也可合理使用。

3.2.5　定位基准的选择

在选择定位基准时，首先根据零件的加工要求，确定需要限制哪几个自由度，进而确定定位基面的个数，然后再根据基准选择的原则正确选择每个定位基面。

在最初的工序中，工件只能选择未经加工的毛坯表面作定位基准，这种基准称为粗基准。在后面的工序中，则可采用经过加工的表面作为定位基准，称之为精基准。在选择定位基准时，要特别注意以下几点：

(1) 尽量避免和减少定位误差，提高定位精度。

(2) 加工中注意保证各加工表面以及加工表面和不加工表面间的位置要求。

(3) 夹具结构简单，定位可靠。

现将粗基准和精其准的选择原则叙述如下。

1. 粗基准的选择

选择粗基准时，要重点考虑两个问题，一是各加工表面是否有足够余量；二是不加工表面与加工表面间尺寸、位置应符合图纸要求。

(1) 如果首先必须保证工件上加工表面与不加工表面之间的位置要求，则应选择工件上的不加工表面为粗基准。

如图 3-11 所示套类零件，外表面为不加工表面，为了保证镗孔后的壁厚均匀，应选择外表面为粗基准。因为外圆表面与毛坯孔之间有偏心，所以以外圆为粗基准，安装在三爪卡盘上。在镗孔的过程中，可以纠正毛坯的同轴度误差，

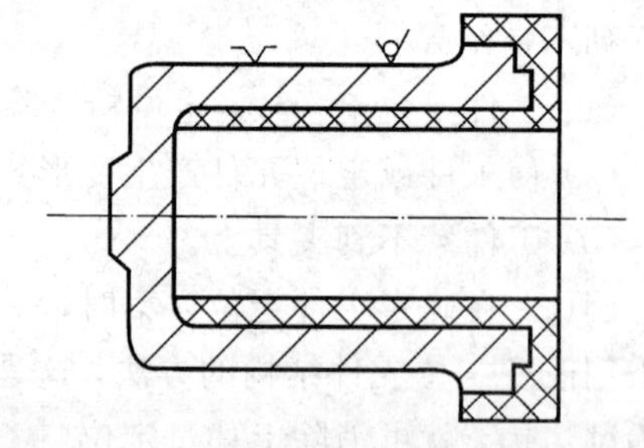

图 3-11　套的粗基准选择

获得壁厚比较均匀的工件。

对于有多个不加工表面的工件，选择粗基准时，应选择其中与加工表面位置要求较高者。

(2) 对于有多个加工表面的工件，选择粗基准时，应注意使各加工表面有足够的加工余量，一般应以加工余量较小的表面为粗基准。

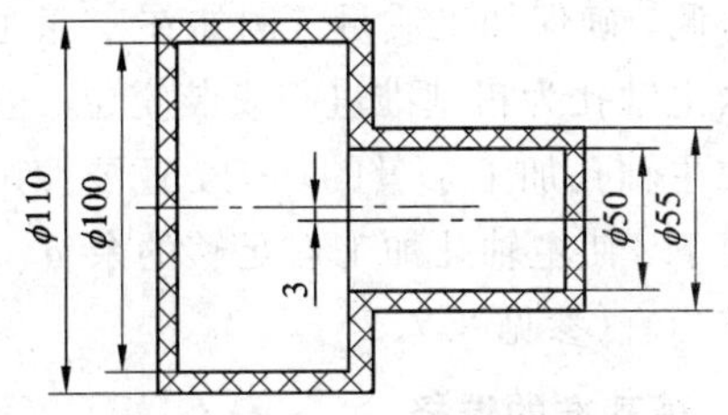

图 3-12　阶梯轴粗基准选择

如图 3-12 所示的阶梯轴，$\phi55$ mm 的外圆加工余量较小，$\phi110$ mm 的外圆加工余量较大，应该选择 $\phi55$ mm 的外圆为粗基准，加工 $\phi110$ mm 外圆至 $\phi100$ mm，然后再以 $\phi100$ mm 外圆作为精基准加工 $\phi55$ mm 外圆，这样就不会产生小外圆因余量不够而加工不出来的情况。

(3) 如果必须保证工件上某重要表面加工余量均匀，则应该选择该表面作为粗基准。

如图 3-13 所示床身零件，导轨面是重要表面，要求导轨表面耐磨性好，并要求在导轨表面有大体一致的物理机械性能。为此，不仅在铸造中导轨面应在下箱底部，而且在加工中应选择导轨面为粗基准先加工床腿底面，然后再以床腿底面为精基准加工导轨面，这样一方面保证了导轨表面加工余量均匀，另一方面也使第一道工序的金属切除量减少。

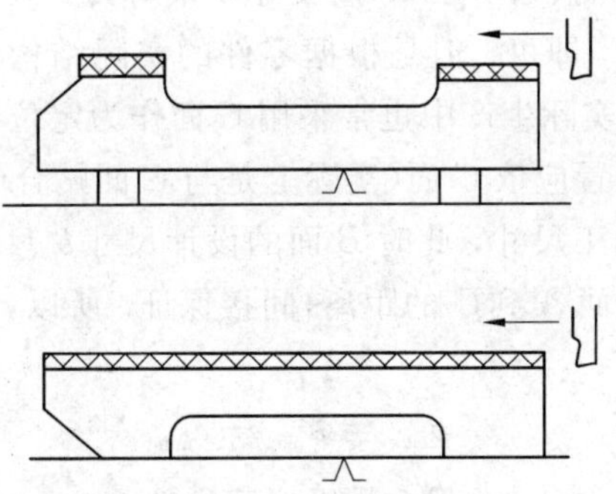

图 3-13　床身粗基准的选择

(4) 作为粗基准的表面，应尽量平整、光洁，没有浇口、冒口、飞边毛刺等，以保证定位准确，夹紧可靠。

(5) 一般粗基准在同一尺寸方向上只能用一次。粗基准是毛坯面，表面粗糙、不规则，形状误差较大，重复使用前一次的粗基准定位，会产生较大的定位误差。

加工如图 3-14 所示的阶梯小轴，由于 A 面比较粗糙，如果重复使用 A 面作为粗基准加工 B、C 面，必然会使 B 面轴线与 C 面轴线产生较大的同轴度误差。

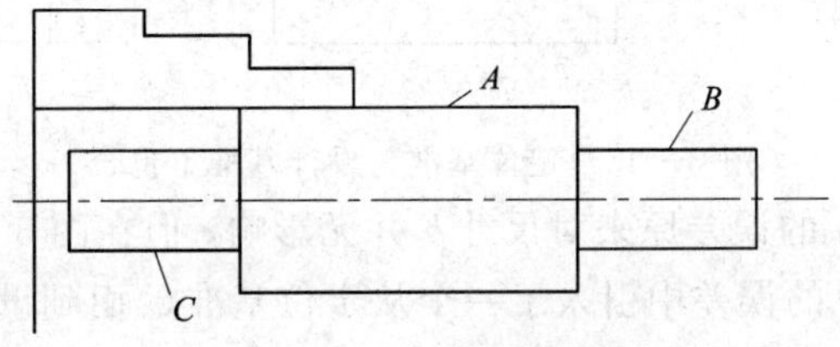

图 3-14　重复使用粗基准

在生产中也有粗基准重复使用的情况，只要重复使用粗基准时并没有限制同一方向上的自由度，即可允许。

在上述粗基准的选择原则中，常常出现互相矛盾的情况，这时应综合考虑，分清主次，互相协调，确保加工质量。例如在车床主轴箱体的加工中，为保证主轴孔加工余量均匀，则应以主轴孔为粗基准进行安装定位。但是，当主轴孔与内腔壁位置偏移较大时，就不能只考虑主轴孔加工余量的均匀，还要照顾到其与内腔壁的位置要求，必须在保证位置精度的前提下，使主轴孔加工有足够的余量。如果毛坯的制造比较准确，则还是以主轴孔作为粗基准为宜(参见 3.7.2)。

2. 精基准的选择

选择精基准时，重点考虑如何确保零件的加工精度，同时也要注意夹具结构简单、装夹方便等方面的问题，具体有下面一些原则。

1)“基准重合”原则

直接选用被加工表面的设计基准作为定位基准，称为基准重合。采用基准重合容易保证被加工表面对其设计基准的位置尺寸精度，避免产生基准不重合误差。

如图 3-15 所示零件，A、C 面已在前面工序中加工完毕，现要加工 B 面。当图纸按图(*a*)所示方式标注 B 面的技术要求时，显然 B 面的设计基准是 A 面。按照基准重合原则，选用 A 面作为定位基准(如图(*b*)所示)，按尺寸 *b* 来对刀，只要该工序产生的加工误差不超过图纸规定的 *b* 的公差 T_b 即可。但是根据零件的实际结构和从简化夹具结构、定位稳定、装夹牢固的角度考虑，实际生产中也常采用 C 面作为定位基准(如图(*c*)所示)。在这种情况下，刀具高度方向的位置应依 C 面(实际上是与 C 面贴合的夹具上的工作面)调定，即图中的 *c* 尺寸是本工序的加工尺寸，此时 B 面的设计尺寸 *b* 只能通过尺寸 *c* 和尺寸 *a*(前边工序加工出来的尺寸，即表面 A 到 C 的距离)间接保证。所以，这一批零件的尺寸 *b* 可能的变化范围为：

$$b_{max} = a_{max} - c_{min} \tag{1}$$

$$b_{min} = a_{min} - c_{max} \tag{2}$$

由(1)式－(2)式，得：

$$T_b = T_a + T_c$$

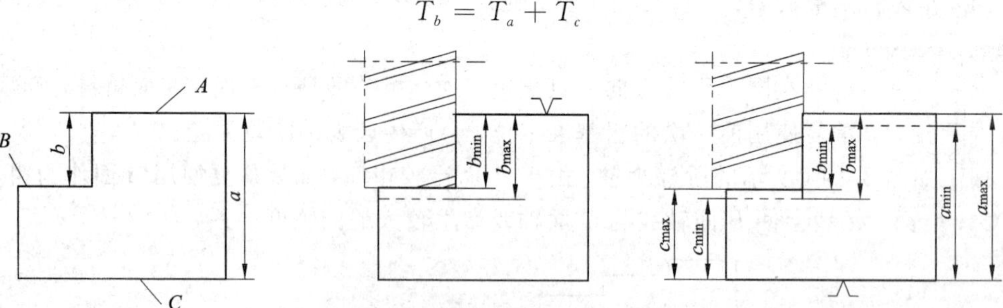

图 3-15　定位基准与设计基准不重合

基准重合时，尺寸 *a* 的误差原来对尺寸 *b* 并无影响，但在图 3-15(*c*)中，由于用 C 面作为定位基准，使尺寸 *b* 的误差中引入了一个从定位基准 C 面到设计基准 A 面之间的尺寸 *a*(称为定位尺寸)的误差，这个误差就是基准不重合误差。由于它是在定位过程中产生的，所以是一种定位误差。

显然，采用基准不重合的定位方案，必须控制该工序的加工误差和基准不重合误差的总和不超过设计尺寸 b 的公差，即：

$$T_a + T_c \leqslant T_b$$

这样既缩小了本道工序的加工允差，又对前面工序提出了较高的要求。因此，选择定位基准时，应尽量符合基准重合原则，这对保证加工精度是有利的。

这里要说明的是：

① 定位基准和设计基准不重合而产生定位误差的问题，发生在用调整法获得尺寸的场合，如图 3-15(c)所示 B 面相对于定位基面 C 的尺寸 c 是预先调整好刀具位置加工一批工件时发生的。若用试切法加工，即每加工一个零件都直接测量尺寸 b，此时虽然仍用 C 面安装工件，但它已不再决定刀具相对工件位置，所以 C 面就不是定位基面，也就不会产生基准不重合误差问题。

② 采用基准重合时，如果出现夹具结构太复杂，装夹工件不方便等问题，则这一基准实现起来很困难，甚至不可能，这时就不得不放弃这一原则。

2)"基准统一"原则

在零件加工的多道工序甚至整个工艺过程中，采用统一的精基准定位加工各表面，称为"基准统一"。

采用基准统一原则能简化夹具的设计与制造工作，也可以减少因基准变换带来的误差，较好地保证各加工表面间的位置精度。特别是在流水线、自动线生产中，基准统一原则应用十分广泛，例如加工轴类零件以顶尖孔定位，加工箱体类零件以"一面两孔"定位等。

"基准重合"和"基准统一"是两个不同的概念。基准重合是针对一道工序中的某一项加工要求而说的。在一道工序中，对于某项加工要求基准重合，对于其他加工却不一定也要求基准重合。基准统一是针对多道工序而说的，采用统一基准时，不一定基准重合。

3)"自为基准"原则

当某些加工表面要求加工余量小而均匀时，常选择其自身作为定位基准，称为"自为基准"。例如磨削床身导轨面时，加工余量小(不超过 0.5 mm)，因此可以以导轨面本身为基准来找正。具体方法是在磨头上装上百分表，移动磨头来找正工件。在拉床上用圆拉刀拉孔也是以加工面自身为基准的(参见图 2-66(a)所示)。

4)"互为基准"原则

为了使相关的加工表面之间达到较高的位置精度，可以采用以这些表面互为定位基准，反复进行加工的方法。例如车床主轴的支承轴颈与主轴锥孔的加工，就采用了"互为基准"原则，逐步提高加工精度；再如加工精密齿轮时，齿轮淬火后以齿面为基准磨内孔，再以内孔为基准磨齿面，也属于互为基准。这种方法在盘套类零件加工中应用也较多。

在精基准的选择中应尽量保证夹具结构简单，定位稳定可靠，操作简单方便。

上述精基准选择原则在具体使用时常常会出现互相矛盾的情况，在实际生产中应结合具体生产条件进行分析，抓住主要矛盾，兼顾其他要求，灵活运用。确定定位方案时，一般先考虑在加工中是否有"基准统一"的可能性和必要性。如果没有必要或虽有必要但实现起来非常困难，则应考虑采用基准重合的原则；如果为达到基准重合而使夹具过于复杂或工件定位不稳，应再重新选择其他定位基准。当基准不重合时，应计算基准不重合误差，判断误差大小是否在允许的范围之内，以决定最终定位及加工方案。

图 3-16 所示为一轴架零件，其工艺过程已确定，现在以它为例分析如何选择各工序定位基准并确定应限制工件的几个自由度。

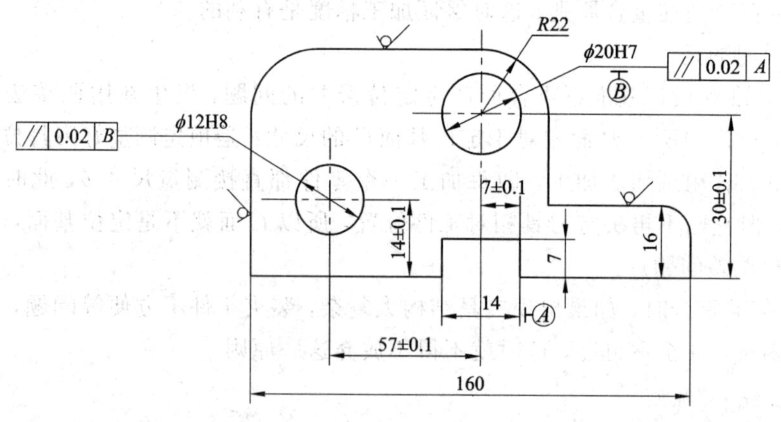

图 3-16　轴架零件图

工艺过程如下：

（1）划线；

（2）粗、精铣底面和凹槽面；

（3）粗、精镗 ϕ20H7 孔；

（4）钻、扩、铰 ϕ12H8 孔。

第一道工序为划线。以工件不加工的上顶面和右侧为粗基准，根据 $R22$ 找出 ϕ20H7 孔的轴线；再以距 ϕ20H7 孔的轴线尺寸为 30±0.1 并保持与顶面平行的两项要求划出底面位置；根据距底面尺寸 7 和距 ϕ20H7 孔轴线为 7±0.1 的要求划出凹槽的位置；最后根据尺寸 14±0.1 和 57±0.1 划出孔 ϕ12H8 的轴线位置。

第二道工序为按划线找正后粗、精铣底面和凹槽面。

第三道工序为粗、精镗 ϕ20H7 孔。加工中选择底面和凹槽侧面为精基准，底面限制三个自由度，凹槽侧面限制两个自由度。对于尺寸 30±0.1、7±0.1 和平行度 0.04 均实现了"基准重合"，没有基准不重合误差。

第四道工序为钻、扩、铰 ϕ12H8 孔。应保证的尺寸为 14±0.1、57±0.1 及对孔 ϕ20H7 轴线的平行度要求 0.02。在这道工序中，定位基准的选择可以有以下两个方案。

第一方案：用底面和凹槽侧面定位。底面限制三个自由度，凹槽侧面限制两个自由度。此方案的定位基准与第三道工序相同。因此，两个孔的加工实现了"基准统一"，这对夹具设计有利。同时，对尺寸 14±0.1 实现了"基准重合"。但对尺寸 57±0.1 和两孔轴线的平行度 0.02 两项要求未能实现"基准重合"，存在基准不重合误差，要进行分析计算。在分析中发现，孔 ϕ20H7 轴线对凹槽侧面的平行度要求为 0.04，已超过本道工序中两孔轴线平行度 0.02 的要求，显然是不合理的。如采用本方案，必须缩小上道工序中的平行度允差值。

第二方案：用 ϕ20H7 孔和底面定位。ϕ20H7 孔限制工件四个自由度，底面限制工件一个自由度。

此方案对尺寸 57±0.1 和两孔轴线平行度 0.02 实现了“基准重合”。对尺寸 14±0.1，如果支撑点选择合适，也能实现“基准重合”。但此方案夹具的刚性较差。

两个方案相比较，采用第二方案较好。

3.3 工艺路线的拟定

在初步考虑了零件的定位基准使用情况以后，便可进一步拟定零件的机械加工工艺路线。拟定工艺路线是制定工艺规程的关键性一步，应多提出几种方案，分析择优。这个过程中应重点考虑以下几个方面的问题：各表面加工方法的确定；是否要划分加工阶段；确定工序集中与分散的程度；确定各个表面的加工顺序和装夹方法；详细制定工序的具体内容等。

3.3.1 表面加工方法的选择

要达到同样质量的加工表面，加工方案可以有多种。在表 3－8、表 3－9、表 3－10 中列出了外圆、孔和平面加工的多种方案。在选择加工方法和加工方案时要注意在保证加工质量的前提下满足生产率和经济性的要求，具体考虑因素介绍如下。

表 3－8 外圆表面的加工方案

<table>
<tr><th>序号</th><th>加工方案</th><th>经济精度等级</th><th>表面粗糙度 $R_a/\mu m$</th><th>适用范围</th></tr>
<tr><td>1</td><td>粗车</td><td>IT11 以下</td><td>50～12.5</td><td rowspan="4">主要用于淬火钢以外的各种金属</td></tr>
<tr><td>2</td><td>粗车－半精车</td><td>IT8～IT10</td><td>6.2～3.2</td></tr>
<tr><td>3</td><td>粗车－半精车－精车</td><td>IT7～IT8</td><td>1.6～0.8</td></tr>
<tr><td>4</td><td>粗车－半精车－精车－滚压(或抛光)</td><td>IT7～IT8</td><td>0.2～0.025</td></tr>
<tr><td>5</td><td>粗车－半精车－磨削</td><td>IT7～IT8</td><td>0.8～0.4</td><td rowspan="3">主要用于淬火钢，也可用于未淬火钢，但不宜加工有色金属</td></tr>
<tr><td>6</td><td>粗车－半精车－粗磨－精磨</td><td>IT6～IT7</td><td>0.4～0.1</td></tr>
<tr><td>7</td><td>粗车－半精车－粗磨－精磨－超精加工</td><td>IT5</td><td>0.1～R_z0.1</td></tr>
<tr><td>8</td><td>粗车－半精车－精车－金刚石车</td><td>IT6～IT7</td><td>0.4～0.025</td><td>主要用于要求较高的有色金属加工</td></tr>
<tr><td>9</td><td>粗车－半精车－粗磨－精磨－超精磨或镜面磨</td><td>IT5 以上</td><td>0.025～R_z0.05</td><td rowspan="2">极高精度的外圆加工</td></tr>
<tr><td>10</td><td>粗车－半精车－粗磨－研磨</td><td>IT5 以上</td><td>0.1～R_z0.05</td></tr>
</table>

表 3－9　孔的加工方案

序号	加 工 方 案	经济精度等级	表面粗糙度 $R_a/\mu m$	适用范围
1	钻	IT11～IT12	12.5	加工未淬火钢及铸铁的实心毛坯，也可用于加工有色金属(但表面粗糙度稍大，孔径小于 15～20 mm)
2	钻－铰	IT9	3.2～1.6	
3	钻－粗铰－精铰	IT7～IT8	1.6～0.8	
4	钻－扩	IT10～IT11	12.5～6.3	同上，但孔径大于 15～20 mm
5	钻－扩－铰	IT8－IT9	3.2～1.6	
6	钻－扩－粗铰－精铰	IT7	1.6～0.8	
7	钻－扩－机铰－手铰	IT6～IT7	0.4～0.1	
8	钻－扩－拉	IT7～IT9	1.6～0.1	大批大量生产
9	粗镗(或扩孔)	IT11～IT12	12.5～6.3	主要用于加工除淬火钢外各种材料，毛坯有铸出孔或锻出孔
10	粗镗(粗扩)－半精镗(精扩)	IT8～IT9	3.2～1.6	
11	粗镗(扩)－半精镗(精扩)－精镗(铰)	IT7～IT8	1.6～0.8	
12	粗镗(扩)－半精镗(精扩)－精镗－浮动镗刀精镗	IT6～IT7	0.8～0.4	
13	粗镗(扩)－半精镗－磨孔	IT7～IT8	0.8～0.2	主要用于淬火钢，也可用于未淬火钢，但不宜用于有色金属
14	粗镗(扩)－半精镗－粗磨－精磨	IT6～IT7	0.2～0.1	
15	粗镗－半精镗－精镗－金刚镗	IT6～IT7	0.4～0.05	主要用于精度要求高的有色金属加工
16	钻－(扩)－粗铰－精铰－珩磨； 钻－(扩)－拉－珩磨； 粗镗－半精镗－精镗－珩磨	IT6～IT7	0.2～0.025	加工精度要求很高的孔
17	以研磨代替上述方案中的珩磨	IT6 级以上		

表 3-10　平面的加工方案

序号	加工方案	经济精度等级	表面粗糙度 $R_a/\mu m$	适用范围
1	粗车—半精车	IT9	6.3～3.2	端面
2	粗车—半精车—精车	IT7～IT8	1.6～0.8	
3	粗车—半精车—磨削	IT8～IT9	0.8～0.2	
4	粗刨(或粗铣)—精刨(或精铣)	IT8～IT9	6.3～1.6	不淬硬平面
5	粗刨(或粗铣)—精刨(或精铣)—刮研	IT6～IT7	0.8～0.1	精度要求较高的不淬硬平面；批量较大时宜采用宽刃细刨方案
6	以宽刃细刨代替上述方案中的刮研	IT7	0.8～0.2	
7	粗刨(或粗铣)—精刨(或精铣)—磨削	IT7	0.8～0.2	精度要求高的淬硬平面或不淬硬平面
8	粗刨(或粗铣)—精刨(或精铣)—粗磨—精磨	IT6～IT7	0.4～0.02	
9	粗铣—拉	IT7～IT9	0.8～0.2	大量生产中较小的平面(精度视拉刀精度而定)
10	粗铣—精铣—磨削—研磨	IT6级以上	0.1～R_z0.05	高精度平面

1. 加工方法的经济精度和表面粗糙度

各种加工方法可以获得的加工精度和表面粗糙度均有一定的范围。在正常条件下(完好的设备和工艺装备、标准技术等级的工人、合理的工时定额)，某种加工方法所能达到的精度称为该加工方法的经济精度。在选择某个表面的加工方法时，一定要了解对应各种加工方法所能达到的经济精度和粗糙度，从中选择最佳的方案。这方面的数据可以从各类工艺手册中查到，也可以参考表 3-8 至表 3-14 的内容。

表 3-11　车床加工的经济精度

机床类型	最大加工直径/mm	圆度/mm	圆柱度/长度/(mm/mm)	平面度(凹入)/直径/(mm/mm)
卧式车床	250 320 400	0.01	0.015/100	0.015/≤200 0.02/≤300 0.025/≤400
	500 630 800	0.015	0.025/300	0.03/≤500 0.04/≤600 0.05/≤700 0.06/≤800
精密车床	250　400 320　500	0.005	0.01/150	0.01/200

续表

机床类型	最大加工直径 /mm	圆度 /mm	圆柱度/长度 /(mm/mm)	平面度(凹入)/直径 /(mm/mm)
高精度车床	250 320 400	0.001	0.002/100	0.002/100
转塔车床	≤12	0.007	0.010/300	0.02/300
	>12～32	0.01	0.02/300	0.03/300
	>32～80	0.01	0.02/300	0.04/300
	>80	0.02	0.025/300	0.05/300
立式车床	≤1000	0.01	0.02	0.04
仿形车床	≥50	0.008	(仿形尺寸误差) 0.02	0.04
车床上镗孔		两孔轴心线的距离误差或自孔轴心线到平面的距离误差/mm		
按划线		1.0～3.0		
在角铁式夹具上		0.1～0.3		

表 3-12　磨床加工的形状、位置经济精度

<table>
<tr><th>机床类型</th><th>加工直径/mm</th><th>圆度/mm</th><th colspan="2">圆柱度/长度/(mm/mm)</th><th>平面度/直径/(mm/mm)</th></tr>
<tr><td>外圆磨床</td><td>≤200
≤320
>320</td><td>卡盘上　顶尖间
0.005　—
0.005　0.003
0.007　0.005</td><td colspan="2">0.006/≤500
0.008/≤1000
0.012/>1000</td><td>0.01/300</td></tr>
<tr><td>内圆磨床</td><td><100
>100</td><td>0.003
0.005</td><td colspan="2">0.003/50
0.005/100</td><td>—</td></tr>
<tr><td>无心磨床</td><td>≤30
>30</td><td>0.002
0.003</td><td>砂轮宽度B</td><td>≤100　0.002
>100～200　0.003
>200～300　0.004
>300　0.005</td><td>—</td></tr>
<tr><td colspan="3">机床类型</td><td colspan="2">平行度(加工面对基面)/长度
/(mm/mm)</td><td>垂直度(加工面间)</td></tr>
<tr><td rowspan="4">平面磨床</td><td colspan="2">卧轴矩台</td><td colspan="2">0.03～0.005/300</td><td>—</td></tr>
<tr><td colspan="2">精密卧轴矩台</td><td colspan="2">0.01/1000</td><td>0.005</td></tr>
<tr><td colspan="2">立轴矩台</td><td colspan="2">0.015/1000</td><td>—</td></tr>
<tr><td colspan="2">卧轴圆台、立轴圆台</td><td colspan="2">工作台直径:
≤500　0.005
500～1000　0.010
1000～1600　0.015</td><td>—</td></tr>
</table>

表 3－13　钻床加工的经济精度

加工精度 加工方法	垂直孔中心线的垂直度/mm	垂直孔中心线的位置度/mm	两平行孔中心的距离误差或自孔中心线到平面距离误差/mm	钻孔与端面的垂直度/mm
按划线钻孔	0.5～1.0/100	0.5～2	0.5～1.0	0.3/100
用钻模钻孔	0.1/100	0.5	0.1～0.2	0.1/100

表 3－14　铣床加工的经济精度

机床类型	加工范围		平面度 /mm	平行度：加工面对基面 /mm	平行度：两侧面加工面之间 /mm	垂直度（加工面相互间）/(mm/mm)
升降台铣床	立式 卧式		0.02 0.02	0.03 0.03	—	0.02/100 0.02/100
工作台不升降铣床	立式 卧式		0.02 0.02	0.03 0.03	—	0.02/100 0.02/100
龙门铣床	加工长度 /m	≤2 >2～5 >5～10 >10	—	0.03 0.04 0.05 0.08	0.02 0.03 0.05 0.08	0.02/300
摇臂铣床			0.02	0.03		0.02/100
铣床上镗孔			镗垂直孔中心线的垂直度 /mm		镗垂直孔中心线的位置度 /mm	
回转工作台			0.02～0.05/100		0.1～0.2	
回转分度头			0.05～0.1/100		0.3～0.5	

2. 工件的材料与热处理

加工方法与工件材料及性质有直接关系。例如，淬火后的钢件表面硬度较高，一般要采用磨削加工，而韧性较高的有色金属则不宜磨削。

3. 工件的形状及尺寸

表面加工方法的选择与工件的形状和尺寸有直接关系。例如，轴类、盘套类零件上的中心孔多在车床上车削，而箱体、支架类零件上的孔及孔系则应在钻床或镗床上加工。尺寸较小的孔采用钻、扩、铰的方法加工较为方便和经济，而大于 $\phi 80$ mm 的孔则采用镗孔和磨孔的方法进行加工。

4. 生产批量的大小

不同的生产批量，加工的方法有所不同。比如，在大批量的生产中，加工内孔可采用拉削，而当批量较小时，采用拉削显然是不经济的，可采用钻削和镗削。

5. 本厂和本车间现有的设备条件和工人的技术水平

根据现有的加工设备和工人技术水平，合理选择加工方法及加工方案，尽量不要外协，以免增加加工成本。

3.3.2 加工阶段的划分

对于加工质量要求较高的零件，工艺过程通常划分为几个阶段：粗加工、半精加工和精加工阶段，要求很高的零件还要有光整加工和超精密加工阶段。

1) 粗加工阶段

此阶段的主要工作是切除大部分加工余量，应注重采用高效的加工方法。

2) 半精加工阶段

此阶段加工使次要表面达到最终尺寸，并为主要表面的精加工作好准备。

3) 精加工阶段

此阶段加工保证各主要表面达到图纸规定的质量要求。

对于要求更高的表面，可以采用光整加工和超精密加工，进一步提高零件的尺寸精度和降低表面粗糙度，但一般不用以纠正零件表面的形状误差和位置误差。

划分加工阶段的好处体现在下列几个方面：

(1) 有利于保证加工质量。粗加工余量大，产生的切削力大，切削温度高，工件变形大，不可能得到较高的精度和较小的表面粗糙度。因此，需要先完成各表面的粗加工，再通过半精加工和精加工逐步修正，同时各阶段之间的时间间隔相当于自然时效，有利于消除粗加工产生的内应力，使工件有变形的时间，以便在后面的工序予以纠正或消除。

(2) 合理使用设备。粗加工使用功率大、刚性好、精度较低的高效率机床，而精加工则使用精度较高的机床，有利于机床精度的长期保持。不同加工阶段使用不同的机床，可以做到设备的合理使用，充分发挥各类机床的优势。

(3) 便于安排热处理工序。粗加工后残余应力大，要安排去除应力的热处理；半精加工后的淬火处理可满足零件的性能要求，淬火引起的变形也可通过后面的精加工来消除。这样，热处理工序自然而然地就把加工阶段划分开了，同时可以使热处理发挥充分的效果。

(4) 及时发现毛坯缺陷。如果毛坯上存在气孔、砂眼、裂纹及余量不够等缺陷，粗加工阶段便可发现，以便采取补救措施或报废处理，防止造成加工浪费。

(5) 精加工安排在最后也可避免精加工好的表面受到损伤。

这里需要指出，加工阶段的划分不是绝对的。当加工质量要求不高、工件的刚性足够、毛坯质量高、加工余量小时，则可以不划分加工阶段，例如在加工中心加工零件时。另外，有些重型零件，由于运输和在机床上安装比较费事，也常常不划分加工阶段，在一次装夹下完成全部粗加工和精加工，或在粗加工后松开夹具，消除夹紧变形后再用较小的夹紧力重新夹紧，进行精加工。

3.3.3 工序的集中与分散

工序的加工往往是由很多工步组成的，如何把这些工步组织集中成若干道工序，在若干台机床上进行加工，是拟订工艺过程时要考虑的另外一个问题。

所谓工序集中，是指完成相同加工内容工艺路线最短，即工序数少但每道工序的加工内容较多，其极端情况就是零件全部加工内容在一道工序中(即一台机床上)完成。工序分散则正好相反，它是将相同的加工内容分散在较多工序中进行，每道工序的加工内容较少，其极端情况就是每道工序只有一个工步。

工序集中的特点是：

(1)减少了工件安装次数，不仅有利于提高生产率，而且在一次装夹下加工多个表面，有利于保证各加工表面间的位置精度。

(2) 工序数少，减少了机床数量、人员和占地面积。

(3) 简化了生产计划与组织工作。

(4) 实现工序集中往往要采用结构更复杂、自动化程度更高的专用、高效设备，因此机床和工艺装备的调整、维修更费时，而且设备投资一般较大，生产准备时间长。

工序分散的特点与之相反。

在编制零件加工工艺规程时，必须根据生产规模、零件的加工要求、设备条件等具体情况进行分析，恰当地确定工序集中与分散的程度，以便达到最佳技术和经济效果。

一般情况下，单件小批量生产均在通用机床上采用工序集中的方式进行生产，以免机床负荷不足；中批以上生产可采用专用、高效机床实现工序集中，或者采用通用机床加专用工艺装备采用工序分散方式组织生产。

对于重型零件，工序应适当集中，避免频繁搬运工件；对于刚性差而精度高的精密零件，工序应分散安排。

目前，随着数控机床和加工中心等高效自动化机床的普遍使用，在各种生产规模情况下都更有条件采用工序集中方式组织生产，并且能够达到很好的技术、经济效果。

3.3.4 加工顺序的安排

1. 机械加工工序的安排

1) 先主后次

根据零件的功用和技术要求，将零件的主要表面和次要表面分开，先安排主要加工表面的加工。由于次要表面的加工工作量比较小，而且又往往和主要表面有位置精度的要求，因此一般都放在主要表面的主要加工工作结束之后、终加工之前进行。

2) 先粗后精

当零件分阶段进行加工时，应先进行粗加工，再进行半精加工，最后安排精加工和光整加工。精度要求不高的表面加工，一般在粗加工或半精加工阶段完成。

3) 基准先行

零件加工一般多从精基准的加工开始，然后再以精基准定位加工其他表面。对于精度要求高的工序，加工前应注意对定位基准的修整加工，尤其是热处理以后。

2. 热处理工序的安排

热处理主要用来改善材料的性能和消除内应力。热处理工序位置的安排取决于热处理的目的。

1) 预备热处理

正火、退火能消除毛坯制造时的内应力，改善切削性能，一般安排在粗加工之前进行。

时效处理用于减少工件的变形，一般安排在粗加工前后进行。对精密零件，需进行多次时效处理。

调质处理能消除内应力，改善切削性能并获得较好的力学性能，常被安排在粗加工后进行。

2）最终热处理

常用的最终热处理有淬火、渗碳淬火、氮化等，主要用于提高零件表面的硬度和耐磨性，常安排在精加工(磨削)之前进行。由于氮化层很薄，热处理后零件变形小，因而也可安排在终加工之后或粗磨之后、精磨之前进行。

3. 检验工序的安排

检验是监控产品质量的主要措施，除了在每道工序的进行中操作者必须自行检验外，还必须在下列情况下安排单独的检验工序：

(1) 粗加工之后，精加工之前。

(2) 零件转换车间前后。

(3) 重要工序前后。

(4) 特种性能(磁力探伤、密封性等)检验之前。

(5) 全部加工完毕之后。

3.4 工序内容的确定

3.4.1 加工余量和工序尺寸的确定

在工艺规程中，每道工序都要标注出本工序所要达到的工序尺寸及公差，以作为工人操作的依据。工序尺寸的确定与各工序的加工余量有直接的关系。

1. 加工余量的确定

1）加工余量的基本概念

加工中从工件表面切除的金属层厚度称为加工余量。

(1) 工序余量。某工序中从工件表面切除的金属层厚度称为本工序的加工余量，即工序余量。

对于回转表面，加工余量是对称分布的双边余量；对于非回转表面，加工余量是单边余量。

图 3 - 17 表示了单边、双边余量与工序尺寸的关系。

对于图 3 - 17(*a*)所示的外表面：

$$z = a - b$$

对于图 3 - 17(*b*)所示的内表面：

$$z = b - a$$

对于轴(如图 3 - 17(*c*)所示)：

$$z = d_a - d_b$$

对于孔(如图 3 - 17(*d*)所示)：

$$z = d_b - d_a$$

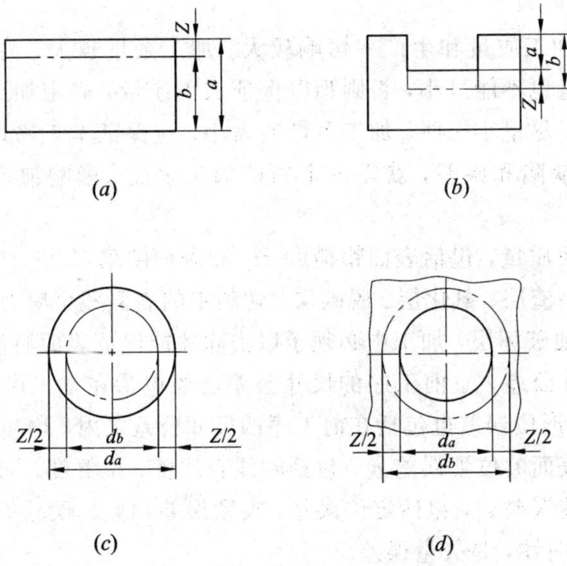

图 3－17　单边余量与双边余量

式中：z——本工序的加工余量；

a——前工序工序尺寸；

b——本工序工序尺寸；

d_a——前工序加工直径；

d_b——本工序加工直径。

通常所说的加工余量是上道工序与本道工序的基本尺寸之差，称为公称余量。由于各工序尺寸都存在误差，因此工序余量都是变动值，如图 3－18 所示。图中：

$$Z_{\max} = a - (b - T_2)$$

$$Z_{\min} = (a - T_1) - b$$

由此可得余量公差：

$$T_z = Z_{\max} - Z_{\min} = T_1 + T_2$$

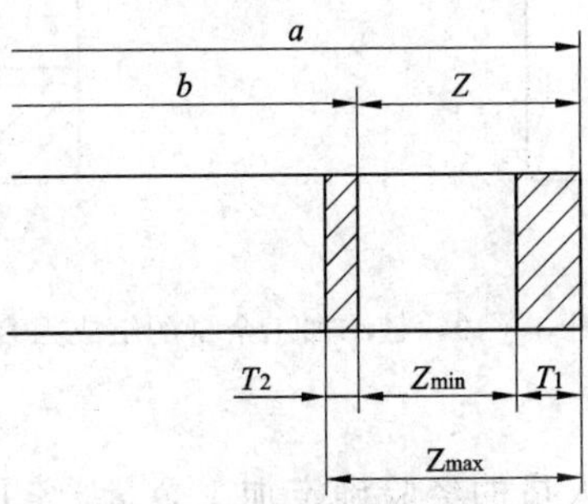

图 3－18　被包容面的加工余量及公差

（2）总余量。总余量等于同一加工表面各工序余量之和，即该表面从毛坯加工至成品时切除的金属层总厚度。

2）影响加工余量的因素

加工余量对零件加工质量和生产率影响较大。加工余量越大，消耗越大、效率越低、成本越高。但加工余量也不能过小，否则难以保证加工质量。确定加工余量的原则是在保证加工质量的前提下，尽量小一些。加工余量的大小，应保证本工序切除的金属层能去掉上道工序加工造成的缺陷和误差，获得一个新的加工表面。影响加工余量的因素有如下几项：

（1）前工序的表面质量，包括表面粗糙度 H_a 和表面缺陷层 T_a。表面缺陷层指毛坯制造中的冷硬层、气孔夹渣层、氧化层、脱碳层、切削中的表面残余应力层、表面裂纹、组织过度塑性变形层及其他破坏层，加工中必须予以去除才能保证表面质量不断提高。

（2）前工序的尺寸公差 δ_a。前工序的尺寸公差已经包括在本工序的公称余量之内（如图 3－18 所示）。有些形位误差也包括在前工序的尺寸公差之内，均应在本工序中切除。

（3）前工序加工表面的位置误差 ρ_a，包括轴线直线度、位置度、同轴度等。

（4）本工序的安装误差 ε_b，包括定位误差、夹紧误差和夹具误差等。

ε_b 和 ρ_a 都具有方向性，是矢量误差。

加工余量的组成可以用下式表示。

用于双边余量时：

$$Z \geqslant 2(H_a + T_a) + \delta_a + 2\,|\,\rho_a + \varepsilon_b\,|$$

用于单边余量时：

$$Z \geqslant H_a + T_a + \delta_a + |\,\rho_a + \varepsilon_b\,|$$

图 3－19 表示出了最小加工余量与其构成因素间的关系。

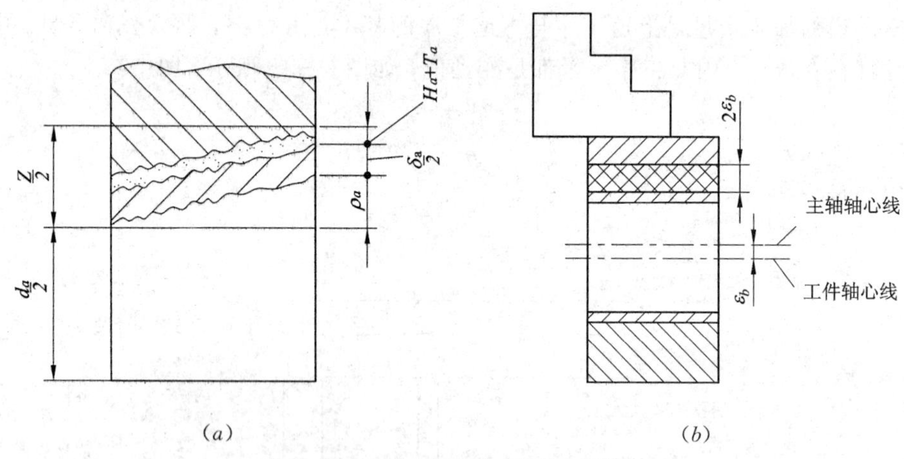

图 3－19　最小加工余量的组成因素

3）加工余量的确定方法

（1）经验估计法。凭工艺人员的经验确定加工余量，常用于单件小批量生产，加工余量一般偏大，以避免产生废品。

（2）查表修正法。根据有关手册查出加工余量数值，可根据实际情况加以修正，此方法应用较广泛。表 3－15、表 3－16、表 3－17、表 3－18 中给出了部分情况下加工余量的数值，供学习时参考。

（3）分析计算法。考虑各种影响因素后，利用前面所述理论公式进行计算，但由于经常缺少具体数据，应用较少。

表 3 - 15　轴在粗车外圆后、精车外圆的加工余量　　（mm）

轴的直径 d	零件长度 L						粗车外圆的公差
	≤100	>100～250	>250～500	>500～800	>800～1200	>1200～2000	
	直径加工余量 z						
≤10	0.8	0.9	1.0	—	—	—	—
>10～18	0.9	0.9	1 0	1.1	—	—	0.24
>18～30	0.9	1.0	1.1	1.3	1.4	—	0.28
>30～50	1.0	1.0	1.1	1.3	1.5	1.7	0.34
>50～80	1.1	1.1	1.2	1.4	1.6	1.8	0.4
>80～120	1.1	1.1	1.2	1.4	1.6	1.9	0.46
>120～180	1.2	1.2	1.3	1.5	1.7	2.0	0.53
>180～260	1.3	1.3	1.4	1.6	1.8	2.0	0.6
>260～360	1.3	1.4	1.5	1.7	1.9	2.1	0.68
>360～500	1.4	1.5	1.5	1.7	1.9	2.2	0.76

注：① 在单件或小批生产时，本表数值须乘以系数 1.3，并保留一位小数，如 1.1×1.3=1.43，采用 1.4（四舍五入），这时的粗车外圆精度为 14 级精度。

② 决定加工余量用的轴的长度计算与装夹方式有关。

表 3 - 16　轴磨削的加工余量　　（mm）

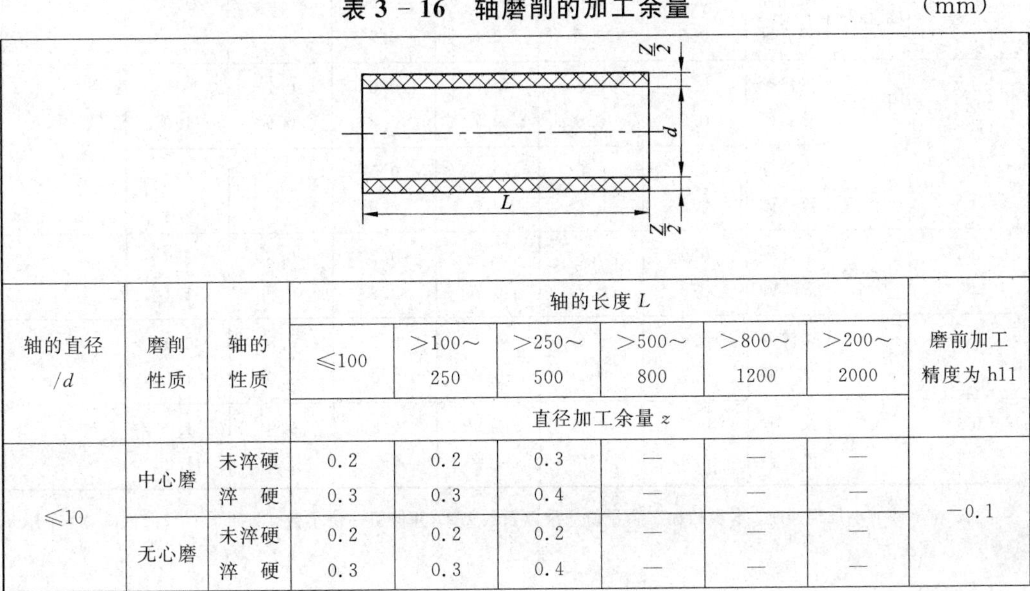

轴的直径 /d	磨削性质	轴的性质	轴的长度 L						磨前加工精度为 h11
			≤100	>100～250	>250～500	>500～800	>800～1200	>200～2000	
			直径加工余量 z						
≤10	中心磨	未淬硬	0.2	0.2	0.3	—	—	—	−0.1
		淬　硬	0.3	0.3	0.4	—	—	—	
	无心磨	未淬硬	0.2	0.2	0.2	—	—	—	
		淬　硬	0.3	0.3	0.4	—	—	—	

续表

轴的直径 /d	磨削性质	轴的性质	轴的长度 L ≤100	>100~250	>250~500	>500~800	>800~1200	>200~2000	磨前加工精度为 h11
			直径加工余量 z						
>10~18	中心磨	未淬硬	0.2	0.3	0.3	0.3	—	—	−0.12
		淬　硬	0.3	0.3	0.4	0.5	—	—	
	无心磨	未淬硬	0.2	0.2	0.2	0.3	—	—	
		淬　硬	0.3	0.3	0.4	0.5	—	—	
>18~30	中心磨	未淬硬	0.3	0.3	0.3	0.4	0.4	—	−0.14
		淬　硬	0.3	0.4	0.4	0.5	0.6	—	
	无心磨	未淬硬	0.3	0.3	0.3	0.3	—	—	
		淬　硬	0.3	0.4	0.4	0.5	—	—	
>30~50	中心磨	未淬硬	0.3	0.3	0.4	0.5	0.6	0.6	−0.17
		淬　硬	0.4	0.4	0.5	0.6	0.7	0.7	
	无心磨	未淬硬	0.3	0.3	0.3	0.4	—	—	
		淬　硬	0.4	0.4	0.5	0.5	—	—	
>50~80	中心磨	未淬硬	0.3	0.4	0.4	0.5	0.6	0.7	−0.20
		淬　硬	0.4	0.5	0.5	0.6	0.8	0.9	
	无心磨	未淬硬	0.3	0.3	0.3	0.4	—	—	
		淬　硬	0.4	0.5	0.5	0.6	—	—	
>80~120	中心磨	未淬硬	0.4	0.4	0.5	0.5	0.6	0.7	−0.23
		淬　硬	0.5	0.5	0.6	0.6	0.8	0.9	
	无心磨	未淬硬	0.4	0.4	0.4	0.5	—	—	
		淬　硬	0.5	0.5	0.6	0.7	—	—	
>120~180	中心磨	未淬硬	0.5	0.5	0.6	0.6	0.7	0.8	0.26
		淬　硬	0.5	0.6	0.7	0.8	0.9	1.0	
	无心磨	未淬硬	0.5	0.5	0.5	0.5	—	—	
		淬　硬	0.5	0.6	0.7	0.8	—	—	
>180~260	中心磨	未淬硬	0.5	0.6	0.6	0.7	0.8	0.9	−0.3
		淬　硬	0.6	0.7	0.7	0.8	0.9	1.1	
>260~360	中心磨	未淬硬	0.6	0.6	0.7	0.7	0.8	0.9	−0.34
		淬　硬	0.7	0.7	0.8	0.9	1.0	1.1	
>360~500	中心磨	未淬硬	0.7	0.7	0.8	0.8	0.9	1.0	−0.38
		淬　硬	0.8	0.8	0.9	0.9	1.0	1.2	

注：在单件或小批生产时，本表的加工余量值应乘以系数1.2，并保留一位小数，例如0.4×1.2=0.48，采用0.5（四舍五入）。

表 3－17　精车端面的加工余量　　(mm)

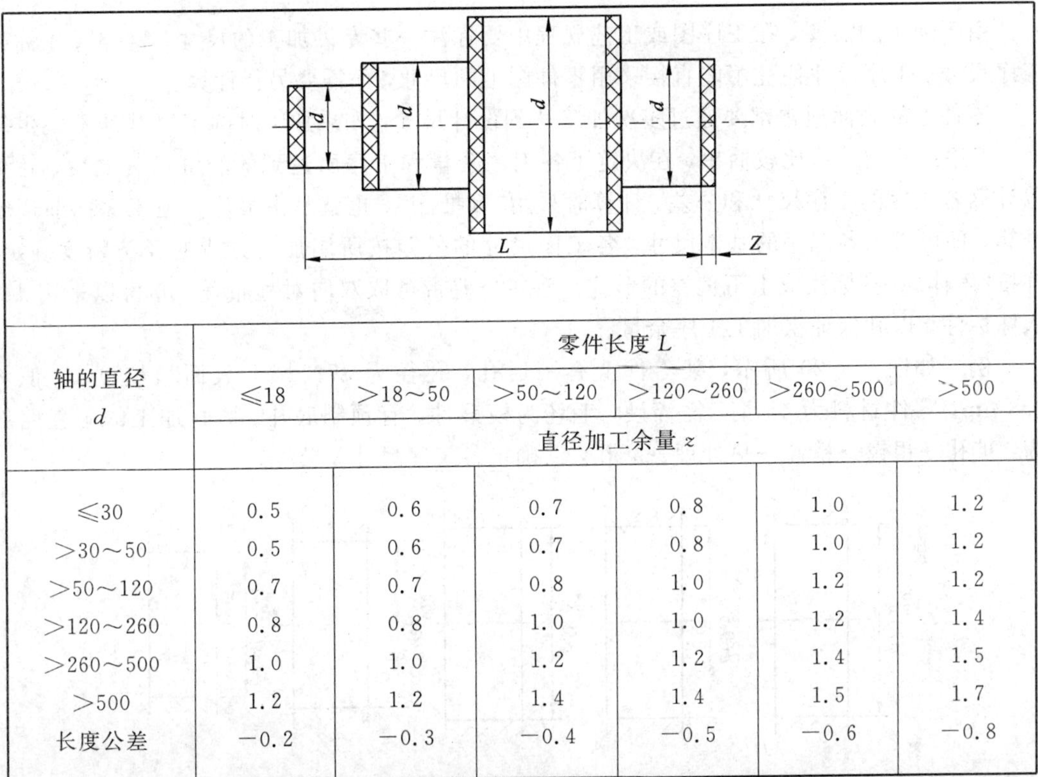

轴的直径 d	零件长度 L					
	≤18	>18～50	>50～120	>120～260	>260～500	>500
	直径加工余量 z					
≤30	0.5	0.6	0.7	0.8	1.0	1.2
>30～50	0.5	0.6	0.7	0.8	1.0	1.2
>50～120	0.7	0.7	0.8	1.0	1.2	1.2
>120～260	0.8	0.8	1.0	1.0	1.2	1.4
>260～500	1.0	1.0	1.2	1.2	1.4	1.5
>500	1.2	1.2	1.4	1.4	1.5	1.7
长度公差	−0.2	−0.3	−0.4	−0.5	−0.6	−0.8

注：① 加工有台阶的轴时，每个台阶的加工余量应根据该台阶的直径 d 及零件的全长分别选用。

② 表中的公差系指尺寸 L 的公差。

表 3－18　磨端面的加工余量　　(mm)

轴的直径 d	零件全长 L					
	≤18	>18～50	>50～120	>120～260	>260～500	>500
	加工余量 z					
≤30	0.2	0.3	0.3	0.4	0.5	0.6
>30～50	0.3	0.3	0.4	0.4	0.5	0.6
>50～120	0.3	0.3	0.4	0.5	0.6	0.6
>120～260	0.4	0.4	0.5	0.5	0.6	0.7
>260～500	0.5	0.5	0.5	0.6	0.7	0.7
>500	0.6	0.6	0.6	0.7	0.8	0.8
长度公差	−0.12	−0.17	−0.23	−0.3	−0.4	−0.5

注：① 加工有台阶的轴时，每个台阶的加工余量应根据该台阶直径 d 及零件的全长 L 分别选用。

② 表中的公差系指尺寸 L 的公差。

2. 工序尺寸及其公差的确定

由于加工的需要，在工序图或工艺规程中要标注一些专供加工的尺寸，这类尺寸称为工序尺寸。工序尺寸往往不能直接采用零件图上的尺寸，而需要另行计算。

零件上的表面通常都要通过多次加工达到设计尺寸，如果加工时的工序基准不发生转换，工序尺寸的计算比较简单，在决定了各工序余量和工序所达到的经济精度之后，就可以计算各工序的工序尺寸和公差。计算时采用"倒推法"，也就是由最后一道工序向前逐步推算，即可求出各工序的基本尺寸，各工序尺寸的公差按所用加工方法的经济精度确定，并按"入体原则"标注成上下偏差的形式。毛坯公差带可取双向对称布置，亦可以采用1/3入体标注，以利保证粗加工工序余量。

例 如图3-20所示，某零件上有一通孔，孔径为$\phi70^{+0.03}_{0}$，表面粗糙度R_a值为0.8 μm。零件材料为45钢，需淬硬，毛坯为模锻件，有预制底孔。此孔加工的工艺路线为：扩孔→粗镗→精镗→热处理→磨孔，试确定各工序尺寸及公差。

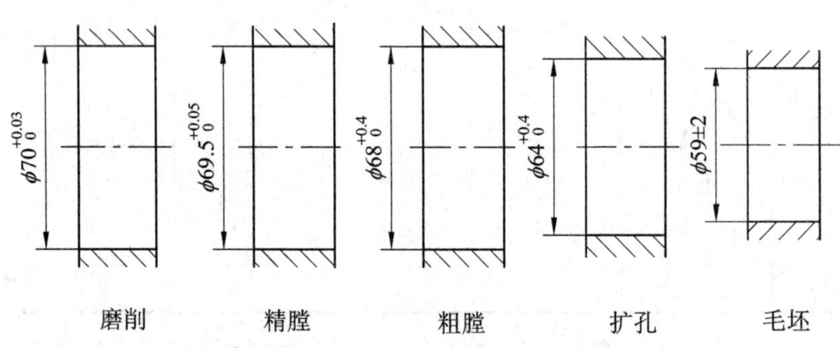

图3-20 孔加工工序尺寸及公差

解 (1) 确定工序余量。

根据工艺手册查得各工序的公称余量：磨削为0.5 mm；精镗为1.5 mm；粗镗为(两次)4.0 mm；扩孔为5.0 mm；总余量为11 mm。

(2) 计算各工序的基本尺寸。

磨削后：达到零件图要求的$\phi70$ mm；

精镗后：$\phi70-0.5=\phi69.5$ mm；

粗镗后：$\phi69.5-1.5=\phi68$ mm；

扩孔后：$\phi68-4=\phi64$ mm；

模锻后：$\phi64-5=\phi59$ mm。

(3) 确定各工序尺寸的公差。

查手册得出有关加工方法的经济精度，并按入体原则标注，毛坯采取双向公差，结果如下。

磨削：保证达到零件图要求，$\phi70^{+0.03}_{0}$ mm；

精镗：可达到IT9级精度，$\phi69.5^{+0.05}_{0}$ mm(H9)；

粗镗：可达到IT12级精度，$\phi68^{+0.4}_{0}$ mm(H12)；

扩孔：可达到IT12级精度，$\phi64^{+0.4}_{0}$ mm(H12)；

毛坯孔：公差由毛坯制造方法决定，为4 mm(查手册)，所以，毛坯孔为$\phi59\pm2$ mm。

但是当零件在加工过程中需要多次转换工序基准，或工序尺寸需要从尚待继续加工的表面标注时，工序尺寸的计算就比较复杂一些，这时需要利用工艺尺寸链原理来进行分析和计算。具体的计算方法见 3.5 节工艺尺寸链。

3.4.2 机床设备及工艺装备的确定

1. 机床设备的选择

选择各工序所采用的机床设备最基本的一条原则是该设备的加工范围应与本工序的加工内容相适应。除此之外，还应注意以下几点：

(1) 机床的规格应与所加工的零件的外形轮廓尺寸相适应，小工件选择小规格机床，大工件选择大规格机床。

(2) 机床的功率应与该工序加工中切削力的大小相适应。例如，粗加工时，应选择功率较大的机床，精加工时，可选择功率较小的机床。

(3) 机床的加工精度应与该工序所要求加工精度相适应，尤其是精加工中，机床的精度对能否达到零件的加工要求至关重要。

(4) 机床的生产率应与工件的生产纲领相适应，批量越大，越应重视生产效率，采用高效机床。

(5) 选择机床时应尽量考虑工厂的现有条件，发挥现有设备的潜力，以减少购置新设备的开支。

2. 工艺装备的选择

1) 夹具的选择

单件小批量生产中，尽量选择通用夹具，在条件许可时，也可选择组合夹具；在中批量以上的生产中，选择效率较高的专用夹具。

2) 刀具的选择

选择刀具时要考虑加工方法、工件的加工精度和表面粗糙度，还要考虑工件的材料、加工的生产率和经济性以及所采用机床的技术性能等，应优先选择标准刀具，如果标准刀具无法满足加工尺寸要求或需要提高生产效率时，可采用专用、高效刀具。

3) 量具的选择

选择量具的主要依据是零件的生产类型及加工尺寸的大小和精度。单件小批量生产中主要采用游标卡尺、千分尺等通用量具；在大批量生产中，广泛应用各种量规、卡板和高效的专用量具。

3.4.3 切削液的合理选择

生产中常常采用切削液来降低切削温度、提高切削效率、保证加工精度和表面质量以及刀具耐用度，所以工艺文件中要对切削液使用与否、切削液种类等予以注明，用以指导工人生产操作。

在选择加工中所采用的切削液种类时主要应考虑工件材料、刀具材料、加工方法、加工要求、机床类别等条件。

从工件材料考虑，切削钢等塑性材料需用切削液。切削高强度钢、高温合金等难加工材料，摩擦状态为高温高压边界摩擦状态时，宜采用极压乳化液或极压切削油。切削铸铁等脆性材料，因切削液作用不明显，可不用切削液。对于铜、铝及铝合金，为了得到较高的表面质量和精度，可采用10%～20%的乳化液、多效合成切削液或煤油等。在切削铜件时，为避免对铜的腐蚀，不宜采用含硫的切削液。

从刀具材料考虑，高速钢刀具耐热性能较差，一般应采用切削液。粗加工中，选择以冷却性能为主的切削液，精加工时应选择润滑性能良好的切削液。硬质合金刀具耐热性好，一般不用切削液，如要使用则必须充分、连续浇注，否则会因刀片冷热不均导致其破裂。

从加工方法考虑，钻孔、攻丝、铰孔、拉削时刀具与加工面摩擦较严重，宜采用乳化液、极压乳化液或极压切削油。成形刀具、螺纹刀具、齿轮刀具等价格较贵的刀具，为提高刀具耐用度，宜采用极压切削油、硫化切削油等。磨削加工中温度高，工件易烧伤，同时会产生大量的细屑和脱落的砂粒，容易划伤工件，因此宜选用有良好冷却和清洗作用的切削液，常采用乳化液或离子型切削液。

各种加工情况下选用的切削液种类可参照有关工艺设计手册中的推荐表。

3.4.4 切削用量的合理确定

在工艺规程中要规定出每一道工序中的每一个工步的切削用量，以便工人操作。在选择切削用量时以保证加工质量为第一位，此外还要考虑提高劳动生产率和降低成本以及确保刀具有合理的使用寿命。切削用量的确定方法和步骤已在第1章中详细介绍，此处不再赘述。

在单件小批量生产中，工艺文件中常不规定出具体的切削用量，而由操作工人根据自身的经验进行确定。

3.4.5 时间定额的确定

工序设计中的另一个内容就是确定劳动消耗工艺定额，简称时间定额。

时间定额是指在一定的生产条件下规定完成单件产品或某道工序所消耗的时间。时间定额是进行生产的计划与组织、成本核算和考核工人完成任务情况的主要依据，是说明劳动生产率高低的指标，在新建或扩建工厂时，它是计算所需设备和工人数量的依据。

单件时间定额是指完成工件一道工序的时间定额，它包括以下几部分：

1. 基本时间 T_j

基本时间是指直接改变生产对象的尺寸、形状、相对位置、表面质量或材料性质所耗费的时间。对于机械加工来说，是指从工件上切去金属层所耗费的时间，包括刀具的切入和切出时间。

2. 辅助时间 T_f

辅助时间是指在每道工序中为实现工艺过程所进行的各种辅助动作所消耗的时间，主要包括装卸工件、操作机床、改变切削用量、试切和测量工件尺寸等消耗的时间。

3. 工作地服务时间 T_{fw}

工作地服务时间是指工人在工作时为照管工作地点和保持正常工作状态所耗费的时

间，主要包括调整和更换刀具、修整砂轮、刃磨刀具、擦拭及润滑机床、清理切屑等所耗费的时间，一般占机动时间和辅助时间之和的2%～7%。

4. 休息和自然需要时间 T_x

休息和自然需要时间是指工人在工作班内为恢复体力和满足生理需要所消耗的时间，一般占机动时间和辅助时间之和的2%左右。

5. 准备和终结时间 T_z

准备和终结时间是指在成批生产中，每加工一批零件的开始和终结所作准备工作和结束工作所耗费的时间，主要包括：熟悉图纸和工艺文件，领取毛坯材料，安装刀具、夹具，调整机床设备，一批工件加工结束后拆卸和归还工艺装备，收拾工艺文件，送交成品等的时间。

准备终结时间对一批零件只消耗一次，零件的批量 N 越大，分摊到每个零件的这部分时间 T_z/N 就越少。

上述各时间之和为批量生产时的时间定额。即

$$T_a = T_j + T_f + T_{fw} + T_x + T_z/N$$

对于大量生产，由于 N 的数值很大，T_z/N 可以忽略不计。

在制定机械加工工艺规程时，应对各工序的时间定额进行科学的分析计算，也可用实测法对时间定额进行校验。在单件小批量生产中常采用经验估算法确定时间定额，制定出的时间定额，应填写在技术文件的相应栏目中，作为组织和管理生产的重要依据。

通常，工艺部门只负责新产品投产前的一次性时间定额的确定。产品正式投产后，时间定额由企业劳动工资部门负责制订。一般企业平均定额完成率不得高于130%。

3.5 工艺尺寸链

尺寸链原理是分析和计算工序尺寸的有效工具，主要用来解决当基准不重合时，工序尺寸的计算问题。下面仅介绍最基本的、也是最常用的线性尺寸链(由彼此平行的长度尺寸所组成)的分析计算和应用。

3.5.1 概述

1. 工艺尺寸链的基本概念

现以图3-21(a)所示零件的加工为例说明工艺尺寸链的概念。该零件的设计尺寸为 A_1 和 A_0，在加工中因 A_0 不便于直接测量，只有按照容易测量的尺寸 A_2 进行加工，以间接保证 A_0 的加工要求。这样，A_1、A_2、A_0 形成了一个有相互联系的封闭的尺寸组合。这种由一系列相互关联的尺寸按一定顺序首尾相接所形成的封闭的尺寸组就称为尺寸链。在零件加工中，由相关尺寸所构成的尺寸链为工艺尺寸链。

封闭性和相关性是尺寸链的主要特征。封闭性是指尺寸链必须是一组有关尺寸首尾相接，构成一个封闭的尺寸链环。相关性则是指尺寸链中任一尺寸发生变化，其他尺寸也随之变化。如上例中 A_1、A_2 的变化，都将引起 A_0 的变化。

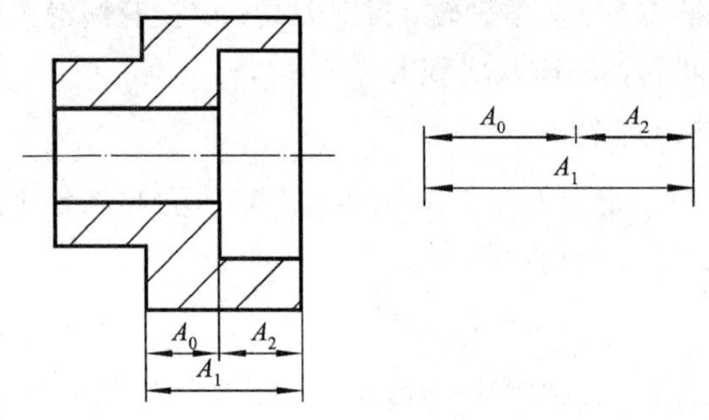

图 3-21　工艺尺寸链

2. 工艺尺寸链的组成

组成尺寸链的每一个尺寸都称为环。环又分为封闭环和组成环。

1）封闭环

最终被间接获得或保证的尺寸称为封闭环，其更具尺寸链的封闭性，如图 3-21 中的 A_0 就是封闭环。零件加工时，尺寸链的封闭环是由零件的加工顺序来确定的，在零件设计图上，尺寸链的封闭环则是图上未标注的尺寸。

2）组成环

尺寸链中，除封闭环以外的其他尺寸都是组成环。零件加工中，直接加工得到或直接保证的尺寸是组成环，如图 3-21 中的 A_1、A_2，而在零件设计图上，直接标注的尺寸是组成环。

根据对封闭环的影响不同，组成环又分为增环和减环。增环的定义是：当其余组成环不变，该环增大（或减小）会使封闭环随之增大（或减小）的环。增环用 $\overrightarrow{A_i}$ 表示；减环的定义是：当其余组成环不变，该环增大（或减小）会使封闭环反而减小（或增大）的环。减环用 $\overleftarrow{A_i}$ 表示。图 3-21 中的 A_1 是增环，A_2 是减环。

3. 尺寸链图

在用尺寸链作分析计算时，为了能清楚地表示各环之间的相互关系，常将有关尺寸从零件结构中抽取出来，画成尺寸链图，如图 3-21(*b*)所示，该图即为(*a*)图中对应尺寸链的尺寸链图。

除了可以用定义判断各环性质以外，在环数较多的尺寸链中，还可以在尺寸链图上用画箭头的方法来判断增、减环，具体方法如图 3-22 所示：从 A_0（封闭环）开始，以逆时针（或顺时针）方向在尺寸的上方（或下方）画箭头，然后顺着同一个方向在各环上依次画下去，凡箭头方向与封闭环箭头方向相同的环为减环，相反的为增环。按上述方法，可判断出图 3-22 所示尺寸链中 A_1、A_2 是增环，A_3 是减环。

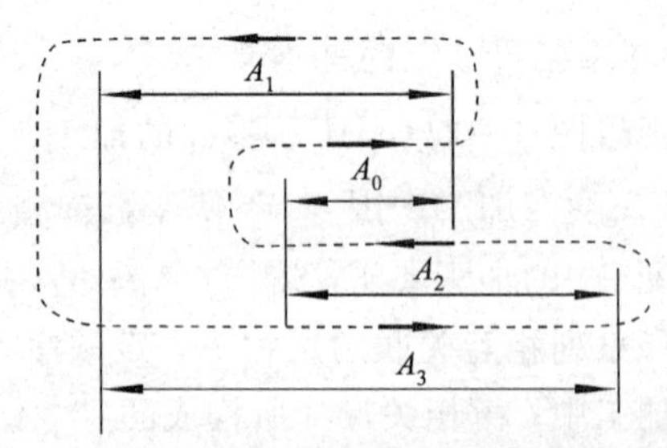

图 3-22　增、减环判断方法

4. 工艺尺寸链的建立

查找出相互关联的尺寸，正确建立尺寸链，是利用尺寸链原理分析计算工艺尺寸问题的基础。

1）封闭环的确定

确定封闭环是解算尺寸链问题的关键，封闭环确定错误会导致整个尺寸链解算的错误。

封闭环是间接获得的或是被间接保证的尺寸，它不"独立"，而是随着别的环的变化而变化，一般均为无法直接加工或直接测量的设计尺寸，在确定封闭环时要紧紧抓住这个要领。同时也应该明确，在工艺尺寸链中封闭环的确定与零件加工的具体方案有关，同一个零件，加工方案不同，所确定的封闭环就会不同。

例如图 3-23 所示阶梯轴，如果在加工中先保证总长尺寸 A_1，再加工出 A_2、A_3 两段外圆，则 A_4 为封闭环。如果在加工中直接保证尺寸 A_2、A_3、A_4，则 A_1 为封闭环。

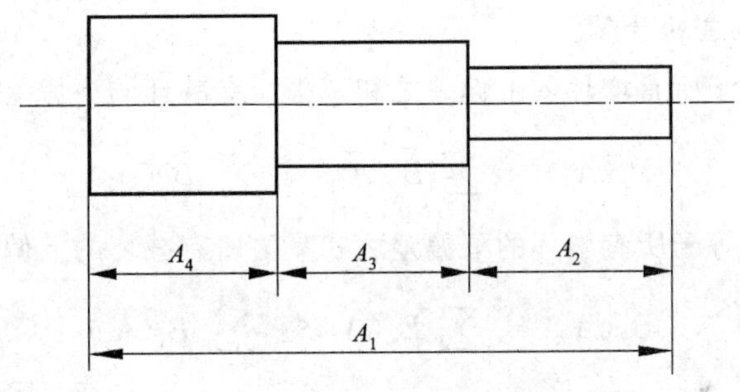

图 3-23　阶梯轴

2）组成环的查找

在工艺尺寸链的建立中，确定封闭环之后还要查找各个组成环。其方法是：从构成封闭环的两表面同时开始，同步地按照工艺过程的顺序，分别向前查找该表面最近一次加工的加工尺寸，之后再进一步向前查找此加工尺寸的工序基准的最近一次加工时的加工尺寸，如此继续向前查找，直至两条路线最后得到的加工尺寸的工序基准重合(为同一个表面)，这样上述有关尺寸即形成封闭链环，从而构成工艺尺寸链。但必须注意，要使组成环数达到最少。

3.5.2　尺寸链的计算方法

尺寸链的计算方法有两种：极值法和概率法。这里只讨论生产中应用较多的极值法。

1. 极值法计算公式

极值法是按误差综合的两个最不利的情况来计算封闭环公差的方法，即各环都处在极大或极小值时它们之间的关系，所以又称极大极小法。该法简单、可靠，但对组成环的公差要求较严。用极值法计算尺寸链的基本公式如下：

1）封闭环的基本尺寸

根据尺寸链的封闭性，封闭环的基本尺寸等于所有增环的基本尺寸之和减去所有减环

的基本尺寸之和，即

$$A_0 = \sum_{i=1}^{m} \overrightarrow{A}_i - \sum_{i=m+1}^{n-1} \overleftarrow{A}_i \tag{3-1}$$

式中：m——增环的环数；

n——包括封闭环在内的总环数。

2）封闭环极限尺寸计算

封闭环的最大极限尺寸等于所有增环的最大极限尺寸之和减去所有减环的最小极限尺寸之和，即

$$A_{0\,\max} = \sum_{i=1}^{m} \overrightarrow{A}_{i\,\max} - \sum_{i=m+1}^{n-1} \overleftarrow{A}_{i\,\min} \tag{3-2}$$

封闭环的最小极限尺寸等于所有增环的最小极限尺寸之和减去所有减环最大极限尺寸之和，即

$$A_{0\,\min} = \sum_{i=1}^{m} \overrightarrow{A}_{i\,\min} - \sum_{i=m+1}^{n-1} \overleftarrow{A}_{i\,\max} \tag{3-3}$$

3）封闭环上下偏差的计算

封闭环上偏差等于所有增环的上偏差之和减去所有减环的下偏差之和，即

$$B_s(A_0) = \sum_{i=1}^{m} B_s(\overrightarrow{A}_i) - \sum_{i=m+1}^{n-1} B_x(\overleftarrow{A}_i) \tag{3-4}$$

封闭环的下偏差等于所有增环的下偏差之和减去所有减环的上偏差之和，即

$$B_x(A_0) = \sum_{i=1}^{m} B_x(\overrightarrow{A}_i) - \sum_{i=m+1}^{n-1} B_s(\overleftarrow{A}_i) \tag{3-5}$$

式中：B_s——上偏差；

B_x——下偏差。

4）封闭环公差的计算

利用式(3-2)、(3-3)或式(3-4)、(3-5)，可以得出封闭环的公差等于所有组成环公差之和，即：

$$T(A_0) = \sum_{i=1}^{n-1} T(A_i) \tag{3-6}$$

上式也进一步说明了尺寸链的关联性特征，同时也可以看出，为了能经济合理地保证封闭环的精度，组成环数越少越好。

2. 尺寸链的计算形式

1）正计算

已知各组成环尺寸求封闭环尺寸。

2）反计算

已知封闭环求各组成环，主要是将封闭环的公差值合理地分配给各组成环。

3）中间计算

已知封闭环和部分组成环，求剩余的某一组成环。此种计算广泛应用于基准不重合时的工序尺寸计算。

3.5.3 工艺尺寸链的应用

在制订零件加工工艺过程时，利用工艺尺寸链分析计算和验算工序尺寸一般有下面几种典型情况。

1. 基准不重合时的工序尺寸换算

当工序基准与设计基准不重合时，要进行工序尺寸的计算。因为工序基准是用来在工序图上标定加工表面位置和尺寸的，所以一般情况下，如果它不与设计基准重合，则与定位基准重合，或与测量基准重合。因此，基准不重合尺寸换算问题，一般发生在以下两种情况下：

1) 测量基准(即工序基准)与设计基准不重合时工序尺寸的计算

当设计尺寸在加工过程中不便于或者无法用通用量具进行测量时，就要另外选择一个表面作为测量基准。这时，测量尺寸(工序尺寸)就需要根据设计尺寸和其他工序尺寸换算出来。

例 如图 3-24(a)所示套筒形零件，本工序为在车床上车削内孔及槽，设计尺寸 $A_0=10_{-0.2}^{\ 0}$ mm，在加工中尺寸 A_0 不好直接测量，因此采用深度尺测量尺寸 x 来间接检验 A_0 是否合格，已知尺寸 $A_1=50_{-0.2}^{-0.1}$ mm，计算 x 的值。

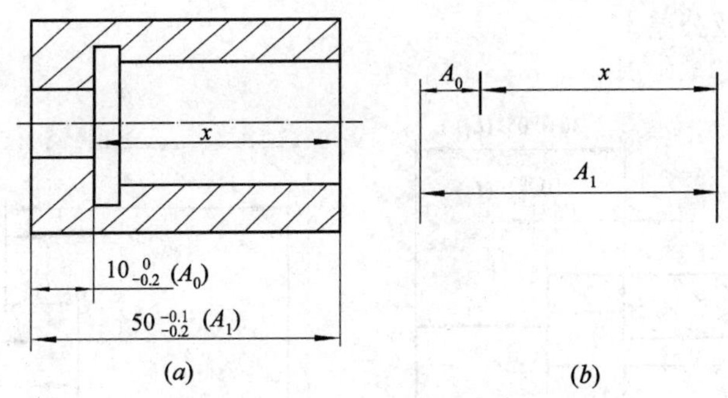

图 3-24 测量基准与设计基准不重合

解 由题意可判断出 A_0 是封闭环，x 和 A_1 为组成环，其中 A_1 为增环，x 为减环。画尺寸链图，见图(b)。

按尺寸链的计算公式进行计算：由公式(3-1)求基本尺寸 x，

由 $10=50-x$，得 $x=40$ mm。

由公式(3-4)、(3-5)求上、下偏差 $B_s(x)$ 和 $B_x(x)$，

由 $0=-0.1-B_x(x)$，得 $B_x(x)=-0.1$ mm；

由 $-0.2=-0.2-B_s(x)$，得 $B_s(x)=0$ mm。

因此，$x=40_{-0.1}^{\ 0}$ mm。

这里有下面几种情况需要说明：

(1) 从上例结果中可以看出，直接测量的尺寸精度比零件图规定的尺寸精度高了许多(公差值由 0.2 mm 减小到 0.1 mm)。因此，当封闭环(设计尺寸)精度要求较高而组成环精度又不太高时，有可能会出现部分组成环公差之和等于或大于封闭环公差，此时计算结果可能会出现零公差或负公差，显然这是不合理的。解决这种不合理情况的措施，一是适当

压缩某一个或几个组成环的公差，但要在经济可行的范围内；二是采用专用量具直接测量设计尺寸。

(2)“假废品”问题。例如在上例中，如果某一零件的实际测量尺寸为 $x=39.85$ mm，按照计算的测量尺寸 $x=40_{-0.1}^{\ 0}$ mm 来看，此件超差。但此时如果 A_1 恰好等于 49.8 mm，则封闭环 $A_0=49.8-39.85=9.95$ mm，仍然符合 $10_{-0.2}^{\ 0}$ mm 的设计要求，此件是合格品。这就是所谓“假废品”问题。判断真假废品的基本方法是：当测量尺寸超差时，如果超差量小于或等于其他组成环公差之和时，有可能是假废品，此时应对其他组成环的尺寸进行复检，以判断是否是真废品；如果测量尺寸的超差量大于其他组成环公差之和时，肯定是废品，则没有必要复检。

(3) 对于不便直接测量的尺寸，有时可能有几种可以方便间接测量该设计尺寸的方案，这时应选择能使测量尺寸获得最大公差的方案(一般是尺寸链环数最少的方案)。

2) 定位基准(即工序基准)与设计基准不重合时的工序尺寸的计算

这种情况往往发生在用调整法加工时，需要确定刀具相对于定位基准的调整尺寸(工序尺寸)。

例 如图 3-25(*a*)所示零件，*B*、*C*、*D* 面均已加工完毕。本道工序是在成批生产时(用调整法加工)，用端面 *B* 定位加工表面 *A*(铣缺口)，以保证尺寸 $10_{\ 0}^{+0.2}$ mm，试标注铣此缺口时的工序尺寸及公差。

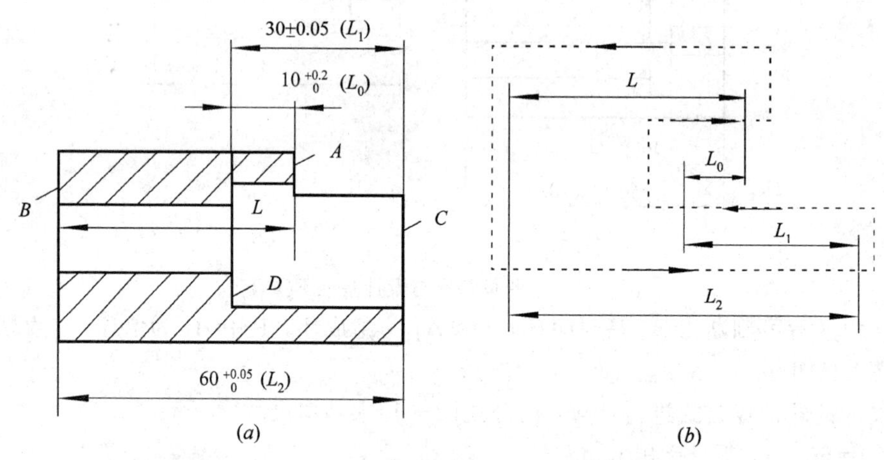

图 3-25 定位基准和设计基准不重合的尺寸换算

解 用调整法加工上述零件时，刀具水平方向(即设计尺寸 $10_{\ 0}^{+0.2}$ mm 方向)的位置应按图 3-25 中所示尺寸 *L* 来调整，即工序尺寸为 *L*，并标注在工序图上(而不标注设计尺寸 $10_{\ 0}^{+0.2}$ mm)。由此可判断出 L_0($10_{\ 0}^{+0.2}$ mm)是封闭环，组成环为 L、L_1、L_2，且 L、L_1 为增环，L_2 为减环。画出尺寸链图，如图(*b*)所示。

按公式(3-1)计算基本尺寸：

由 $10=L+30-60$，得 $L=40$ mm。

按公式(3-4)、(3-5)计算上、下偏差：

由 $0.2=B_s(L)+0.05-0$，得 $B_s(L)=0.15$ mm；

由 $0=B_x(L)+(-0.05)-0.05$，得 $B_x(L)=0.10$ mm。

所以，$L=40^{+0.15}_{+0.10}$ mm。

由计算结果可以看出，工序尺寸的精度比设计尺寸精度高了许多(公差值由 0.2 mm 减小到 0.05 mm)。因此，当封闭环(设计尺寸)精度要求较高时，也有可能会出现计算结果为零公差或负公差的情况。这时可以适当压缩某一个或几个组成环的公差，但要在经济可行的范围内。如果这样仍解决不了问题，就要重新选择定位基准并进行相应的计算，或是直接采用设计基准作为定位基准。

2. 保证多个尺寸时中间工序尺寸的计算

在设计工艺规程时，设计基准往往与许多尺寸有联系，因而对其本身的精度要求很高，一般都要进行精加工，精加工后就要同时保证多个设计尺寸，这时如何正确给出有关中间工序的工序尺寸就是很重要的问题了。

例 如图 3-26(*a*)所示为一齿轮内孔。内孔设计尺寸为 $\phi85^{+0.035}_{0}$ mm，键槽深度尺寸为 $90.4^{+0.20}_{0}$ mm，内孔及键槽的加工过程如下：

(1) 精镗孔至 $\phi84.8^{+0.07}_{0}$ mm；

(2) 插键槽至尺寸 A；

(3) 热处理；

(4) 磨内孔至 $\phi85^{+0.035}_{0}$ mm，同时间接保证键槽深度 $90.4^{+0.20}_{0}$ mm 的要求。

求工序尺寸 A 应该为多少，才能使最后工序的设计尺寸达到要求。

解 从题意中可判定，在最后的磨工序，孔径的精度应为直接保证的尺寸，而尺寸 $90.4^{+0.20}_{0}$ mm 则由各工序加工间接保证，为封闭环。画出尺寸链简图如图 3-26(*b*)所示。组成环为镗孔半径 $42.4^{+0.035}_{0}$ mm，磨孔后的半径为 $42.5^{+0.0175}_{0}$ mm 以及尺寸 A，其中 A 及 $42.5^{+0.0175}_{0}$ mm 为增环，$42.4^{+0.035}_{0}$ mm 为减环。

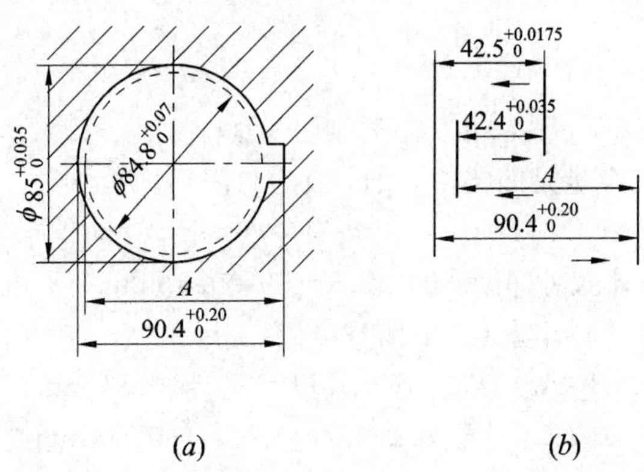

图 3-26 内孔键槽加工尺寸换算

按公式(3-1)求基本尺寸：

由 $90.4=A+42.5-42.4$，得 $A=90.3$ mm。

按公式(3-4)、(3-5)求上、下偏差：

由 $0.2=B_s(A)+0.0175-0$，得 $B_s(A)=0.1825$ mm；

由 $0=B_x(A)+0-0.035$，得 $B_x(A)=0.035$ mm。

所以，插键槽尺寸 $A=90.3^{+0.1825}_{+0.035}$ mm。

生产中，为了保证零件表面处理层(渗碳、渗氮、电镀、氰化等)深度而进行工艺尺寸的换算，由于要同时保证表面加工后的尺寸和处理层的厚度，所以也是多尺寸保证的问题(必须恰当规定中间工序尺寸才行)，分析问题的方法同上，此处不再赘述。

3. 加工余量的校核

例 如图 3-27(a)所示零件，其轴向尺寸的加工过程为：

(1) 车端面 A；

(2) 车端面 B 保证尺寸 $49.5^{+0.3}_{0}$ mm；

(3) 车端面 C 保证总长 $80^{0}_{-0.2}$ mm；

(4) 磨削台阶面 B 保证尺寸 $30^{0}_{-0.14}$ mm。

试校核台阶面 B 的加工余量。

解 画出其工艺尺寸链简图，如图 3-27(b)所示。

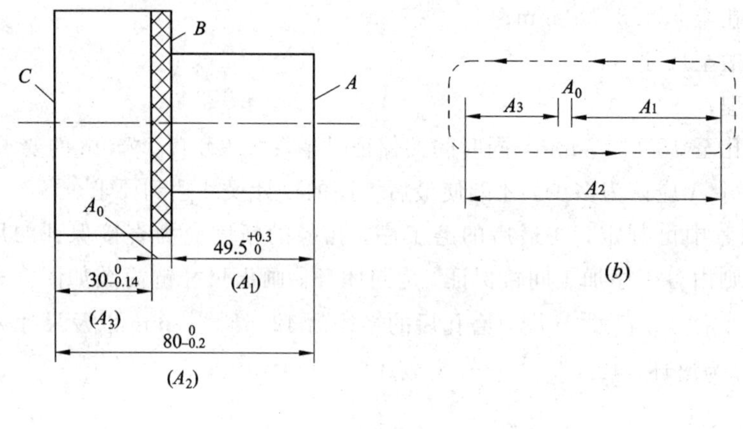

图 3-27 加工余量校核

由于 B 面磨削加工余量是间接得到的，故为封闭环。A_1、A_2、A_3 为组成环，其中 A_2 为增环，A_1、A_3 为减环。

由公式(3-1)得基本尺寸 $A_0=80-49.5-30=0.5$ mm。

由公式(3-4)、(3-5)计算上、下偏差：

$$B_s(A_0)=0-(-0.14)-0=0.14 \text{ mm}$$

$$B_x(A_0)=-0.2-0-0.3=-0.50 \text{ mm}$$

所以，$A_0=0.5^{+0.14}_{-0.50}$ mm。

从计算结果看出，$A_{0\max}=0.64$ mm，$A_{0\min}=0$。当出现最小加工余量时，显然无法修正前边工序产生的误差，达不到磨削的加工要求。解决此问题的方法就是对组成环的公差加以调整。因 A_1 公差较大，故调整 A_1 的公差，将其公差缩小，改为 $49.5^{+0.2}_{0}$ mm，这样，计算出的 $A_0=0.5^{+0.14}_{-0.4}$ mm，可以确保有最小的加工余量 0.1 mm。

3.6 机械加工质量、生产率和经济性

3.6.1 机械加工质量

在机械产品的加工生产中，保证质量应该放在首位。如何保证机械加工的质量，是机械制造工艺学研究的重要问题。

1. 机械加工质量的基本概念

机械加工质量包括加工精度和加工表面质量两部分。

1）加工精度

加工精度是指零件加工后实际的几何参数（尺寸、形状、位置）与理想几何参数的符合程度。两者间的偏差程度称加工误差。所谓理想几何参数，是指零件尺寸为零件图上规定尺寸的平均尺寸，形状为几何上的理想平面、圆柱表面、圆锥表面等，各表面间的相互位置为理想的平行、垂直等。

零件的加工精度包括三个方面的内容：尺寸精度、形状精度和位置精度。一般来说，形状精度应高于相应的尺寸精度，而且大多数情况下，相互位置精度也应高于尺寸精度。但形状精度要求高时，相应的位置精度和尺寸精度不一定要求高。

在机械加工中，加工精度的高低是以加工误差的大小来评价的。加工误差越大，则表明加工精度越低。任何一种加工方法，不论多么精密，都不可能把零件做得绝对准确，都存在加工误差，我们只要将其控制在不影响它的使用性能的范围内就可以了，而且我们也已经知道，零件的加工精度越高，其加工成本就越高，对某种加工方法来说，在一定的精度范围内才是经济的。所以，花费大量的工时和费用追求过高的精度有时是没有实际意义的。

2）表面质量

产品的工作性能，尤其是它的可靠性、耐久性等，在很大程度上取决于其主要零件的表面质量。

机械加工后的零件表面总是存在着一定程度的微观几何形状误差。工件表面在加工时受到切削力、切削热等的影响，也会使原有的物理力学性能发生变化。因此，表面质量应包括以下两个方面：

（1）表面几何形状特征。主要包括表面粗糙度和表面波度。波度是介于加工精度（宏观）和表面粗糙度（微观）之间的周期性几何形状特征，主要由加工中工艺系统的振动引起。

（2）表面层的物理、力学性能的变化。主要包括表面层的加工硬化、表面层的金相组织变化和表面层的残余应力。

近年来，表面质量的内涵在不断加大，被称为表面完整性。

2. 加工精度

1）获得机械加工精度的方法

（1）获得零件尺寸精度的方法。

① 试切法：边加工、边测量、边调整刀具直至加工尺寸合格。这种方法效率较低，对工人技术水平要求较高，主要用于单件小批量生产中。

② 调整法：事先调整好刀具相对于机床或夹具的位置，在一批零件加工中保持此位置不变，从而获得所要求的加工精度。此方法生产率高，适用于成批大量生产中。加工精度取决于调整和测量精度。

③ 定尺寸刀具法：使用具有一定尺寸的刀具来保证被加工表面尺寸精度，如钻孔、铰孔、拉孔、铣槽等。此方法生产率高、尺寸精度稳定。加工精度取决于刀具的制造精度和磨损等。

④ 自动控制法：在加工中通过由测量装置、自动进给装置组成的自动控制系统获得所要求的尺寸精度，如数控机床加工。

(2) 获得形状精度的方法。

① 轨迹法：依靠刀具与工件加工表面的相对运动轨迹获得零件的形状精度，如在车床上车削螺纹。

② 展成法：采用成形刀具，刀具相对于工件做展成啮合成形运动而获得所要求形状的加工表面，如齿轮的加工。

③ 成形法：用成形刀具直接获得成形表面的加工方法，如用曲面成形车刀加工曲面、用花键拉刀拉花键等。

(3) 保证位置精度的方法。

① 相关表面在一次安装中加工，由机床和夹具的精度来保证工件的位置精度，如在一次安装中车削外圆和端面可以获得较高的垂直度。

② 有关表面互为定位基准进行加工，可以保证这些表面之间有较高的位置精度。

2) 影响加工精度的因素

在机械加工中，机床、夹具、刀具和工件构成一个加工系统，称之为“工艺系统”。工艺系统内的各种误差是造成零件加工误差的根源。工艺系统中的各类误差统称为原始误差，它包括以下几个方面：

(1) 原理误差。由于采用了近似形状刀具和近似加工成形运动而产生的误差称为原理误差。例如在铣床上用成形铣刀铣齿轮，由于每一把铣刀对应几种齿数，这样在加工中会产生齿形误差。再如在数控机床上加工曲线轮廓表面，工件的曲线轮廓是由机床工作台在 x、y 方向的微小脉冲进给合成的，该曲线实际是由微小折线构成，存在一定的误差，这些都属于原理误差。

(2) 机床的几何误差。机床存在着制造安装误差和零部件磨损造成的误差，从而会影响零件的加工精度。

机床误差主要表现在以下几个方面：

① 主轴回转运动误差。机床主轴回转时，其轴心线每个瞬间都是在变化的。主轴实际轴心线相对其平均回转轴心线(实际回转轴心线的对称中心)的变动量，构成主轴回转运动误差。它可以分解为三种基本形式的误差：第一种，纯轴向窜动，如图 3-28(a)所示。对于车床加工，这种误差影响工件的端面形状和轴向尺寸精度，也影响车螺纹的螺距。第二种，纯径向跳动，如图 3-28(b)所示。它主要影响工件的圆度和圆柱度。第三种，纯角度摆动，如图 3-28(c)所示。它对工件的形状精度影响较大，如在车外圆时会产生锥度。造

成主轴上述运动误差的原因是主轴自身的制造误差、轴承的制造误差、箱体孔的制造误差等。主轴回转误差实际形式是上述三种形式的合成。

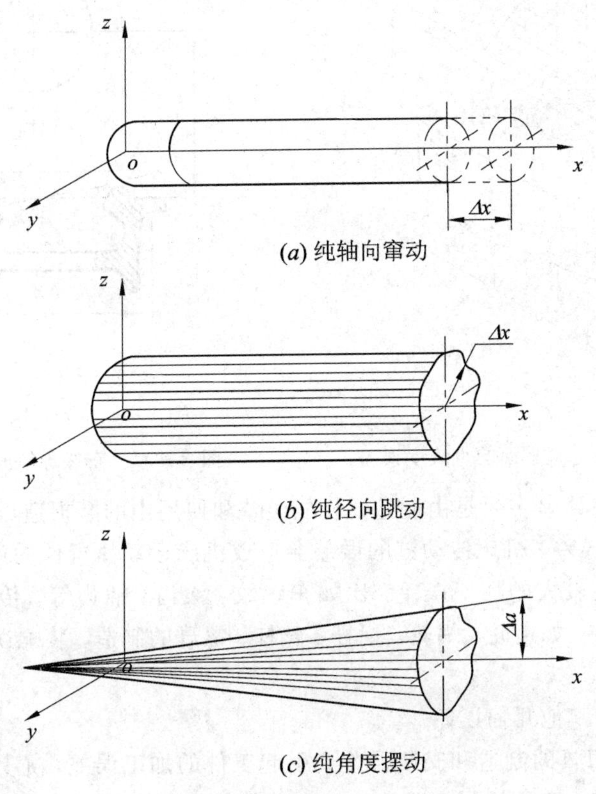

图 3 - 28　主轴回转误差的基本形式

② 机床导轨误差。机床导轨副是实现直线运动的主要部件，它的误差影响机床的直线运动精度，从而影响工件的加工误差。导轨的误差分为三种：第一种，导轨在水平面内的直线度误差，如图 3 - 29 所示。这种误差的方向对于在车床、外圆磨床上加工外圆来说，是误差敏感方向，将会造成工件的圆柱度误差。第二种，导轨在垂直面内的直线度误差，如图 3 - 30 所示，对于铣、刨、磨水平面加工是误差敏感方向，会造成工件的平面度误差。第三种，导轨间的平行度误差，如图 3 - 31 所示。这种误差会造成刀具的位移，车外圆时会使工件产生圆柱度误差。

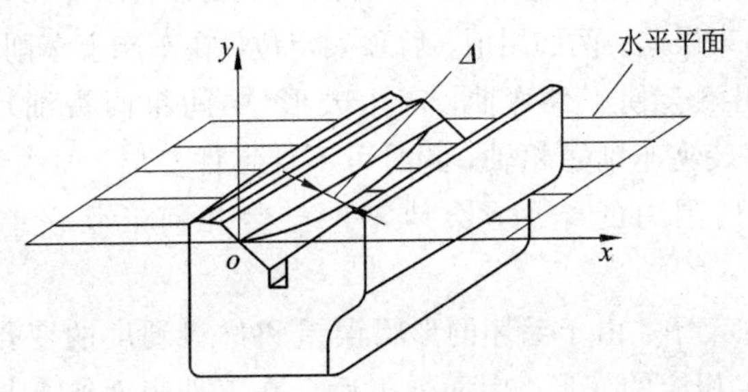

图 3 - 29　导轨在水平面内直线度误差图

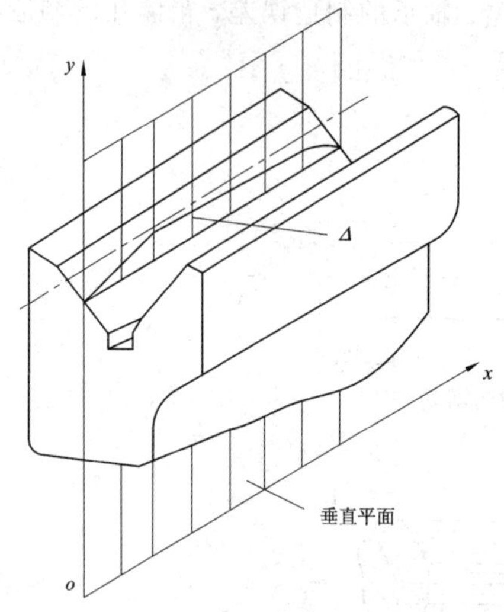

图 3-30　导轨在垂直平面的直线度误差

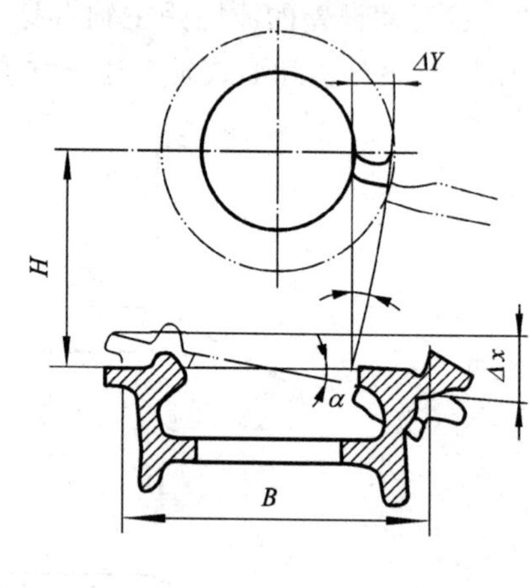

图 3-31　车床导轨间的平行度误差

机床导轨的上述误差主要是由制造、装配误差和使用中的磨损造成的。

③ 机床传动链误差。机床传动链的误差会造成机床运动执行件的运动误差，从而在某些表面加工时产生比较大的加工误差，比如车螺纹、滚齿、插齿等。传动链的误差主要是由链中的各传动元件，如齿轮、蜗轮、蜗杆、丝杠、螺母的制造、装配误差和使用过程中的磨损所致。

(3) 工艺系统的其他几何误差。

① 刀具误差：刀具的制造和安装误差会引起工件的加工误差，尤其在用定尺寸刀具和成形刀具加工工件时，刀具的制造误差、刀具的磨损和安装误差应进行必要的控制。在用调整法加工时，刀具位置的调整误差直接影响工件精度。在用成形法加工时，即使刀具制造和刃磨都非常准确，但在机床上安装有误差时，也会影响加工表面的形状精度。

② 夹具误差：工件安装在夹具上进行加工，存在定位误差、夹紧误差、夹具的制造、安装以及夹具定位元件的磨损造成的误差，这些都会影响工件的加工精度。

③ 测量误差：量具本身的误差和使用条件下的误差(如温度的影响、使用者的操作水平和细心程度)都会给工件的加工精度造成一定的影响。

(4) 工艺系统受力变形。在机械加工中，工艺系统并非纯粹的刚体，在切削力、夹紧力、重力、传动力和惯性力等外力作用下，系统会产生变形，破坏已调整好的刀具与工件之间的相对位置，产生加工误差。例如用前、后顶尖定位，在车床上车削细长轴时，如不采取任何措施，在切削力作用下会使工件弯曲，产生鼓形(中间粗两头细)误差，如图 3-32(a)所示。再如，用两顶尖装夹车削短粗轴，此时可不计工件变形，而主要考虑车床头架、尾座和刀架的变形。由于切削力的作用，会使零件产生几何形状误差，形成马鞍形，如图 3-32(b)所示。

实际上，在切削加工中，由于毛坯的形状误差和材料硬度的变化，还会引起切削力的变化，使工艺系统产生相应的变形，因而加工后会在工件表面留下与毛坯表面类似的形状误差，这种现象称为“误差复映”。例如图 3-33 所示，毛坯有椭圆形误差，由于加工中直径方向各处余量不均匀，引起切削力随之变化，从而造成工件和刀具产生与之相应的位

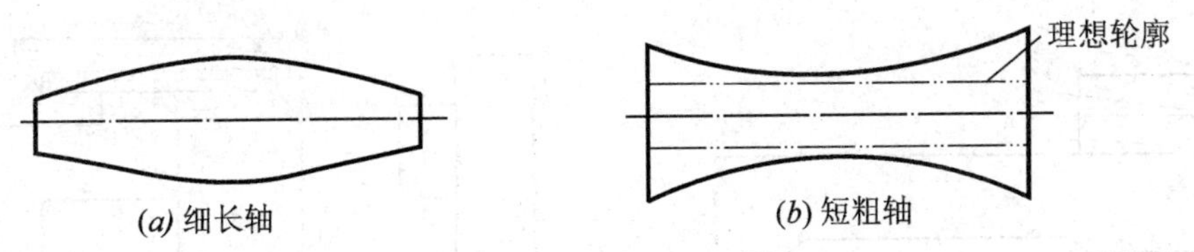

图 3-32　用两顶尖装夹车削轴类零件时的受力变形

移，最后使加工出来的外圆表面仍具有椭圆形的形状误差，但误差值要小于毛坯的误差，所以经过若干次走刀切削后，加工误差就会减小到允许范围内。

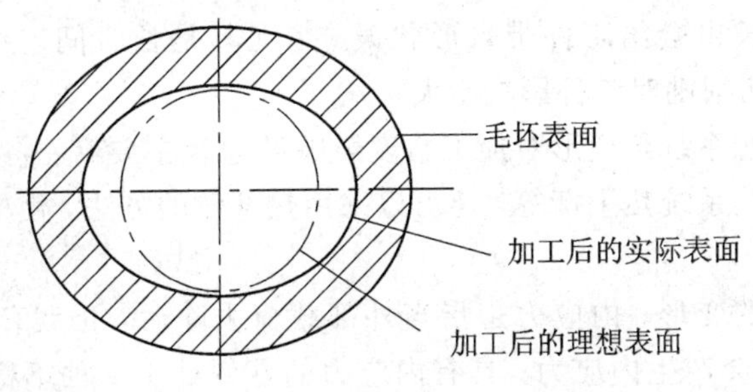

图 3-33　零件形状误差的复映

另外，加工中的传动力、惯性力、夹紧力、重力也会对加工精度产生一定影响。如将薄壁筒形零件用三爪卡盘装夹在车床上镗内孔，孔加工完后是圆形的，但松夹后由于夹紧力消失，孔就会发生变形而造成孔不圆；再如使用摇臂钻床钻孔时，如果钻床主轴箱的自重使摇臂产生弯曲，就会造成钻出的孔轴心线与端面不垂直。

(5) 工艺系统热变形。在机械加工中，工艺系统受到各种热的影响产生变形，使原有的刀具与工件间的准确位置和运动关系遭到破坏，引起加工误差。在精密加工中，由于热变形引起的误差占总加工误差的40%～70%。

引起工艺系统热变形的热源分为内部热源和外部热源。内部热源包括加工过程中产生的切削热、机床运动中产生的摩擦热等。外部热源主要是环境温度的变化和辐射热等。

机床受热源的影响，各部分会发生不同程度的热变形，破坏了机床原有的几何精度，造成工件的加工误差。不同结构的机床，其热变形的形式也各不相同。例如，车床的主要热源是主轴箱发热，使主轴抬高、轴心线倾斜，如图 3-34(*a*)所示，这在车削圆柱面时对精度影响不大，但对端面加工影响较大。铣床主轴箱也是重要热源，除箱体变形外，将会使立柱弯曲或倾斜，使加工面与基准面出现位置误差，如图 3-34(*b*)所示。

工件受各种热源影响，也会产生热变形，从而产生加工误差。例如细长轴车削时，切削热会使工件伸长，如果被两端顶尖所限制，则会导致工件弯曲，加工后产生圆柱度误差；精密丝杠磨削时，工件受热伸长会引起螺距的加工误差；工件在铣、磨平面时，由于上、下表面受热不均，导致工件中间凸起，加工中上表面中部切去的金属多，加工后成中凹的表面形状误差。

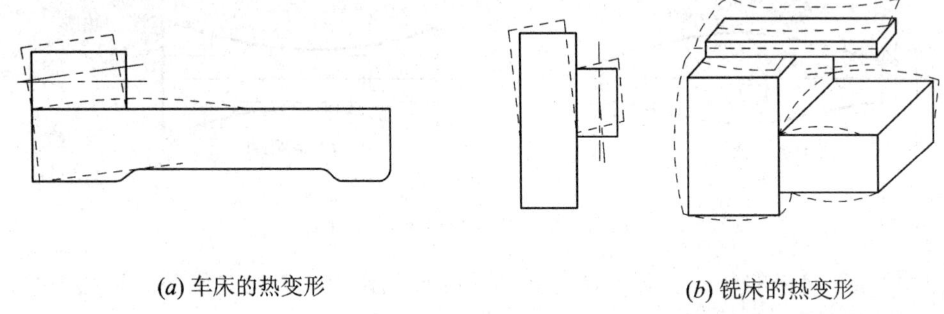

图 3 - 34　机床的热变形

同样，刀具热伸长也会给工件带来形状误差，尤其是长时间连续切削大型工件表面时。而短时间、断续切削则对工件影响不大。

生产中，减少工艺系统热变形对加工精度影响的途径主要有：将热源分离出去、隔热和加强冷却、保持工艺系统热平衡等，还可以采用热补偿的方法，使机床各处热变形均匀，减少工件加工误差。

(6) 内应力引起的变形。内应力是指当外部载荷去除后，仍残存在工件内部的应力。毛坯制造及切削中都会产生内应力。具有内应力的零件处于一种不稳定的相对平衡状态。随着内应力的逐渐释放或其他因素的影响，这种平衡会逐渐消失，在这个过程中，零件产生变形，原有的加工精度就会被破坏。因此，在精密零件的加工过程中，应进行一系列的消除应力处理。

3) 保证和提高加工精度的方法

加工误差主要来源于工艺系统的原始误差，所以，生产中必须控制和减小原始误差，才能有效地保证和提高加工精度。下面通过一些实例，介绍保证和提高加工精度的途径。

(1) 直接减少原始误差。分析查清影响工件加工精度的根本原因，有针对性地采取措施，以达到最终加工要求。

例如，在细长轴的切削中，造成加工误差的主要原因是工件刚度低，即使切削力很小，也会产生弯曲变形和振动，如图 3 - 35(a)所示。为了保证此类零件的加工精度，加工中多采用跟刀架消除背向力 F_y 将工件“顶弯”的问题，但还需解决在进给力 F_x 作用下及工件受热伸长的作用下将工件“压弯”的问题。为此，生产中常采取以下几项措施：

① 采取反向进给切削法。如图 3 - 35(b)所示，进给方向指向尾座，进给力 F_x 对工件的作用是拉伸而不是压缩，防止 F_x 将工件“压弯”。

② 尾座上安装弹性顶尖，当工件受热伸长时，顶尖自动后退，不会造成工件弯曲。

③ 采用大进给量和大主偏角车刀，工件在较大拉伸力和较小径向力的作用下，克服弯曲并消除径向颤动。

④ 在工件左端车出缩颈(如图 3 - 35(c)所示，一般 $d=D/2$)，使其柔性增加，或在工件左端缠上一圈钢丝，使三爪卡盘夹紧时接触面减小，这样工件可自由调节角度位置。这些措施可消除由于毛坯的弯曲而在卡盘强制夹持下造成的工件轴心线弯曲。

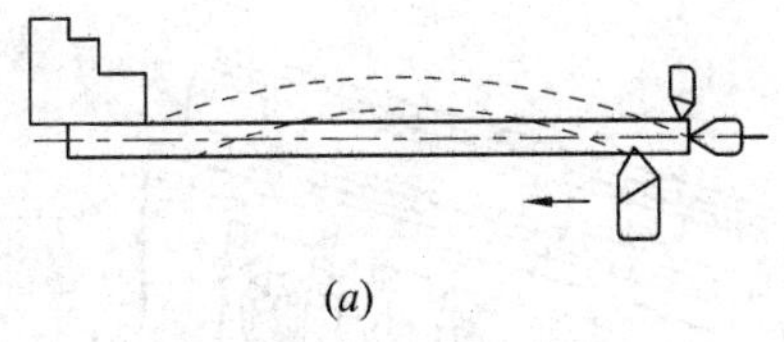

(a)

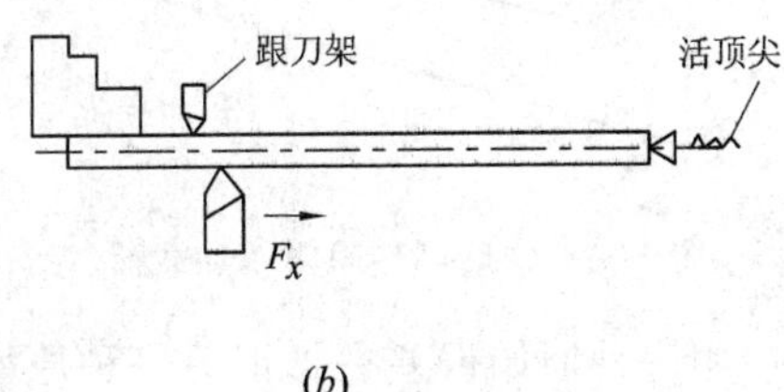

(b)

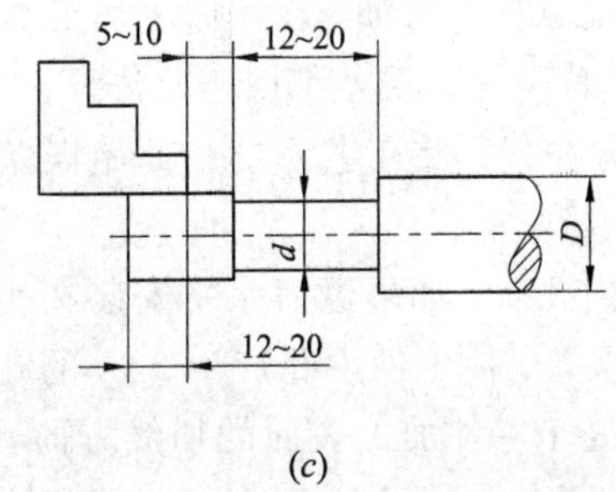

(c)

图 3－35　反向进给车削细长轴

在磨削精密薄片类零件时，由于零件刚性差，在电磁吸力“夹紧”时易变形。为了保证零件的平面度，可采用环氧树脂或厚油脂填平工件与电磁工作台之间的间隙(如图 3－36 所示)，在磁力吸引下工件不会产生夹紧变形，工件在“自由状态”被吸在工作台上，从而可以磨出具有较高平面度的工件。

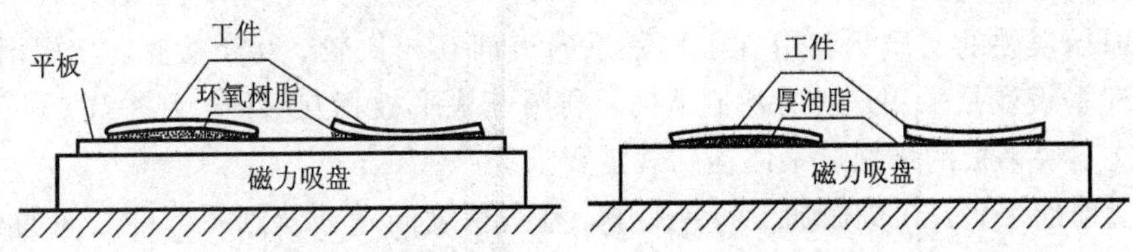

图 3－36　减小薄片工件夹紧变形的方法

(2) 补偿或抵消原始误差。补偿原始误差是人为制造一个大小相等方向相反的误差补偿原有的原始误差，用加载荷法精加工磨床导轨就是一个实例：磨床的床身如图 3－37 所示为一狭长结构，刚性较差，加工导轨时各项精度指标能够达到图纸要求，但装上进给箱和操纵机构后，由于重力会引起导轨的变形，往往会使精度超差。因此在加工床身时采取用配重代替进给箱重量，或先装好进给箱再磨削导轨的方法，就可以解决上述精度超差的问题。

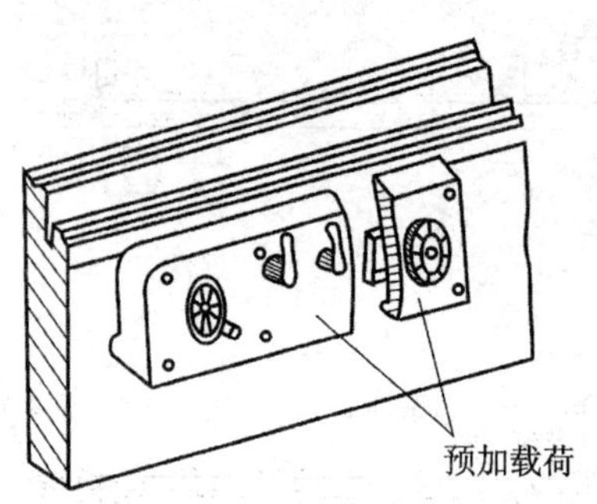

图 3-37　磨削导轨时予加载荷

误差抵消法就是在加工中用一种原始误差去抵消另一种原始误差。例如，在镗床上镗孔时，采用对称刃口的镗刀块进行双刃镗削，以抵消采用普通镗刀头单向受力时因刀杆刚度低产生弯曲变形而引起的加工误差。再如，在车床上加工细长轴时，采用前后双刀架“对顶”切削，使背向力互相抵消而减少加工误差都属于此法。

(3) 转移原始误差。这种方法就是将工艺系统的原始误差转移到误差非敏感方向上或不影响加工精度的方面去。

例如，在转塔车床上加工内孔时，如果镗刀水平安装在转塔刀架的刀杆上，转塔的转角误差使刀具产生 Δy 的位置误差，使工件内孔产生 $2\Delta y$ 的孔径误差。若将刀具垂直安装在刀杆上，此时转塔转角误差处于零件加工表面的切线方向，属误差不敏感方向，即可大大减小该转角误差对加工精度的影响。再如，大型龙门式机床横梁较长，在主轴箱的重力作用下，会产生向下的弯曲变形而影响工件加工精度，为消除此误差，可增加一根附加梁，用以承受主轴箱部件的重力。

(4) 分化或均化原始误差。在零件的批量生产中，由于毛坯尺寸误差大，毛坯误差复映会使工件尺寸分散。为了减小这种由于误差复映造成的误差，可在加工前把毛坯按误差大小分为几组，然后按组分别调整刀具的位置，加工后各组零件尺寸分散中心基本一致，从而保证整批零件的加工精度。

均化原始误差的实质是利用有密切联系的表面互相比较、互相检查、互相消除误差。精密的标准平板就是采用这种方法制造的：利用三块平板相互对研，刮去高点，逐步提高精度，使这三块平板的平面度最终达到规定要求。

(5) 就地加工法。在机械加工和装配中，有些精度问题涉及到零部件之间的相互位置关系。例如，在六角车床的制造中，其转塔上六个安装刀杆的大孔的轴心线必须和机床主轴的回转轴心线重合，转塔的六个面又必须与机床主轴轴心线垂直。如果把转塔作为单独零件加工出这些表面，然后在装配中保证这两项位置要求是很难做到的。生产中可采用就地加工法，具体方法是：加工时这些表面留有一定余量，待转塔装配到机床上之后，在主轴上装上镗刀杆，精镗出转塔的六个大孔，然后再在主轴上装上一个能做径向进给运动的小刀架，依次加工出转塔的六个平面，这样保证两项位置要求就变得容易多了。就地加工法在机床制造中应用很广。

3. 表面质量

1）表面质量对零件使用性能的影响

（1）对零件耐磨性的影响。由于表面粗糙度的存在，两接触表面相互滑动时，实际上只是在一些凸峰顶部相接触。零件表面越粗糙，磨损量越大，但如果摩擦表面太光滑，又容易发生咬焊、胶合，造成磨损加剧。因此，就耐磨性而言，摩擦表面的粗糙度过大、过小都不利，而是存在一个最佳值，实践证明，其值约为 R_a0.32～1.25 μm。表面冷作硬化使耐磨性提高，但过度硬化会使表层金属变脆、脱落，使磨损加剧。金相组织的变化影响表层金属的硬度，也将影响耐磨性。

（2）对疲劳强度的影响。粗糙度值大的表面，表面凹谷越深，在交变载荷作用下，凹谷处越容易产生应力集中，进而发展成疲劳破坏，因此表面粗糙度值越小，疲劳强度越高；表面层的冷作硬化使表面硬度提高，使微观裂纹的扩展受到阻止，可以提高疲劳强度，但硬化层过硬反而容易造成裂纹，使疲劳强度降低；表面层的压应力能抵消交变载荷的拉应力，减少裂纹产生，提高疲劳强度，表面层拉应力的作用则正相反。

（3）对配合质量的影响。对间隙配合表面，粗糙度数值越大，初期磨损就越大，配合间隙会很快加大；对过盈配合，粗糙度数值大，在装配过程中配合表面的凸峰受到挤压，使实际过盈量比设计的小，因此配合表面都要求较小的表面粗糙度值。另外，工件表面残余应力经过一段时间会引起工件变形，这将会引起配合性质的改变。

（4）对零件耐腐蚀性的影响。表面粗糙度值越大，其表面凹谷处越容易存留腐蚀性介质，从而造成工件表面的腐蚀越严重。

2）影响加工表面粗糙度的主要因素及其控制

（1）切削加工时，工件的表面粗糙度与切削用量、刀具的几何形状、工件材料、刀具材料、切削液等因素有关。

① 切削用量的影响。图 3－38 表示了高速钢刀具切削钢料时，切削速度对粗糙度的影响。从图中可以看出当 v 为 25 m/min 左右时，粗糙度值最大，这是因为在此条件下最容易形成积屑瘤和鳞刺，大大恶化表面粗糙度，而 v 较低或较高时，粗糙度值都较小。切削铸铁一类脆性材料时，基本上不形成积屑瘤，切削速度对表面粗糙度影响较小。进给量 f 对粗糙度影响较大，减小进给量可有效减小残留面积的高度，从而减小表面粗糙度值。

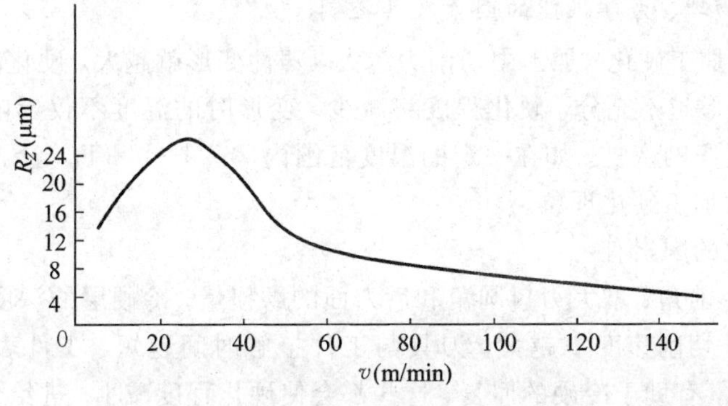

图 3－38　加工钢料时切削速度对粗糙度的影响

② 刀具几何形状的影响。减小刀具的主偏角 k_r 和副偏角 k_r' 和增大刀尖圆角半径 r_0 都能减小残留面积的高度，降低零件的表面粗糙度。实践证明，加大刀具前角和适当增大刀具后角有利于降低工件表面粗糙度。

③ 工件材料的影响。韧性较大的塑性材料，加工后表面较粗糙。加工前通过适当的热处理(如调质或正火)细化晶粒，降低材料塑性，可以达到降低表面粗糙度的目的。加工脆性材料时因切屑崩碎留下麻点，使工件表面变得粗糙，如果降低切削用量和使用煤油润滑，可减轻崩碎，减小表面粗糙度。

④ 刀具材料的影响。不同材料的刀具与工件材料间的摩擦系数、亲合程度不同，刀具自身的耐磨性和刃磨工艺性也不同，这些都对工件的表面粗糙度有直接影响。高速钢刀具刃磨后易获得锋利刀刃和光整的刀面，加工表面粗糙度可达 R_a0.16～2.5 μm；硬质合金刀具在高速切削时，切削变形小，在机床精度和工艺系统刚度良好等条件下加工表面粗糙度 R_a 值可达 0.8 μm；立方氮化硼(CBN)刀具耐磨性好，加工粗糙度 R_a 值可达 0.10 μm。

⑤ 切削液的影响。切削液能减小切屑、工件和刀具之间的摩擦，降低切削温度，减小切削过程中的塑性变形，抑制积屑瘤和鳞刺的生长，因而可减小表面粗糙度值。在切削液中加入极压添加剂，效果会更好。

⑥ 工艺系统中的振动。减小加工中工艺系统的振动，可减小被加工表面的粗糙度值。

(2) 磨削加工时，工件的加工表面是由砂轮磨粒的微刃切削、刻划出无数细小沟槽而形成的。单位面积上刻痕越多，刻痕的深度越均匀，表面粗糙度值越小。在磨削中影响表面粗糙度的因素主要有磨削用量、砂轮的选择、磨削方法及冷却润滑条件等。

① 磨削用量。提高砂轮线速度有利于减小加工表面粗糙度值。砂轮线速度越大，单位时间通过磨削区的磨粒数和单位面积上磨削次数越多，可以减小表面粗糙度值。增大磨削深度和工件线速度将增加工件塑性变形程度，从而使表面粗糙度值增大。

② 砂轮的粒度越细，加工表面的刻痕越细，表面粗糙度值就越小。砂轮修整的微刃等高性越好，工件表面粗糙度值越小。

③ 磨削方法。通常在磨削过程中，开始采用较大的径向进给量，以提高生产率，在磨削的最后采用小进给量或光磨并适当增加光磨次数，可使表面粗糙度值变小。

④ 冷却润滑液的使用。冷却润滑液能减少磨削热，减少塑性变形并能防止工件烧伤，可以使表面粗糙度值变小。

3) 影响表面物理、力学性能的因素及其控制

(1) 表面层的加工硬化。加工中切削力越大，塑性变形就越大，硬化程度也越大；变形速度越大，塑性变形越不充分，硬化程度将减少。变形时的温度不仅影响变形程度，还会影响变形后金相组织的恢复。如在一定的温度范围内(0.25～0.3$T_{熔}$)会产生回复现象，也就是会部分地消除加工硬化现象。

影响加工硬化的因素有：

① 刀具：减小前角、增大刃口圆角和后刀面的磨损量，冷硬层的深度和硬度会增大。

② 切削用量：切削速度 v 越大，刀具与工件接触时间越短，工件表面塑性变形也越小，同时温度增高，有助于冷硬的回复，这些都会使硬化程度减小。进给量 f 增大，使切削力增大，塑性变形增大，硬化现象也随之增大。但如果 f 太小，刀具刃口圆角在加工表面单位长度上的挤压次数增多，硬化现象也会增大。

③ 工件材料：工件材料硬度越低，塑性就越大，加工后表面硬化也越严重。

(2) 表面层的金相组织变化。加工中由于切削热的作用，会使表面层的金相组织产生变化。这种情况在磨削加工中表现得较突出，这是因为磨削时大部分热量传入工件，使工件表面温度很高，从而发生金相组织变化，工件材料的强度和硬度降低，产生残余应力，甚至出现裂纹，这就是磨削烧伤。这将会使零件性能大大降低，使用寿命下降甚至报废。

影响磨削烧伤的主要因素是磨削区的温度，避免磨削烧伤主要有下面几个途径：

① 合理选择砂轮。选择粒度小且自锐性好的砂轮，针对不同加工材料选取不同的砂轮。

② 合理选择磨削用量。降低砂轮速度，减小径向进给量，增大纵向进给量可有效避免工件烧伤。为了不影响生产效率可采取在提高砂轮速度的同时，提高工件速度来避免烧伤。

③ 增大磨削刃间距。采用粗修整砂轮、松组织砂轮或开槽砂轮可以很好地解决磨削烧伤的问题。

④ 提高冷却效果。为保证有更多的冷却液进入磨削区，以降低磨削温度，通常可以采用内冷却砂轮、在冷却液喷嘴上加装空气挡板、加大冷却液压力和流量等措施达到避免磨削烧伤的效果。

(3) 表面层的残余应力。残余应力的产生主要有以下几个原因：

① 冷塑性变形的影响：在机械加工过程中，工件表面层在刀具的挤压和摩擦作用下，产生伸长性塑性变形，而此时基体金属仍处于弹性变形状态。切削加工后，基体金属趋于弹性恢复，但受到已产生塑性变形的表层限制，不能回复原状，因而在表面层产生残余压应力，里层则产生残余拉应力与之平衡。

② 热塑性变形的影响：机械加工中，工件表面层在切削热作用下产生热膨胀，因为基体的温度低，所以表面层的热膨胀受基体限制产生热压缩应力。当表面层的温度超过材料弹性变形范围时，产生热塑性变形(在压应力作用下材料相对缩短)。当切削加工结束后，温度下降至与基体温度一致时，表层的相对缩短受到基体的限制产生了表层残余拉应力，里层则产生了压应力。加工中温度越高，表层热塑性变形越大，残余拉应力也越大。

③ 金相组织的变化：机械加工时的高温会引起工件表层发生金相组织的变化，不同的金相组织有不同的比重，因此会造成体积的变化。表层体积膨胀时，因受到基体的限制，产生压应力；表层体积缩小时，因受到基体的限制，产生拉应力。

实际上，机械加工后表层残余应力是很复杂的，是上述三种情况综合作用的结果。切削加工时，切削温度不高，表面以冷塑性变形为主；磨削时，因磨削温度较高，表面常以热塑性变形和金相组织变化为主。

3.6.2 机械加工中的生产率

劳动生产率是指工人在单位时间内制造合格品的数量，或者指制造单件产品所消耗的劳动时间。劳动生产率一般通过时间定额来衡量，缩减时间定额就可以提高劳动生产率。

在不同类型的生产中，提高生产率的侧重点不同。在大批大量生产中，由于自动化程度高，基本加工时间占的比重大，所以应在缩短基本加工时间上多下功夫；而在单件小批量生产中，辅助加工时间占的比重大，重点应在缩短辅助加工时间上采取措施。

机械加工中提高劳动生产率的措施常常有下面几种：

1. 缩减时间定额

1）缩减基本时间

以车削为例，基本时间可用下式计算：

$$T_j = \frac{L}{n \cdot f} \cdot \frac{Z}{a_p} = \frac{\pi DL}{1000vf} \cdot \frac{Z}{a_p}$$

式中：L——切削长度(mm)；

n——工件转数(r/min)；

D——切削直径(mm)；

Z——加工余量(mm)；

v——切削速度(m/min)；

f——进给量(mm/r)；

a_p——背吃刀量(mm)。

由上式可见，缩短 T_j 的具体方法有以下几种：

(1) 提高切削用量。切削用量的提高可以使 T_j 缩短，但增大了切削中的切削力、切削热、工艺系统变形等，所以要求机床有足够的功率和刚度，并要求刀具有足够的耐用度。

(2) 减少工件切削长度。采用多刀加工，使每把刀切削长度缩短，或使用宽砂轮采用横磨法磨削等均可减少切削长度，缩短 T_j。

(3) 多件加工。在条件许可时，采用多件同时加工可减少刀具的切入、切出时间，缩短 T_j。

(4) 精化毛坯。如采用精铸、精锻毛坯可以减少加工余量，缩短 T_j。

2）缩短辅助时间

常采用的方法有：

(1) 采用先进高效夹具，如液压、气动夹具及半自动夹具，可以大大减少装卸工件时间。

(2) 在多个工位上加工工件，并可在不影响加工的情况下装卸工件，使基本加工时间与辅助加工时间重合。

(3) 采用自动检测装置，减少停机测量工件的时间。

3）缩短工作的服务时间

主要是缩短刀具调整、更换所需的时间，提高刀具及砂轮的耐用度。如采用各种快换刀夹、自动换刀装置、刀具微调装置及采用不重磨硬质合金刀片等。

4）缩短准备与终结时间

应尽量扩大零件的生产批量，使分摊到每个零件上的准备与终结时间减少。对于中小批量的生产可通过采用成组技术以及零件的通用化、标准化、产品系列化来减少零件的准备与终结时间。

2. 采用先进工艺方法

采用先进的工艺方法是提高劳动生产率的有效手段。

(1) 采用先进、高效、自动化机床，如自动机床、专用机床、数控机床和加工中心等可以有效地提高劳动生产率。

(2) 采用少、无切屑新工艺，如冷挤压、滚压、冷轧等来提高劳动生产率。

(3) 对某些特硬、特脆、特韧材料及复杂型面采用电解加工、电火花加工、线切割等特种加工可大大提高劳动生产率。

(4) 改进加工方法，如以拉削代替镗、铰孔，用精刨、精磨代替刮研等均可提高劳动生产率。

此外，通过改进产品的结构设计，改善零件的结构工艺性，改善生产的组织和管理，采用先进的生产组织形式(如流水线、自动线)和先进的生产模式，合理制定生产计划，合理调配设备和劳动力等都可以提高劳动生产率。

3.6.3 工艺过程的技术经济性

每一个零件的加工，可以有多个方案，不同的工艺方案在加工方法、加工路线、机床设备和工艺装备的选择、切削用量的确定等方面都可能有所不同。要想在这些方案中选择出既能保证加工技术要求，又具有良好的经济效果的方案，就要对它们进行技术经济分析。

1. 工艺成本的计算

制造一个零件(或一台产品)所耗费的总费用称为生产成本。其中与工艺过程直接有关的费用称为工艺成本，它约占生产成本的 70%～75%，所以在对不同工艺方案进行经济性分析时，只需分析、对比其工艺成本。

工艺成本又分为可变费用和不变费用两部分。

1) 可变费用

可变费用是与零件年产量有关并与之成正比的费用，包括原材料费、毛坯制造费、操作工人工资、机床电费、通用机床折旧费和修理费、通用工艺装备的折旧费和修理费等。

2) 不变费用

不变费用是与年产量无直接关系，不随年产量的变化而变化的费用，包括调整工人的工资、专用机床和专用工艺装备的折旧费和修理费等。

零件的全年工艺成本可按下式计算：

$$E = VN + C$$

式中：E—— 一种零件全年工艺成本(元/年)；

V——可变费用(元/件)；

N——零件年产量(件/年)；

C——不变费用(元/年)。

零件的单件工艺成本按下式计算：

$$E_d = V + C/N$$

式中：E_d——单件工艺成本(元/件)。

图 3－39 表示全年工艺成本和年产量的关系，二者呈线性关系，E 随 N 的变化而成正比例变化。

图 3－40 表示单件工艺成本和年产量的关系，二者呈双曲线关系，E_d 随 N 的增大而减少，各处的变化率不同。当 N 的数值很小时，C/N 的值很大，说明在单件小批量生产中采用专用工装设备会造成单件成本增加较大，是不适当的；当 N 值很大时，C/N 的值很小，适宜采用专用工装设备。

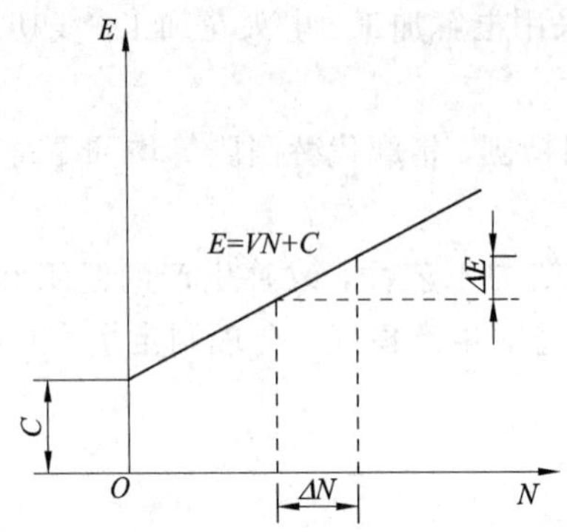

图 3-39　全年工艺成本与年产量的关系

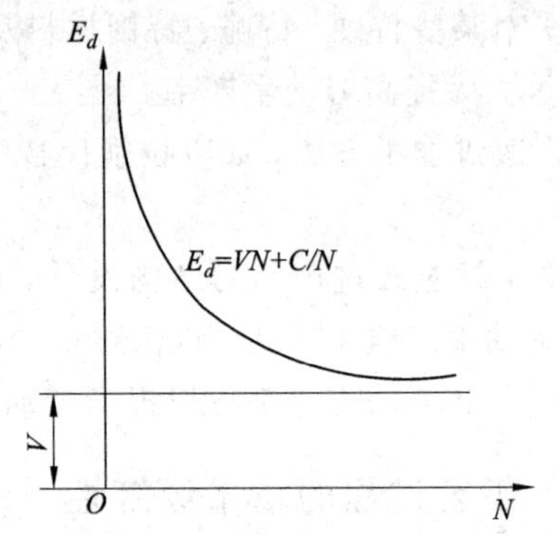

图 3-40　单件工艺成本与年产量的关系

2. 不同工艺方案的经济性比较

(1) 如果两种工艺方案的基本投资相近，在现有设备条件下，可比较其工艺成本：如果两种方案只有少数工序不同，可对比其单件工艺成本，如图 3-41 所示；当两种方案有较多工序不同时，应对比其全年工艺成本，如图 3-42 所示，并且可以看出，各方案经济性好坏与零件年产量有关。两种方案的工艺成本相同时的年产量 N_K 称为临界年产量。对于图 3-41 中的两种方案，当实际年产量 $N<N_K$ 时，采用方案 2 经济性好；当 $N>N_K$ 时，采用方案 1 经济性好。对于图 3-42 的两个方案，也是当实际年产量 $N<N_K$ 时，采用方案 2 经济性好；当 $N>N_K$ 时，采用方案 1 经济性好。

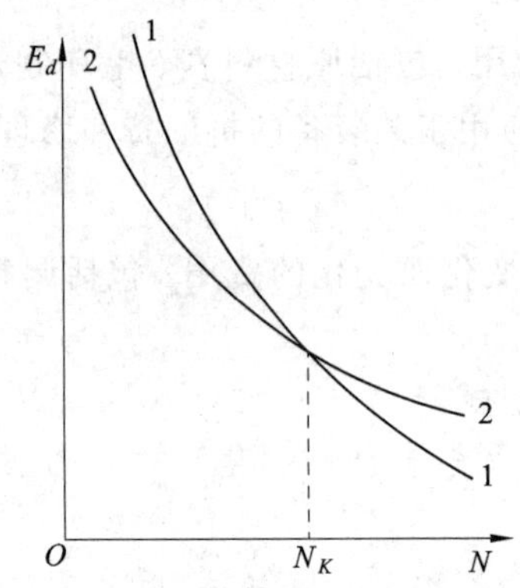

图 3-41　两种方案单件工艺成本比较

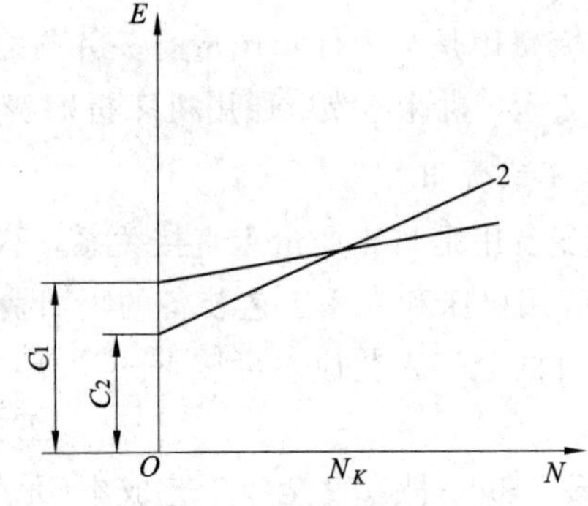

图 3-42　两种工艺方案全年工艺成本比较

(2) 如果两种工艺方案的基本投资相差较大时，应比较不同方案的基本投资差额的回收期：若方案 1 采用价格较贵的高效机床及工艺装备，其基本投资 K_1 大，但工艺成本 E_1 低；方案 2 采用价格较低、生产率较低的一般机床和工艺装备，其基本投资 K_2 较小，但工艺成本 E_2 较高。在分析两种方案的经济性时，仅比较工艺成本的高低是不全面的，还要考虑方案 1 比方案 2 多用的投资需要多长时间才能由其工艺成本的降低而收回。回收期越短，经济性越好。投资回收期可由下式计算：

$$\tau=\frac{K_1-K_2}{E_2-E_1}=\frac{\Delta K}{\Delta E}$$

式中：τ——回收期限(年)；

ΔK——两种方案基本投资差额(元)；

ΔE——全年工艺成本差额(元/年)。

在计算投资回收期时应注意：

① 回收期应小于所用设备的使用年限。

② 回收期应小于所生产产品的更新换代年限。

③ 回收期应小于国家规定的年限，如普通型新机床的回收期限为4～6年，新夹具为2～3年。

3.7 典型零件的加工工艺分析

3.7.1 轴类零件的加工工艺

1. 轴的结构特点和主要技术要求

轴类零件是机械加工中最常见的典型零件之一。在机器中，轴类零件的作用主要是支承齿轮、皮带轮等传动零件和传递扭矩。

轴类零件是旋转体，其长度大于直径，加工表面主要包括外圆柱面、内孔、圆锥面、螺纹、花键、键槽、沟槽等。常见的轴类零件有光轴、阶梯轴、空心轴、曲轴等，如图3-43所示。

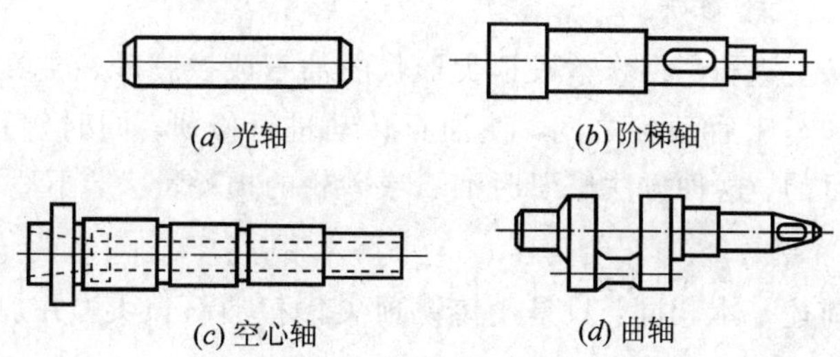

图3-43 轴的种类

轴类零件的定位表面、配合表面、工作表面都有较高的尺寸精度、形状精度及较小的表面粗糙度值的要求，同时上述重要表面之间常要求有较高的位置精度，如各圆柱表面间的同轴度、端面对轴心线的垂直度等。

2. 材料、毛坯及热处理

一般轴类零件材料常选用45钢，中等精度且转速较高的轴选用40Cr，对精度高且在高速重载条件下工作的轴可选用合金钢，如20CrMnTi、20Cr及38CrMoAlA等。

轴类零件的毛坯常用棒料或锻件。形状简单、尺寸小、不起重要作用的轴常选用棒料作毛坯；比较重要的轴，为使其具有良好的机械性能，一般都采用锻件毛坯。

为获得轴类零件所要求的理化性能、机械性能、切削性能及尺寸的稳定性，应进行不同类型的热处理，并穿插在机械加工过程之中，常见热处理有：

(1) 小尺寸的碳钢轴，选用型材调质后加工；尺寸较大者用锻造毛坯，先正火或退火，粗加工后调质处理。

(2) 要求淬火的轴，半精加工后进行淬火，然后再精加工(磨削)。

(3) 长径比大的高精度轴，为减小加工应力变形，保证尺寸稳定，在半精加工后还常插入高温时效、低温时效和冰冷处理等。

3. 轴类零件加工工艺特点

轴类零件的加工要遵循粗、精加工分开，以主要加工表面加工为主线，次要表面加工穿插其中的原则。以一个7级精度，表面粗糙度值为 R_a0.8～0.4 μm 的一般传动轴为例，其典型工艺路线为：毛坯制造(或下料)—正火(或退火)—车端面钻中心孔—粗车各表面—精车各表面—铣花键(或键槽)—热处理—修研中心孔—粗磨外圆—精磨外圆。

轴类零件加工中常采用中心孔作为多道工序的定位基准，这符合基准统一原则。在一次装夹中加工多处外圆和端面，使各表面间的位置精度得以保证。定位精基准选择的另一方案是采用支承轴径定位，因为支承轴径既是装配基准，也是各个表面相互位置的设计基准，这样定位符合基准重合的原则，不会产生基准不重合误差，容易保证关键表面间的位置精度。对于大型长轴零件，为提高装夹可靠性，常采用“一夹一顶”方式，同时采用中心架或跟刀架增加工件刚度。

如果加工中主要采用中心孔作为定位基准，由于要在多道工序中使用，其精度就显得十分重要，尤其是精加工时。中心孔经过多次使用后可能磨损或拉毛，或者因热处理和内应力而使表面产生氧化皮或发生变形，因此在各个加工阶段(特别是热处理后)必须修研中心孔，甚至重新钻中心孔。修研中心孔常用的方法有：

1）用油石或橡胶砂轮修研

修研一般在车床上进行。将修整成顶尖形状的油石或橡胶砂轮夹在车床的卡盘上，然后将工件顶在油石和车床后顶尖之间，使油石转动进行修研，同时，手持工件断续转动，以达到均匀修整的目的。这种方法修研时油石或砂轮的损耗量大，不适合大批量生产。

2）用铸铁顶尖修研

采用的方法与前述基本相同，只是用铸铁顶尖代替油石顶尖，并加研磨剂，且顶尖转速略低。

3）用硬质合金顶尖修研

硬质合金顶尖的结构特点就是在60°锥面上磨出六角形，并留有0.2～0.5 mm的等宽刃带。这种方法生产率高，但修研质量稍差，多用于普通轴中心孔的修研或精密轴中心孔的粗研。

4）用中心孔专用磨床磨削

这种方法修研的精度和效率都较高，表面粗糙度可达 R_a0.32 μm，圆度达0.8 μm。

对于空心轴类零件，在加工中作为定位基准的中心孔在钻出通孔后会消失，为了后面的工序仍能用中心孔定位，常采用下面的办法来补偿：

(1) 在中心通孔的直径较小时，可直接在孔口倒出宽度不大于2 mm的60°锥面，用倒角锥面代替中心孔；

(2) 在不宜采用上述方法时，也可采用带有中心孔的锥堵(如图3-44(*a*)、(*b*)所示)插入中心通孔或采用带锥堵的拉杆心轴(如图3-44(*c*)所示)来安装工件。锥堵与工件的配合面应根据工件的形状作成相应的锥形，如果是圆柱孔，则锥堵的锥度一般取1∶500(图3-44(*a*)所示)，所使用的锥堵或拉杆心轴应具有较高的精度并尽量减少其安装次数。一般情况下，锥堵装上后不应中途更换或拆卸。若必须拆下并重装锥堵，则必须按重要外圆找正或重新修磨中心孔。

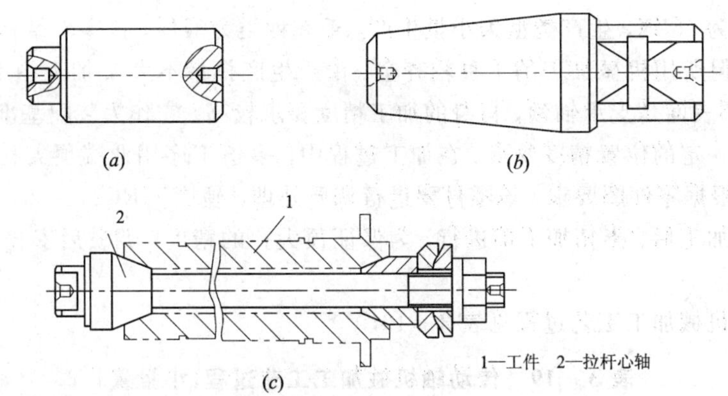

图 3-44　锥堵与锥套心轴

轴类零件的粗车、半精车虽然都是在车床上进行，但随着批量不同，所选的机床不同，加工方法也存在较大差异。一般单件小批生产中使用普通车床；大批大量生产则广泛采用液压仿形车床或多刀半自动车床；对于形状复杂的轴类零件，在转塔车床或数控车床上加工效果更好。

轴上的花键、键槽等次要表面的加工，一般安排在外圆精车之后、磨削之前进行。如果在精车前铣键槽，精车中会因断续切削产生振动而影响加工质量；如在磨削后铣键槽，通常会因表面淬硬而使铣削无法进行，或者既使表面没有淬硬，也会因加工键槽而破坏已经磨好的外圆表面。

4. 传动轴机械加工工艺路线分析

图 3-45 所示为传动轴的零件简图。

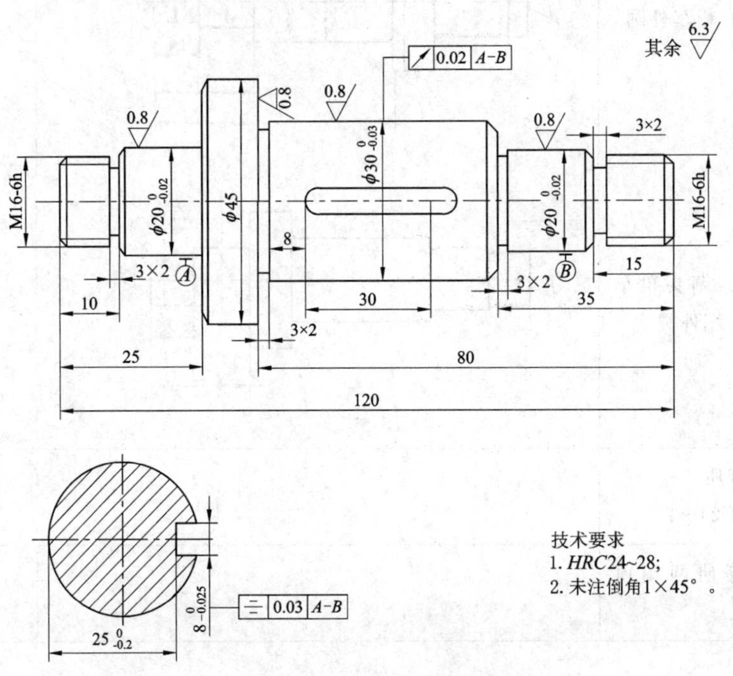

图 3-45　传动轴简图

该轴材料为45钢，生产类型为小批生产，毛坯种类为锻件，该零件结构较简单，精度要求不太高，但所用机械加工的工种较齐全。由于生产批量不大，加工中工序比较集中。A、B两个外圆表面是支承轴颈，自身的加工精度要求较高。它作为装配基准，要求$\phi30$外圆表面对其有一定的位置精度要求。在加工过程中，多道工序用两端顶尖孔定位，符合基准统一原则。根据零件图要求，该零件要进行调质处理，硬度HRC24～28，加工中将调质处理安排在粗加工后、半精加工前进行。为保证顶尖孔的精度，调质后安排了修研顶尖孔工序。

传动轴的机械加工工艺过程见表3-19。

表3-19 传动轴机械加工工艺过程(小批量)

工序号	工序内容	工序简图	定位	设备
	锻造、正火			
5	1. 车端面、外圆、钻中心孔 2. 车另一端面，保证总长，钻中心孔	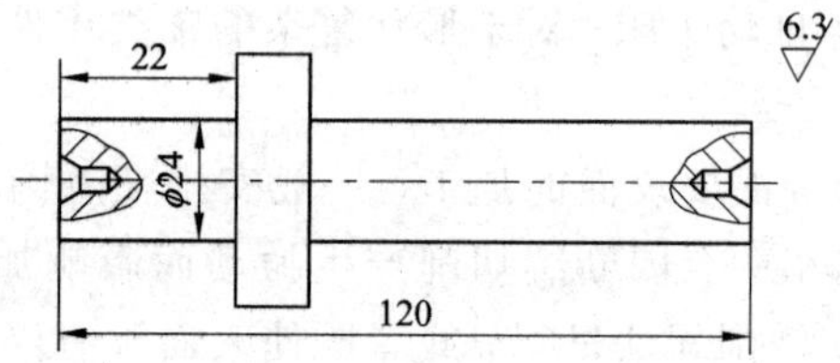 22, φ24, 120, 6.3	三爪卡盘	车床
10	1. 粗车外圆 2. 调头粗车另一端外圆	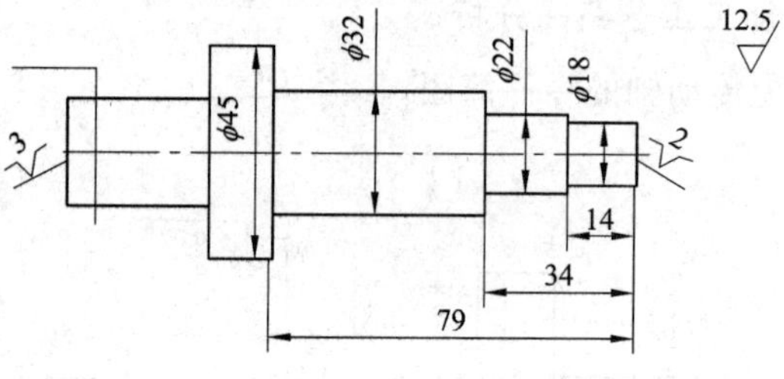 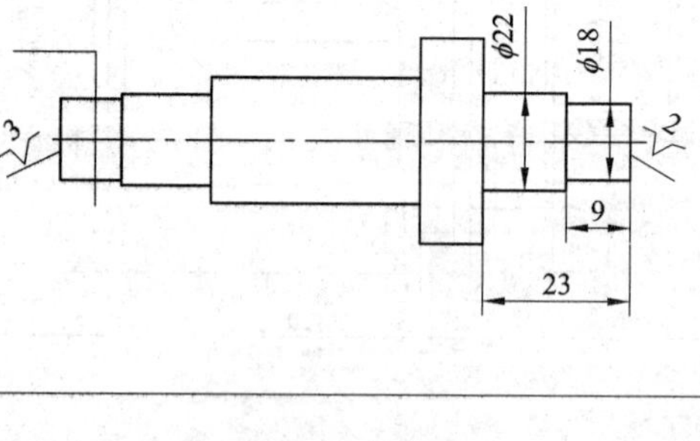 φ32, φ45, φ22, φ18, 12.5, 3, 2, 14, 34, 79 φ22, φ18, 3, 2, 9, 23	双顶尖	车床
15	调质HRC24～28			
20	修研两端顶尖孔			车床

续表

工序号	工序内容	工序简图	定位	设备
25	1. 半精车外圆、切槽、倒角 2. 调头半精车另一端外圆切槽、倒角	φ30.5$^{0}_{-0.1}$ φ20.5$^{0}_{-0.1}$ φ16.5$^{0}_{-0.1}$ 3 2 3×2 3×2 3×2 15 35 80 φ20.5$^{0}_{-0.1}$ φ16.5$^{0}_{-0.1}$ 3 2 3×2 10 25	双顶尖	车床
30	车两端螺纹	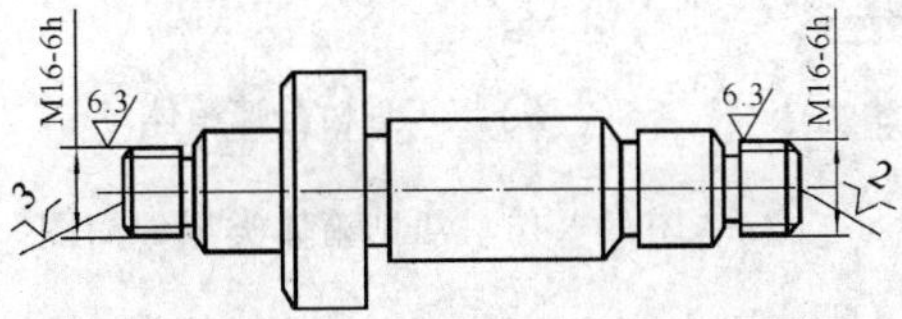 M16-6h 6.3 6.3 M16-6h 3 2	双顶尖	车床
35	划键槽加工线			钳工台
40	铣键槽	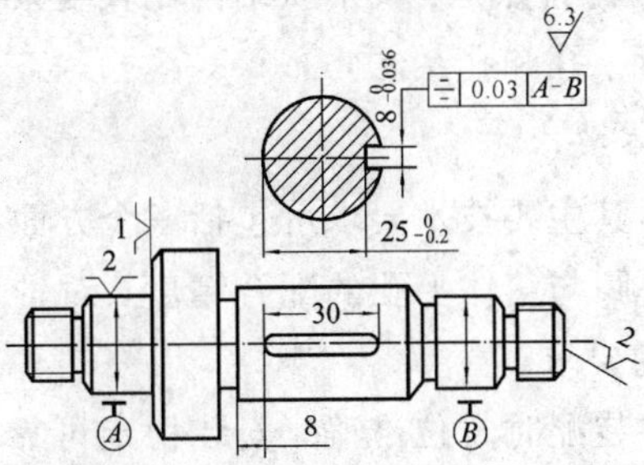 6.3 8$^{0}_{-0.036}$ 0.03 A−B 25$^{0}_{-0.2}$ 1 2 30 8 A B 2	外圆、端面、顶尖	铣床
45	磨外圆	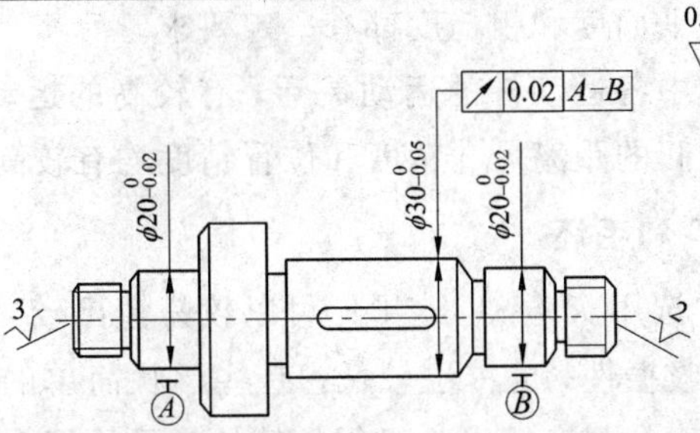 0.8 0.02 A−B φ20$^{0}_{-0.02}$ φ30$^{0}_{-0.05}$ φ20$^{0}_{-0.02}$ 3 2 A B	双顶尖	磨床
50	修毛刺			
55	检验			

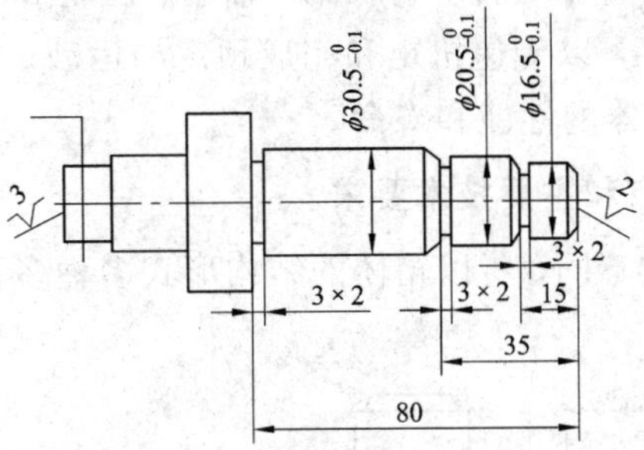

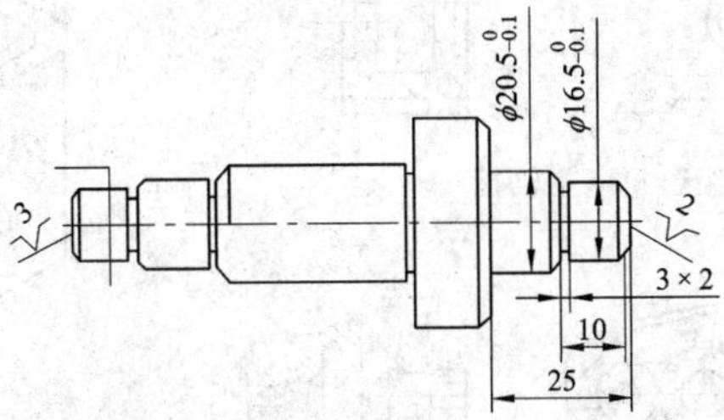

3.7.2 箱体零件的加工工艺

箱体是机器或部件的基础零件，它将轴、轴承、齿轮等零件连接成一个整体，使这些零件保持正确的相对位置，以传递扭矩和完成预定的运动。箱体的制造精度直接影响机器的装配质量，进而影响机器的性能和寿命。

1. 箱体零件结构特点和主要技术要求

由于机器的结构特点不同，所以箱体的结构形式多种多样，图 3 - 46 所示为常见的几种箱体零件。

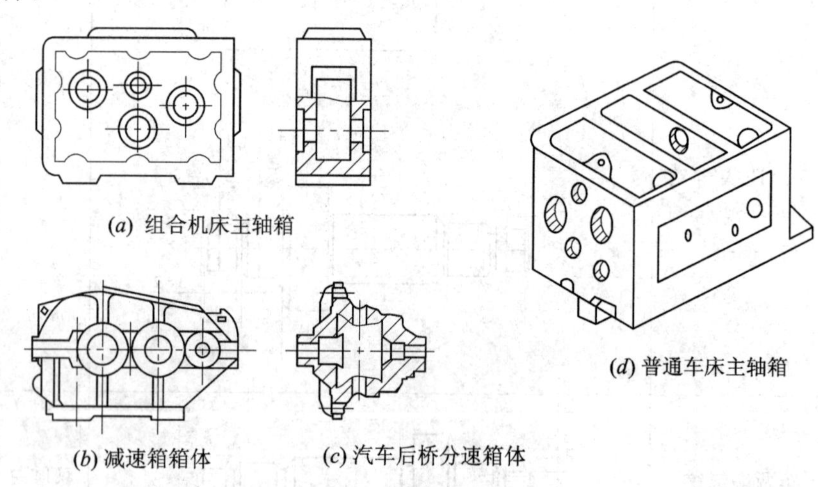

(*a*) 组合机床主轴箱

(*b*) 减速箱箱体

(*c*) 汽车后桥分速箱体

(*d*) 普通车床主轴箱

图 3 - 46　常见箱体类零件简图

1）结构特点

箱体类零件的共同结构特点是：其形状结构比较复杂，内部为空腔，壁薄且厚度不均，要加工的表面主要是平面、孔和孔系。

2）箱体类零件的技术要求

对箱体类零件来讲，其主要技术要求可包括三个方面：

(1) 为了保证轴承外圆与箱体上孔的配合精度，对轴承支承孔的尺寸精度、形状精度和表面粗糙度都有较高的要求。

(2) 为保证箱体零件装配时定位准确，安装稳定可靠，并且有较高的接触刚度，对基准面、支承面等平面的平面度和粗糙度都有一定要求。

(3) 为了保证箱体中各运动件的运动灵活，有较高的运动精度，箱体上各孔之间、各平面之间、孔与平面之间的距离尺寸精度和位置精度均有较高要求。

2. 箱体零件的材料和毛坯

箱体零件的材料常选用灰铸铁，这不但可以较易铸出较复杂的零件形状，而且具有较好的耐磨性、切削性、吸振性，成本也较低。有些形状简单的箱体也可采用钢板焊接的方法制造。为了减轻重量，有些车辆发动机用的箱体常采用铝合金制造。

毛坯的铸造方法主要取决于箱体生产类型和尺寸。单件小批生产中多采用手工木模造型，毛坯精度较低；大批大量生产中多采用金属模造型，毛坯精度较高，加工余量较小。箱体上大于 30～50 mm 的孔，一般都预先铸出，以减少加工工作量。

为了消除铸造中形成的内应力，毛坯铸造后要安排人工时效处理。精度高或形状复杂的箱体还应在粗加工后再多加一次时效处理，以保证尺寸的稳定性。

3. 箱体零件加工工艺特点

1) 定位基准的选择

如前所述，粗基准的作用是保证不加工表面和加工表面的位置，并使重要表面加工余量均匀。所以，箱体零件在粗基准的选择中，一是要尽量保证起主要作用的大孔(如车床主轴箱上的主轴孔)的加工余量均匀；二是要使箱体上不加工面(主要是内腔表面)与主要孔之间的位置误差不要太大，以免箱体中装入齿轮后由于间隙不够而与内壁相碰。为保证第一点应以重要大孔为粗基准，为保证第二点应以内壁为粗基准，但这样有时会使夹具结构过于复杂。实际加工中常以重要大孔为主要粗基准，同时兼顾内壁表面的位置要求，使矛盾得到统一。

在选择精基准时，有两种方案。一种方案是以装配基面为精基准，这符合基准重合的原则，减少了定位误差。另一方案是采用典型的“一面两孔”定位，用箱体的一个表面和此表面上的两个孔(为了做基准用，此两孔的尺寸及位置精度可以适当地提高)作为定位基准。由于“一面两孔”定位可以在多道工序中使用，符合基准统一的原则，易于在生产中组织流水作业和自动化生产，故多用于大批量生产且加工情况比较稳定的场合。

2) 工艺路线的安排

在箱体类零件加工中，一般遵照以下原则：

(1) 先面后孔。平面面积大，定位稳定可靠，先加工平面再以平面定位加工其他表面，有利于简化夹具结构，减少零件安装变形，提高加工精度。

(2) 粗、精加工分开。箱体零件壁薄、刚性差，在粗加工中切去的金属多，切削力大，切削热量大，这些都对加工精度的影响较大。把粗、精加工分开，使粗加工中形成的误差通过精加工逐渐纠正，以保证零件获得较高的加工精度。

(3) 工序集中。现在生产中，箱体更多的采用工序集中的方式进行加工，尤其是在数控机床或加工中心上，可以针对零件结构充分发挥机床优势，不但保证加工质量而且效率很高。不论单件小批，还是大批大量都适合采用这种方式。

3) 孔系的加工

通常工艺上把箱体零件上一系列具有相互精度要求的孔的组合称为孔系。孔系可分为平行孔系、同轴孔系和交叉孔系。

(1) 平行孔系加工。平行孔系的孔的轴线互相平行，在普通机床上加工时，常用的加工方法有找正法、镗模法和坐标法。

① 找正法：在加工中利用辅助工具来找正被加工孔的位置进行加工。找正时可依据划线来找正，也可利用心轴块规(如图 3 - 47 所示)、样板(如图 3 - 48 所示)和定心套(如图 3 - 49 所示)来找正。此法效率低，找正精度与所用工具及工人的技术水平有关，适于单件小批量生产。

② 镗模法：此方法是利用镗床夹具加工孔系。加工时工件装在镗模上，镗刀杆装在镗套内，并与机床主轴采用浮动联接。采用这种加工方式，孔心距精度主要取决于镗模的制

造精度，一般可达到±0.05 mm左右。这种方法生产效率较高，可用在普通镗床上，也可用在专用机床或组合机床上，如图3－50所示。

③ 坐标法：此方法多用在坐标镗床或数控镗铣床上，借助于测量装置准确控制刀具和工件的坐标位置和位移量，来保证孔之间的中心距精度。这种方法得到的孔心距精度取决于坐标测量装置的精度。应用较多的光学读数头测量装置精度可达0.01 mm。

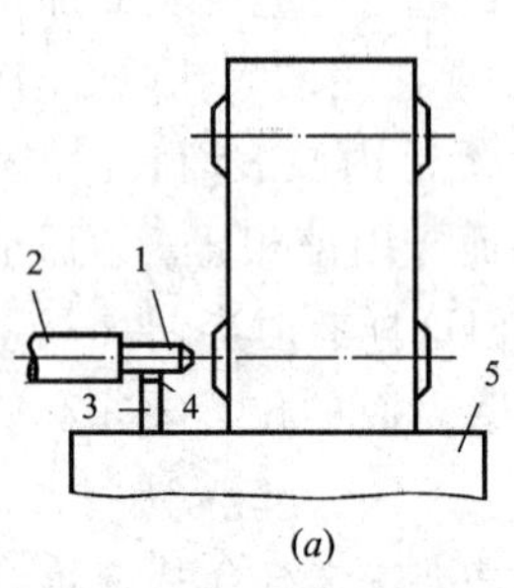

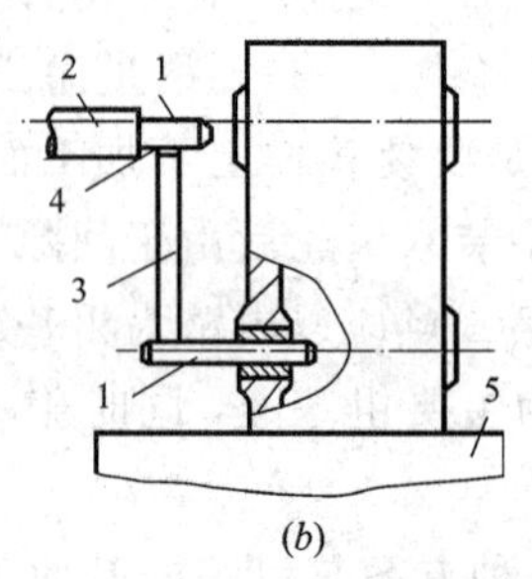

1—心轴；2—主轴；3—块规；4—塞尺；5—工作台

图3－47　心轴块规找正法

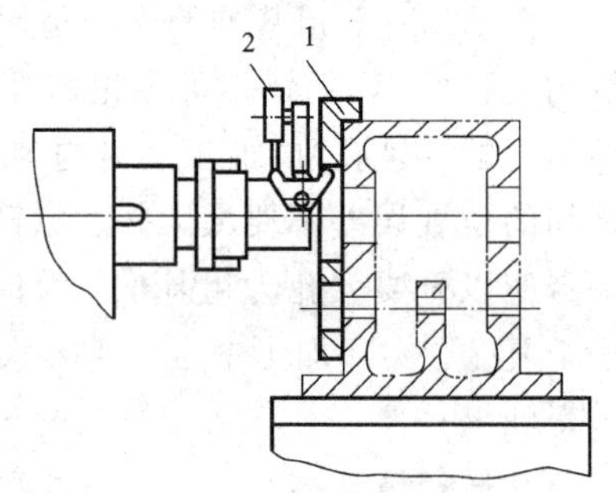

1—样板；2—千分表

图3－48　样板找正法

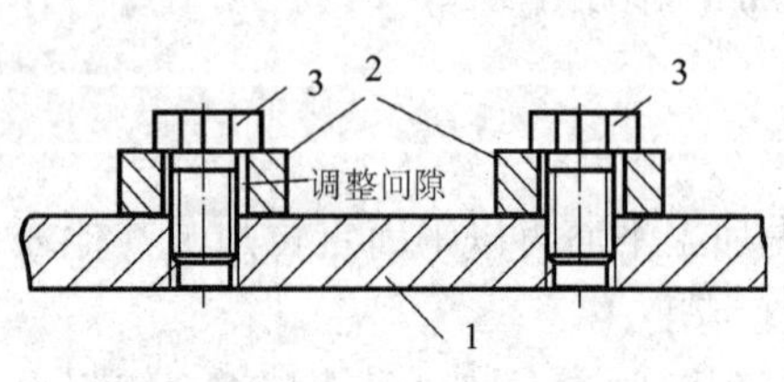

1—箱体；2—定心套；3—螺钉

图3－49　定心套找正法

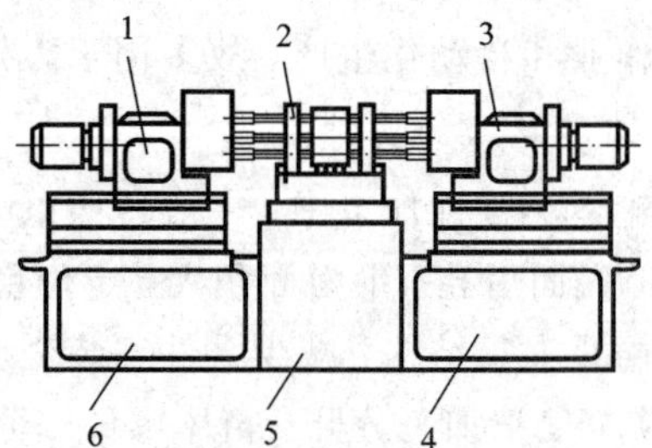

1—左动力头；2—镗模；3—右动力头；
4、6—侧底座；5—中间底座

图3－50　在组合机床上用镗模加工孔系

(2) 同轴孔系的加工。在普通机床上加工时，如果是成批生产，常采用镗模来保证各孔的同轴度，而在单件小批量生产中则常采用下列方法之一：

① 在已加工好的前壁孔上装一导向套，引导镗杆加工后壁上的孔。

② 利用镗床后立柱上的导向套支承镗杆，保证同轴孔的同轴度。

③ 先镗一端的孔，镗好后将镗床工作台准确回转180°，再加工另一端的孔。

(3) 交叉孔系的加工。对这类孔系，主要是控制有关孔轴线之间的垂直度。在普通镗床上可用挡块式90°对准装置，但对准精度低。为提高对准精度，有些机床采用了端面齿定位装置或光学瞄准器。

4) 加工方法及设备的选择

箱体上的轴承孔通常在卧式镗床上进行加工，轴承孔的端面可以在镗孔时的一次安装中加工出来。导轨面、底面、顶面或对合面等主要表面的粗、精加工通常在龙门铣床或龙门刨床上加工，小型面的加工也可在普通铣床上进行。联接孔、螺纹孔、销孔、通油孔等可以在摇臂钻床、立式钻床或组合专用机床上加工。

箱体的加工部位多，加工精度高，因此往往工序比较分散、生产周期长、效率低、成本高。随着数控机床的推广和普及，国内、外的很多生产厂家已在箱体的生产中采用了镗铣类加工中心，采用工序集中的加工方式，不但保证了零件的加工质量，而且大大提高了生产效率。

随着数控机床价格的降低，在箱体类零件的大批量生产中，也广泛采用了由多台数控机床和自动输送装置组成的自动线加工。整个加工过程无需工人直接操作，按一定节拍有序进行，大大提高了劳动生产率，降低了成本，减轻了工人的劳动强度。

4. 减速箱体机械加工工艺路线分析

图 3－51 所示是减速箱体简图。

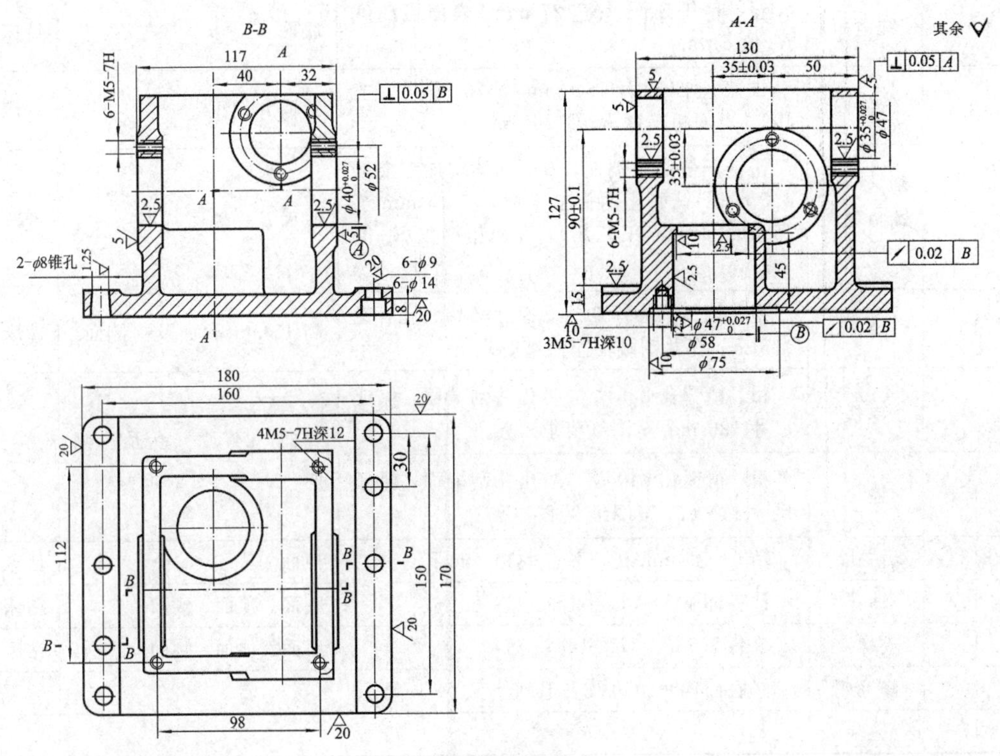

图 3－51　减速机箱体零件简图

该箱体为镗床上的一个零件，生产规模为小批生产，材料为 HT150，毛坯为铸件，它的各道工序均在普通机床上加工，加工前要进行划线，划线以顶面和两个主要孔（$\phi35^{+0.027}_{0}$、$\phi40^{+0.027}_{0}$）为基准，应使各加工表面有足够的余量，并保证零件的加工表面与非加工表面的均称性。

$\phi35^{+0.027}_{0}$、$\phi40^{+0.027}_{0}$ 和 $\phi47^{+0.027}_{0}$ 三个孔的精度要求较高，又有相互垂直度要求。该箱体孔系的设计基准与装配基准为底座上高 15 mm、表面粗糙度值为 $R_a2.5$ μm 的凸台面，若选用该台面为工艺基准，安装和测量均不方便。故选用底面为工艺基准，并将其加工精度提高为 15±0.03 mm，底面粗糙度值为 $R_a2.5$ μm，以保证尺寸 90±0.01 mm。

减速箱体的机械加工工艺过程见表 3－20 所示。

表 3-20 减速箱体小批生产工艺过程

工序号	工序名称	工序内容	定位	设备
1	铸			
2	清理	清除浇冒口、型砂、飞边、毛刺等		
3	热处理	时效		
4	油漆	内壁涂黄漆，非加工外表面涂底漆		
5	划线	划各外表面加工线	顶面及两主要孔	
6	铣底面	粗、精铣底面，表面粗糙度 R_a 值 2.5 μm(工艺用)	顶面按线找正	铣床
7	铣顶面	粗、精铣顶面，高 127 mm，表面粗糙度 R_a 值 5 μm	底面	铣床
8	铣侧面	铣底座四侧面 180 mm×170 mm(工艺用)，表面粗糙度 R_a 值 20 μm	顶面并校正	铣床
9	铣凸缘面	粗铣四侧凸缘端面，各端面均留加工余量 0.5 mm；铣底座两侧上平面，高 15 mm 至 15±0.03 mm(工艺用)，表面粗糙度 R_a 值 2.5 μm	底面及一侧面	铣床
10	镗孔	粗、精镗孔 $\phi47^{+0.027}_{0}$，镗 ϕ42 mm 孔，镗 ϕ75 mm 孔并刮端面至图纸要求	高 15 mm 台面及一侧面	镗床
11	镗孔	粗、精镗孔 $\phi35^{+0.027}_{0}$ 两孔并刮端面，保证尺寸 130 mm 至图纸要求	底面，$\phi47^{+0.027}_{0}$ 孔及一侧面	镗床
12	镗孔	粗、精镗孔 $\phi40^{+0.027}_{0}$ 两孔并刮端面，保证尺寸 117 mm 至图纸要求		
13	钻孔	钻 6-ϕ9 mm 孔，锪 6-ϕ14 mm 孔	顶面	钻床
14	钻孔	钻各面 M5-7H 小径孔	底面、顶面、侧面	钻床
15	攻螺纹	攻各面 M5-7H 螺纹	底面、顶面、侧面	钻床
16	修毛刺	修底面四角锐边及去毛刺		
17	检验			

5. 车床主轴箱机械加工工艺路线分析

某车床主轴箱简图如图 3-52 所示。该主轴箱为大批量生产，材料为 HT200，毛坯为铸件，铸造后时效处理。

该箱体孔的加工精度要求较高，主轴孔的尺寸精度为 IT6 级，其余孔为 IT6～IT7 级，主轴孔的圆度误差在 0.05 mm 以内。B、C 面为装配表面，其平面度、垂直度公差等级为 5 级。箱体上重要孔和主要表面的表面粗糙度影响连接面的配合性质或接触刚度，都应给予较严格的要求。

因生产批量较大，加工时采用“一面两孔”的定位方式，即以顶面 A 和其上面的两个 ϕ8H7 的工艺孔定位，箱口朝下进行加工，在多道工序中均采用此种定位方式，符合基准统一原则。但这种定位方式由于出现了基准不重合，产生了基准不重合误差，所以要安排磨

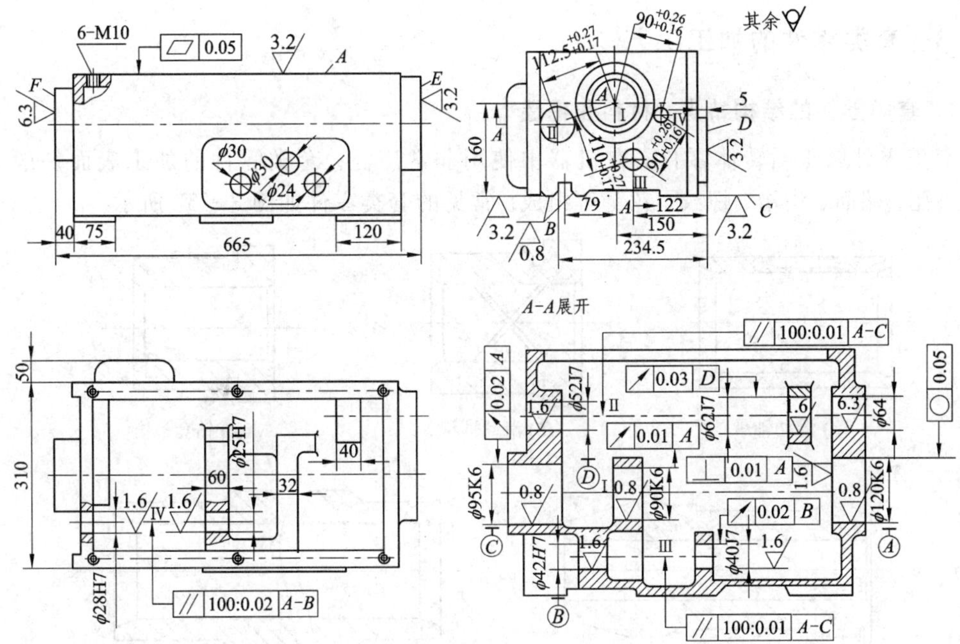

图 3 - 52 车床主轴箱简图

削顶面 A，严格控制 A 的平面度及 A 面至底面、A 面至主轴孔轴心线的尺寸精度与平行度。

在加工中仍然要遵循箱体类零件的加工共性，即先面后孔，粗、精加工分开的原则。

该箱体的机械加工工艺过程见表 3 - 21。

表 3 - 21 某主轴箱大批生产工艺过程

序号	工序内容	定位	设备
1	铸造		
2	时效		
3	油漆		
4	铣顶面 A	Ⅰ孔与Ⅱ孔	铣床
5	钻、扩、铰 2 - ϕ8H7 工艺孔	顶面 A 及外形	钻床
6	铣两端面 E、F 及前面 D	顶面 A 及两工艺孔	铣床
7	铣导轨面 B、C	顶面 A 及两工艺孔	铣床
8	磨顶面 A	导轨面 B、C	磨床
9	粗镗各纵向孔	顶面 A 及两工艺孔	镗床
10	精镗各纵向孔	顶面 A 及两工艺孔	镗床
11	精镗主轴孔Ⅰ	顶面 A 及两工艺孔	镗床
12	加工横向孔及各面上的次要孔		钻床
13	磨 B、C 导轨面及前面 D	顶面 A 及两工艺孔	磨床
14	将 2 - ϕ8H7 及 4 - ϕ7.8 mm 均扩钻至 ϕ8.5 mm，攻 6 - M10		钻床
15	清洗、去毛刺、倒角		
16	检验		

3.7.3 套类零件的加工工艺

1. 套类零件的结构特点、材料和毛坯

套类零件属于回转体零件，在机器中使用非常广泛。套类零件的加工表面一般由外圆、内孔、端面、沟槽、螺纹、花键等组成。常见的套类零件如图 3－53 所示。

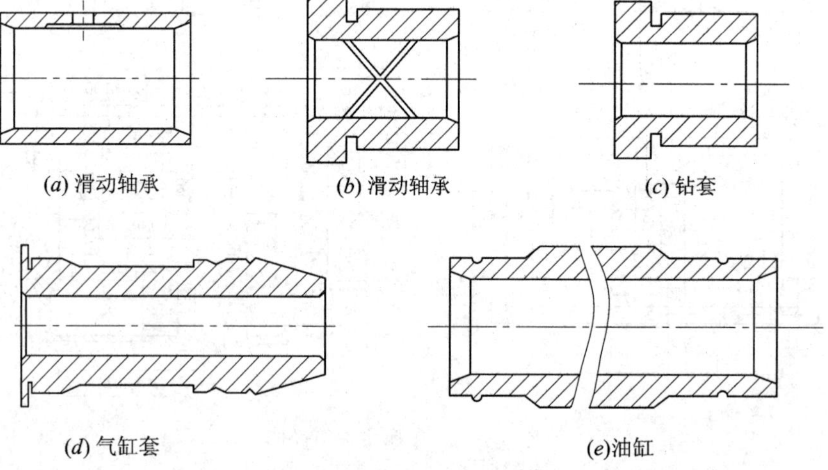

(*a*) 滑动轴承　(*b*) 滑动轴承　(*c*) 钻套

(*d*) 气缸套　(*e*)油缸

图 3－53　套类零件示例

套类零件的重要内孔和外圆表面都有较高的尺寸精度要求。尤其是内孔表面，通常起着支承和导向的作用，与运动着的轴、活塞等相配合，因此加工精度要求较高。多数套类零件的内孔与外圆，或内孔、外圆与端面之间都有同轴度、垂直度等位置精度的要求，加工中要重点予以考虑。

套类零件的材料一般选用钢、铸铁、青铜或黄铜等。

套类零件的毛坯选择与零件的结构尺寸及生产批量有关。小型零件常选用棒料或实心的铸件、锻件作毛坯，大型零件常选用无缝钢管或带孔的铸件、锻件作毛坯。大批量生产时，也可根据情况采用冷挤压和粉末冶金工艺，以达到节约材料、降低成本的目的。

2. 套类零件加工工艺特点

1）定位基准的选择

套类零件一般多选用外圆表面作粗基准，以一个外圆表面定位加工出其他的外圆表面、内孔及端面，然后再根据不同情况选择不同的精基准进行后面工序的加工，一般有下面两种情况：

(1) 以内孔作精基准，将加工后的内孔安装在心轴上，可对其他表面进行粗加工或半精加工。这种方法安装刚性好，应用普遍。

(2) 当内孔的长度或直径太小，不适合定位时，可用第一道工序中加工出的外圆表面作精基准，加工其他表面。

2）保证零件各相关表面位置精度的方法

(1) 用“互为基准”的方法保证位置精度。为了保证外圆与内孔之间的位置精度(同轴度)，可以用外圆定位加工内孔，再以内孔定位加工外圆，这样反复几次，就可以较好地保证二者之间的位置精度了。

(2) 用“一次安装中加工”的方法保证位置精度。在工件的一次装夹中完成内圆、外圆、端面的加工，工件各加工表面间的同轴度、垂直度取决于机床的几何精度，由此可以获得较高的位置精度。

3) 防止夹紧不当造成的变形

套类零件壁薄，刚性差，加工中如果采用的夹紧方式不当会造成较大的夹紧变形，而使被加工的工件产生较大的形状误差，甚至报废。解决此类问题的办法如图 3 - 54 所示，可以采用专用的宽爪卡盘(如图(*a*)所示)，或用过渡套、弹簧套夹紧工件(如图(*b*)所示)，也可以采用轴向夹紧的方法(如图(*c*)所示)。

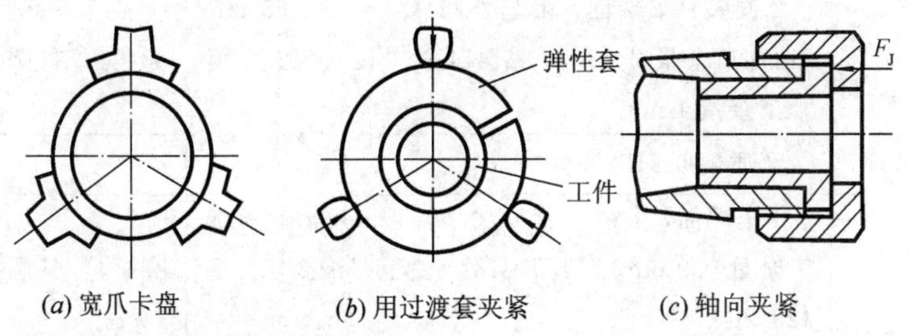

图 3 - 54　薄壁套的夹紧

3. 花键套机械加工工艺路线分析

图 3 - 55 所示为花键套的零件简图。

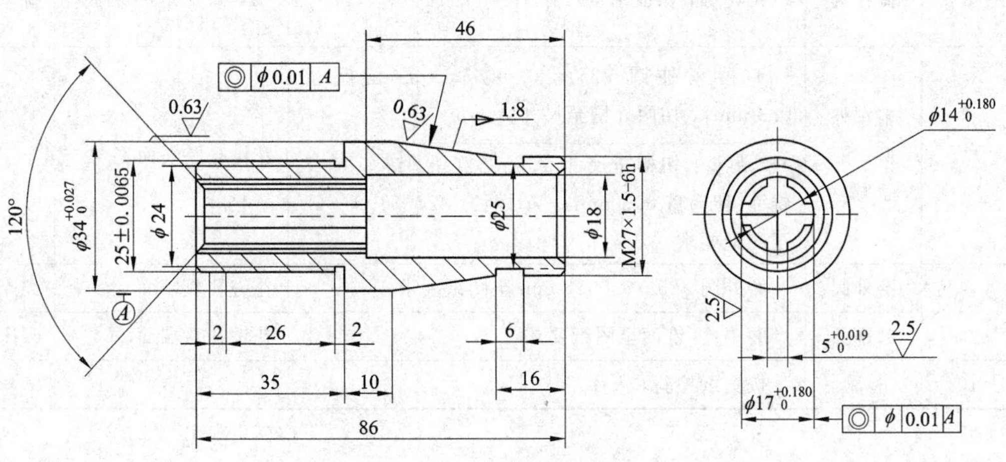

图 3 - 55　花键套简图

该花键套材料为 45 钢，中批生产。毛坯为 $\phi38$ 的圆棒料调质处理 HB235。在工序的安排上采用集中与分散相结合的原则，大部分工序采用通用设备和工艺装备，但在 7、8、9 工序中采用了专用的工装(花键心轴)。为保证加工质量，粗加工后进行调质处理，然后进行半精加工和精加工。为保证零件图中花键孔和圆锥面对 $\phi25$ 外圆的同轴度，工序 6 安排拉花键，后续工序都用花键孔定位，符合基准统一的原则。

花键套的机械加工工艺过程见表 3－22。

表 3－22　花键套成批生产工艺过程

<table>
<tr><th>工序号</th><th>工序名称</th><th>工序内容</th><th>定位</th><th>设备</th></tr>
<tr><td>1</td><td>备料</td><td>ϕ38 mm×92 mm</td><td></td><td></td></tr>
<tr><td rowspan="2">2</td><td rowspan="2">粗车外圆、钻孔</td><td>1 车端面，粗车外圆 $\phi34^{+0.027}_{0}$（留加工余量 1 mm），M27×1.5－6h 外圆（留加工余量 1 mm），钻 ϕ18 mm 孔（留加工余量 1 mm），深 45 mm</td><td>夹外圆毛面</td><td rowspan="2">车床</td></tr>
<tr><td>2 调头：车端面，粗车外圆 ϕ25±0.0065 mm（留加工余量 2 mm），钻 $\phi14^{+0.180}_{0}$ 孔（接通），留加工余量 1 mm</td><td>$\phi34^{+0.027}_{0}$ 外圆</td></tr>
<tr><td>3</td><td>热处理</td><td>调质硬度 HB235</td><td></td><td></td></tr>
<tr><td rowspan="2">4</td><td rowspan="2">半精车外圆、锥面及孔</td><td>1 车端面，半精车 ϕ25±0.0065 mm 外圆（留加工余量 0.9 mm），车孔 $\phi14^{+0.180}_{0}$ 至图纸要求，倒 120°角</td><td>$\phi34^{+0.027}_{0}$ 外圆</td><td rowspan="2">车床</td></tr>
<tr><td>2 调头：车端面，保证尺寸 86 mm，精车 $\phi34^{+0.027}_{0}$ 至尺寸，半精车 1∶8 锥面，留加工余量 1 mm，车 M27×1.5－6h 外圆至 ϕ27 mm，车孔 ϕ18 mm 至图纸要求，孔口倒角</td><td>ϕ25±0.0065 外圆</td></tr>
<tr><td>5</td><td>检验</td><td>检验前工序各加工表面尺寸</td><td></td><td></td></tr>
<tr><td>6</td><td>拉花键</td><td>拉花键，保证图示尺寸</td><td>$\phi14^{+0.180}_{0}$ 孔及端面</td><td>拉床</td></tr>
<tr><td rowspan="2">7</td><td rowspan="2">精车外圆、锥面、螺纹</td><td>1 精车外圆 ϕ25±0.0065 mm（留磨量 0.3 mm），切两处槽至尺寸 2 mm</td><td rowspan="2">花键孔及端面</td><td rowspan="2">车床</td></tr>
<tr><td>2 调头：切槽至尺寸 6 mm，倒角，精车 1∶8 锥面（留磨量 0.3 mm），车螺纹 M27×1.5－6h 至图纸要求</td></tr>
<tr><td>8</td><td>磨外圆</td><td>磨外圆 ϕ25±0.0065 mm 至图纸要求</td><td>花键孔及端面</td><td>磨床</td></tr>
<tr><td>9</td><td>磨锥面</td><td>磨 1∶8 锥面至图纸要求</td><td>花键孔及端面</td><td>磨床</td></tr>
<tr><td>10</td><td>检验</td><td>按图纸检验，入库</td><td></td><td></td></tr>
</table>

复习思考题

1. 什么是生产过程、工艺过程、工艺规程？
2. 什么是工序？划分工序的主要依据是什么？
3. 什么是工步？构成工步的要素有哪些？

4. 什么是生产纲领？生产类型有哪些？各有什么工艺特点？

5. 工艺规程的作用是什么？

6. 制定工艺规程的原则是什么？

7. 工件的定位方式有哪几种？

8. 什么是基准？基准按功用的不同可分为哪些类型？

9. 什么是工件定位的“六点定则”？

10. 在长方体工件定位时，主要定位基面上的三个支承点如果在一条直线上，侧面导向定位基面上两支承点连线如果垂直于底面，会产生什么结果(用限制自由度分析)？

11. 什么是完全定位、不完全定位、过定位、欠定位？

12. 在题表 3－12 所示零件的加工中需限制几个自由度？

题表 3－12

工序简图	位置要求	机床及刀具
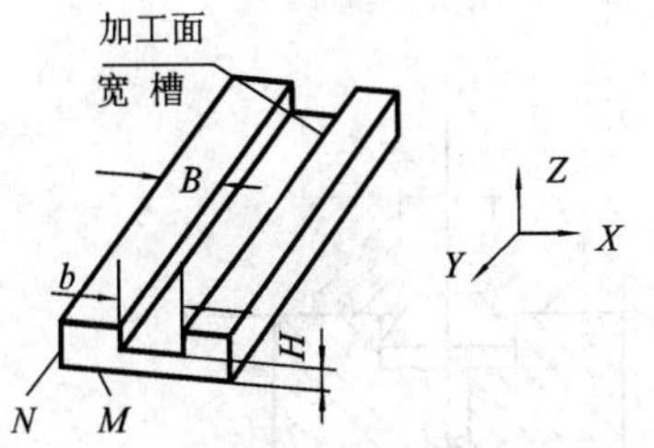 加工面 宽槽 B b H N M Z X Y	1. 尺寸 B 2. 尺寸 H 3. 槽侧面与 N 面平行 4. 槽底面与 M 面平行	立式铣床 立铣刀
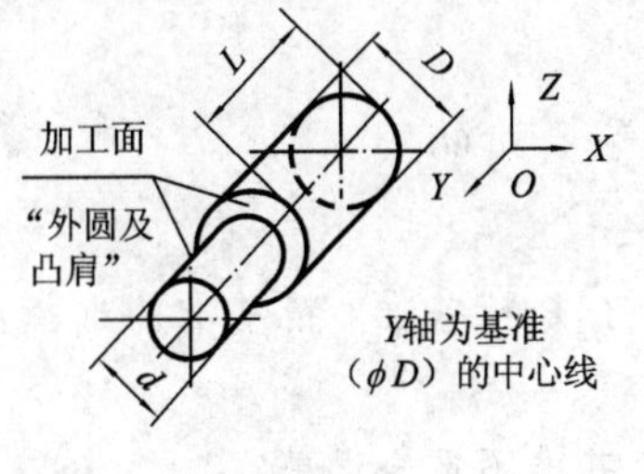 L D 加工面 “外圆及凸肩” d Z X Y O Y轴为基准(ϕD)的中心线	1. 加工面 D 对 d 须同轴 2. 尺寸 L	车床
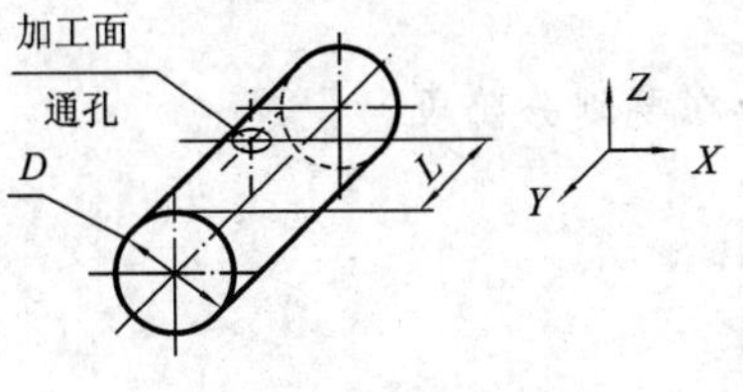 加工面 通孔 D L Z X Y	1. 尺寸 L 2. 加工孔中心与轴 D 的轴线垂直并相交	立式钻床 钻头
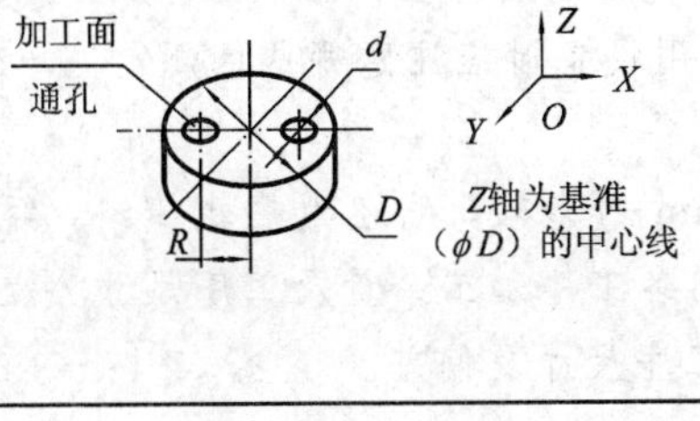 加工面 通孔 d D R Z X Y O Z轴为基准(ϕD)的中心线	1. 尺寸 R 2. 对孔 d 的角度位置 3. 圆孔与底面垂直	立式钻床 钻头

13. 分析题图 3－13 所示各定位方案中，各定位元件所限制的自由度，并分析该定位方案是否合理，如不合理，请提出改进方案。

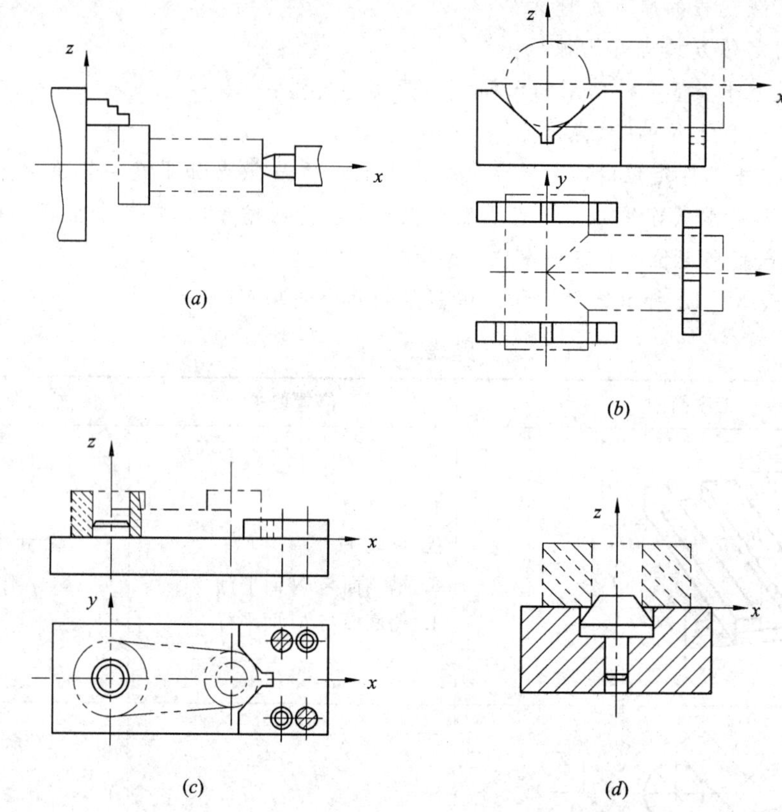

题图 3－13

14. 什么是粗基准？粗基准的选择原则是什么？什么是精基准？精基准的选择原则是什么？

15. 什么叫基准不重合误差？当“基准统一”时有无基准不重合误差？

16. 什么是经济精度和经济粗糙度？

17. 对于加工精度要求较高的零件，加工中为什么要划分阶段？

18. 什么是工序集中？它的优缺点是什么？

19. 什么是工序分散？它的优缺点是什么？

20. 如何选择工序的集中与分散？

21. 机械加工顺序的安排有哪些规律？

22. 影响加工余量的因素有哪些？确定加工余量的方法有哪些？

23. 在编制机械加工工艺规程时，选择各工序所用设备时应注意哪些问题？

24. 工序时间定额由哪些部分组成？

25. 现生产直径为 $\phi 32_{-0.013}^{\ 0}$ mm，长度为 200 mm 的光轴，毛坯为热轧棒料，经过粗车、精车、淬火、粗磨、精磨后达到图纸要求。现给出各工序加工余量及工序尺寸公差如题 3－25 表，毛坯的尺寸公差为±1.5 mm。试计算各工序尺寸及偏差。

题表 3 - 25

工序名称	加工余量(mm)	工序尺寸公差(mm)
粗车	3.00	0.210
精车	1.10	0.052
粗磨	0.40	0.033
精磨	0.10	0.013

26. 什么是工艺尺寸链？工艺尺寸链的特征是什么？

27. 如何确定工艺尺寸链的封闭环、增环和减环？

28. 采用调整法铣削如题图 3 - 28 所示小轴上的槽面(宽度 $36^{+0.5}_{0}$ mm)，计算以大端端面 B 为定位基准时铣槽的工序尺寸及偏差。

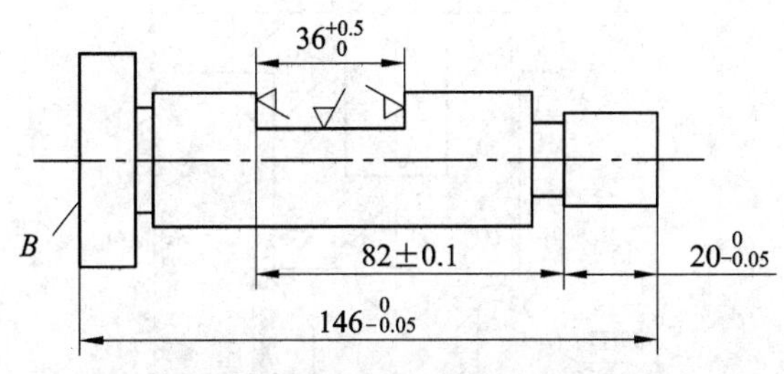

题图 3 - 28

29. 题图 3 - 29 所示零件，已知 M、N 面及 Φ14H8 孔已加工，试求加工 K 面时便于测量的测量尺寸。

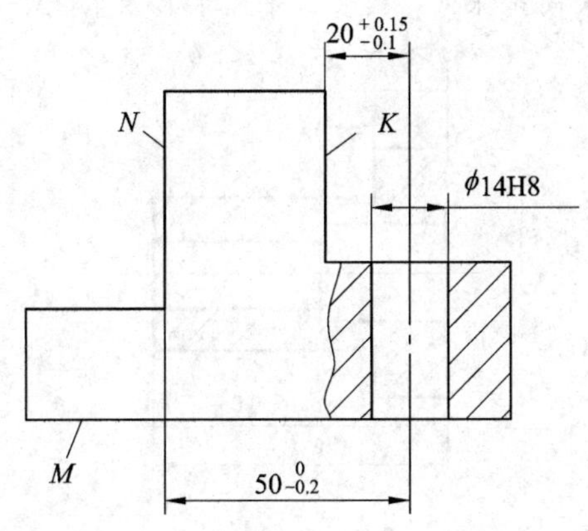

题图 3 - 29

30. 题图 3 - 30 所示为车床主轴剖视图，其外圆和键槽的加工过程如下：半精加工外圆至 $\phi 82.4^{0}_{-0.1}$ mm；铣键槽保证尺寸 A、B；热处理；磨外圆至 $\phi 82^{0}_{-0.023}$ mm，同时间接保证键槽深度 $\phi 76.8^{+0.4}_{0}$ mm，求工序尺寸 A。

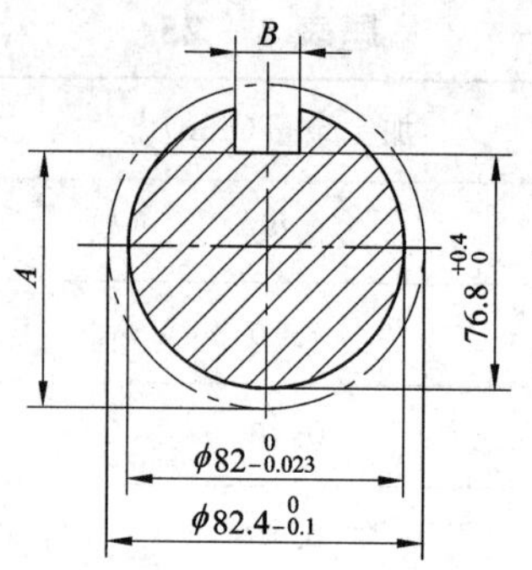

题图 3－30

31. 题图 3－31 所示，除 ϕ25H7 孔外，其他各面均已加工，试求以 A 面定位加工 ϕ25H7 孔时的工序尺寸。

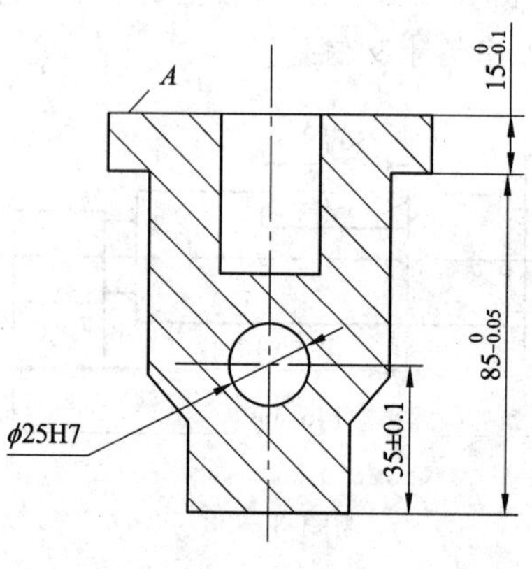

题图 3－31

32. 如题图 3－32 所示零件加工时，图样要求保证尺寸 6±0.1 mm，但这一尺寸不便于测量，只好通过度量 L 来间接保证。试求工序尺寸 L 及其上、下偏差。

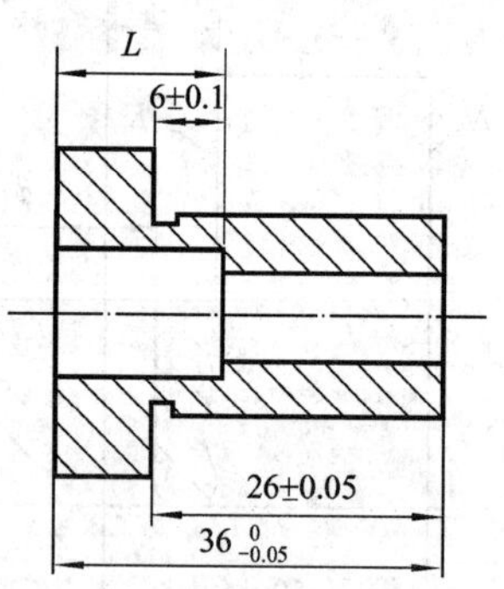

题图 3－32

33. 在机械加工中获得零件尺寸精度、形状精度、位置精度的方法有哪些？

34. 什么是工艺系统？工艺系统的原始误差包括哪些内容？

35. 举例说明什么是加工原理误差。

36. 在车床上用前、后顶尖定位加工细长轴会产生什么样的形状误差？为什么？

37. 在车床上用前、后顶尖定位加工短粗轴会产生什么样的形状误差？为什么？

38. 什么是加工中的“毛坯误差复映”？举例说明。

39. 什么是工艺系统的热平衡？热平衡对加工有何影响？

40. 保证和提高加工精度的途径有哪些？

41. 举例说明什么是“就地加工”。

42. 机械加工表面质量包括哪些内容？

43. 在切削加工中影响表面粗糙度的因素有哪些？

44. 在磨削加工中影响表面粗糙度的因素有哪些？

45. 提高机械加工劳动生产率的途径有哪些？

46. 轴类零件加工中常采用中心孔作为定位基准，这符合什么原则？为什么有时在加工中要安排修磨中心孔工序？

47. 在箱体类零件的孔系加工中，常采用哪些方法来保证各加工孔的位置精度？

48. 如何提高箱体类零件加工中的劳动生产率？

49. 在套类零件的加工中，如何保证各相关表面间的位置精度？

第4章 机床夹具

在机器制造中，为了更好地保证产品质量，提高生产率，除了发挥人的主观能动性以外，还必须在现有设备条件下，广泛采用各式各样的辅助装置，夹具是其中最为重要、应用最广泛的一种。从毛坯制造到产品装配的各个工种中，有许多不同的夹具，如机床夹具、焊接夹具、装配夹具和检验夹具等。本章主要讨论机床夹具。

4.1 机床夹具的组成、作用和分类

4.1.1 机床夹具的组成

机床夹具的结构虽然各种各样，互不相同，但我们可以从不同的夹具结构中，概括出一般夹具所普遍共有的组成部分。

1. 定位元件

由于夹具的首要任务是对工件进行定位和夹紧，因此无论何种夹具都必须有用以确定工件正确加工位置的定位元件。

如图 4－1 所示为钻盖板上 9－ϕ5 mm 孔的专用夹具，夹具上的圆柱销 4、菱形销 7 和挡销 6 都是定位元件，通过它们使工件和钻模板在夹具中占据了正确的加工位置。

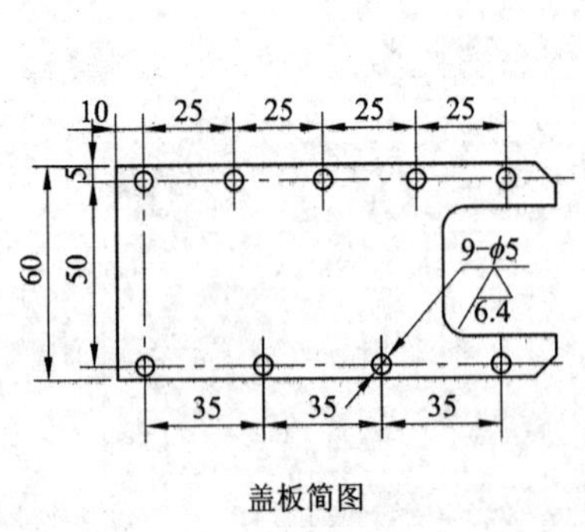

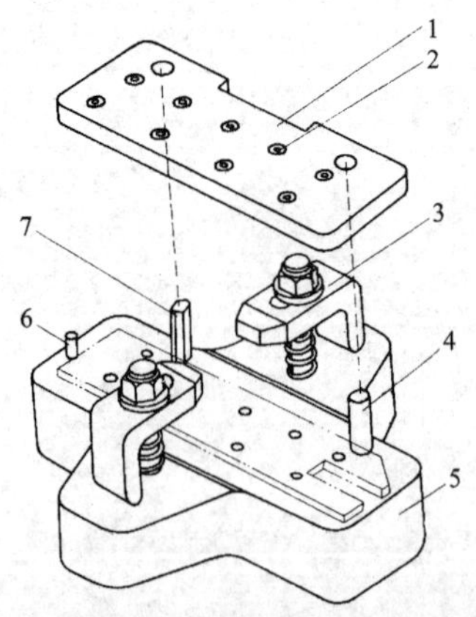

1—钻模板；2—钻套；3—压板；4—圆柱销；5—夹具体；6—挡销；7—菱形销

图 4－1 钻床夹具

2. 夹紧装置

夹紧装置的作用是将工件在夹具中压紧夹牢，保证工件在加工过程中当受到外力作用时，其正确的定位位置保持不变。图 4-1 中所示的夹具就利用压板、螺栓、螺母将工件压紧在夹具体上，它们构成了夹紧装置。

3. 夹具体

夹具上的所有组成部分都需要通过一个基础件使其联结成为一个整体，这个基础件称为夹具体，如图 4-1 中的件 5。

4. 其他装置或元件

除了定位元件、夹紧装置和夹具体外，各种夹具还根据需要设置一些其他装置或元件，如分度装置、引导装置、对刀元件等。图 4-1 中的钻套 2 和钻模板 1 就是为了引导钻头而设置的引导装置。

4.1.2 机床夹具的作用

1. 保证工件的加工精度

采用夹具后，工件各有关表面的相互位置精度是由夹具来保证的，比划线找正所达到的精度高很多，并且质量稳定。

2. 提高劳动生产率

采用夹具后，能使工件迅速地定位和夹紧，不仅省去了划线找正所花费的大量时间，而且简化了工件的安装工作，显著地提高了劳动生产率。

3. 改善工人劳动条件，保障生产安全

用夹具装夹工件方便、省力、安全。用气动、液动等夹紧装置，可大大减轻工人的劳动强度。夹具在设计时采取了安全保证措施，用以保证操作者的人身安全。

4. 降低生产成本

在批量生产中使用夹具时，劳动生产率提高，并且允许使用技术等级较低的工人操作，可显著地降低生产成本。

5. 扩大机床工艺范围

采用夹具可使本来不能在某些机床上加工的工件变为可能，以减轻生产条件受限的压力。如图 4-2(*a*)中所示的异形杠杆零件，如果不采用专用夹具，ϕ10H7 孔在车床上将无法加工。现采用图 4-2(*b*)所示的专用夹具，工件以 ϕ20h7 外圆为定位基准面，在 V 形块 2 上定位，用可调 V 形块 6 作辅助支承，采用铰链压板 1 和两个螺钉 5 夹紧，保证尺寸 50±0.01 mm 和平行度公差的要求。

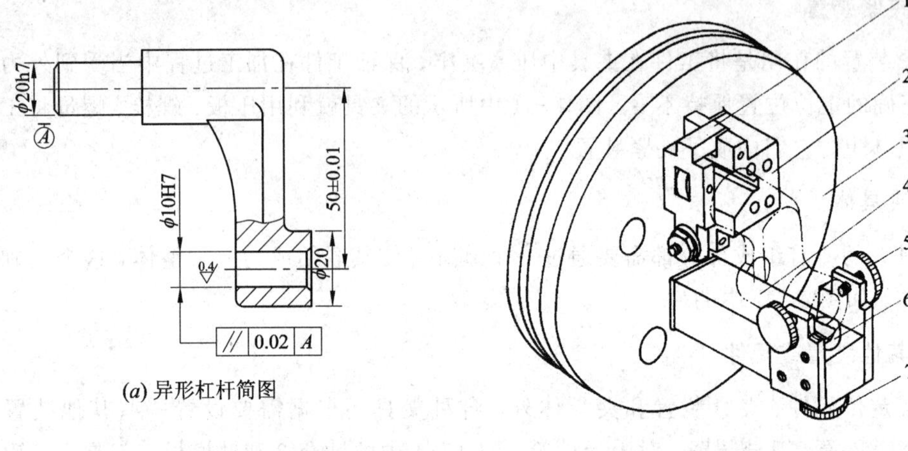

(a) 异形杠杆简图

(b) 专用夹具

1—铰链压板；2—V形块；3—夹具体；4—支架；5—螺钉；6—可调V形块；7—螺杆

图 4-2 加工杠杆零件的车床夹具

4.1.3 机床夹具的分类

1. 按夹具的通用特性分类

这是一种基本的分类方法，主要反映夹具在不同生产类型中的通用特性。

1）通用夹具

通用夹具是指结构、尺寸已规格化，具有一定通用性的夹具，如三爪卡盘、四爪卡盘、平口虎钳、万能分度头、顶尖、中心架、电磁吸盘等，这类夹具由专门生产厂家生产和供应，其特点是使用方便，通用性强，但加工精度不高，生产率较低，且难以装夹形状复杂的工件，仅适用于单件小批量生产。

2）专用夹具

专用夹具是针对某一工件某一工序的加工要求专门设计和制造的夹具，其特点是针对性很强，没有通用性。在批量较大生产和形状复杂、精度要求高的工件加工中，常用各种专用夹具，可获得较高的生产率和加工精度。

3）可调夹具

可调夹具是针对通用夹具和专用夹具的不足而发展起来的一类夹具。对不同类型和尺寸的工件，只需调整或更换原来夹具上的个别定位元件和夹紧元件便可使用。它一般又分为通用可调和成组夹具两种。

例如图 4-3 所示是生产系列化产品所用的铣销轴端部台肩的夹具。台肩尺寸相同但长度规格不同的销轴可用一个可调夹具加工。

4）组合夹具

组合夹具是一种模块化的夹具。标准的模块化元件具有较高的精度和耐磨性，可组装成各种夹具，夹具使用完后即可拆卸，留待组装新的夹具。

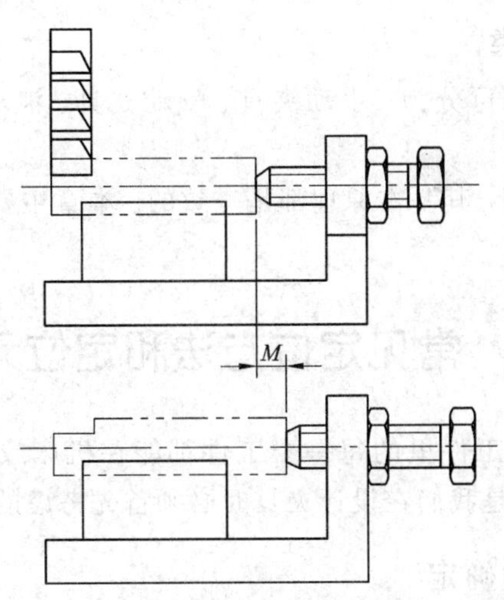

图 4 - 3　可调夹具

如图 4 - 4 所示为车削管状工件的组合夹具，组装时选用 90°圆形基础板 1 为夹具体，以长、圆形支承 4、6、9 和直角槽方支承 2、简式方支承 5 等组合成夹具的支架，工件在支承 9、10 和 V 形支承 8 上定位，用螺钉 3、11 夹紧，各主要元件由平键和槽通过方头螺钉紧固连接成一体。

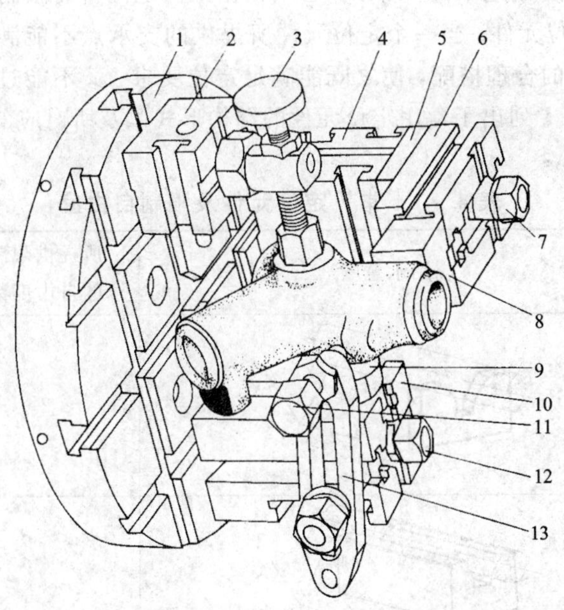

1—90°圆形基础板；2—直角槽方支承；3、11—螺钉；4、6、9、10—长、圆形支承；5—简式方支承；7、12—螺母；8—V 形支承；13—连接板

图 4 - 4　组合夹具

2. 按夹具的使用机床分类

这是专用夹具设计所用的分类方法。如在车床、铣床、钻床、镗床等机床上使用的夹具，就称为车床夹具、铣床夹具、钻床夹具、镗床夹具等。

3. 按夹具的动力源分类

按夹具所使用的动力源可分为：手动夹具、气动夹具、液动夹具、气液夹具、电动夹具、电磁夹具等。

各种夹具不论结构如何，其基本原理都是一致的。本章主要介绍专用夹具的结构设计原理。

4.2 常见定位方法和定位元件

所谓定位，就是使一批工件里的每一个工件都能在机床或夹具中占据相同的正确位置。如何使工件正确定位，是我们在设计夹具时必须首先考虑的问题。

4.2.1 工件定位方案的确定

确定合理的定位方案是零件加工和夹具设计时首要解决的问题。关于工件定位原理和基准面选择的问题已在第 3 章讨论过，这里我们假设已经选好了工件的定位基面，进一步讨论夹具上的定位元件的选择和布置问题。

工件在夹具中定位时，起定位支承点作用的是一定形状的定位元件。不同的定位元件所能提供的限制自由度数也不同，所以，必须根据工件定位所需限制的自由度数目和工件的结构，合理选择定位元件。当一个定位元件所提供的支承点不能满足定位要求时，则必须考虑多个定位元件的合理搭配，使之既能满足定位要求，又不能过定位，而且结构应简单、工艺性好。表 4 - 1 列出了常用定位元件的结构形式以及所对应的限制自由度，供设计夹具定位方案时参考。

表 4 - 1 常见定位元件及限制自由度

定位元件	应用示意图	所提供限制的自由度数	限制的自由度
短 V 形块		2	$\vec{x}$、$\vec{y}$
长 V 形块		4	$\vec{x}$、$\vec{y}$ $\overset{\frown}{x}$、$\overset{\frown}{y}$
短圆柱销		2	$\vec{x}$、$\vec{y}$

续表

定位元件	应用示意图	所提供限制的自由度数	限制的自由度
长圆柱销	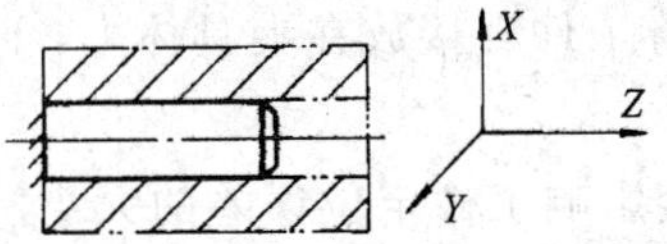	4	$\vec{x}$、$\vec{y}$ $\overset{\frown}{x}$、$\overset{\frown}{y}$
短定位套	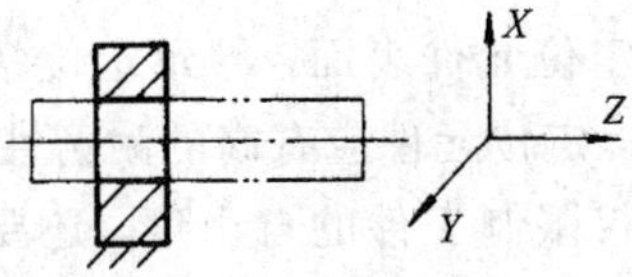	2	$\vec{x}$、$\vec{y}$
长定位套	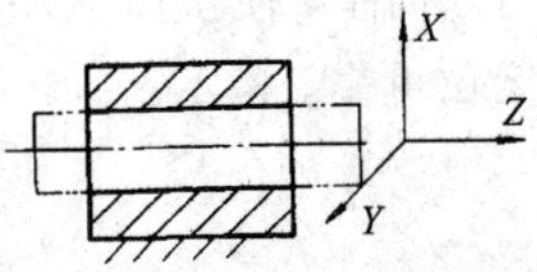	4	$\vec{x}$、$\vec{y}$ $\overset{\frown}{x}$、$\overset{\frown}{y}$
短圆锥销	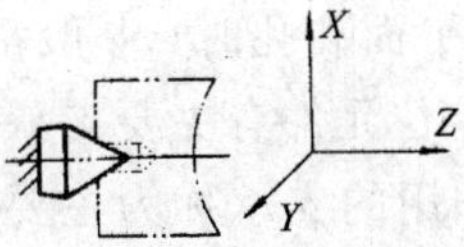	3	$\vec{x}$、$\vec{y}$、$\vec{z}$
长圆锥销	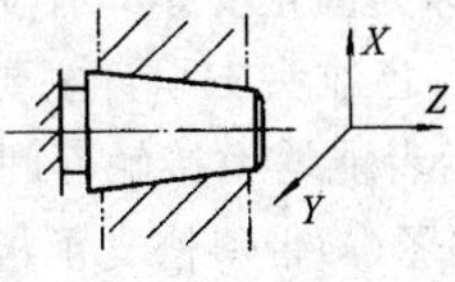	5	$\vec{x}$、$\vec{y}$、$\vec{z}$ $\overset{\frown}{x}$、$\overset{\frown}{y}$
短圆锥套	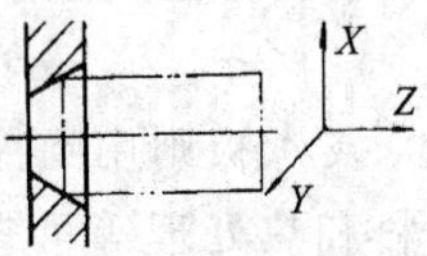	3	$\vec{x}$、$\vec{y}$、$\vec{z}$
长圆锥套	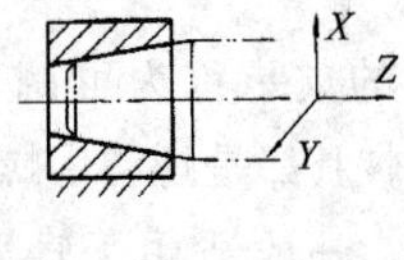	5	$\vec{x}$、$\vec{y}$、$\vec{z}$ $\overset{\frown}{x}$、$\overset{\frown}{y}$

4.2.2 常用定位方法及定位元件

1. 对定位元件的基本要求

工件在夹具中定位时，一般不允许将工件直接放在夹具体上，而应放在定位元件上，因而对定位元件提出下列要求：

(1) 高的精度。定位元件的精度直接影响工件定位误差的大小。一般来说，定位元件的制造公差应比工件上相应尺寸的公差小，否则会降低定位精度，但也要注意不能定的太严格，否则会给加工带来困难。

(2) 高的耐磨性。工件的装卸会磨损定位元件表面，导致定位精度下降。为了延长定位元件的更换周期，提高夹具的使用寿命，定位元件应有高的耐磨性。

(3) 足够的刚度和强度。定位元件不仅限制工件的自由度，还要支承工件、承受夹紧力和切削力，因此，应有足够的强度和刚度，以免使用中变形或损坏。

(4) 良好的工艺性。定位元件的结构应力求简单，便于加工、装配和更换。定位元件在夹具中的布置要合理、适当，以保证工件的定位可靠、稳定。

2. 定位方法和定位元件

1) 工件以平面定位

在机械加工过程中，有许多工件是以平面作为定位基准在夹具中定位的。例如箱体、机座、支架、圆盘、板状等类工件，在加工其平面和孔时，一般都要用平面作为定位基准。根据是否起限制自由度作用，用平面定位的定位元件有主要支承和辅助支承两种。

(1) 主要支承。工作时起到限制自由度作用的支承称为主要支承。根据其结构和应用方式不同又分为：

① 固定支承。支承高度固定不变的支承称为固定支承，有支承钉和支承板两种形式，如图 4-5 所示。其中图(b)球头支承钉和图(c)齿纹头支承钉主要用于粗基准定位，前者通过减少接触面来保证接触点位置相对稳定；后者能增大接触面间的摩擦力，以防工件受力偏移。图(a)平头支承钉、图(d)光面支承板和图(e)带斜槽支承板用于精基准定位。平头支承钉用于接触面积较小处，支承板用于接触面积较大处。图(d)所示支承板的结构简单，制造方便，但切屑不易清除干净，故适用于侧面和顶面定位；而图(e)所示支承板易于清理切屑，适用于底面定位。

支承钉常以过盈配合方式安装在夹具体上，支承板则用圆柱头螺钉紧固。支承钉和支承板都已标准化，其结构尺寸、公差配合、材料和热处理等可查阅《机床夹具设计手册》。当几个支承钉或支承板装配后要求等高时，应在装配后最终磨平工作表面，以保证它们在同一平面上。

② 可调支承。支承点位置可根据需要调整的支承称为可调支承。图 4-6 所示为几种常见的可调支承结构。这类可调支承的结构基本上都是螺钉、螺母形式。图(a)所示的支承结构可直接用手或扳杆拧动圆柱头来进行调节，一般适用于轻型工件；图(b)、(c)所示的支承结构需用扳手进行调节，适用于重型工件；图(d)所示的支承结构用来在侧面进行调节。可调支承一般每加工一批工件需要调整一次，高度一经调好，就相当于一个固定支承，另外还必须用锁紧螺母锁紧，以防止松动。

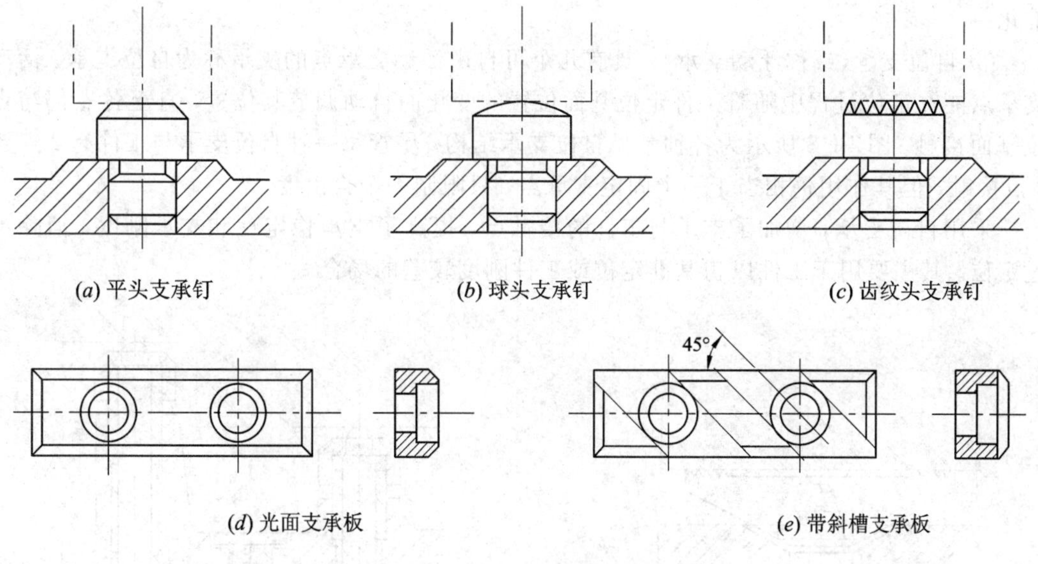

图 4-5　支承钉与支承板

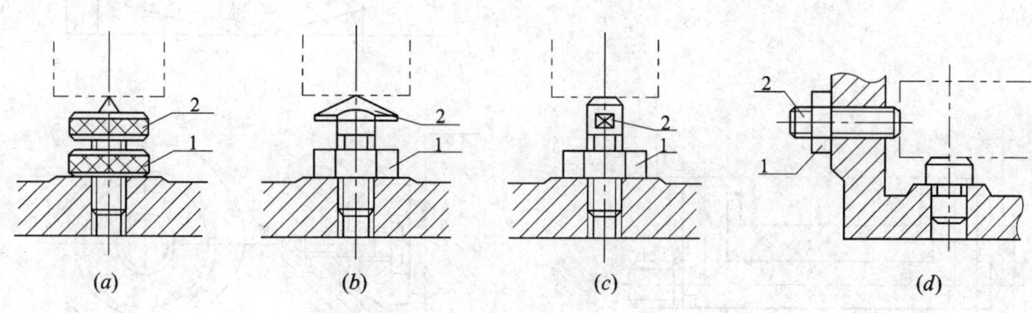

1—锁紧螺母；2—可调支承钉

图 4-6　可调支承

可调支承主要用于工件以粗基准定位，分批制造的毛坯余量变化较大的情况。例如图 4-7 所示的箱体工件，第一道工序是铣顶面，若以未加工的箱体底面作为粗基准定位，由于毛坯质量不高，对于不同毛坯而言，其底面与毛坯孔中心的尺寸 L 的变化量 ΔL 很大，使得加工出来的各批工件其顶面到毛坯孔中心的距离由 H_1 到 H_2 变化。这样，以后以顶面定位镗孔时，就会使镗孔余量偏在一边，加工余量极不均匀，严重影响镗孔质量，最严重的情况是可能造成单边没有加工余量，使工件报废。这种情况下，就应根据不同批毛坯尺寸 L 调节下面可调支承的高度，以满足加工要求。

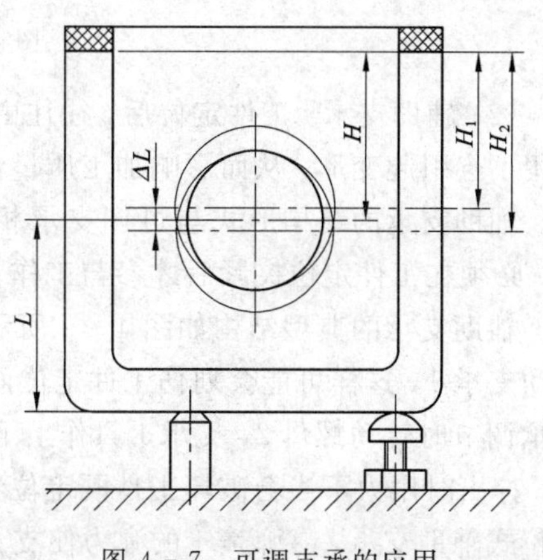

图 4-7　可调支承的应用

一般夹具在同一平面上只有一个可调支承，最多用两个。可调支承的结构形式已经标准化。

③ 自位支承(或称浮动支承)。具有几个可自由活动支承点的支承称为自位支承。活动支承点能在定位过程中随着工件定位基面位置的变化而自动调节其位置，直至各点都与定位基面接触。图 4 - 8 所示为各种常见自位支承结构。尽管每一种自位支承与工件有 2 点或 3 点接触，但其作用仍相当于一个固定支承点，只限制一个自由度。

采用自位支承，增加了支承与工件的接触点，提高了支承稳定性和支承刚度，消除了过定位。其主要用于工件以粗基准定位或工件刚度较差的场合。

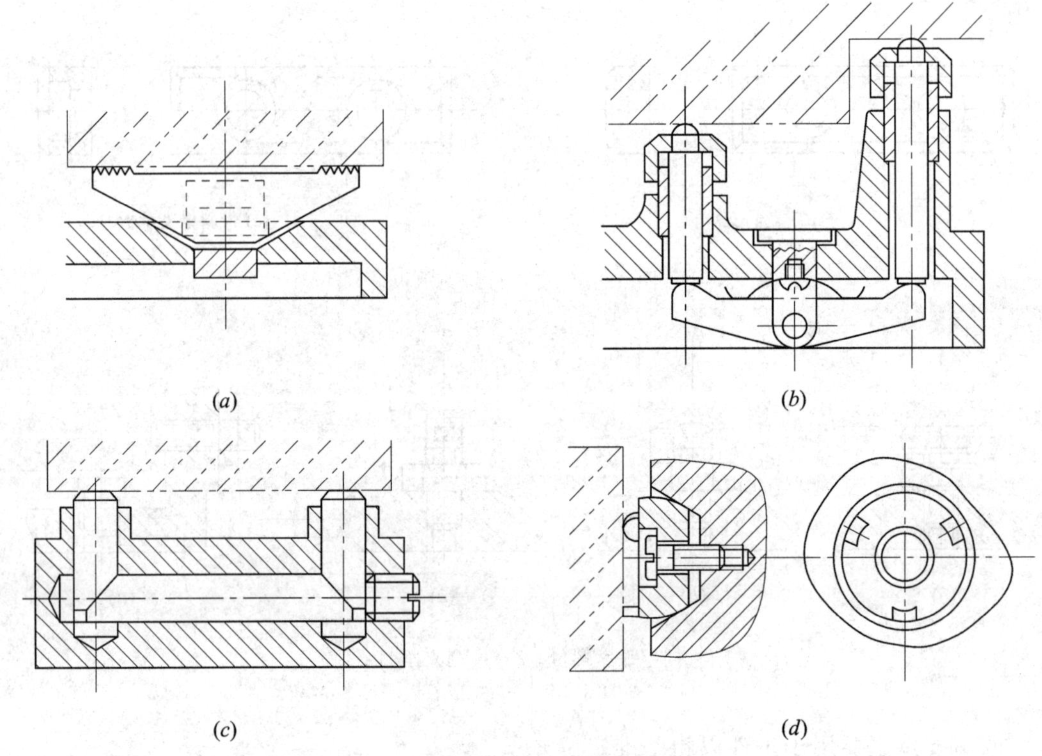

图 4 - 8 自位支承

(2) 辅助支承。工件定位后，往往由于其刚性较差，在切削力、夹紧力或工件本身重力作用下会引起变形，从而影响加工质量，这时就需要增设辅助支承。

辅助支承的结构形式与可调支承相似，但它们的作用却不同。辅助支承不起定位作用，必须在工件定位夹紧后才参与工作，故辅助支承对每一个工件都需重新调整。

辅助支承的典型结构如图 4 - 9 所示。图(a)所示辅助支承的结构最简单，但调节时要转动支承 1，这样可能会划伤工件定位面，甚至带动工件转动而破坏定位。图(b)所示辅助支承调节时转动螺母 2，支承 1 只作上下直线运动，避免了上述缺点。但这两种结构动作缓慢，拧出时用力不当会破坏工件既定位置，仅适用于单件、小批量生产。图(c)所示为弹簧自位式辅助支承，靠弹簧 4 的弹力使支承 1 与工件表面接触，作用力稳定，通过转动手柄 3 推动锁紧销 5，利用斜面锁紧支承 1，适用于成批生产。

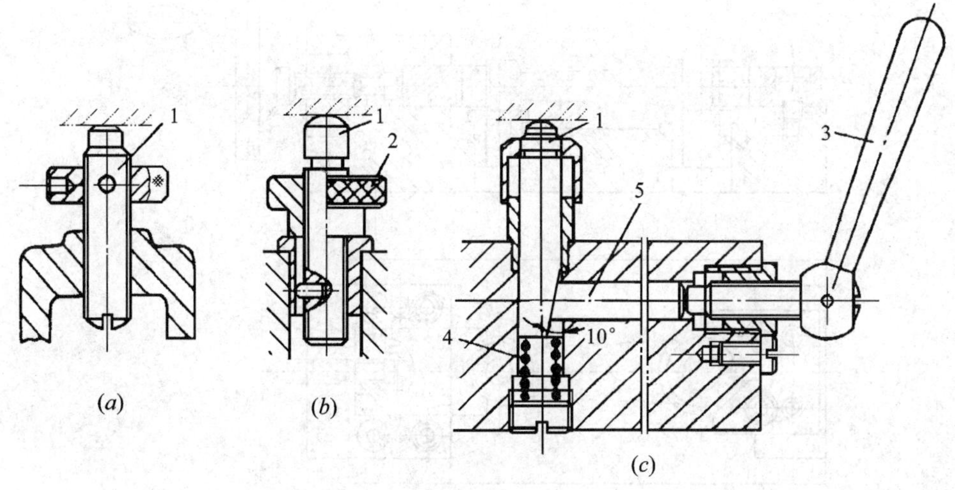

1—支承；2—螺母；3—手柄；4—弹簧；5—锁紧销

图 4-9　辅助支承

2）工件以外圆柱面定位

工件以外圆柱面作为定位基准时，常见的定位方式有：V 形块定位、圆孔定位和锥孔定位等。

(1) 在 V 形块中定位。V 形块的结构形式如图 4-10 所示。图(*a*)所示结构用于较短的精基准定位；图(*b*)所示结构用于较长的粗基准或阶梯轴定位；图(*c*)所示结构用于较长的精基准或相距较远的两个定位面；图(*d*)所示结构是在铸铁座上镶淬硬钢垫或硬质合金板，用于直径和长度较大的基准面定位。

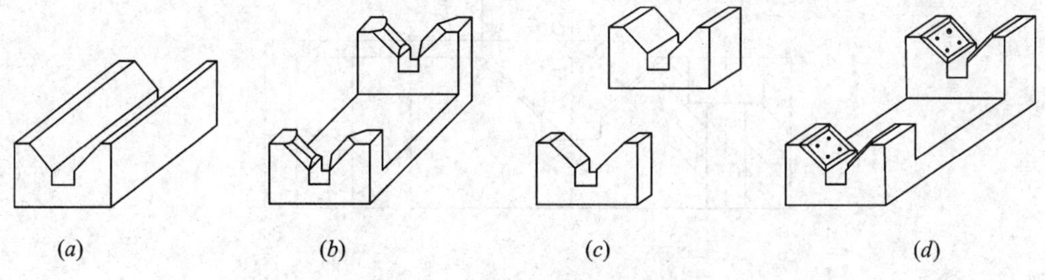

图 4-10　V 形块的结构形式

由于 V 形块的两半角对称布置，所以工件以外圆柱面在 V 形块上定位时突出的优点是对中性好，即工件上定位用的外圆柱面轴线始终处在 V 形块两斜面的对称面上，且水平方向不受定位基准直径误差的影响，定位精度较高。

夹具中常用的 V 形定位块有固定和活动两种安装方式。例如图 4-11 所示夹具中，固定式 V 形块起主要定位作用，它用两个螺钉和两个销钉固定安装在夹具体上，装配时一般是将 V 形块位置精确调整好，拧上螺钉，再按 V 形块上销孔的位置与夹具体一同配钻、配铰，然后打入销钉；活动式 V 形块一般除作定位用外，还可兼作夹紧元件，它定位时限制的自由度与固定安装的 V 形块是不同的。

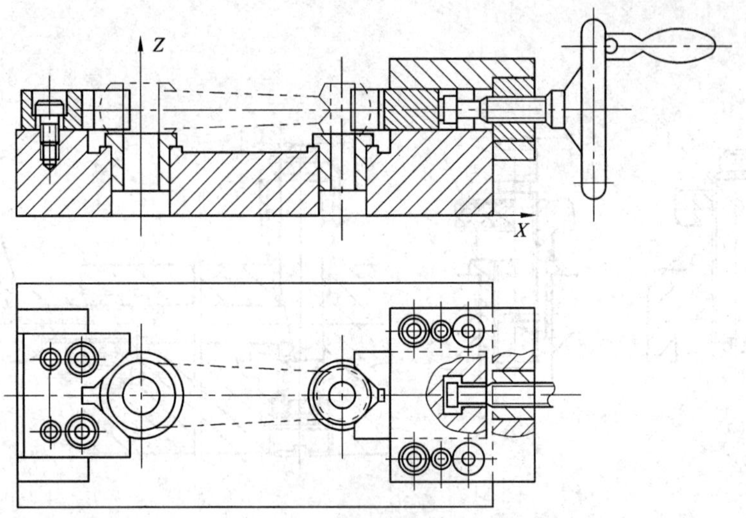

图 4-11　活动式和固定式 V 形块的应用

V 形块的结构尺寸如图 4-12 所示，其中关键尺寸有下面几个：

D——V 形块标准心轴直径(工件定位用的外圆直径)；

H——V 形块的高度；

α——V 形块两工作平面间夹角。有 60°、90°、120°等三种，以 90°的应用最广；

N——V 形块开口尺寸(供划线和粗加工用)；

T——V 形块的标准定位高度，即标准心轴中心高。V 形块工作图上必须标注此尺寸，用其检验 V 形块的制造精度。

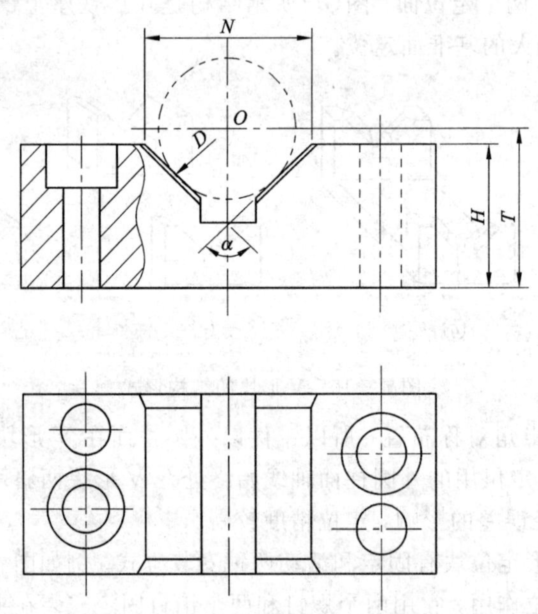

图 4-12　V 形块的结构尺寸

V 形块已标准化。一般 D 值确定后，可从《机床夹具设计手册》中查到 H、N 值，也可按结构需要由下式计算确定。

尺寸 N：当 $\alpha=90°$时，$N=1.41D-2a$；当 $\alpha=120°$时，$N=2D-3.46a$。其中，$a=(0.14\sim0.16)D$。

尺寸 H：用于大直径定位时，取 $H\leqslant0.5D$；用于小直径定位时，取 $H\leqslant1.2D$。

N、H 值确定后，T 的计算如下：

当 $\alpha=90°$时，$T=H+0.707D-0.5N$；

当 $\alpha=120°$时，$T=H+0.578D-0.289N$。

(2) 在定位套和半圆套中定位。工件定位的外圆的直径较小时，可用定位套作定位元件，如图 4-13 所示。套在夹具体上的安装可用螺钉紧固(如图(*a*)所示)或用过盈配合(如图(*b*)所示)。套的内孔轴线应与工件轴线重合，故只用于精基准定位，且要求工件定位外圆不低于IT8～IT7。为了限制工件的自由度，常与端面联合定位，这样就要求定位套的端面与其孔轴线具有较高的垂直度。

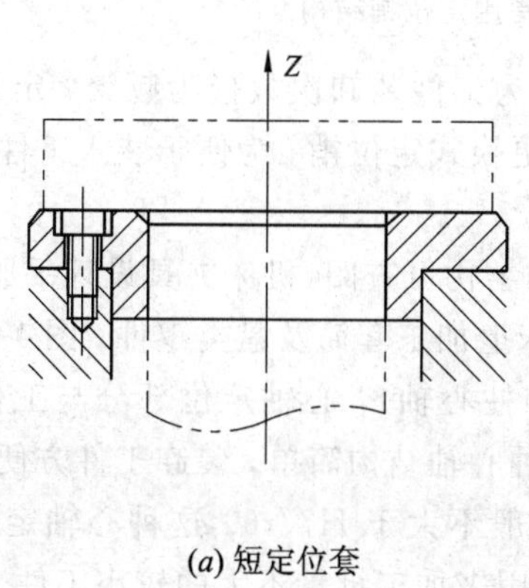

(*a*) 短定位套

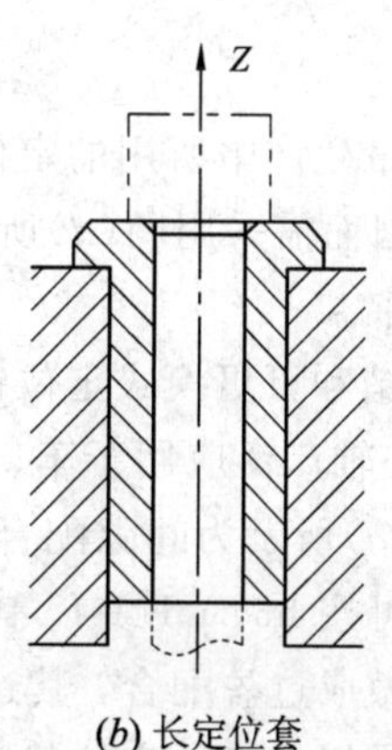

(*b*) 长定位套

图 4-13　定位套

工件在半圆套中定位如图 4-14 所示，半圆套的定位面置于工件的下方。这种定位方式类似于 V 形块，常用于大型轴类工件的精基准定位中，其稳固性比 V 形块更好，定位精度取决于定位基面的精度。通常工件轴颈精度一般不低于 IT8～IT7。半圆套定位主要用于不适宜用孔定位的大型轴类工件，如曲轴、蜗轮轴等。

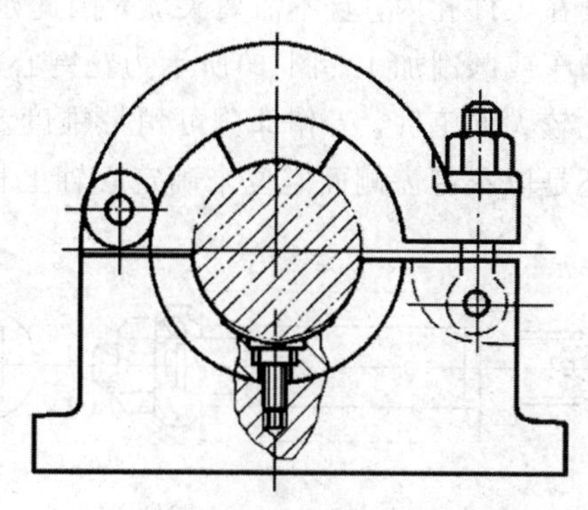

图 4-14　半圆套

3) 工件以圆柱孔定位

工件以内孔定位时，常见的定位元件有定位销和心轴。

(1) 定位销。图 4-15 所示为常用的定位销结构。其中图(*a*)所示定位销因直径较小，通常在销子定位端根部倒成大圆角，以增加其抗剪能力。夹具体上安装定位销处应设计沉头孔，以便定位销的圆角部分沉入孔内而不妨碍工件的定位。图(*b*)所示定位销直接做成带肩式，利用销体的轴肩来形成销端面定位，提高两面组合定位的质量。图(*c*)定位销用于较大圆柱孔的定位，定位销 A 端面与圆柱销轴线有较高的垂直度，以便安装在夹具体定位板孔中时，保证销与定位面有较好的垂直度。以上几种类型都是固定式定位销，直接用过盈配合装在夹具体上。

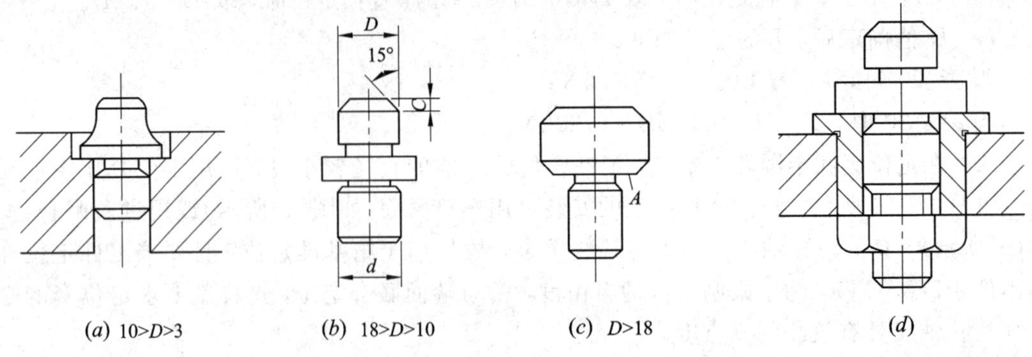

图 4-15　常用定位销结构

对于大批大量生产中所用的定位销，因为工件装卸次数极为频繁，定位销容易磨损而丧失定位精度，因而需采用图(*d*)所示的可更换式定位销。为便于装入工件，所有定位销头部均做成 15°倒角。

固定式定位销和可更换式定位销的标准结构可查阅《机床夹具设计手册》。

(2) 心轴。心轴广泛应用于车、铣、磨床上加工套筒及盘类零件。图 4-16 为常用的心轴结构，其中图(*a*)所示为间隙配合心轴(圆柱心轴)，心轴定位部分与工件定位部分为间隙配合，其直径可按 h6、g6 或 f7 制造。这种心轴结构简单，装卸工件方便，但定位精度较低。该心轴还可做成过盈配合，其过盈量一般不大于 H7/r6。这种心轴定位精度高，但装卸工件费时，且易损伤工件定位基准孔，多用来加工批量不大的较小工件。图(*b*)所示为锥度心轴，为防止工件在心轴上倾斜，一般锥度很小($K=1/1000\sim1/5000$)。工作时心轴可胀紧在工件孔内，且不需要夹紧，因此定心精度较高，但传递的力矩不大，常用于外圆面的精车或磨削加工。图(*c*)所示为花键心轴，用于加工以花键孔为定位基准的工件，对于长径比较大的工件，工作部分可稍带锥度。设计花键心轴时，应根据工件是以花键外径、内径还是以花键齿侧面定位来确定心轴上相应的配合面。

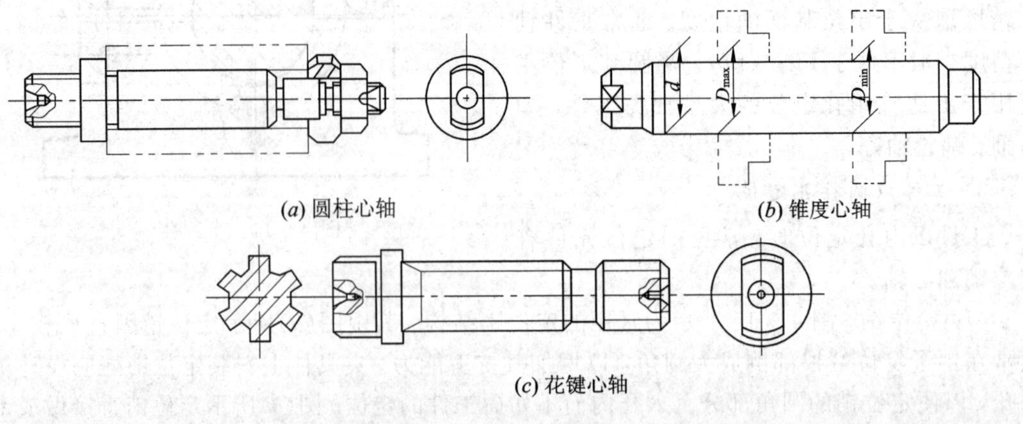

图 4-16　常用心轴结构

4）工件以组合表面定位

当工件以单一表面定位不能满足所需限制的自由度时，常以组合表面来定位。例如图 4－11 中工件以外圆表面和底面定位，图 4－13 中工件以外表面和端面定位等。

实际生产中，在加工箱体、壳体工件时，为实现基准统一，应用最多也是最典型的组合表面定位形式是“一面两孔”定位。工件的底平面在支承板上定位，限制了工件的 $\vec{z}$、$\widehat{x}$、$\widehat{y}$ 三个自由度；孔 1 与圆柱销配合限制 $\vec{x}$、$\vec{y}$ 两个自由度；若孔 2 也与圆柱销配合，销 2 不仅限制了 $\widehat{z}$ 自由度，同时重复限制了 $\vec{x}$ 自由度，出现了过定位。由于工件与夹具都有一定的制造误差，当两孔、销配合出现最小间隙，孔间距为最大尺寸、销间距为最小尺寸(或者反之)时，将会发生干涉而使工件无法顺利装入，如图 4－17(*a*)所示；如果缩小销 2 的直径，增大孔 2 与销的配合间隙，这会引起转角误差的增大，使 $\widehat{z}$ 自由度得不到有效的限制，如图 4－17(*b*)所示。合理的方法即采用如图 4－18 所示的方法：将销 2 在 x 方向削边，使 x 方向的间隙增大，而 y 方向的间隙不变，因此，消除了销 2 对 $\vec{x}$ 自由度的限制，避免了过定位。

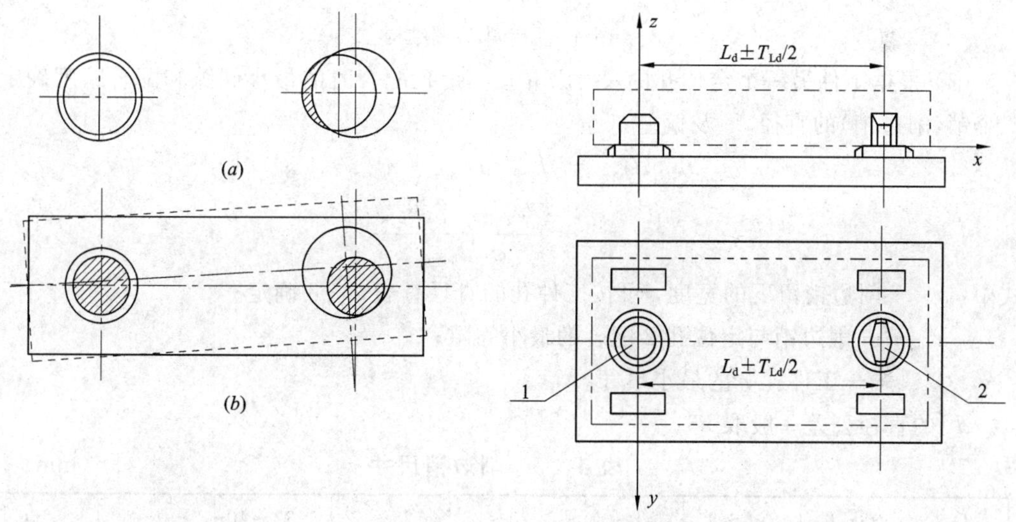

图 4－17　两销安装的干涉和转角误差　　　图 4－18　一面两销定位

削边销常见的形状如图 4－19 所示，其中图(*a*)为菱形销，用于定位孔直径为 $\phi 3 \sim 50$ mm 的场合，图(*b*)用于定位孔直径大于 $\phi 50$ mm 的场合。削边销宽度部分可以修圆，以进一步增大连心线方向的间隙，如图(*c*)所示，其中尺寸 b 为削边销留下来的宽度，尺寸 b_1 为修圆后留下的圆柱部分宽度。各种削边销具体结构和尺寸可查阅《机床夹具设计手册》。

采用一面两销定位时定位元件的设计步骤如下：

(1) 根据工件上两定位孔的距离和精度 $L_D \pm \dfrac{T_{L_D}}{2}$，确定两定位销中心距 $L_d \pm \dfrac{T_{L_d}}{2}$。两销中心距的基本尺寸应为工件两孔中心距的平均尺寸，其公差应取孔间距公差的 $\dfrac{1}{2} \sim \dfrac{1}{5}$，偏差按对称分布。

(2) 根据销孔配合精度，确定第一个圆柱销直径 d_1 及偏差。销 1 的基本尺寸取与之配合的工件孔的最小尺寸，公差带一般取 g6 或 f7。

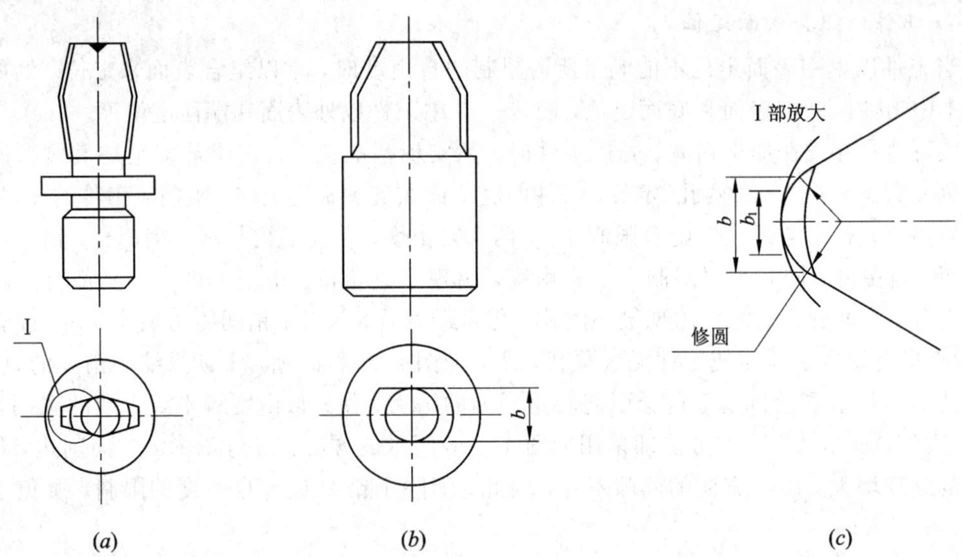

图 4-19 削边销结构

(3) 根据工件另一个定位孔的尺寸及精度、销孔配合时的最小间隙和配合精度确定第二个销(削边销)的直径 d_2 及偏差：

$$d_{2\max} = d_2 = D_{2\min} - x_{2\min}$$

$$x_{2\min} = \frac{b(T_{L_D} + T_{L_d})}{D_{2\min}}$$

式中：b——削边销留下的宽度，可按工件孔的直径查表 4-3 确定；

$x_{\min}$——削边销与定位孔 2 配合的最小间隙；

$D_{2\min}$——工件孔 2 的最小尺寸。

d_2 的直径公差一般取 h6。

表 4-3 削边销尺寸 (mm)

D	>3～6	>6～8	>8～20	>20～25	>25～32	>32～40	>40～50	>50
b_1	1	2	3	3	3	4	5	—
b	2	3	4	5	5	6	8	14

上述定位元件的尺寸和公差是否合适，还需要进行定位误差的分析计算，如果其定位过程中产生的误差不超过该工件工序尺寸公差的 1/3，则认为所确定的两销尺寸公差是合适的。否则，应重新调整两销及两销中心距的尺寸公差。

需特别注意的是，安装削边销时要使其削边方向垂直于两定位孔间的连心线。

4.2.3 定位误差的分析与计算

一批工件逐个在机床夹具中加工时，不但要定位，而且要定准。由于工件和定位元件存在制造误差等原因，各个工件在夹具上所占据的位置不可能完全一致，加工后各工件的加工尺寸必然存在误差。这种因工件定位不准确而产生的加工误差称为定位误差，用 Δ_D 表示。

1. 定位误差产生的原因

1）基准不重合误差 Δ_B

关于基准不重合误差的概念我们已经在第 3 章中讨论过，此处不再重复。值得注意的是，如果定位尺寸的方向与加工尺寸方向不同，则基准不重合误差 Δ_B 应为定位尺寸公差在加工尺寸方向的投影。

2）基准位移误差 Δ_Y

工件在夹具中定位时，理论上其定位基准与夹具定位元件代表的定位基准（又称限位基准）应该是重合的，然而实际定位时，由于工件上的定位基面与夹具上定位元件上的限位基面存在制造公差和最小配合间隙，从而使一批工件在夹具中定位时，其定位基准相对于限位基准发生位置移动，此位置的移动就会造成加工尺寸的误差，这个误差称为基准位移误差，用 Δ_Y 表示。

图 4－20(*a*)是圆套铣键槽的工序简图，工序尺寸为 A 和 B。图 4－20(*b*)是加工示意图，工件以内孔 D 在圆柱心轴上定位，O 是心轴中心（限位基准），O_1 是工件定位孔的中心（定位基准），C 是对刀尺寸。

尺寸 A 的工序基准是内孔轴线，定位基准也是内孔轴线，两者重合，$\Delta_B=0$。加工时刀具的位置是按心轴中心（限位基准）位置来调整的，且调整好位置后在加工一批工件过程中不再变动。由于工件内孔与心轴均有制造公差，并且它们中间存在配合间隙，使得定位基准（工件内孔轴线）的位置与限位基准（心轴轴线）不能重合，并在一定范围内变动。由图 4－20(*b*)可知，一批工件定位基准的最大变动量应为

$$\Delta_i = A_{\max} - A_{\min} = \frac{D_{\max} - d_{\min}}{2} - \frac{D_{\min} - d_{\max}}{2} = \frac{T_D + T_d}{2}$$

式中：Δ_i—— 一批工件定位基准的最大变动量，也是工序尺寸 A 的变动量；

T_D——工件定位直径公差；

T_d——定位心轴直径公差。

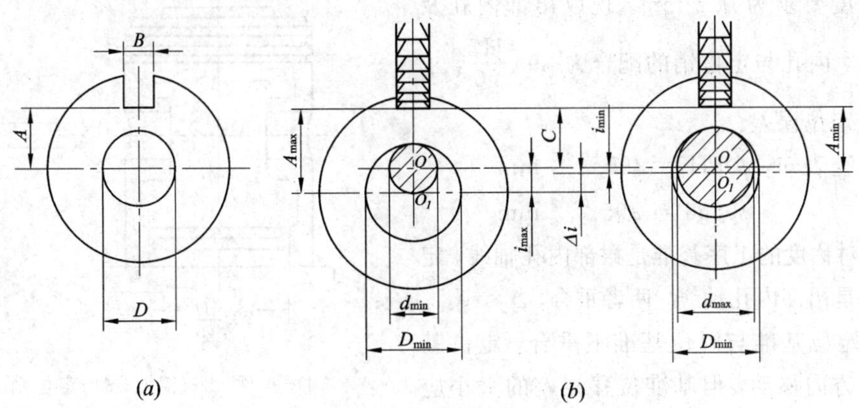

图 4－20　基准位移误差

上述定位基准的位置变动会造成工序尺寸 A 的大小不一，产生误差。由于这项误差是由工件定位时基准的位置变动引起的，所以叫基准位移误差，其大小等于因定位基准与限

位基准不重合所造成的工序尺寸的最大变动量。对上述例子来说，

$$\Delta_Y = \Delta_i = \frac{T_D + T_d}{2}$$

如果定位基准的变动方向与工序尺寸的方向不同，则基准位移误差等于定位基准的变动量在工序尺寸方向的投影。

从上面的分析可以看出，定位误差的实质就是由于基准不重合或基准位移造成工序基准的位置在加工尺寸方向上发生变动，其最大变动量就是定位误差。一般定位误差应控制在工件上相应尺寸公差的1/2～1/5范围内。

2. 定位误差 Δ_D 的计算方法

根据前面的分析可知，定位误差的大小由基准不重合误差 Δ_B 和基准位移误差 Δ_Y 两项因素所决定。一般在计算时，先分别计算出 Δ_B 和 Δ_Y，然后按一定的规律将两者合成得到 Δ_D。计算时通常有下列几种情况：

(1) $\Delta_Y \neq 0$，$\Delta_B = 0$ 时，$\Delta_D = \Delta_Y$。

(2) $\Delta_Y = 0$，$\Delta_B \neq 0$ 时，$\Delta_D = \Delta_B$。

(3) $\Delta_Y \neq 0$，$\Delta_B \neq 0$ 时，两者的合成要看工序基准是否在定位基面上：

① 如果工序基准不在定位基面上，则 $\Delta_D = \Delta_Y + \Delta_B$；

② 如果工序基准在定位基面上，则 $\Delta_D = \Delta_Y \pm \Delta_B$。

式中正负号判断的方法和步骤如下：分析定位基面直径由小变大(或由大变小)时，定位基准的变动方向；当定位基面直径作相同变化时，设定位基准的位置不动，分析工序基准的变动方向；如果两者的变动方向相同，则取“+”号，如果两者的变动方向相反，则取“－”号。

3. 定位误差计算实例

例1 图4-21是在金刚镗床上镗活塞销孔示意图，活塞销孔轴线对活塞裙部内孔轴线的对称度要求为0.2 mm。现以裙部内孔及端面定位，内孔与定位销的配合为 $\phi95\,\dfrac{H7}{g6}$，求对称度的定位误差。

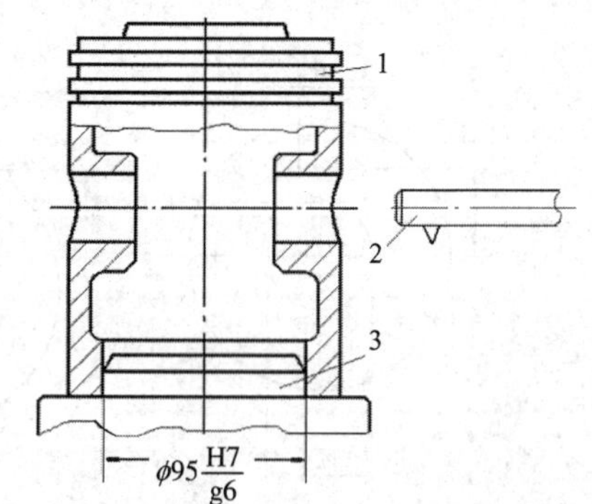

1—工件；2—镗刀；3—定位销

图4-21 镗活塞销孔示意图

解 查表知，$\phi95H7 = \phi95^{+0.035}_{0}$ mm

$$\phi95g6 = \phi95^{-0.012}_{-0.034}\ \text{mm}$$

(1) 对称度的工序基准是裙部内孔轴线，定位基准也是裙部内孔轴线，两者重合，$\Delta_B = 0$。

(2) 定位基准与限位基准不重合，定位基准可任意方向移动，但基准位移误差的大小应为定位基准变动范围在对称度方向上的投影，所以，

$$\Delta_Y = T_D + T_d + x_{\text{mim}}$$

式中：$x_{\min}$——定位所需最小间隙，由设计给定。

本例 $x_{\min}=0.012$ mm。

$$\Delta_Y = \Delta_i = (0.035 + 0.022 + 0.012)\ \text{mm} = 0.069\ \text{mm}$$

(3) $$\Delta_D = \Delta_Y = 0.069\ \text{mm}$$

例 2 铣图 4－22(a)所示工件上的键槽，以圆柱面 $d_{-T_d}^{\ 0}$ 在 $\alpha=90°$ 的 V 形块上定位，求加工尺寸分别为 A_1、A_2、A_3 时的定位误差。

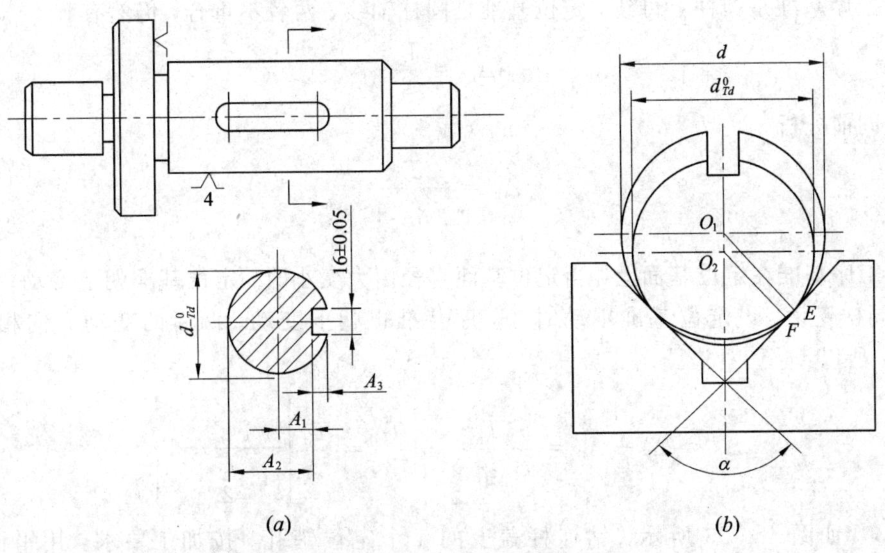

图 4－22 轴上铣键槽安装加工示意图

解 (1) 工序尺寸为 A_1 时的定位误差。

① 工序基准是圆柱轴线，定位基准也是圆柱轴线，两者重合，$\Delta_B=0$。

② 定位基准与限位基准不重合，由图(b)可知：

$$\Delta_Y = O_1O_2 = \frac{d}{2\sin\frac{\alpha}{2}} - \frac{d-T_d}{2\sin\frac{\alpha}{2}} = \frac{T_d}{2\sin\frac{\alpha}{2}}$$

③ $$\Delta_D = \Delta_Y = \frac{T_d}{2\sin\frac{\alpha}{2}}$$

(2) 当工序尺寸为 A_2 时的定位误差。

① 工序基准是圆柱下母线，定位基准是圆柱轴线，两者不重合，且两基准之间的距离为轴的半径，因此有

$$\Delta_B = \frac{T_d}{2}$$

② 由前面分析已知

$$\Delta_Y = \frac{T_d}{2\sin\frac{\alpha}{2}}$$

③ $\Delta_B\neq0$，$\Delta_Y\neq0$，工序基准在定位基面上：当定位基面直径由大变小时，定位基准朝下变动；当定位直径仍然由大变小，设定位基准不动时，工序基准朝上变动，两者的变动

方向相反，取"−"号，所以有

$$\Delta_D = \Delta_Y - \Delta_B = \frac{T_d}{2\sin\frac{\alpha}{2}} - \frac{T_d}{2} = \frac{T_d}{2}\left(\frac{1}{\sin\frac{\alpha}{2}} - 1\right)$$

(3) 当工序尺寸为 A_3 时的定位误差。

① 工序基准是圆柱上母线，定位基准是圆柱轴线，两者不重合，仍然有

$$\Delta_B = \frac{T_d}{2}$$

② 同前分析

$$\Delta_Y = \frac{T_d}{2\sin\frac{\alpha}{2}}$$

③ 工序基准在定位基面上，当定位基面直径由大变小时，定位基准朝下变动；当定位直径做同样变化，设定位基准不动时，工序基准也朝下变动。两者的变动方向相同，取"+"号，所以：

$$\Delta_D = \Delta_Y + \Delta_B = \frac{T_d}{2\sin\frac{\alpha}{2}} + \frac{T_d}{2} = \frac{T_d}{2}\left(\frac{1}{\sin\frac{\alpha}{2}} + 1\right)$$

例 3 如图 4-23 所示，钻连杆盖上的 4 个定位销孔。按加工要求，用平面 A 及 $2-\phi12^{+0.027}_{0}$ 两螺栓孔定位。已知夹具上两定位销的直径分别为 $d_1=\phi12^{-0.006}_{-0.017}$ mm，$d_2=\phi12^{-0.080}_{-0.091}$ mm(削边)，两销心距为 $L_d=59\pm0.02$ mm，计算定位误差。

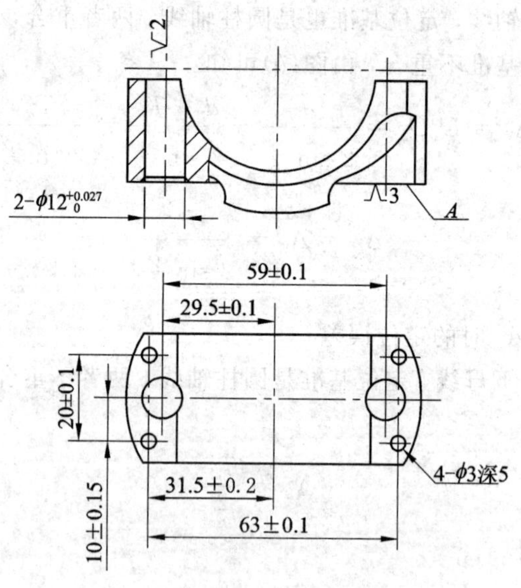

图 4-23 连杆盖工序示意图

解 在本例中，连杆盖的加工尺寸较多，除了 4 孔的直径和深度外，还有 63±0.1 mm、20±0.1 mm、31.5±0.2 mm 和 10±0.15 mm。其中 63±0.1 mm 和 20±0.1

mm 的大小主要取决于钻套间的距离，与工件定位无关，所以没有定位误差；而 31.5±0.2 mm 和 10±0.15 mm 均受工件定位的影响，存在定位误差。

(1) 加工尺寸 31.5±0.2 mm 的定位误差。

由于定位基准与工序基准不重合，定位尺寸为 29.5±0.1 mm，所以

$$\Delta_B = 0.2\ \text{mm}$$

由于尺寸 31.5±0.2 mm 的方向与两定位孔连心线平行，此时该方向的位移误差取决于两对配合孔、销中最大间隙较小的一边，所以有

$$\Delta_Y = x_{1\max} = D_{1\max} - d_{1\min} = 0.027 + 0.017 = 0.044\ \text{mm}$$

由于工序基准不在定位基面上，所以

$$\Delta_D = \Delta_B + \Delta_Y = 0.2 + 0.044 = 0.244\ \text{mm}$$

(2) 加工尺寸 10±0.15 mm 的定位误差。

因为定位基准与工序基准重合，故 $\Delta_B=0$。

定位基准与限位基准不重合将产生基准位移误差，位移的极限位置有 4 种情况：两孔两销同侧接触，如图 4-24(*a*)所示；两孔和两销上下错移接触，如图 4-24(*b*)所示。此时对加工尺寸 10±0.15 mm 的影响是最大转角误差，它大于两孔和两销同一侧接触的位移量。所以，最大转角误差 $\Delta\alpha$ 所产生的基准位移量是基准位移误差。

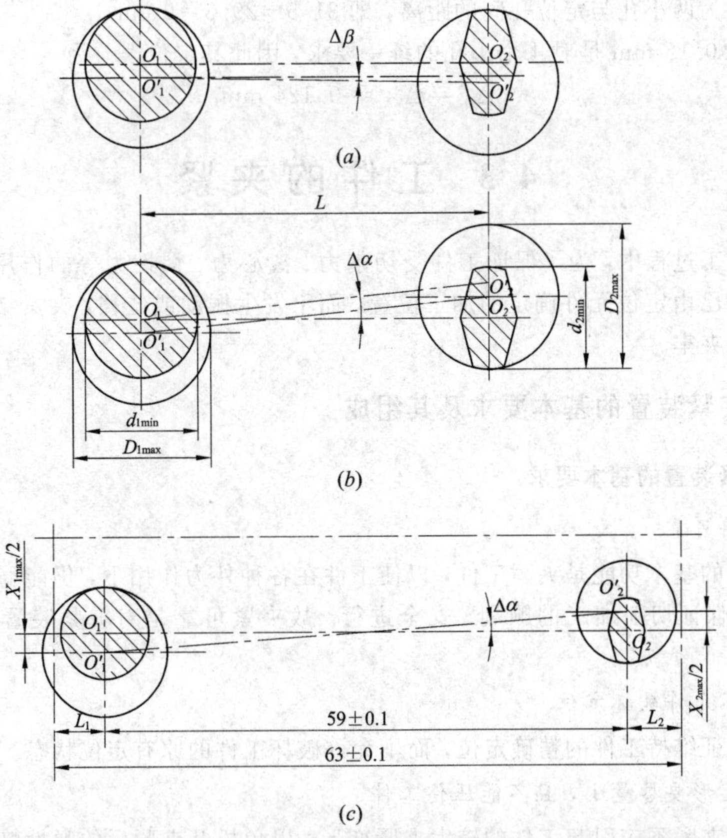

图 4-24　一面两销组合定位的定位误差

由图 4－24(b)可得

$$\tan\Delta\alpha = \frac{O_1O_1' + O_2O_2'}{L} = \frac{x_{1\max} + x_{2\max}}{2L}$$

式中：$x_{1\max}$——定位销与孔之间的最大配合间隙；

$x_{2\max}$——削边销与孔之间的最大配合间隙。

所以，

$$\Delta\alpha = \arctan\frac{x_{1\max} + x_{2\max}}{2L}$$

代入数值计算得

$$\tan\Delta\alpha = \frac{x_{1\max} + x_{2\max}}{2L} = \frac{0.044 + 0.118}{2 \times 59} = 0.001\ 38\ \text{mm}$$

工件还可能向另一方向偏转，因此转角误差应当是$\pm\Delta\alpha$。

实际上，基准位移既有直线位移，又有上述所分析的角位移，因此，工件上左边两小孔的基准位移误差为(如图 4－24(c)所示)：

$$\Delta_{Y1} = x_{1\max} + 2L_1\tan\Delta\alpha = 0.044 + 2 \times 2 \times 0.001\ 38 = 0.05\ \text{mm}$$

右边两小孔的基准位移误差为

$$\Delta_{Y2} = x_{2\max} + 2L_2\tan\Delta\alpha = 0.118 + 2 \times 2 \times 0.001\ 38 = 0.124\ \text{mm}$$

式中：L_1、L_2 为两小孔与定位孔间的距离，即 31.5－29.5＝2 mm。

由于 10±0.15 mm 是对 4 个小孔的统一要求，因此其定位误差为

$$\Delta_D = \Delta_{Y2} = 0.124\ \text{mm}$$

4.3 工件的夹紧

在机械加工过程中，为了保证工件受切削力、离心力、惯性力等的作用时，工件仍能在夹具中保持已由定位元件确定的加工位置，而不发生振动或位移，夹具结构中应设置夹紧装置将工件夹牢。

4.3.1 对夹紧装置的基本要求及其组成

1. 对夹紧装置的基本要求

1) 夹紧要可靠

夹紧装置的基本功能是夹固工件，以使工件在各种外力作用下，仍能稳固地维持其定位位置不动，保证切削加工的顺利、安全进行。故夹紧可靠是对夹紧装置所提出的首要要求。

2) 夹紧不允许破坏定位

夹紧应保证维持工件的精确定位，而不允许破坏工件的原有定位状态。

3) 夹紧变形要尽量小，且不能压伤工件

对工件的夹紧不应引起工件的较大夹紧变形，以免松开夹紧后的弹性恢复造成加工表面的形状、位置精度下降。另外要求夹紧不能造成工件表面的压伤，以免影响工件表面质量。当夹紧力较大时，应选择适当的压紧点或采用垫块、压脚等结构，以防压溃工件表面。

4）操作要方便

夹具的操作机构应力求方便、省力、安全，有利于快速装卸工件，减轻工人的劳动强度，以提高工作效率。

2. 夹紧装置的组成

夹紧装置的种类很多，但其结构一般由两部分组成。

1）动力装置

夹紧力的来源，一是人力，二是某种装置所产生的力。能产生力的装置称为夹具的动力装置。常用的动力装置有气动装置、液压装置、电动装置、电磁装置、气－液联动装置和真空装置等。由于手动夹具的夹紧力来自人力，所以它没有动力装置。

2）夹紧机构

夹紧机构指接受和传递原始作用力使之变为夹紧力并执行夹紧任务的部分，一般由下列机构组成：

(1) 接受原始作用力的机构，如手柄、螺母或用来连接气缸活塞杆的机构等。

(2) 中间传力机构，如铰链、杠杆等。

(3) 夹紧元件，如各种螺钉、压板等。

其中，中间传力机构在传递原始作用力至夹紧元件的过程中，可以起到诸如改变作用力的方向、大小以及自锁等作用。

4.3.2 实施夹紧力和布置夹紧点的基本原则

设计夹紧机构时，首先要确定夹紧方案，即根据工件加工要求、定位元件的结构和布置、加工过程中的受力状况等合理地确定夹紧力的三要素，即方向、作用点和大小。

1. 夹紧力的方向和作用点

布置夹紧力方向和作用点时，一般应遵循下面四个原则。

1）夹紧力应朝向主要基准面

对工件只施加一个夹紧力，或施加几个方向相同的夹紧力时，夹紧力的方向应尽可能朝向主要基准面。例如图 4－25 所示，其中图(*a*)为加工工件的工序简图，工件上被镗的孔与左端面有一定的垂直度要求，因此，夹紧力应朝向主要基准面 *A*，以有利于保证镗孔轴线与 *A* 面垂直，如图 4－25(*d*)所示。如果按图 4－25(*b*)、(*c*)所示布置，则由于工件左端面与底面的夹角误差，夹紧时将破坏工件的定位或引起工件的变形，影响孔与左端面的垂直度要求。

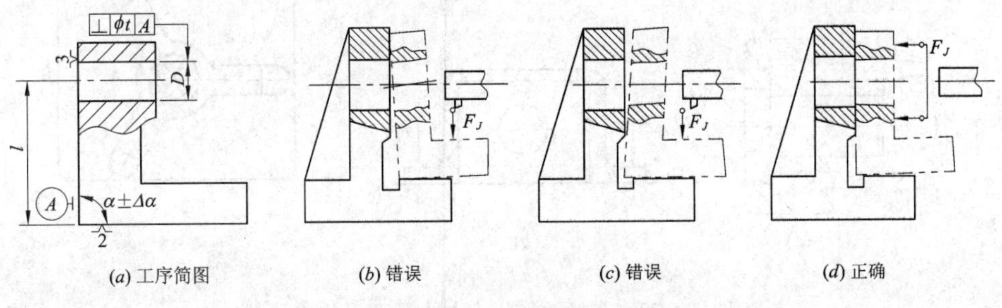

图 4－25　夹紧力应指向主要基准面

2）夹紧力的作用点应落在定位支承范围内

如图 4 - 26 所示，夹紧力的作用点如果落到了定位元件的支承范围之外，夹紧时夹紧力与支反力形成了翻转力偶，将破坏工件的定位，因而是错误的。

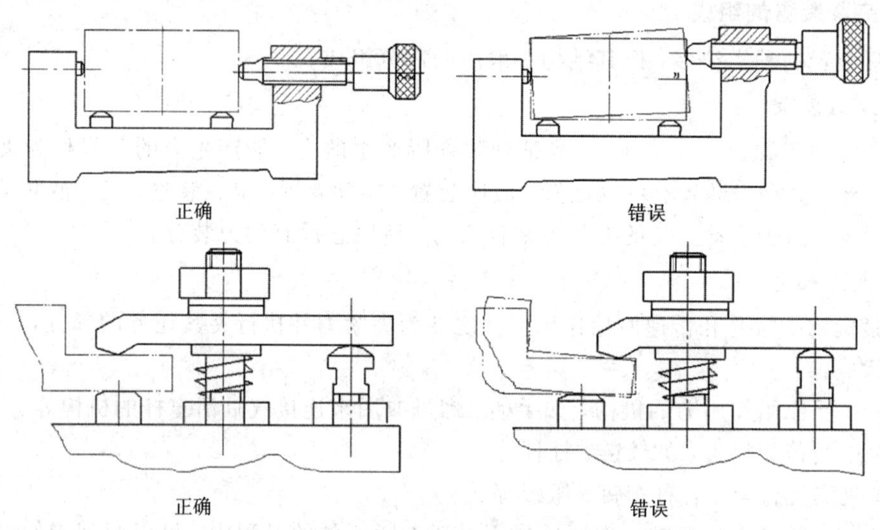

图 4 - 26　作用点与定位支承的位置关系

3）夹紧力的作用点应落在工件刚度较好的方向和部位

为使工件受“拉压”力而不受“弯矩”作用，夹紧力的作用点应落在工件刚度高的方向和部位，这一原则对刚度低的工件特别重要。例如如图 4 - 27(*a*)所示，薄壁套的轴向刚度比径向高，沿轴向施加夹紧力变形就会小得多；夹紧如图 4 - 27(*b*)所示薄壁箱体时，夹紧力应作用在刚度较好的凸边上；箱体没有凸边时，可如图 4 - 27(*c*)所示的那样将单点夹紧改为三点夹紧，使着力点落在刚度较好的箱壁上。

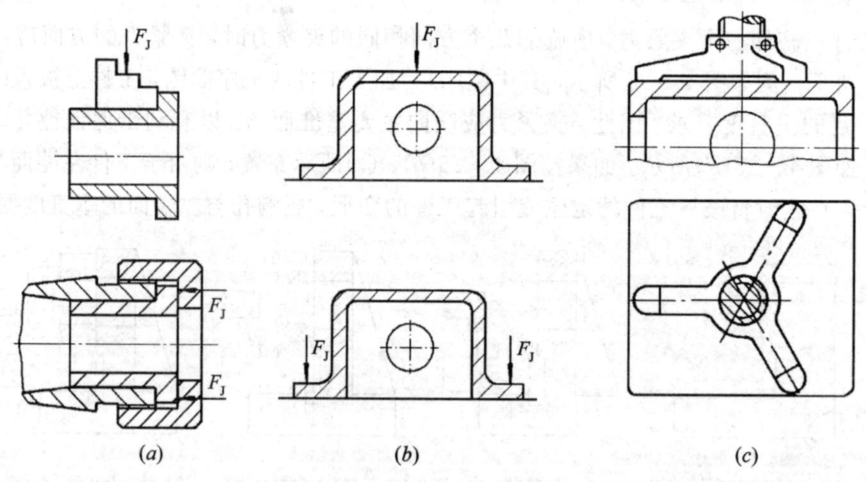

图 4 - 27　夹紧力作用点与夹紧变形的关系

4）夹紧力作用点应靠近工件的加工表面

如图 4－28 所示，在拨叉上铣槽，由于主要夹紧力的作用点距加工表面较远，故在靠近加工表面的地方设置了辅助支承，同时增加夹紧力 F_J'。这样不仅提高了工件的装夹刚度，还可减少加工时工件的振动。

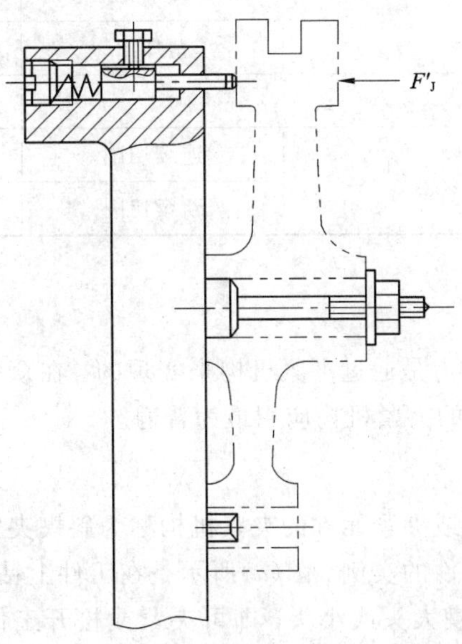

图 4－28　夹紧力作用点靠近加工表面

2. 夹紧力大小的估算

加工过程中，工件受到切削力、离心力、惯性力及重力的作用，理论上，夹紧力的作用应与上述力(矩)的作用平衡，而实际上，夹紧力的大小还与工艺系统的刚度、夹紧机构的传递效率等有关，而且切削力的大小在加工过程中是变化的，因此，夹紧力一般只能进行粗略的估算。估算时应找出对夹紧最不利的瞬时状态，估算此状态下所需的夹紧力，并只考虑主要因素在力系中的影响，略去次要因素在力系中的影响。估算步骤如下：

(1) 按照切削原理中的指数公式计算切削力。

(2) 按照理论力学的方法建立理论夹紧力 $F_{J理}$ 与最大切削力 F_C 的静力平衡方程：

$$F_{J理} = f(F_C)$$

(3) 计算出 $F_{J理}$ 后，再乘以合适的安全系数 K，即得实际需要的夹紧力 $F_{J需}$，即

$$F_{J需} = KF_{J理}$$

安全系数可按下式计算：

$$K = K_0 K_1 K_2 K_3$$

各种因素的安全系数见表 4－3。

(4) 校核夹紧机构产生的夹紧力 F_J：夹紧力 F_J 应满足 $F_J \geqslant F_{J需}$。

由于实际加工中切削力是一个变值，并且计算切削力大小的公式也与实际不可能完全一致，故夹紧力不可能通过这种计算而得到准确的结果。生产中也可根据一定生产经验用类比的方法估算夹紧力，如果是一些关键性的夹具，则往往还需要通过试验的方法来确定所需要的夹紧力。

表 4-3 各种因素的安全系数

考虑因素		系数值
K_0 一基本安全系数(考虑工件材质，余量是否均匀)		1.2～1.5
K_1 一加工性质系数	粗加工	1.2
	精加工	1.0
K_2 一刀具钝化系数		1.1～1.3
K_3 一切削特点系数	连续切削	1.0
	断续切削	1.2

4.3.3 基本夹紧机构

原始作用力转化为夹紧力是通过夹紧机构来实现的。在众多的夹紧机构中以斜楔、螺旋、偏心或由它们组合而成的夹紧机构应用最为普遍。

1. 斜楔夹紧机构

采用斜楔作为传力元件或夹紧元件的夹紧机构称为斜楔夹紧机构。图 4-29 所示为几种常用斜楔夹紧机构夹紧工件的实例。图(a)所示是在工件上钻互相垂直的 ϕ8F8、ϕ5F8 两组孔。工件装入后，锤击斜楔大头或小头，即可夹紧或松开工件。由于用斜楔直接夹紧工件的夹紧力较小，且操作费时，所以实际生产中应用不多，多数情况下是将斜楔与其他机构联合起来使用。图(b)所示是将斜楔与滑柱组合使用的一种夹紧机构，既可以手动，也可以气压驱动。图(c)所示是由端面斜楔与压板组合而成的夹紧机构。

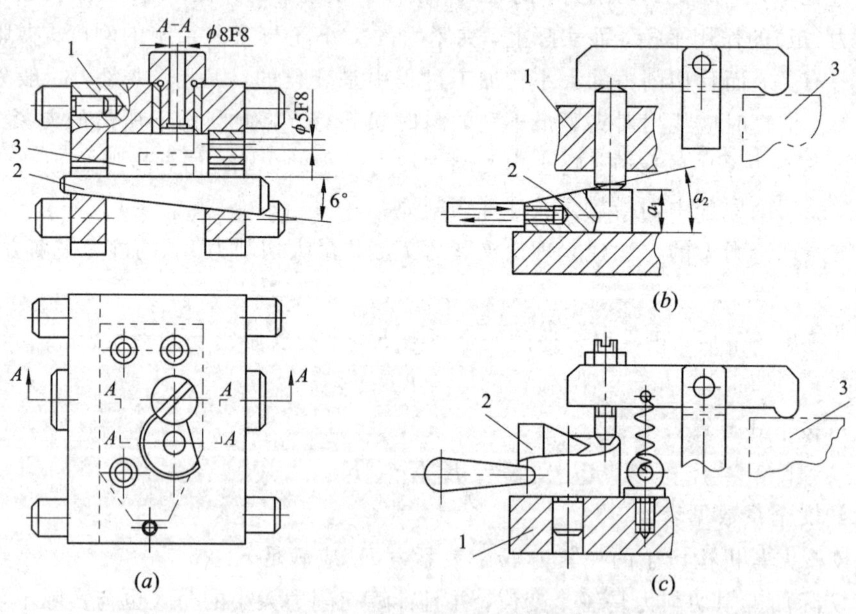

1—夹具体；2—斜楔；3—工件

图 4-29 斜楔夹紧机构

直接采用斜楔夹紧时可获得的夹紧力为

$$F_J = \frac{F_S}{\tan\varphi_1 + \tan(\alpha + \varphi_2)}$$

式中：F_J——可获得的夹紧力(N)；

F_S——作用在斜楔上的原始力(N)；

φ_1——斜楔与工件之间的摩擦角(°)；

φ_2——斜楔与夹具之间的摩擦角(°)；

α——斜楔的夹角(°)。

为了保证加在斜楔上的作用力去除后，工件仍能可靠地被夹紧而不松开，必须使夹紧机构具有自锁能力。斜楔的自锁条件是：斜楔的升角小于斜楔与工件、斜楔与夹具体之间的摩擦角之和，即：

$$\alpha \leqslant \varphi_1 + \varphi_2$$

为保证自锁可靠，手动夹紧机构一般取 $\alpha=6°\sim8°$。用气压或液压装置驱动的斜楔不需要自锁，可取 $\alpha=15°\sim35°$。

斜楔夹紧具有结构简单、增力比大、自锁性能好等特点，因此获得了广泛应用。

2. 螺旋夹紧机构

采用螺杆作中间传力元件的夹紧机构统称为螺旋夹紧机构。螺旋夹紧机构结构简单、夹紧可靠、通用性好，而且由于螺旋升角小，因而这种机构的自锁性能好，夹紧力和夹紧行程都较大，是手动夹具上用得最多的一种夹紧机构。

1) 单个螺旋夹紧机构

图 4－30(*a*)、(*b*)所示是直接用螺钉或螺母夹紧工件的机构，称为单个螺旋夹紧机构。在图(*a*)中，螺钉头直接与工件表面接触，螺钉转动时可能损伤工件表面或带动工件旋转。克服这一缺点的方法是在螺钉头部装上如图 4－31 所示的摆动压块。当摆动压块与工件接触后，由于压块与工件间的摩擦力矩大于压块与螺钉间的摩擦力矩，因而压块不会随螺钉一起转动。图 4－31(*a*)中所示的压块端面是光滑的，用于夹紧已加工表面；图 4－31(*b*)中所示的端面有齿纹，用于夹紧毛坯面；当要求螺钉只移动不转动时，可采用图 4－31(*c*)所示结构。

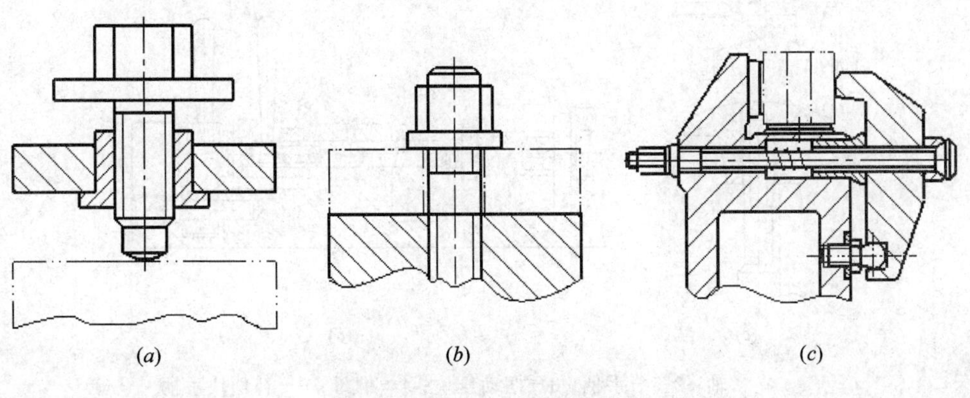

图 4－30　螺旋夹紧机构

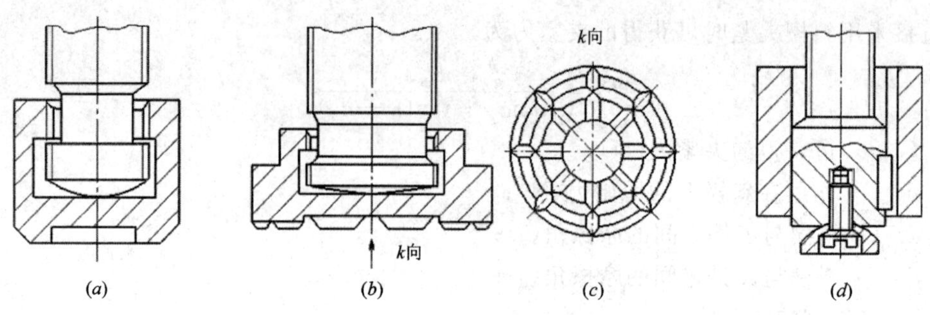

图 4－31　摆动压块

为克服单个螺旋夹紧机构夹紧动作慢、工件装卸费时的缺点，常采用各种快速接近、退离工件的方法。图 4－32 列出了常见的几种快速螺旋夹紧机构。其中，图(*a*)使用了开口垫圈；图(*b*)中，夹紧轴 1 上的直槽连着螺旋槽，先推动手柄 2，使摆动压块迅速靠近工件，继而转动手柄，用螺旋槽段夹紧工件并自锁；图(*c*)采用了快卸螺母；图(*d*)中的手柄 5 带动螺母 4 旋转时，因补偿块手柄 6 的限制，螺母不能右移，致使螺杆带着摆动压块 3 往左移动，从而夹紧工件，松开时，只要反转手柄 5，稍微松开后，即可使补偿块手柄 6 摆开，为手柄 5 的快速右移让出空间。

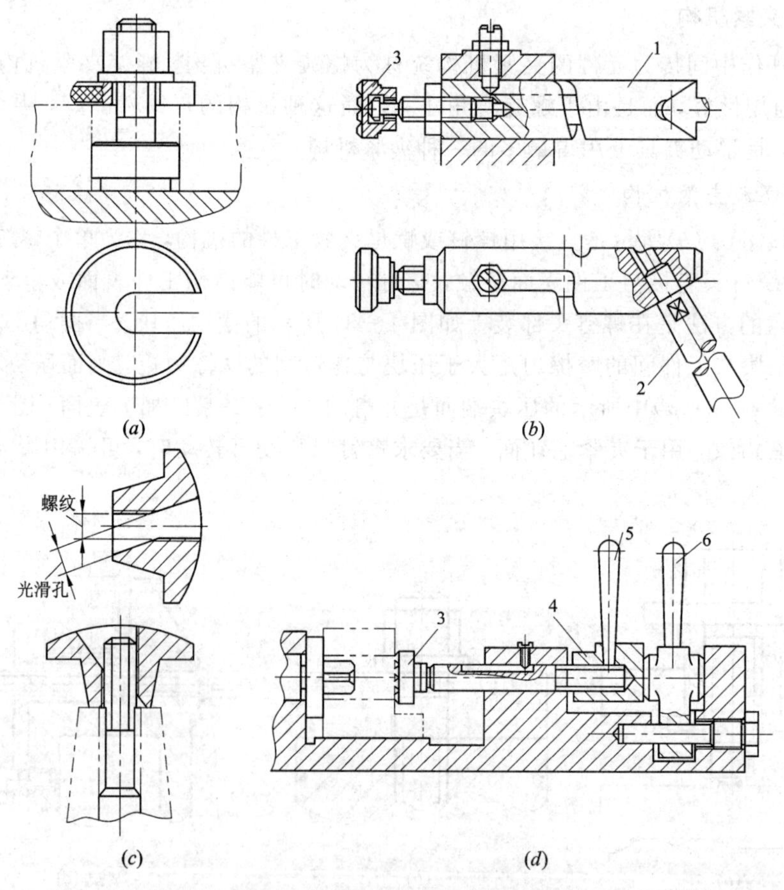

1—夹紧轴；2、5—手柄；3—摆动压块；4—螺母；6—补偿块手柄

图 4－32　快速螺旋夹紧机构

2）螺旋压板机构

夹紧机构中，螺旋压板的使用是非常普遍的。图 4－33 所示是几种常见的螺旋压板的典型结构。其中图(*a*)、(*b*)是移动压板，在这两种机构中，其施力螺钉位置不同：图(*a*)为螺钉夹紧方式，可通过压板的移动来调整压板的杠杆比，实现增大夹紧力和夹紧行程的目的；图(*b*)为螺母夹紧方式，夹紧力小于作用力，主要用于夹紧力不大和夹紧行程需调节的场合；图(*c*)为回转压板，使用方便；图(*d*)是铰链压板机构，主要用于增大夹紧力的场合。图 4－34 所示是螺旋钩形压板机构，其特点是结构紧凑，使用方便，主要用于安装夹紧机构的位置受到限制的场合，并使工件方便从上方装卸。

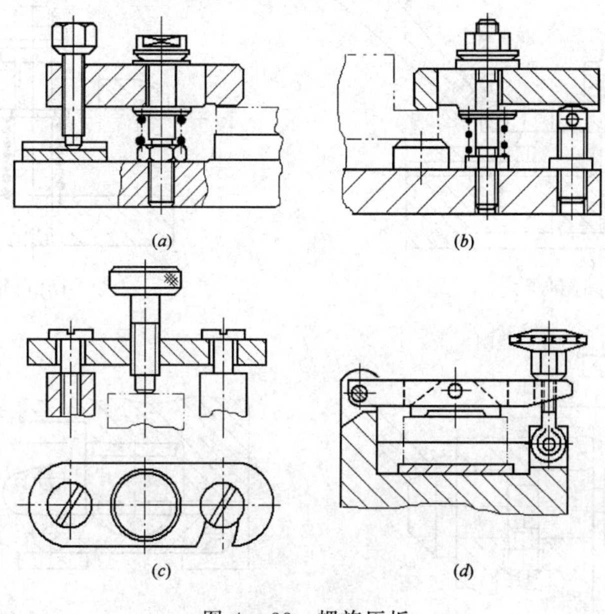

图 4－33　螺旋压板

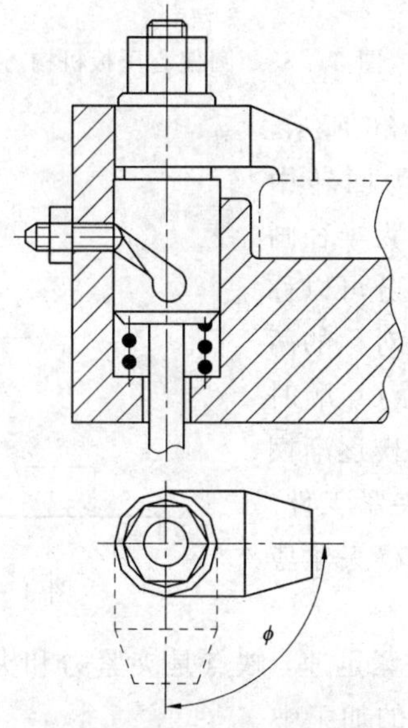

图 4－34　螺旋钩形压板

上述各种螺旋压板机构的结构尺寸均已标准化，设计时可查阅《机床夹具设计手册》。

3. 偏心夹紧机构

用偏心件直接或间接夹紧工件的机构，称为偏心夹紧机构。偏心件有两种形式，即圆偏心和曲线偏心。其中，圆偏心机构因结构简单、制造容易而得到广泛应用。图 4－35 所示是几种常见的偏心夹紧机构的应用实例。其中，图(*a*)、(*b*)用的是圆偏心轮，图(*c*)用的是偏心轴，图(*d*)用的是偏心叉。

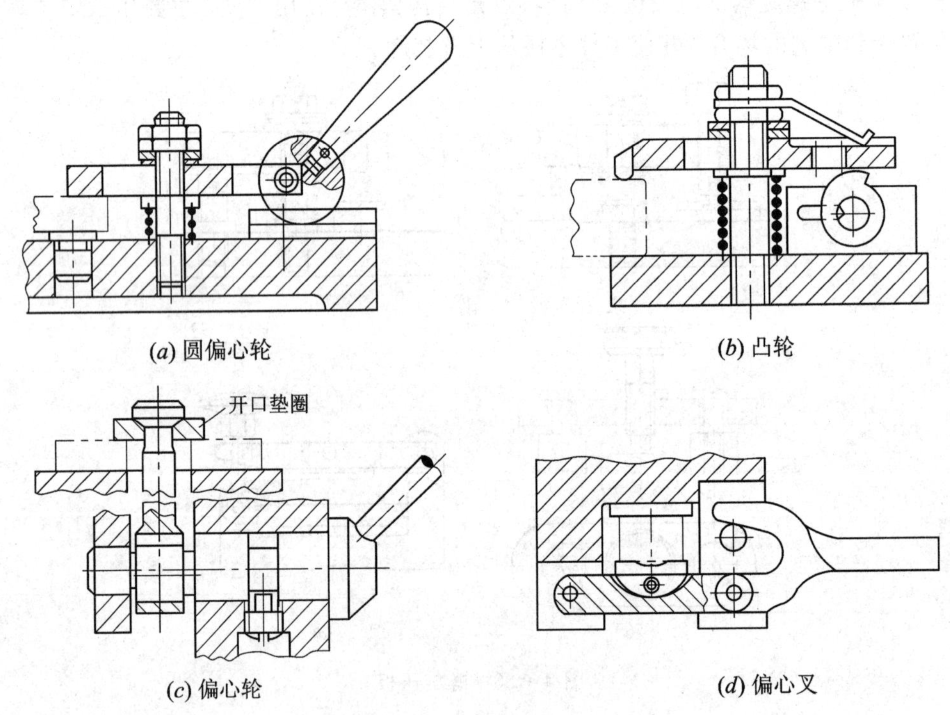

图 4－35　圆偏心压板机构

偏心轮的夹紧原理如图 4－36 所示，O_1 为偏心轮的几何中心，O_2 为回转中心。若以回转中心 O_2 为圆心，r 为半径画圆(虚线圆)，这个圆所表示的部分可以称作“基圆盘”，偏心轮剩余部分是对称的两个弧形楔。当偏心轮绕回转中心 O_2 顺时针方向旋转时，相当于一个弧形楔逐渐楔入“基圆盘”和工件之间，从而夹紧工件。所以，偏心夹紧的自锁条件与斜楔夹紧应该是相同的。

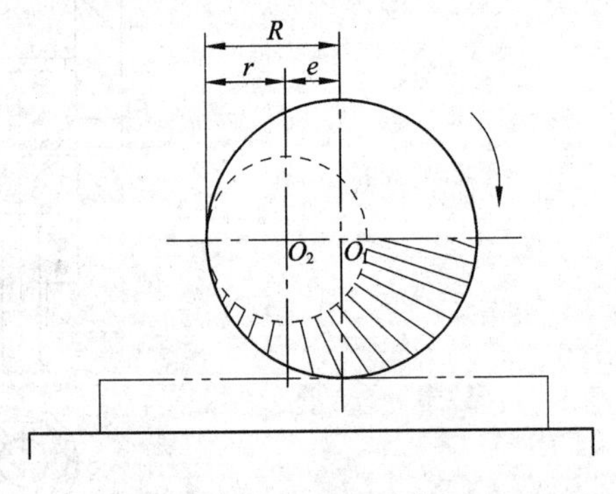

图 4－36　偏心轮工作原理

偏心夹紧机构操作方便，夹紧迅速，缺点是夹紧力和夹紧行程都小，一般用于切削力不大、振动小、没有离心力影响的加工中。

圆偏心轮结构已经标准化，设计时可参考《机床夹具设计手册》。

4. 其他夹紧机构简介

1）定心夹紧机构

按定心作用原理不同，定心夹紧机构有两种类型。一种是依靠传动机构使定心夹紧元件同时作等速移动，从而实现定心夹紧，常见的有螺旋式、杠杆式、楔式机构等。图 4－37 所示的就是一种螺旋式定心夹紧机构，其结构简单，工作行程大，通用性好，但定心精度不高，主要适用于粗加工或半精加工。另一种是定心夹紧元件本身作均匀弹性变形，从而实现定心夹紧，如弹簧筒夹（如图 4－38 所示）、膜片卡盘、波纹套、液性塑料等。这种定心夹紧机构结构简单、体积小、操作方便迅速，定心精度较高，一般用于轴、套类零件的精加工或半精加工场合。

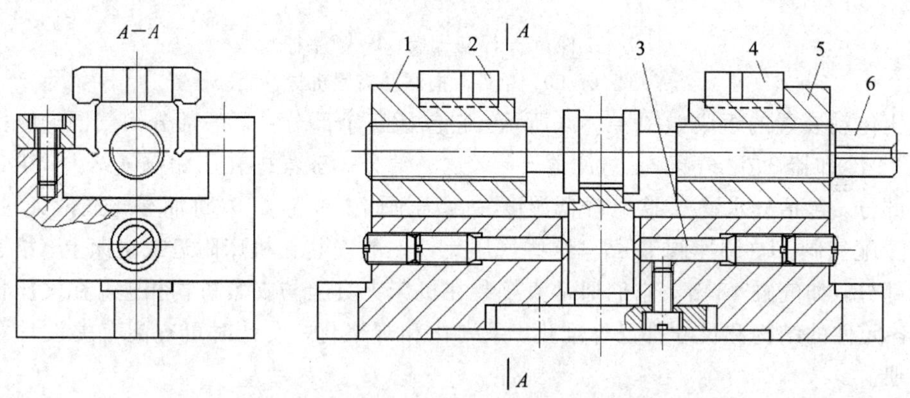

1、5—滑座；2、4—V 形块钳口；3—调整杆；6—双向螺杆

图 4－37　螺旋式定心夹紧机构

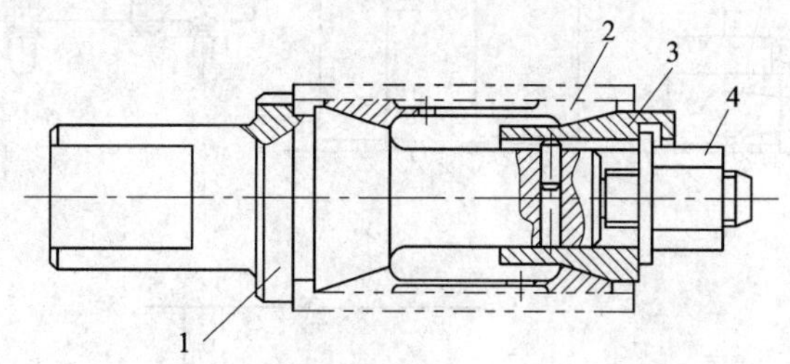

1—心轴；2—弹性套筒；3—锥套；4—螺母

图 4－38　弹簧筒夹

2）联动夹紧机构

利用一个原始作用力实现单件或多件的多点、多向同时夹紧的机构，称为联动夹紧机构，如图 4－39 所示。由于该机构能有效提高生产率，因而在自动线和各种高效夹具中得到了广泛的采用。

3）气动和液动夹紧机构

近年来，随着自动化加工技术迅猛发展，尤其是在数控机床、加工中心及由高度自动化设备构成的加工系统中，以压缩空气和液压力为动力源的机床夹具得到了广泛使用。在气动和液动夹具中，采用动力传动装置代替人力进行夹紧，这样的夹紧称为机动夹紧。机动夹紧时，原始夹紧力可以连续使用，夹紧可靠，机构可以不必自锁。

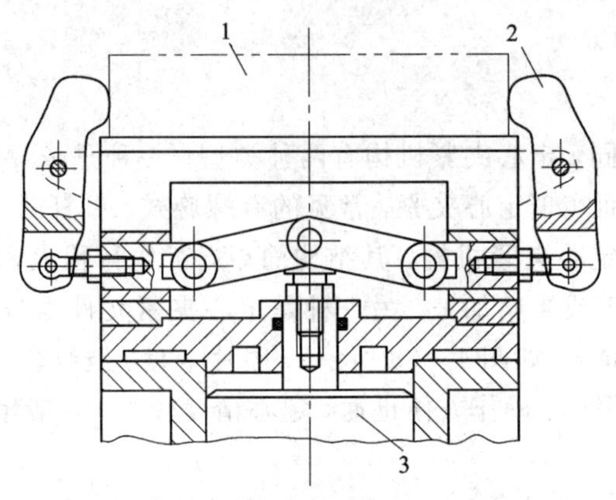

1—工件；2—浮动压板；3—活塞杆

图 4-39 单件对向联动夹紧机构

气压传动装置的组成如图 4-40 所示。它包括三个部分：第一部分为气源，包括空气压缩机 2、冷却器 3、贮气罐 4、过滤器 5 等，这一部分一般集中在压缩空气站内；第二部分为控制部分，包括分水滤气器 6(降低湿度)、调压阀 7、油雾器 9(将油雾化润滑元件)、单向阀 10、配气阀 11、调速阀 12 等，这些气压元件一般安装在机床附近或机床上；第三部分为执行部分，如气缸 13 等，它们通常直接装在机床夹具上与夹紧机构相连。在气压传动装置中，各元件的结构和尺寸都已标准化、系列化和规格化，设计时可查阅有关设计资料和设计手册。

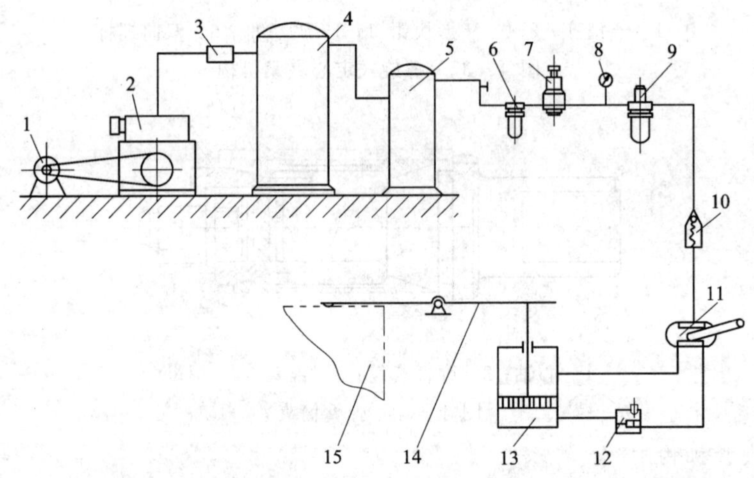

1—电机；2—空气压缩机；3—冷却器；4—贮气罐；5—过滤器；6—分水滤气器；7—调压阀；8—压力表；9—油雾器；10—单向阀；11—配气阀；12—调速阀；13—气缸；14—压板；15—工件

图 4-40 气压传动装置的组成

图 4-41 所示是镗削衬套上阶梯孔的气动夹具。工件以 $\phi100$ 外圆及端面在夹具定位套的内孔和端面上定位。回转气缸(图中未画出)通过连杆 1 安装在主轴末端，加工时，卡盘和回转气缸随主轴一起旋转。

用于机床夹具的液压系统一般有两种驱动方式：一种是随机驱动方式，即由机床自身的液压系统分出一个支路，通过一个液压阀传给夹具；另一种是独立驱动方式，即为一台或多台夹具设置一个液压系统。

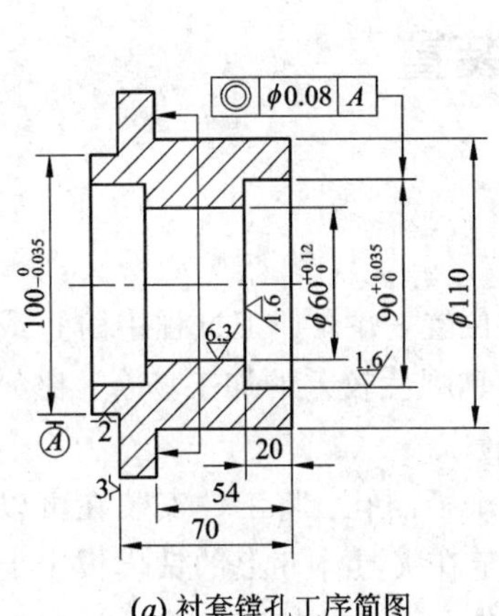

(*a*) 衬套镗孔工序简图

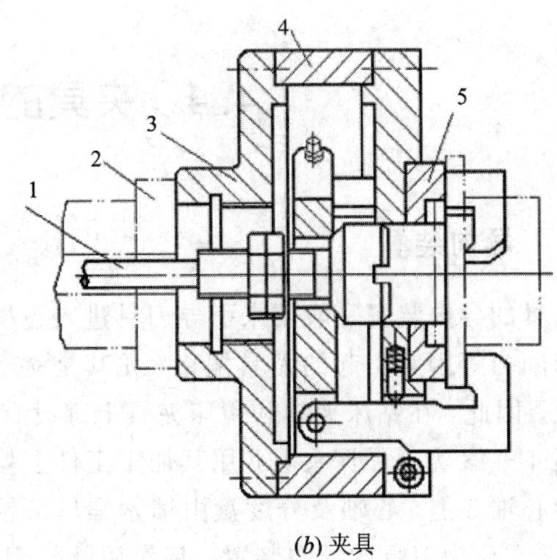

(*b*) 夹具

1—连杆；2—主轴；3—过渡盘；4—卡盘；5—定位套

图 4-41　镗孔气动夹具

图 4-42(*a*)所示是 YJZ 型液压泵站外形图，图 4-42(*b*)所示为其油路系统，油液经滤油器 12 进入柱塞泵 8，通过单向阀 7 与快换接头 3 进入夹具液压缸 1。液压泵站输出的液压油油压高(最高工作压力为 16～23 MPa)，工作液压缸直径尺寸小。

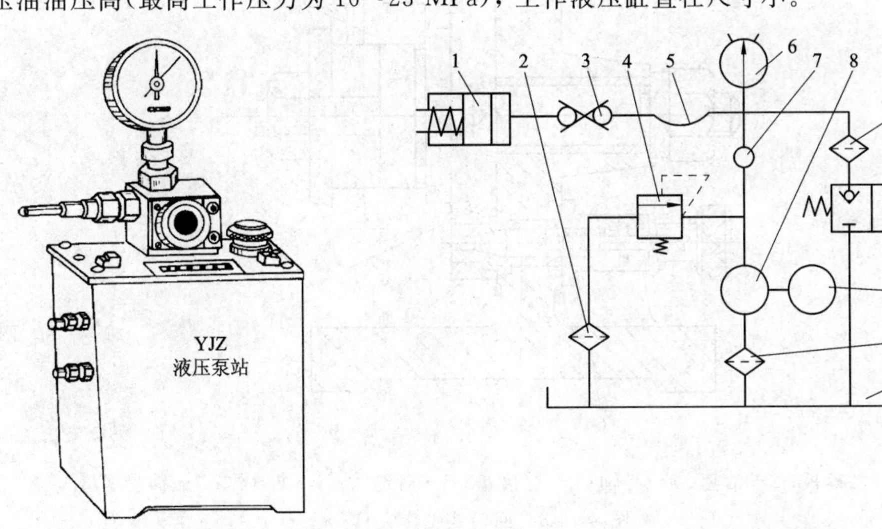

1—夹具液压缸；2、9、12—滤油器；3—快换接头；4—溢流阀；5—高压软管；
6—电接点压力表；7—单向阀；8—柱塞泵；10—电磁卸荷阀；11—电动机；13—油箱

图 4-42　YJZ 型液压泵站

图 4-39 是一液动夹紧机构的例子。活塞杆 3 靠液压缸中液压力的驱动来实现上下移动，从而夹紧或松开工件。

4.4 夹具的其他装置

4.4.1 导向装置

夹具的导向装置一般用来引导刀具进入正确的加工位置，并在加工过程中防止或减少由于切削力等因素引起的刀具偏移，尤其是对于一些刀具刚性较差的加工场合，比如钻孔和镗孔。因此，在钻床夹具和镗床夹具上都设有导向装置。

图 4-43 为一钻床夹具，用其加工工件上均布的六个径向孔。将工件安装在可以回转分度的心轴 3 上，心轴及分度盘由锁紧螺母 7 锁紧，固定在夹具体 6 上的钻模板 1 上装有钻套 2，它作为刀具的导向装置，其作用就是引导钻头进入正确的加工位置，并防止刀具在加工过程中发生偏斜或振动，从而保证工件的加工质量。

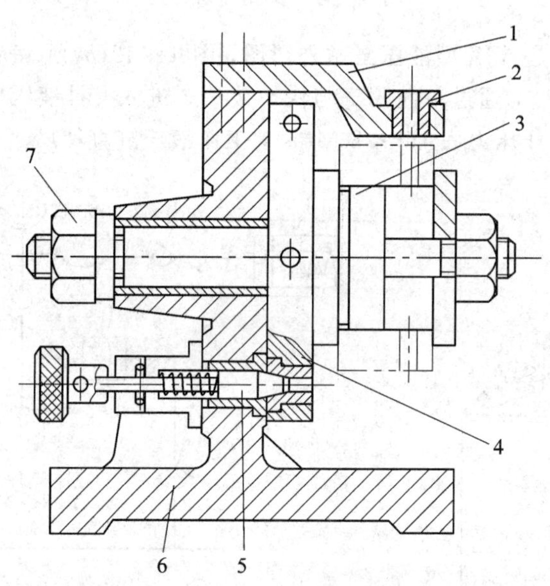

1—钻模板；2—钻套；3—心轴；4—分度盘；5—对定销；6—夹具体；7—锁紧螺母

图 4-43 回转式钻床夹具

图 4-44 为一典型的镗床夹具，它与钻床夹具非常相似，除具有一般夹具的各种元件外，也采用了引导刀具的导套—镗套 2，同时增加刀杆的刚性，防止弯曲变形。

不论是钻套还是镗套，它们都是按照被加工工件孔的坐标位置安置在导向支架上，这个支架零件在钻床夹具中称为钻模板(如图 4-43 件 1)，在镗床夹具中称为镗模架(如图 4-44 件 1)。

这里重点介绍一下机床夹具中典型的导向元件—钻套和镗套的结构及应用。

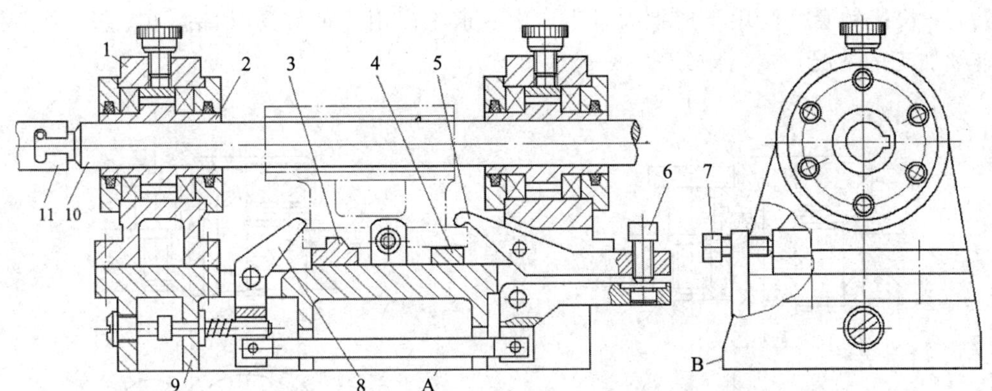

1—支架；2—镗套；3、4—定位板；5、8—压板；6—夹紧螺钉；7—可调支承钉；
9—镗模底座；10—镗刀杆；11—浮动接头

图 4-44　车床尾座孔镗模

1. 钻套

按结构和使用情况不同，钻套可分为固定钻套、可换钻套、快换钻套和特殊钻套四种。

1）固定钻套

图 4-45 为固定钻套的结构，分为 *A* 型、*B* 型两种。为防止使用时钻屑及油污进入钻套，*A* 型钻套在压入安装孔时，其上端应稍突出钻模板；*B* 型固定钻套为带凸缘式结构，上端凸缘直接确定了钻套的压入位置，为安装提供方便，并提高钻套上端孔口的强度，防止钻头等在移动中撞坏钻套上口。

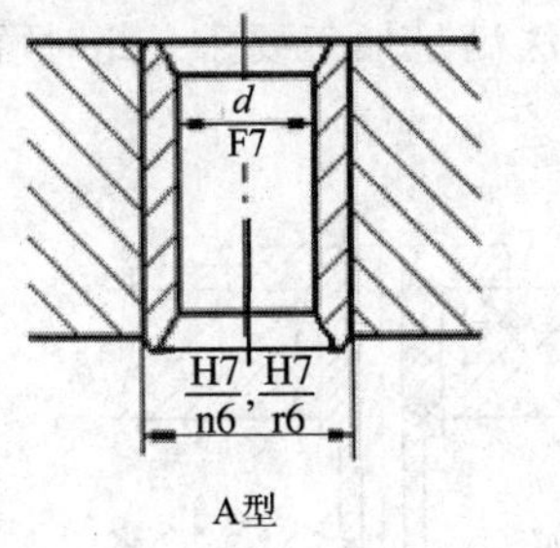

A型

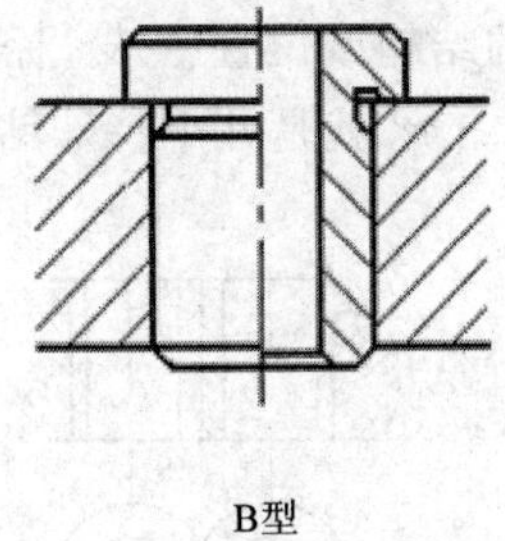

B型

图 4-45　固定钻套

固定式钻套与安装孔间的配合，一般选为 H7/n6 或 H7/r6。因钻套不易更换，故常用于中小批量生产中，或用来加工孔距较小及孔的位置精度要求较高的孔。

2）可换钻套

如图 4-46 所示，可换钻套外圆用 H6/g5 或 H7/g6 的间隙配合装入衬套孔中，衬套的外圆与钻模板底孔的配合则采用 H7/n6 或 H7/r6 的过盈配合。用紧固螺钉压紧凸边，防止钻套随刀具转动或被切屑顶出。大批量生产中，钻套磨损后旋出螺钉即可更换。

3）快换钻套

如图 4-47 所示，快换钻套为一种可以进行快速更换的钻套，其配合与可换钻套相同。为了能够快速更换，钻套上除专门设置有压紧台阶外，还将钻套铣出一个缺口。当更换钻套时，松开压紧螺钉，只需将快换钻套逆时针旋转，使螺钉位于缺口处，就可向上拔出钻套。快换钻套广泛用于成批大量生产中一道工序用几种刀具(如钻、扩、铰、锪等)依次连续加工的情况。

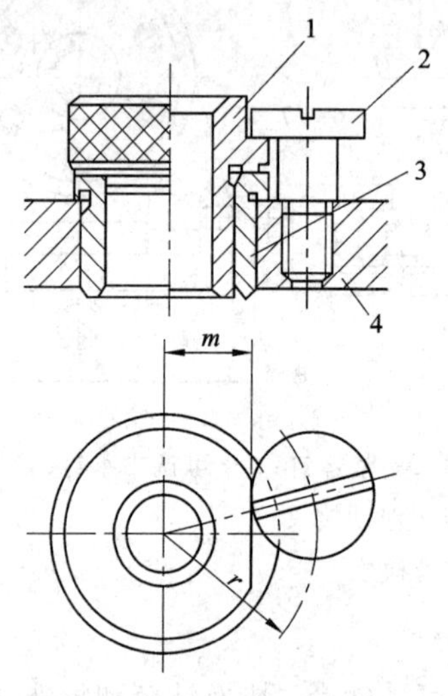

1—钻套；2—螺钉；3—衬套；4—钻模板

图 4 - 46 可换钻套

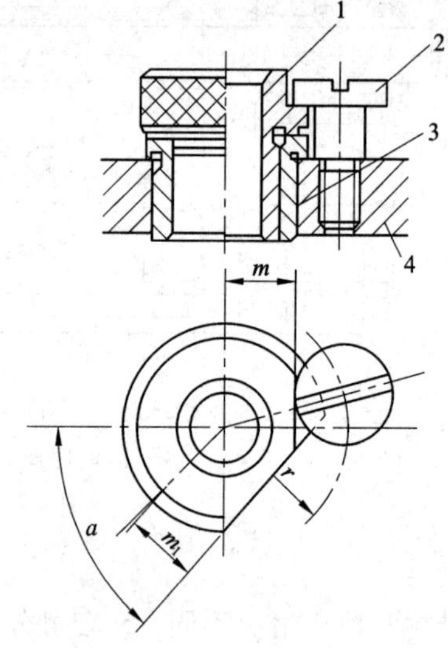

1—钻套；2—螺钉；3—衬套；4—钻模板

图 4 - 47 快换钻套

固定钻套、可换钻套和快换钻套均有标准结构和尺寸，设计时可查阅《机床夹具设计手册》。

4) 特殊钻套

有时由于孔的结构或位置特殊，标准钻套无法满足加工要求，此时可根据需要设计一些特殊钻套，图 4 - 48 就是几个特殊钻套的例子。

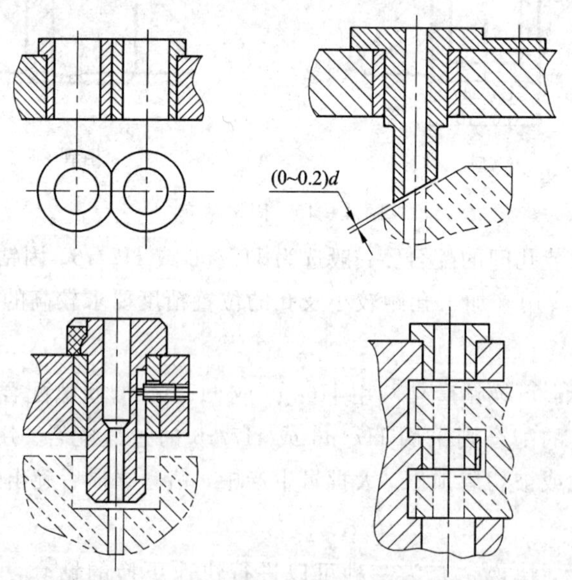

图 4 - 48 特殊钻套

设计钻套时还要注意下面两个问题(如图 4 - 49 所示)：

① 钻套的导向高度 H 越大，则导向性能越好，但钻套与刀具的磨损加剧。因此一般按经验公式 $H=(1\sim3)d$(d 为被加工孔的孔径)选取。对于加工孔的位置精度要求较高、被加工孔径较小或在斜面、弧面上钻孔时，钻套的导向高度应取较大值，反之取较小值。

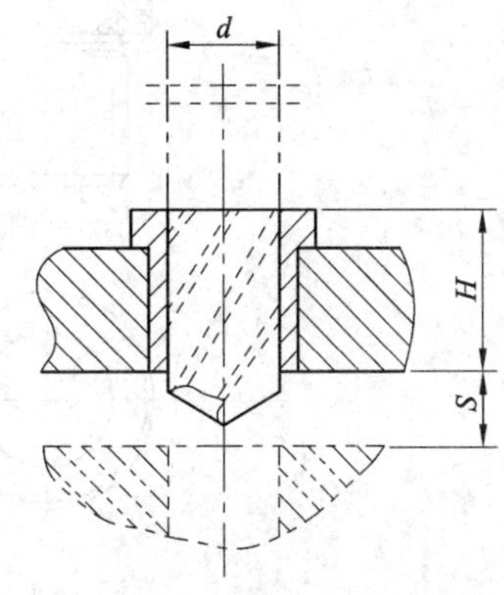

图 4 - 49　导向和排屑

② 为了及时排除切屑，防止切屑积聚过多将钻套顶出、划伤工件甚至折断钻头，应恰当留出排屑空间 s，但 s 过大又会使刀具的引偏量增大。一般按经验公式选取：$s=(0\sim1.5)d$，系数选取原则是：崩碎切屑选小，带状切屑选大；加工深孔可让切屑从钻头螺旋槽排出，系数越小越好；弧面、斜面钻孔，系数越小越好，最好为零。

钻套工作时必须安装在钻模板上，而钻模板又与夹具体之间有各种连接方式，有固定式的(如图 4 - 43 所示)、可拆卸式的(如图 4 - 50(a)所示)、铰链式的(如图 4 - 50(b)所示)、盖板式的(如图 4 - 50(c)所示)等。

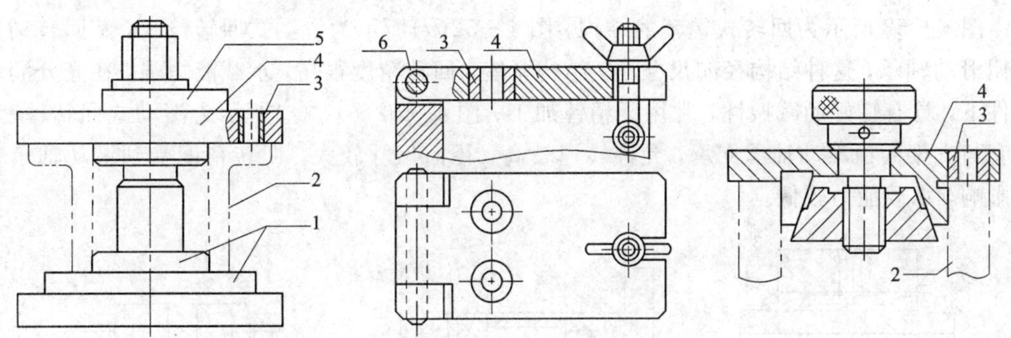

1—定位元件；2—工件；3—钻套；4—钻模板；5—开口垫圈；6—铰链轴

图 4 - 50　各种钻模板及钻床夹具

2. 镗套

大多数镗床夹具都采用各种镗套引导镗杆或刀具，以提高刀具系统的刚性，保证同轴孔系及深孔的加工形状和位置要求。

按镗套在工作中是否随镗杆运动，镗套分为固定式和回转式两类。

1) 固定式镗套

固定式镗套被固定安装在夹具镗模支架上，不能随镗杆一起转动，因此，在镗削过程中，镗杆在镗套中既有轴向的相对移动，又有较高的相对转动。镗套容易摩擦磨损而失去引导精度，只适用于线速度 $v<0.3$ m/s 的低速情况下使用。

图 4 - 51 为固定镗套结构。根据镗套润滑方式的不同，分为 A 型、B 型两种；A 型为无润滑油槽式，需依靠模杆上的供油系统或滴油来润滑；B 型备有油杯、油槽结构，可实现较好的自润滑。

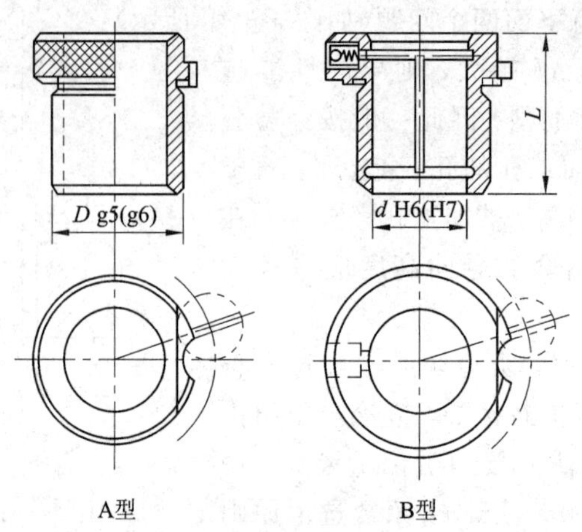

图 4-51 固定式镗套

2) 回转式镗套

回转式镗套在镗孔过程中随同镗杆一起回转(图 4-44 中的镗套就属此类)，因此镗套内壁与镗杆没有相对转动，从而减少镗套内壁的磨损和发热，可长期维持其引导精度，比较适合于高速镗孔，一般应用于孔径较大、线速度 $v>0.3$ m/s 的场合。

图 4-52 所示为回转式镗套的结构，图 4-52(*a*)所示为滑动式回转镗套，其回转结构采用滑动轴承，这种结构径向尺寸小，结构紧凑，回转精度很高，承载能力强，在充分润滑条件下，具有良好的减振性，常用于精镗加工；图 4-52(*b*)、(*c*)所示为滚动式回转镗套，镗套与支架间由滚动轴承支承，允许转速较高，径向尺寸较大，回转精度受到滚动轴承精度影响，承载能力较低。

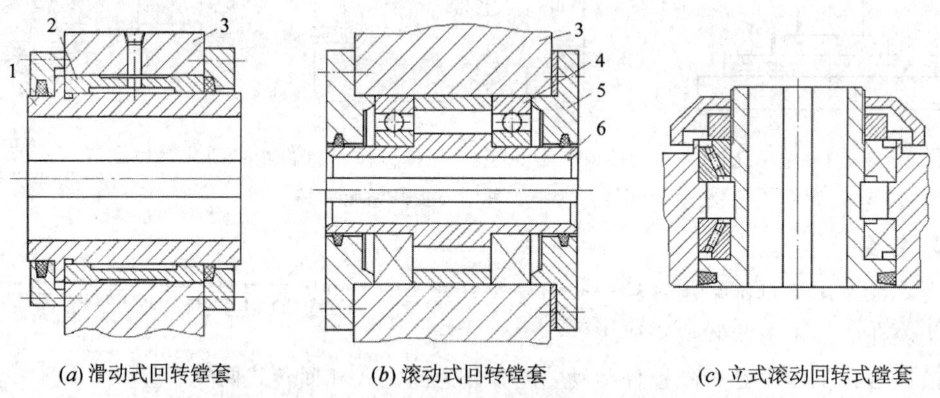

(*a*) 滑动式回转镗套　　(*b*) 滚动式回转镗套　　(*c*) 立式滚动回转式镗套

1、6—镗套；2—滑动轴承；3—镗模支架；4—滚动轴承；5—轴承端盖

图 4-52 回转式镗套

按照镗套相对刀具设置位置的不同，镗模导向装置的布置方式可分为单套前引导、单套后引导、双套单向引导、前后单套引导(图 4-44 所示镗床夹具即为这种布置形式)和前后双套引导等五种结构形式，如图 4-53 所示。设计时应根据零件结构、孔的位置及孔径大小和孔深比等来选择。

在镗床夹具中，镗套要安装在镗模支架上(例如图 4-44 所示件 1)，镗模支架连接在夹具体上。

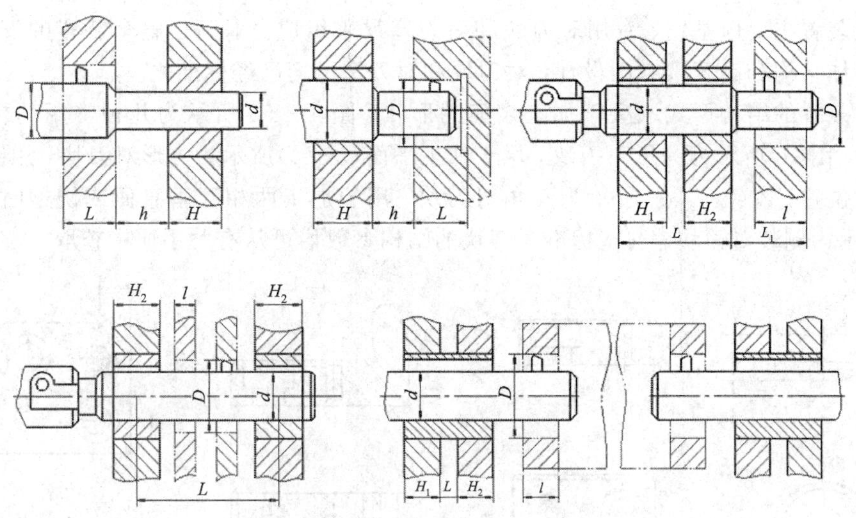

图 4-53　镗套布置形式

4.4.2　对刀装置

在铣床和刨床夹具中，大多数都有对刀装置，以便快速地调整刀具的相对位置。图 4-54 所示为加工壳体零件两侧面所用铣床夹具，工件以一面两孔作为定位基准在夹具的定位元件 6 和削边销 10 上定位，夹具的一侧设置了一个对刀块 5 用来确定刀具的正确位置，可以实现快速对刀。

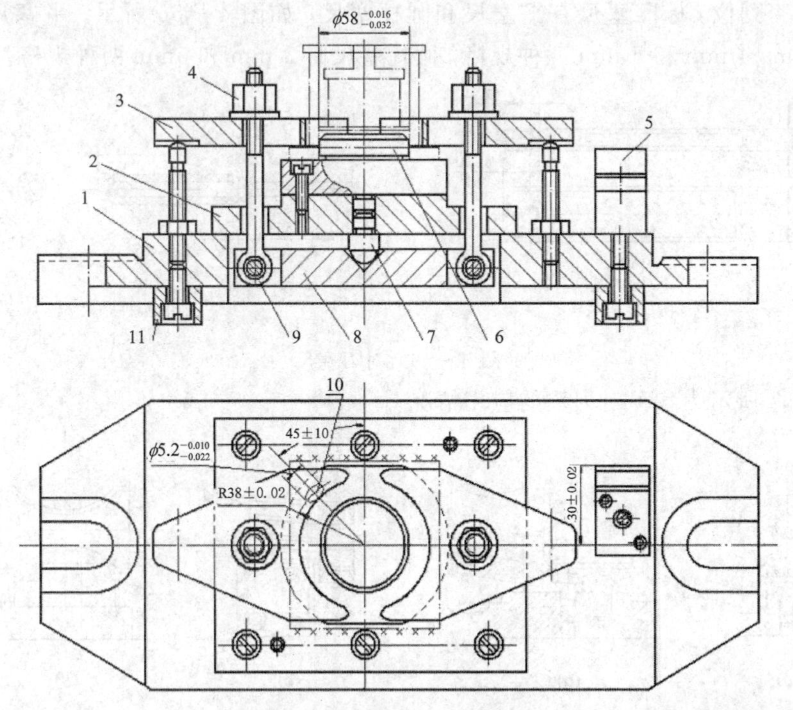

1—夹具体；2—支承板；3—压板；4—螺母；5—对刀块；6—定位销；7—支承钉

图 4-54　加工壳体的铣床夹具

对刀装置主要由基座、专用对刀块和对刀塞尺来组成。基座是整个装置的安装基础，可根据具体结构和高度来专门设计，对刀块和对刀塞尺均已经标准化。

对刀装置的结构形式取决于加工表面的形状。图 4-55 所示为几种常用的标准对刀块，其中，图(a)所示为圆形对刀块，用于加工平面；图(b)所示为方形对刀块，用于调整组合铣刀的位置；图(c)、(d)所示为直角对刀块，用于加工两相互垂直面或铣槽时的对刀；图(d)所示为侧装对刀块。这些标准对刀块的结构参数均可从有关手册中查取。

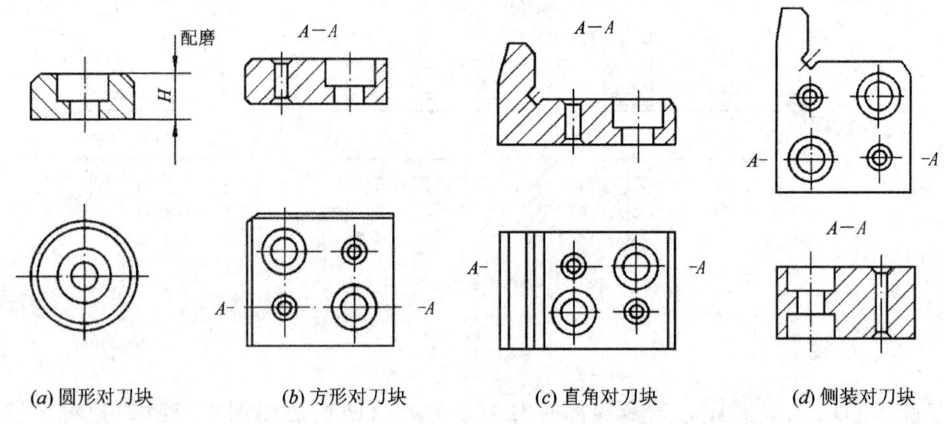

图 4-55 标准对刀块

为了较准确地感知调刀精确位置，并防止对刀时碰伤刀刃和对刀块，一般在刀具和对刀块之间塞一规定尺寸的塞尺，通过抽动塞尺并感觉塞尺和刀具接触的松紧程度来判断刀具的调整是否到位。标准塞尺有平塞尺和圆柱塞尺，如图 4-56 所示。平塞尺有 1 mm、2 mm、3 mm、4 mm 和 5 mm 五种规格，圆柱塞尺有 3 mm 和 5mm 两种规格。

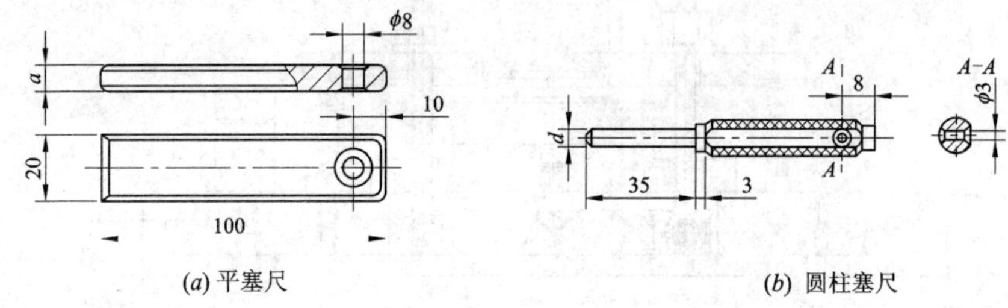

图 4-56 对刀塞尺

图 4-57 所示为各种对刀块的应用情况。

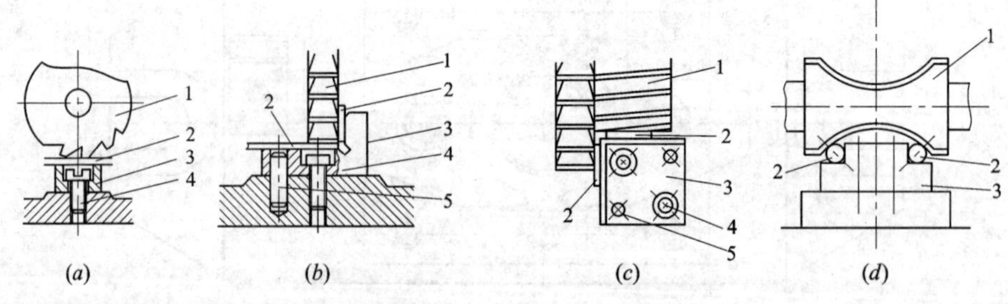

1—刀具；2—对刀塞尺；3—对刀块；4—紧固螺钉；5—圆柱销

图 4-57 对刀装置

为了简化夹具结构，铣床夹具有时也可不用对刀装置，而用试切或样件来对刀。

4.4.3 分度装置

在机械加工中，往往会遇到一些工件要求在夹具的一次安装中加工一组表面(孔系、槽系或多面体等)，而此组表面是按一定角度或一定距离分布的，这样便要求该夹具在工件加工过程中能进行分度，也就是说，夹具中应有相应的分度装置。

例如图 4-43 所示的钻床夹具就是用分度装置来钻一组径向等分孔的钻床夹具。在分度盘 4 的圆周上分布着与被钻孔数相同的分度锥孔，钻孔前，对定销 5 在弹簧力的作用下插入分度孔中，通过锁紧螺母 7 使分度盘锁紧在夹具体上；钻孔后，反向转动螺母 7 使分度盘松开，这时可以拔出对定销 5 并转动分度盘使之分度，直至对定销插入第二个锥孔，然后锁紧分度盘进行第二个孔的加工。

分度装置可分为两大类：回转分度装置及直线分度装置。由于这两类分度装置的结构原理和设计中要考虑的问题基本相同，而生产中又以回转分度装置应用较多，故这里主要讨论回转分度装置。

分度装置由固定部分、转动部分、分度对定机构、抬起与锁紧机构以及润滑部分等组成。

(1) 固定部分。它是分度装置的基体，其他各部分都装在这个基体上。在专用夹具中往往就利用夹具体作为分度机构的固定部分，如图 4-43 中的件 6。

(2) 转动部分。它是回转分度装置的运动件，包括回转盘、衬套和转轴等，通过它们达到转位的目的，如图 4-43 中的件 3。

(3) 分度对定机构。它的作用是转位分度后，确保其转动部分相对于固定部分的位置，得到正确的定位。这一部分是分度装置的关键部分，主要由分度盘和对定销组成，如图 4-43 中的件 4、5。多数情况下，分度盘与分度装置中的转动部分相连接(图 4-43 中件 3、4 就是这样)，或直接利用转盘作分度盘，而对定销则与固定部分相连。

分度对定机构的结构形式较多，它们各有不同的特点，且适合不同的场合，常用的有下面几种：

(1) 钢球对定。如图 4-58(*a*)所示，它是依靠弹簧的弹力将钢球压入分度盘锥坑中实现分度对定的。钢球对定结构简单，在径向、轴向分度中均有应用，常用于切削负荷小且分度精度较低的场合。

(2) 圆柱销对定。如图 4-58(*b*)所示，分度盘轴向孔座与圆柱销可采用 H7/g6 间隙配合。这种形式结构简单、制造方便，使用时不易受碎屑和污物的影响，但分度精度较低，一般用于轴向分度。

(3) 削边销对定。如图 4-58(*c*)所示，这种形式就是将圆柱销削边，补偿分度盘分度孔的中心距误差，减小孔销之间的配合间隙，从而提高分度精度，制造也不困难，一般多用于轴向分度。

(4) 圆锥销对定。如图 4-58(*d*)所示，对定时圆锥面能消除配合间隙，故分度精度较高，常用于轴向分度。

(5) 双斜面对定。如图 4-58(*e*)所示，斜面能自动消除结合面的间隙，故有较高的分度精度。但使用时如果工作面粘有碎屑污物时，将会影响对定精度，所以结构上要考虑必要的防屑措施，且双斜面槽加工时要求两斜面的对称中心要通过分度盘的中心，所以制造较困难，应用不广泛。

(6) 单斜面对定。如图 4 - 58(*f*)所示，斜面能消除配合间隙，产生的分力能使分度盘始终反靠在平面上，直侧面起分度定位作用，因此分度精度高，即使工作表面粘有碎屑污物使对定销稍有后退，也不影响分度精度，这种形式常用于径向精密分度。

(7) 正多面体对定。如图 4 - 58(*g*)所示，这种形式的分度盘为正多面体，利用其侧面进行分度，用斜楔加以对定，其特点是制造容易、刚度高，常用于分度精度要求不高、分度数不多的径向分度。

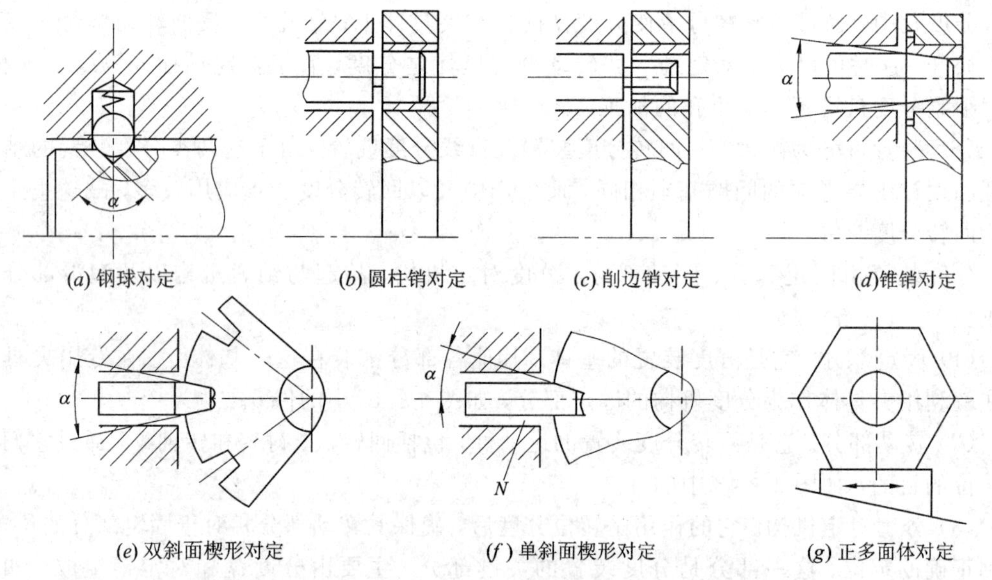

(*a*) 钢球对定　(*b*) 圆柱销对定　(*c*) 削边销对定　(*d*)锥销对定

(*e*) 双斜面楔形对定　(*f*) 单斜面楔形对定　(*g*) 正多面体对定

图 4 - 58　分度对定机构

分度对定机构的操作，可分为机动和手动两种。图 4 - 59(*a*)所示为结构已标准化的手拉式定位操作机构，操作时将捏手 5 向外拉，即可将对定销 1 从分度盘衬套 2 的孔中拔出。当横销 4 脱离槽 *B* 后，可将捏手转过 90°，使横销 4 搁在导套 3 的面 *A* 上，此时即可转位分度。本机构结构简单，工作可靠。

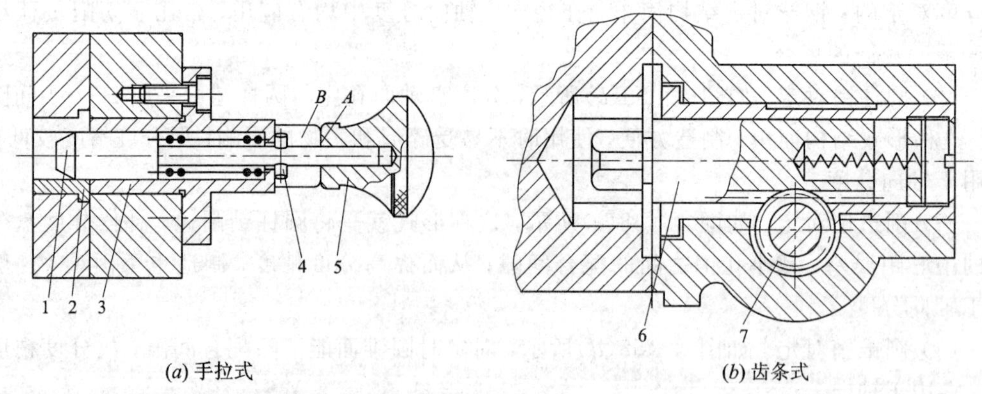

(*a*) 手拉式　(*b*) 齿条式

1、6—对定销；2—衬套；3—导套；4—横销；5—捏手；7—小齿轮

图 4 - 59　分度对定的操纵机构

图 4－59(b)为齿轮齿条式操纵机构。转动小齿轮 7，即可移动对定销 6 进行分度，它操纵方便，工作可靠。

为了分度时转动灵活、省力并减少接触面间的摩擦，尤其是对于较大规格的立轴式回转分度装置，在分度前，需将回转盘稍微抬起，在分度结束后，则应将转盘锁紧，以增强分度装置的刚度和稳定性，此时，夹具中可以设置抬起和锁紧装置，设计时可参考夹具手册或其他相关资料。

4.4.4 夹具体

夹具体是夹具的基础元件。夹具体的安装基面与机床连接，其他工作表面则装配各种元件和装置，以组成夹具的总体。在加工过程中，夹具体要承受工件重力、夹紧力、切削力、惯性力等，所以夹具体的强度、刚度和抗振性对工件的加工精度影响较大，因此，对夹具体的设计应予以足够的重视。

1. 对夹具体的基本要求

1）有适当的精度和尺寸稳定性

夹具体上的重要表面，如安装定位元件的表面、安装对刀或导向元件的表面以及夹具体与机床相连接的表面等，应有适当的尺寸和形状精度，它们之间应有适当的位置精度。为使夹具体尺寸稳定，铸造夹具体要进行时效处理，焊接和锻造夹具体要进行退火处理。

2）有足够的强度和刚度

加工过程中，为保证夹具体不产生不允许的变形和振动，夹具体应有足够的强度和刚度，因此夹具体需有一定的壁厚，铸造和焊接夹具体常设置加强筋。

3）结构工艺性好

夹具体应便于制造、装配和检验。铸造夹具体上安装各种元件的表面应铸出凸台，以减少加工面积。

4）排屑方便

切屑多时，夹具体上应考虑设置排屑结构，例如设置排屑孔或排屑槽等。

5）在机床上安装稳定可靠

夹具在机床上的安装都是通过夹具体上的安装基面与机床上相应表面的接触或配合实现的。当夹具在机床工作台上安装时，夹具的重心应尽量低，重心越高则支承面应越大，夹具底面四边应凸出，使其接触良好，或底部设置四个支脚；当夹具在机床主轴上安装时，夹具安装基面与主轴相应表面应有较高的配合精度，并保证安装稳定可靠。

2. 夹具体的常见结构形式

1）铸造夹具体

如图 4－60(a)所示，目前铸造夹具体应用最广，其优点是工艺性好，可铸出各种复杂形状，具有较好的抗压强度、刚度和抗振性，但生产周期较长，需进行时效处理，以消除内应力。常用材料为灰铸铁(如 HT200)，要求强度高时用铸钢(如 ZG35)，要求重量轻时用铸铝(如 ZL104)。

2）焊接夹具体

如图 4－60(b)所示，它由钢板、型材焊接而成，制造方便，生产周期短，重量轻(壁厚比铸造夹具体薄)。但焊接夹具体的热应力较大，易变形，需经退火处理，以保证夹具体尺寸的稳定性，刚度不足处应设置加强筋。

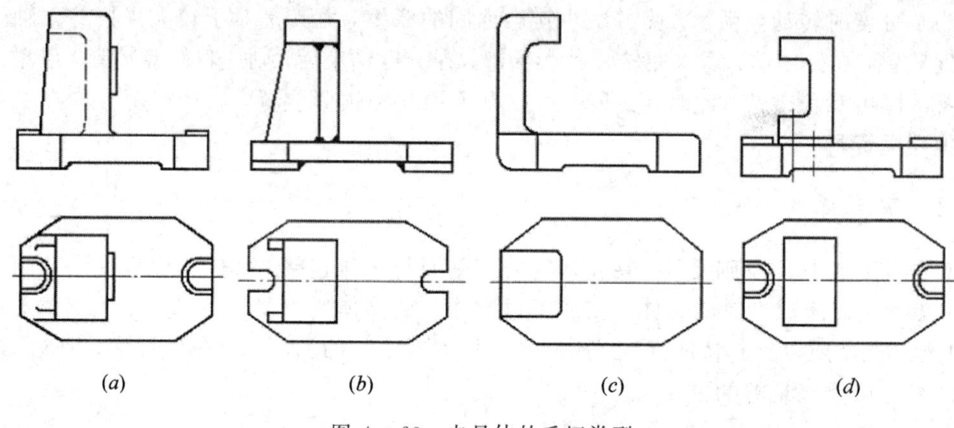

图 4-60　夹具体的毛坯类型

3）锻造夹具体

如图 4-60(c)所示，它适用于形状简单，尺寸不大，强度、刚度要求大的场合，锻造后也需经退火处理。此类夹具体应用较少。

4）型材夹具体

小型夹具体可以直接用板料、棒料、管料等型材加工装配而成。这类夹具体取材方便、生产周期短、成本低、重量轻。

5）装配夹具体

如图 4-60(d)所示，它由标准的毛坯件、零件及个别非标准件通过螺钉、销钉连接组装而成。此类夹具体具有制造成本低、周期短，精度稳定等优点，有利于夹具标准化、系列化，也便于夹具的计算机辅助设计。

4.4.5　夹具在机床上的安装

夹具在机床上的连接安装主要有两种形式：一种是夹具靠比较稳固的安装平面安装在机床的工作台平面上，如钻床、铣床、镗床等具有平面工作台的机床；另一种是对于没有平面工作台的机床，如普通车床、内外圆磨床等，夹具多通过定心锥柄、定心连接盘等结构，安装在机床的回转主轴上。

1. 夹具在机床工作台上的安装

安装在工作台平面上的夹具，其夹具体的底面便是夹具的安装基准面(例如图 4-44 中 A 面、图 4-54 中的 A 面)，因而应经过比较精密的加工，以保证良好的接触并为其他表面提供良好的工艺基准。另外，对于像铣床类夹具，在加工有方向性要求的表面时，为了保证夹具的定位元件相对于切削运动有准确的方向，需要在夹具体上安装定位键，这样夹具安装到机床上时就不需要找正便可确定它的正确位置，然后再紧固。

定位键的结构如图 4-61 所示。有 A 型和 B 型两种，它们上部与夹具体底面上的槽相配合，并用螺钉紧固在夹具体上。A 型定位键的下部与机床工作台上的 T 形槽按 h6 或 h8 配合，B 型定位键的下部预留 0.5 mm 余量，按 T 形槽实际尺寸配合，极限偏差取 h6 或

h8。键与槽的配合情况如图 4－61(c)所示。由于定位键在键槽中总是有间隙的，所以在安装时，可将定位键靠在 T 形槽的一侧，以提高导向精度。

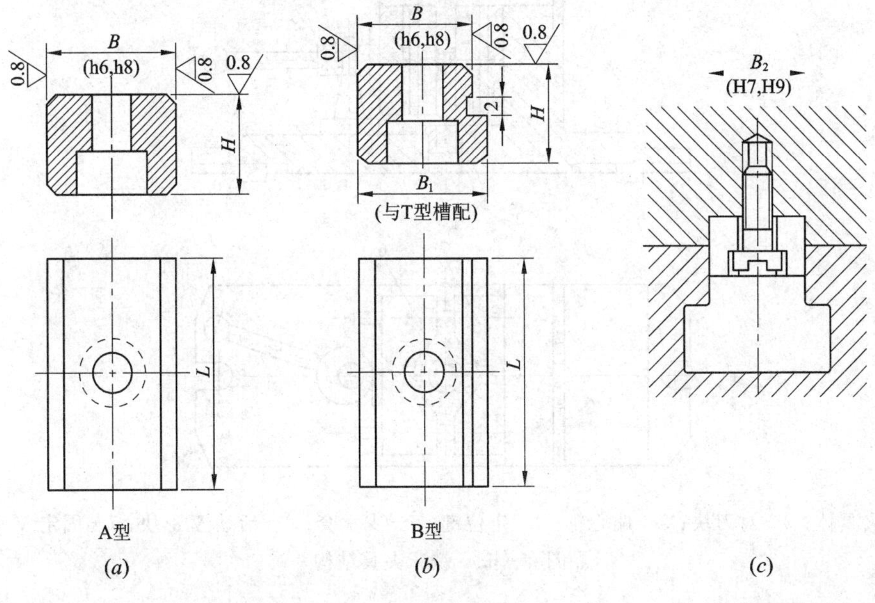

图 4－61　定位键

夹具安装时也可以不设定位键，而采用找正的方法来确定夹具的安装方向，这时，夹具上应加工出比较精密的找正基面。这种方法定位精度较高，但夹具每次安装均需要找正，一般用在镗床夹具中，如图 4－44 所示镗床夹具中的 B 面就是找正面。

夹具在机床工作台上定位后还要紧固。对于铣床或镗床夹具，加工时由于切削力较大，所以常在夹具体上设 2～4 个开口耳座，如图 4－62 所示，用 T 形螺栓和螺母进行夹紧。钻床夹具一般不需定位键，可以直接利用螺钉压板机构将夹具压紧在钻床工作台上。

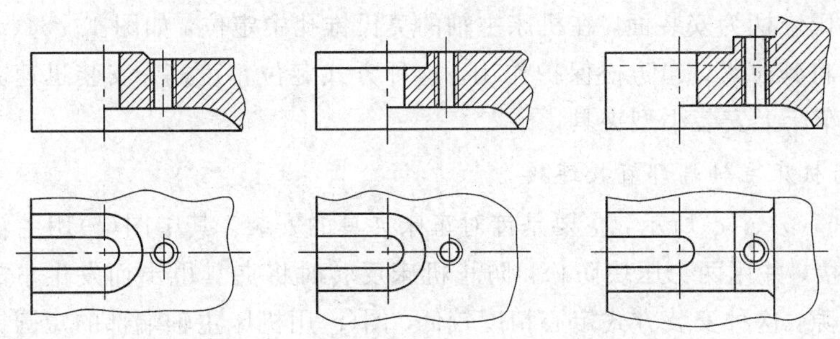

图 4－62　夹具体上的定位键槽和开口耳座

图 4－63 为一铣削套筒工件上端面通槽的铣床夹具，根据工件的外形特点及加工精度要求，夹具设置长 V 形块及端面组合定位。扳动手柄，带动夹紧偏心轮 3 转动，可使活动 V 形块 6 进行左右移动，从而将工件夹紧和松开。为完成快速调刀，夹具上设置有对刀块 2。利用安装在夹具体底面槽内的一对定位键 4 与工作台 T 形槽的配合，可以保证定位 V 形块对称中心面相对工作台纵向导轨的平行。夹具体两端设有耳座，用来固定夹具。

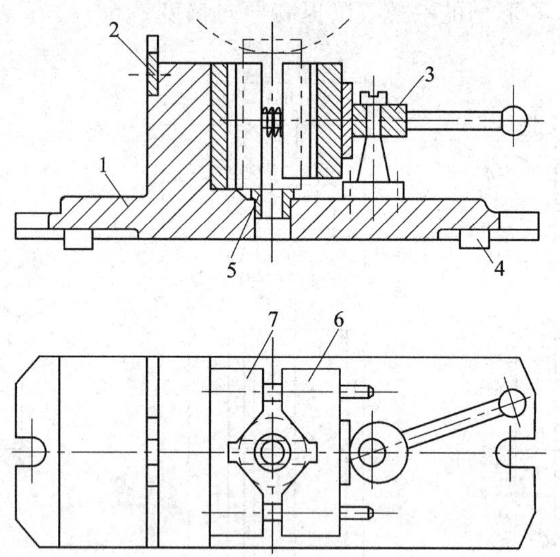

1—夹具体；2—对刀块；3—偏心轮；4—定位键；5—支承套；6—活动V形块；7—固定V形块

图 4-63 铣床夹具结构

2. 夹具在机床回转主轴上的安装

夹具在回转主轴上的安装方式取决于所使用机床主轴的端部结构。常见的有下面几种安装方式。

1）利用前后顶尖安装

夹具以前后中心孔为安装面，在机床前、后顶尖上定位，由拨盘和鸡心夹带动。较长定位心轴常采用这种安装方式，多用于车床或磨床上。

2）利用主轴莫氏锥孔安装

夹具以莫氏锥柄为安装面，在机床主轴的莫氏锥孔中定位，如图 4-64(*a*)所示，用拉杆从主轴尾部将其拉紧，起防松保护作用。这种方式定位精度高，安装迅速方便，但刚度低，只适于在车床上安装小型夹具。

3）夹具与机床主轴端部直接连接

如图 4-64(*b*)、(*c*)所示，主要是针对车床夹具的安装。其中图(*b*)用主轴端部圆柱面定位，螺纹连接，并用两个压块防松，防止机床反转时将夹具甩出而发生事故。由于圆柱体配合存在间隙，这种安装方式定心精度较低。图(*c*)用机床主轴端部的短圆锥面和端面定位，螺钉紧固。这种连接方式定位精度高，接触刚性好，但有过定位，所以要求连接部位定位面之间的尺寸和位置精度很高。

4）利用过渡盘安装

对于尺寸较大的车床类夹具，常常通过过渡盘与机床主轴连接，如图 4-64(*d*)所示。过渡盘装在机床主轴的端部，它们之间的连接方式随主轴端部结构而异，夹具以夹具体上的端面和止口为安装面装在过渡盘上，用螺钉紧固。此法简化了夹具体的结构，提高了其通用性。

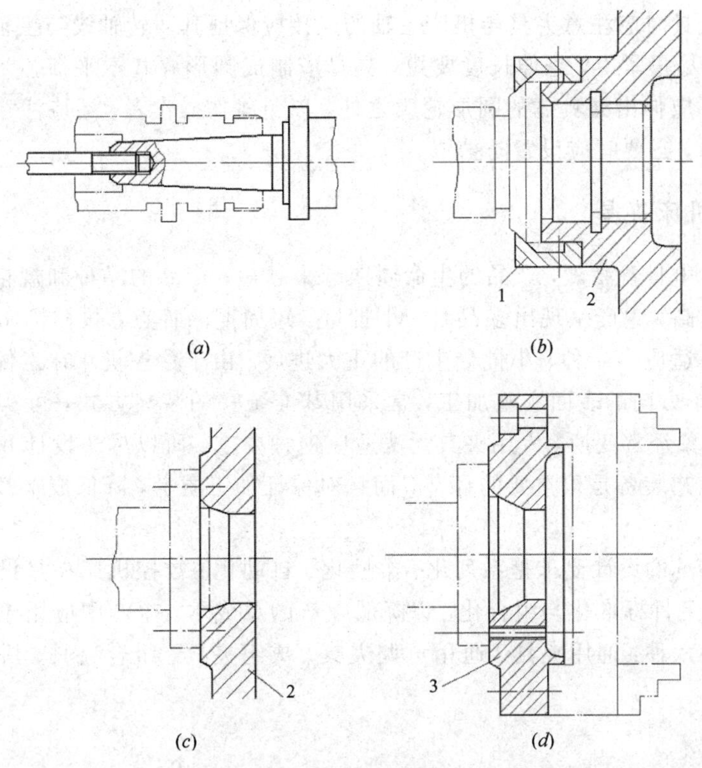

1—防松压板；2—夹具体；3—过渡盘

图 4-64 夹具体与机床主轴的连接

图 4-65 所示为加工轴承座孔的角铁式车床夹具。工件 9 以一面两孔在夹具的支承板、圆柱销 2 和削边销 1 上定位，用两副螺钉压板 8 将工件夹紧；导向套 6 在精镗轴承孔时作单支承镗杆的前导套；调整平衡块 7 用来消除夹具回转时的不平衡现象；角铁状的夹具体左端以止口、端面与过渡盘 3 相连，过渡盘 3 再将整个夹具连接在车床主轴轴端，过渡盘尾部加工出 2 个螺孔，以便安装安全挡块。

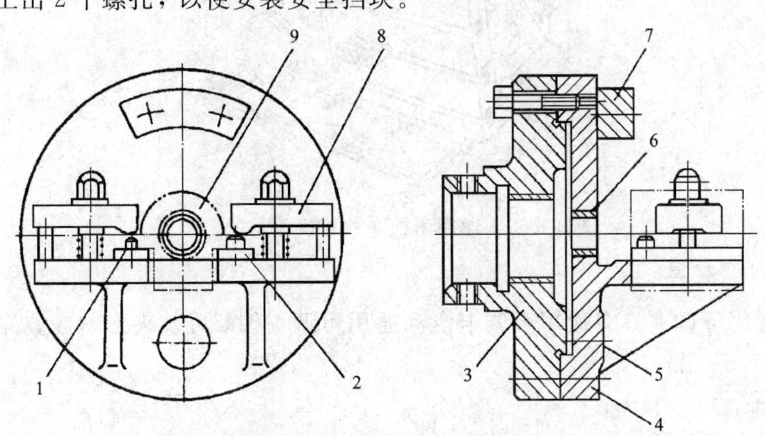

1—削边销；2—圆柱销；3—过渡盘；4—夹具体；5—定程基面；
6—导向套；7—平衡块；8—压板；9—工件

图 4-65 角铁式车床夹具

设计这类夹具时应注意夹具与机床主轴的连接应保证其回转轴线与主轴轴线有较高的同轴度，结构应尽量紧凑，悬伸长度要短，夹具应制成圆形并基本平衡，夹具上各个元件包括工件在内不应伸出夹具体的圆形轮廓之外，以免碰伤操作者。还应注意切屑缠绕和冷却液飞溅等问题，必要时应设置防护罩。

4.4.6　数控机床夹具

随着市场竞争日益激烈，产品的生命周期越来越短，产品的品种和规格越来越多，质量要求也越来越高，生产呈现出多品种、小批量、短周期的特点，数控机床的出现和广泛使用是加工设备适应多品种、小批量生产的重大进展。由于数控机床在工件一次装夹中能对工件的4～5个方向的表面实施加工，常采用基准统一的装夹方式，可实现工序高度集中，而且加工对象经常变换，专用夹具无法适应这种要求，所以尽快设计和制造出适应数控机床使用的工艺装备是很重要的环节，而且对保证加工质量，降低成本都起着非常重要的作用。

数控机床夹具的设计要求是系列化、柔性化、自动化。数控机床夹具设计的重点是提高生产率，夹具元件标准化与组合化，以降低生产的总成本。生产中应用于数控机床的夹具系统包括下面六种：通用夹具、通用可调夹具、成组夹具、组合夹具、拼装夹具和专用夹具。

1. 通用夹具

如虎钳、通用角铁、动力卡盘等。这类夹具已经标准化，生产成本低，只适用于简单零件的加工，柔性较差。如图4-66所示，在卧式加工中心上利用通用角铁装夹箱体零件镗削平行孔系。

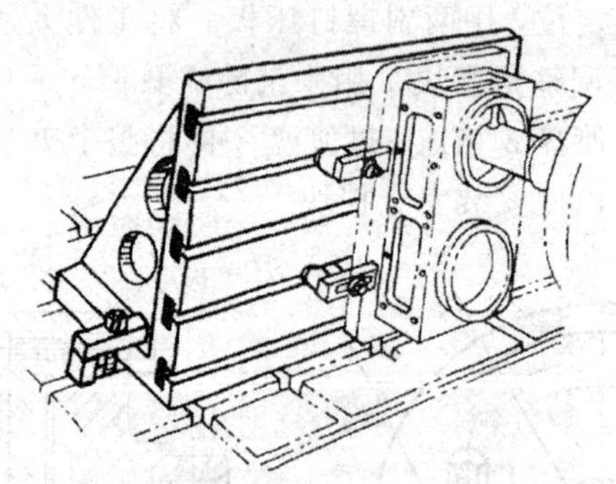

图4-66　通用角铁在数控机床上的应用

2. 通用可调夹具

常用的通用可调夹具有通用可调卡盘和通用可调虎钳，可装夹形状较复杂的零件，柔性也有所改善，应用较广。

3. 成组夹具

成组夹具和通用可调夹具的原理和结构相似，都是根据夹具结构使用于多个零件的原则设计的，不同点是：通用可调夹具加工对象不确定，应用范围较大；成组夹具则是专为加工成组工艺中的某一组零件而设计的，调整的范围只限于本组内的零件。成组夹具也称专用可调夹具。

多品种、中小批生产的企业，在数控加工单元和柔性制造系统中广泛地应用成组夹具，其柔性化较好。

4. 组合夹具

组合夹具的标准化、通用化程度最高，用于装夹形状复杂的零件，具有很好的经济性。孔系组合夹具在数控机床上是一种很理想的夹具，柔性较高。如图 4－67 为利用孔系组合夹具在数控机床上装夹加工箱体零件。使用时，应在夹具上选择一个编程零点，并防止刀具与夹具发生碰撞。

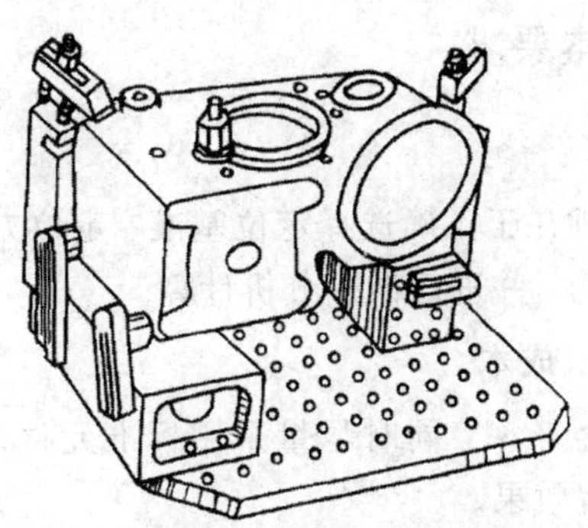

图 4－67　组合夹具在数控机床上的应用

5. 拼装夹具

拼装夹具的设计原理和组合夹具有许多共同之处，它们都有方形、矩形或圆形的基础件，基础件表面都有网络孔系。它们的不同之处在于组合夹具的通用性更好，标准化程度更高，而拼装夹具一般是针对本企业产品的加工需要设计的(非标准)。在不同企业，由于产品的品种或加工工艺不同，所用的模块结构有较大的差别，在拼装夹具中允许使用专用的定位元件。图 4－68 所示为用于数控机床的拼装夹具，多面体模块 8、9 可根据工件的加工要求在基础板 10 上安装成不同的位置，图中左右为两个加工工位。

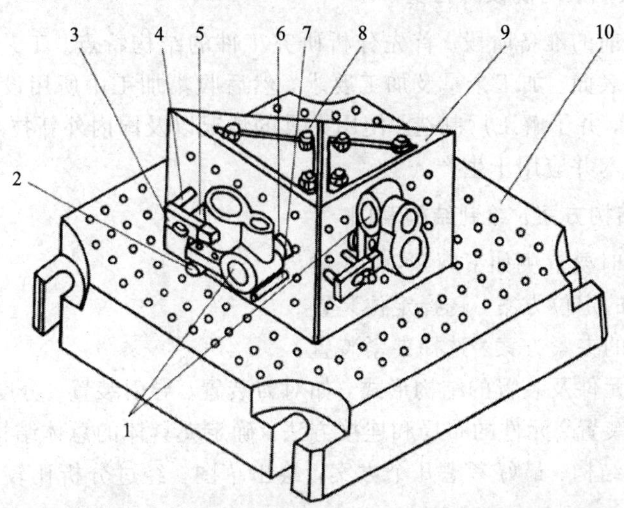

1－工件；2、6、7－支承；3－压板；4－支承螺栓；5－螺钉；8、9－多面体模块；10－基础板

图 4－68　拼装夹具在数控机床上的应用

数控加工过程中，可能是几把刀具同时进行加工，因此夹具应该是敞开式的；由于刀具相对于工件的运动精度是由数控机床精度决定的，所以数控机床夹具上不需要设置对刀装置；数控加工所用夹具一般夹紧力较大，同时为了适应高度自动化的需要，常采用气动、液压等高效夹紧装置。

4.5 专用夹具的设计方法

4.5.1 对机床夹具的基本要求

1. 保证工件的加工质量

保证工件加工质量的关键在于正确选择定位基准、定位方法、定位元件以及夹具中其他影响加工质量的部件的结构，并进行误差分析计算。

2. 提高劳动生产率，降低成本

夹具应最大程度地提高生产率，同时尽量采用标准元件及标准结构，力求结构简单、制造方便，以求最佳技术经济效果。

3. 操作方便，使用安全

夹具在机床上应容易安装、调试，并注意使工件装卸方便、迅速省力，以减轻工人的劳动强度，确保操作者安全。

4. 有良好的结构工艺性

所设计的夹具结构应尽量简单，便于制造、装配、检验和维修。

4.5.2 专用夹具的设计步骤

1. 收集有关资料，明确设计任务

这是具体设计前的准备阶段。首先分析研究工件的结构特点、工艺规程、材料、生产规模和本工序加工表面、加工余量及加工要求，然后收集加工中所用设备、刀具以及与夹具设计有关的资料，并了解工厂制造、使用夹具的情况以及国内外新技术、新工艺的应用，以便吸收其先进技术并应用于生产。

2. 拟定夹具结构方案，绘制结构草图

拟定结构方案时要解决如下问题：

(1) 确定工件的定位方案，选择定位装置。

(2) 确定工件的夹紧方案，选择夹紧装置。

(3) 确定其他元件及装置的结构形式，如对刀装置、导引装置、分度装置、定向键等。

(4) 考虑各种装置、元件的布局和连接方法，确定夹具体的总体结构。

对夹具的总体结构，最好考虑几个方案，绘出草图，经过分析比较，从中选取最合理的方案。

3. 绘制夹具总装图

夹具总装图应遵循国家制图标准来绘制，绘图比例尽量采用 1∶1。总图必须能够清楚地表达夹具的工作原理和整体结构，表示各种装置、元件相互位置等。主视图应取操作者实际工作时的位置，以作为装配时的依据并供使用时参考。

绘制总图的顺序一般是：工件→定位元件→引导元件→夹紧装置→其他装置→夹具体。

需要说明的是，夹具中工件的轮廓应用双点划线画出，并视为假想透明体，不影响其他元件的绘制。

4. 确定并标注有关尺寸和夹具的技术条件

一般包括下面几个方面：

(1) 最大轮廓尺寸。指夹具的长、宽、高的最大值或最大回转直径和厚度。如果夹具中有活动部分，应用双点划线标出最大活动范围。

(2) 影响定位精度的尺寸和公差。主要指工件与定位元件的配合尺寸和公差以及定位元件之间的尺寸和公差。

(3) 影响对刀精度的尺寸和公差。主要是指刀具与对刀元件(如对刀块)或刀具与导向元件(如钻套、镗套)之间的尺寸和公差。

(4) 影响夹具精度的尺寸和公差。主要是指定位元件、对刀或导向元件、夹具安装基面三者之间的位置尺寸和公差。

(5) 影响夹具在机床上安装精度的尺寸和公差。它们主要是指夹具安装基面与机床相应的配合表面之间的尺寸和公差。如铣床夹具中的定位键与夹具体和机床工作台T形槽的配合尺寸和公差、车床夹具安装基面和主轴配合表面的配合尺寸和精度等。

(6) 其他重要尺寸和公差。主要是指一般机械设计中应标注的一些尺寸、公差，如铰链轴和孔的配合、钻套的衬套和钻模板之间的配合等。

上述应在夹具总图上标注的尺寸和位置公差项目中的(2)～(5)项均会直接影响工件的加工精度，其公差取值应根据产量大小、加工精度要求的高低，按下面公式选取：

$$T_K = (1/2 \sim 1/5) T_G$$

式中：T_K——夹具装配图上标注尺寸或位置公差；

T_G——与 T_K 相应的工件上的尺寸或位置公差。

另外，有些在夹具装配图中无法用符号标注而又必须给予说明的问题，可作为技术要求用文字写在总图的空白处，如几个支承钉采用装配后再磨削达到等高、夹具使用时的操作顺序、装配时修磨调整垫圈等。

5. 夹具精度分析

当夹具的结构方案确定后，就应对夹具的方案进行精度分析和估算，以确保工件的加工精度。在夹具总装图设计完成之后，有必要根据夹具有关元件在总装图上的配合性质和技术要求等，再进行一次详细复算，这也是夹具校核者必须进行的一项工作，尤其是对于关键工序所使用的夹具。

工件在夹具中加工时，影响加工精度的因素主要包括：定位误差 Δ_D、对刀误差 Δ_T、夹具安装误差 Δ_A、夹具本身误差 Δ_J 以及加工方法误差 Δ_G，其中前四项均与夹具有关，可分别计算，第五项一般根据经验取工件公差 T_G 的1/3，这样，在夹具中加工某工件时的总误差 $\sum\Delta$ 为上述各项误差之和。所以，保证该工序加工精度的条件是：

$$\sum\Delta=\sqrt{\Delta_D^2+\Delta_T^2+\Delta_A^2+\Delta_J^2+\Delta_G^2}<T_G$$

即工件的总加工误差应小于工件加工尺寸公差 T_G。满足上述条件，说明夹具的精度是能满足工序加工精度要求的，否则就要重新确定夹具的制造精度甚至更改方案。

6. 编写零件明细表和标题栏

7. 绘制夹具零件图

夹具中非标准零件都需绘制零件图，在确定这些零件的尺寸、公差或技术要求时，应注意使其满足夹具总图的要求。

4.5.3 专用夹具设计举例

图 4-69 所示为小连杆铣槽工序图，生产类型为中批生产，现设计铣槽的专用夹具，并通过这个例子更进一步说明机床夹具设计时主要解决的问题和设计思路。

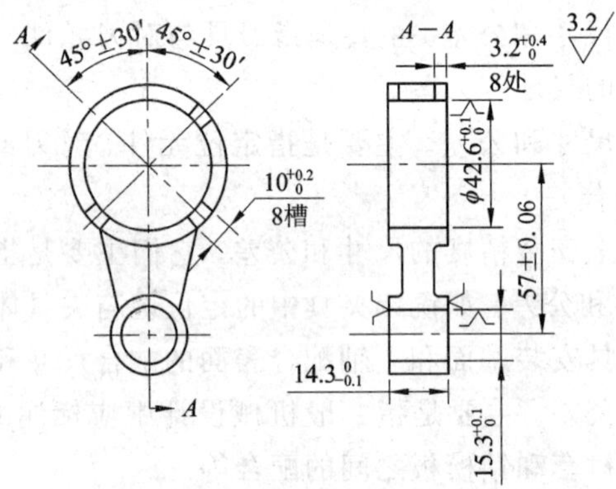

图 4-69　小连杆铣槽工序简图

1. 明确设计要求，对工件及工序图进行分析

本工序要求铣连杆大头两端面上的 8 个槽，槽宽 $10^{+0.2}_{0}$ mm，槽深 $3.2^{+0.4}_{0}$ mm，槽的中心线与两孔中心连线成 45°±30′，表面粗糙度为 $R_a3.2$ μm。

工序图上标明，该工序的定位基准为已经加工过的两孔及工件孔端的两个端平面，加工时选用三面刃铣刀，在卧式铣床上加工，槽宽由铣刀尺寸保证，槽深和角度位置由夹具和调整对刀来保证。

2. 确定定位方案和结构设计

工件的定位基面在工序图上虽然已经标明，但在设计夹具结构时，仍需要对其进行考察，看定位基准的选择是否能满足工序加工要求，夹具结构能否实现。

前已述及，定位基准的选择应尽量符合基准重合原则，对于工件槽深 $3.2^{+0.4}_{0}$ 要求来说，按照图中的工序基准就应该选择所铣键槽所在的端平面为定位基准，但这样夹具上的定位表面就必然设计成朝下方才能在工件的定位基准所在的端面上开槽，显然工件定位夹紧机构会非常复杂，操作也不方便。如果选择与所加工槽相对的另一端面为定位基准，则会引起基准不重合误差 Δ_B，Δ_B 的值为两端面间的尺寸公差 0.1 mm。由于所加工的槽深公差规定为 0.4 mm，根据经验估计，这样选择可以保证槽深的要求，而且夹具的整体结构会非常简单，操作也很方便，所以决定采用后一种定位方案。

对于槽的角度位置45°±30′的要求方面，工序要求是以大孔中心为基准，并与两孔连线成45°±30′。现在以两孔为定位基准，在大孔中采用圆柱销配合定位，小孔中用菱形销定位(如图4-70所示)，完全符合基准重合，定位精度较高。

3. 夹紧方案的确定及结构设计

夹紧机构设计时应考虑动作快速可靠，不碰刀，同时为了保证加工的稳定性，夹紧点应尽量接近被加工部位。因此，此工件的夹紧点应选择在大孔端面，同时考虑到生产批量不大，采用两个手动螺旋压板，虽然夹紧略费时间，但结构简单，标准件多，且夹紧可靠，另外在压板外侧设有防转销，使用也很方便，能满足生产要求。

4. 分度机构的设计

由于该工序要求在每个端面铣4个槽，所以就要考虑加工中的分度问题。针对此例可以有两种方案：一是采用分度装置，当加工完一对槽后，将分度盘连同工件一起转过90°，再加工另一对槽，然后翻转工件加工另一面；另一种方案是在夹具体上安装两个相差90°的菱形销，见图4-70所示，加工完一对槽后卸下工件，将其转过90°再安装在另一个菱形销上，重新夹紧加工另一对槽，之后再翻转工件按同样方法加工另一面的4个槽。显然有分度装置的夹具结构要复杂很多，而第二种方案虽然操作略费时，但结构简单，也是可行的。

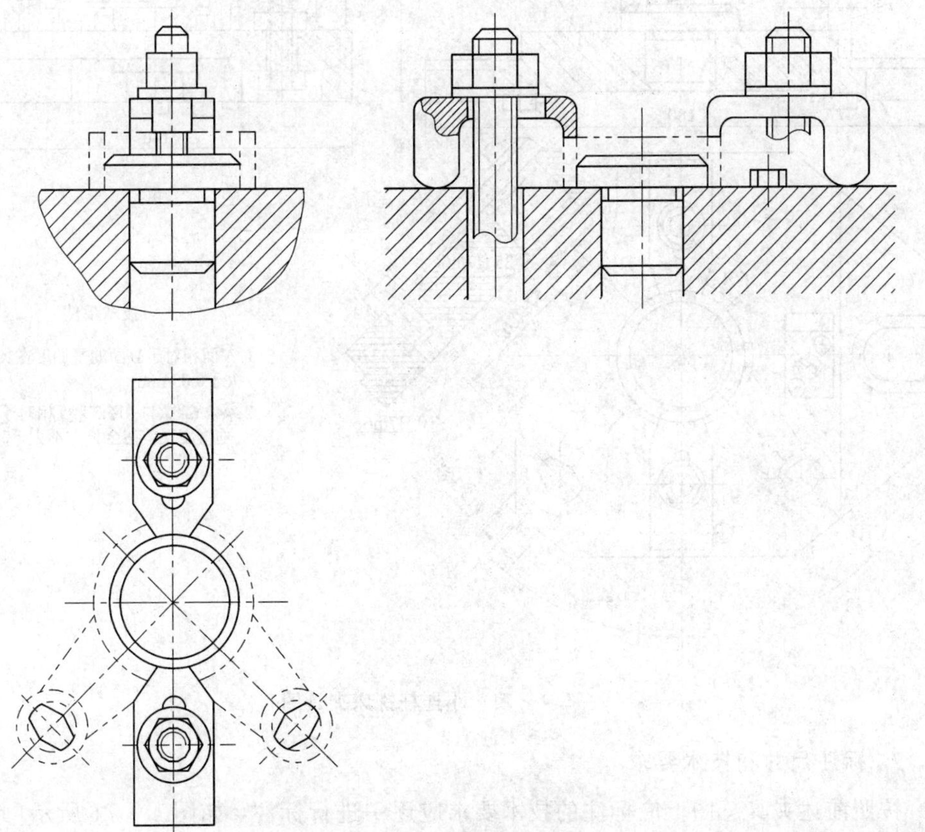

图4-70　铣槽夹具的设计过程

5. 对刀及夹具的安装方案的确定

由于槽的加工要保证刀具两个方向的位置，为了快速对刀，夹具上安装了对刀块。为了保证对刀块的方向与工作台纵向进给运动方向一致，整个夹具在工作台上安装时采用的是一对定位键定向，在夹具体两端的耳座中穿入 T 形螺栓，用螺母夹紧。

6. 绘制夹具总图

夹具结构方案确定后，就可着手绘制夹具总图，步骤如下：

(1) 用双点划线绘出零件在加工位置的外形轮廓。

(2) 绘制定位元件。

(3) 绘制夹紧装置。

(4) 绘制对刀块、夹具体。

(5) 绘制定位键，并绘出连接件把各元件连接在一起。

最后得到的夹具总图如图 4－71 所示。

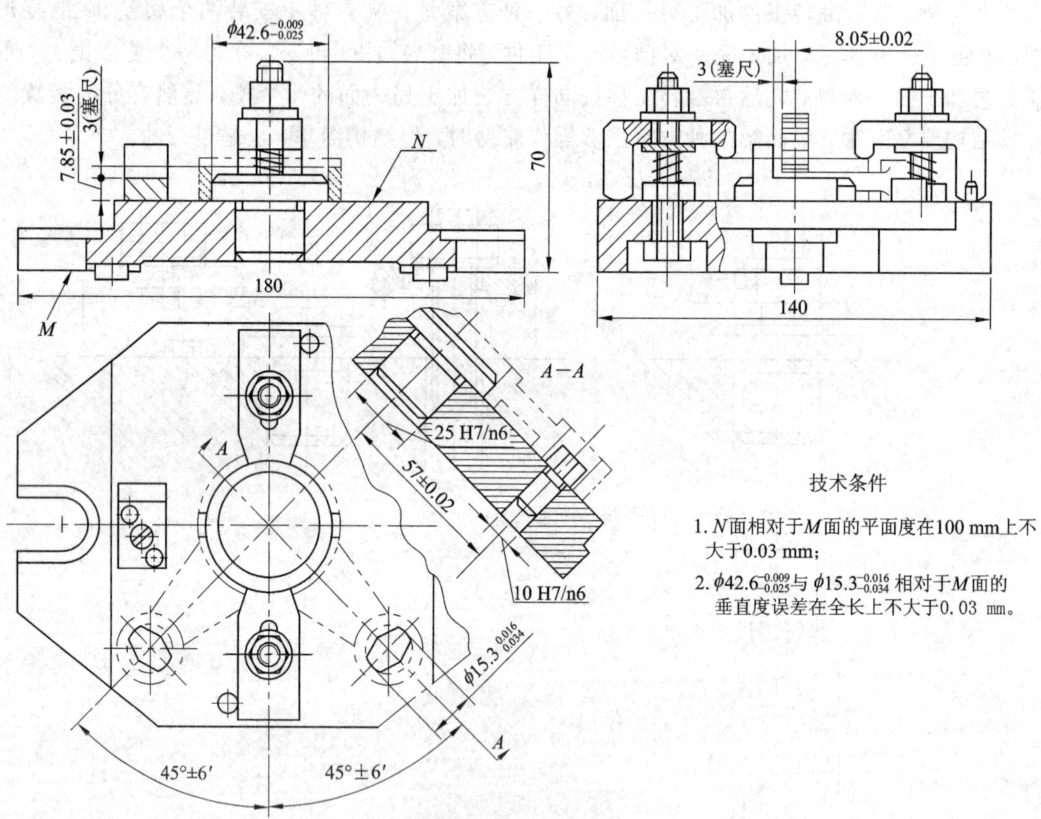

图 4－71　小连杆铣床夹具图

7. 标注尺寸和技术要求

按照前述夹具总图上应标注的技术要求应逐一进行标注，如图 4－71 所示(此图中只标注了部分主要的技术要求)，现对其中几项主要内容分析如下：

(1) 外形尺寸：180×140×70。

(2) 两定位销直径及公差、两定位销之间的距离及公差：圆柱定位销直径按 g6 选取为 $\phi 42.6_{-0.025}^{-0.009}$ mm；菱形销定位圆柱部分按 f7 选取为 $\phi 15.3_{-0.034}^{-0.016}$；两销间的距离尺寸与公差按连杆相应尺寸公差±0.06 的 1/3 取值为±0.02，所以该尺寸标注为 57±0.02；为保证槽的角度要求，两菱形销安装位置的角度公差可取严一些，为工件相应角度公差±30′的1/5，即±6′，所以图上该角度标注为 45°±6′。

(3) 定位平面 N 到对刀块底面之间的尺寸关系到槽深精度，而连杆上相应的这个尺寸是由尺寸 $3.2_{0}^{+0.4}$ mm 和 $14.3_{-0.1}^{0}$ mm 间接决定的，经过尺寸链的换算($3.2_{0}^{+0.4}$是封闭环)，得到这个尺寸为 $11.1_{-0.4}^{-0.1}$ mm。因为夹具的工序尺寸是按要保证的槽深相应尺寸的平均值标注，将上面算得的尺寸改写为 10.85±0.15 mm，然后再减去塞尺的厚度 3 mm，得 7.85 mm，此尺寸的公差取为工件上尺寸公差(±0.15)的 1/2～1/5，最终取±0.03，所以最终夹具总图上对刀块到定位面 N 的距离应标注为 7.85±0.03。

考虑到塞尺的尺寸，对刀块水平方向的工作表面到定位圆柱销中心的距离为 8.05±0.02(取工件相应尺寸公差的 1/2～1/5)，如图 4-71 中所注。

(4) 在夹具总图上还应标注以下技术要求：定位平面 N 对夹具体底面 M 的平行度允差为 100∶0.03 mm；两定位销中心线与 N 面的垂直度允差在全长上不大于 0.03 mm。

此外夹具装配图上还应标注定位键工作侧面与对刀块垂直面的平行度(图中未注出)，定位键与安装槽之间的配合(图中未注出)，以及其他一些机械设计时应标注的尺寸及公差(如图中的 $\phi 10\ \dfrac{H7}{n6}$、$\phi 25\ \dfrac{H7}{n6}$)等。

8. 夹具精度分析(略)

9. 拆绘夹具零件图

根据夹具总图拆绘除标准件之外的所有零件图。对于有配合要求和连接关系的部位要特别注意，仔细核对每个零件之间的装配尺寸，避免出错。零件图中的材料、热处理可查阅《机床夹具设计手册》等资料。

复习思考题

1. 工件在夹具中定位、夹紧的任务是什么？它们的目的有何不同？

2. 造成定位误差的原因有哪些？采取何种措施可以减少定位误差？

3. 什么是辅助支承？其主要作用是什么？

4. 什么是自位支承(浮动支承)？它与辅助支承有何不同？

5. 用题图 4-5 所示定位方案铣削连杆的两个侧面 A、B，试计算其工序尺寸的定位误差。

6. 用题图 4-6 所示定位方案在台阶轴上铣平面，工序尺寸 $A=29_{-0.16}^{0}$ mm，试计算定位误差。

7. 试分析题图 4-7 所示各夹紧方案是否合理？若有不合理之处，应如何改进？

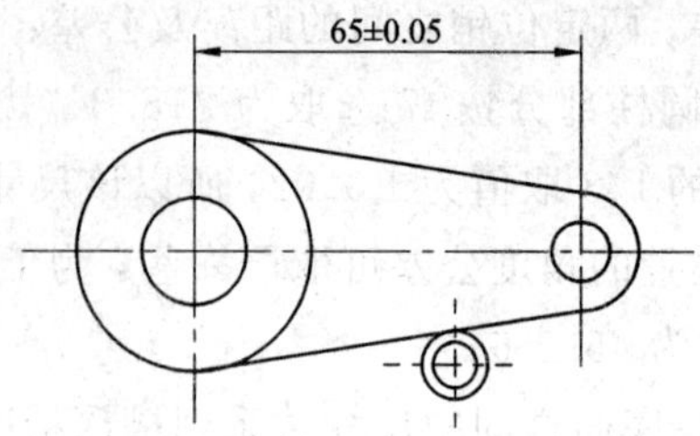

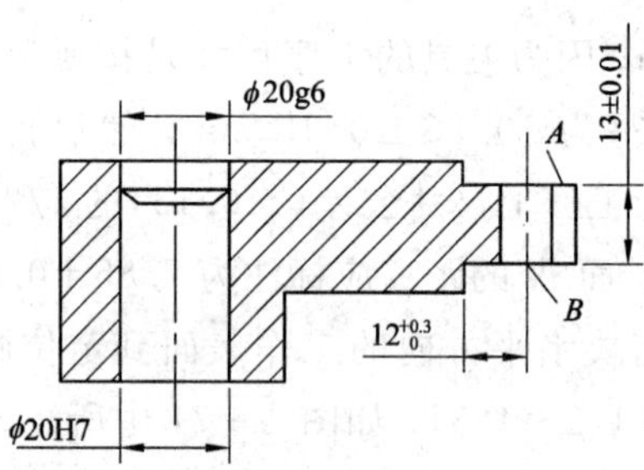

题图 4－5

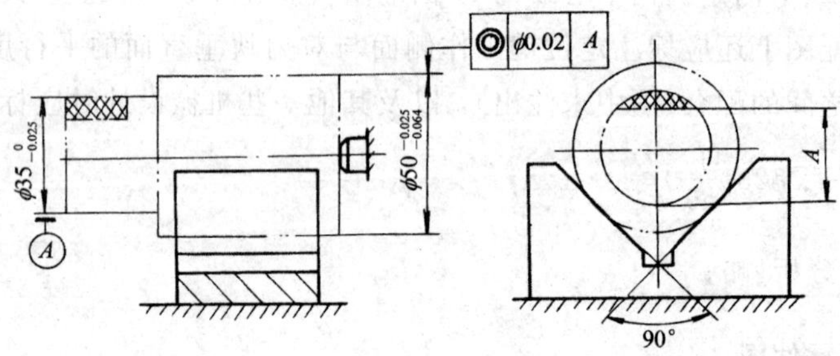

题图 4－6

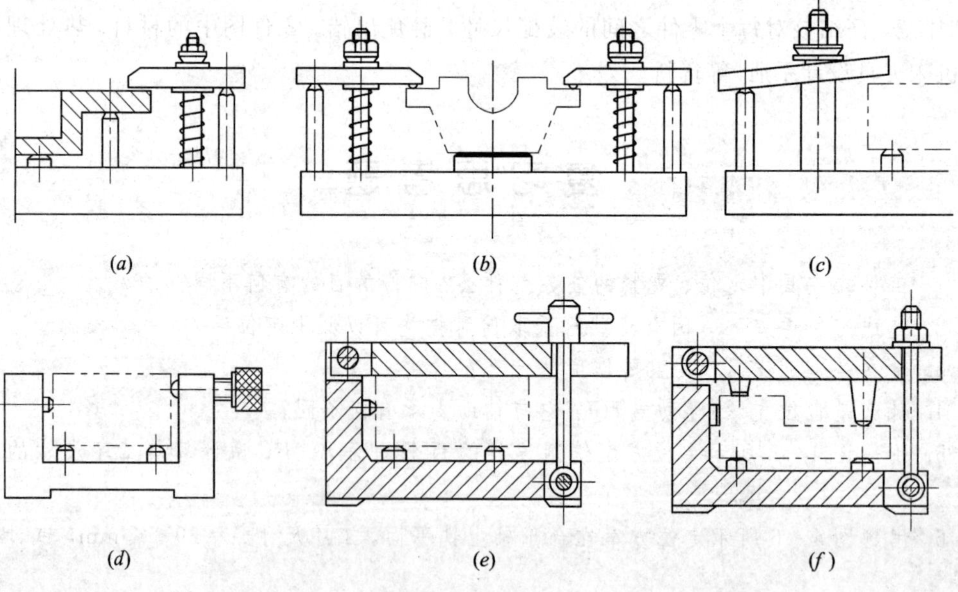

题图 4－7

8. 夹具在机床上的连接安装有哪几种方式？常用的连接元件有哪些？

9. 回转分度装置由哪几部分组成？各部分的主要作用是什么？

10. 夹具中导向装置的作用是什么？常用的导向装置有哪些？

11. 夹具中的对刀元件起什么作用？夹具中一定要设置对刀块吗？如果没有对刀块应如何对刀？

12. 夹具体的毛坯制造方法有哪几种？它们的应用范围如何？

13. 确定夹具结构方案时要考虑哪些主要问题？

14. 夹具设计的步骤是什么？在夹具总图上应标注哪些尺寸和技术要求？

参 考 文 献

[1] 龚雯，等．机械制造技术．北京：高等教育出版社，2004
[2] 袁绩乾，等．机械制造技术基础．北京：机械工业出版社，2001
[3] 方子良．机械制造技术基础．上海：上海交通大学出版社，2004
[4] 韩洪涛．机械加工设备及工装．北京：高等教育出版社，2004
[5] 傅水根．机械制造工艺基础．2版．北京：清华大学出版社，2004
[6] 黄鹤汀．金属切削机床：上册．北京：机械工业出版社，2003
[7] 张志峰，等．干切削加工技术及应用．北京：机械工业出版社，2005
[8] 胡传炘．特种加工手册．北京：北京工业大学出版社，2001
[9] Serope Kalpakjian，等．制造工程与技术(机加工)(英文版)及学习指导(上册)．原4版．北京：机械工业出版社，2004
[10] 徐嘉元．机械加工工艺基础．北京：机械工业出版社，1990
[11] 王雅然．金属工艺学(冷加工基础)．北京：机械工业出版社，1989
[12] 袁哲俊，等．精密和超精密加工技术．北京：机械工业出版社，1999
[13] 薛源顺．机床夹具设计．北京：机械工业出版社，2001
[14] 周伟平．机械制造技术．武汉：华中科技大学出版社，2002
[15] 陈明．机械制造技术．北京：北京航空航天大学出版社，2001
[16] 刘友才．机床夹具设计．北京：机械工业出版社，1992
[17] 胡建新．机床夹具设计．2版．北京：中国劳动社会保障出版社，2001
[18] 姬文芳．机床夹具设计．北京：航空工业出版社，1994
[19] 顾崇衔．机械制造工艺学．3版．西安：陕西科学技术出版社，1986
[20] 齐世恩．机械制造工艺学．哈尔滨：哈尔滨工业大学出版社，1989
[21] 刘守勇．机械制造工艺与机床夹具．北京：机械工业出版社，1994
[22] 李益民．机械制造工艺设计简明手册．北京：机械工业出版社，1994
[23] 冯冠大．典型零件机械加工工艺．北京：机械工业出版社，1986
[24] 杨方．机械加工工艺基础．西安：西北工业大学出版社，2001
[25] 韩秋实．机械制造技术基础．2版．北京：机械工业出版社，2004
[26] 魏康民．机械制造工艺装备．重庆：重庆大学出版社，2004